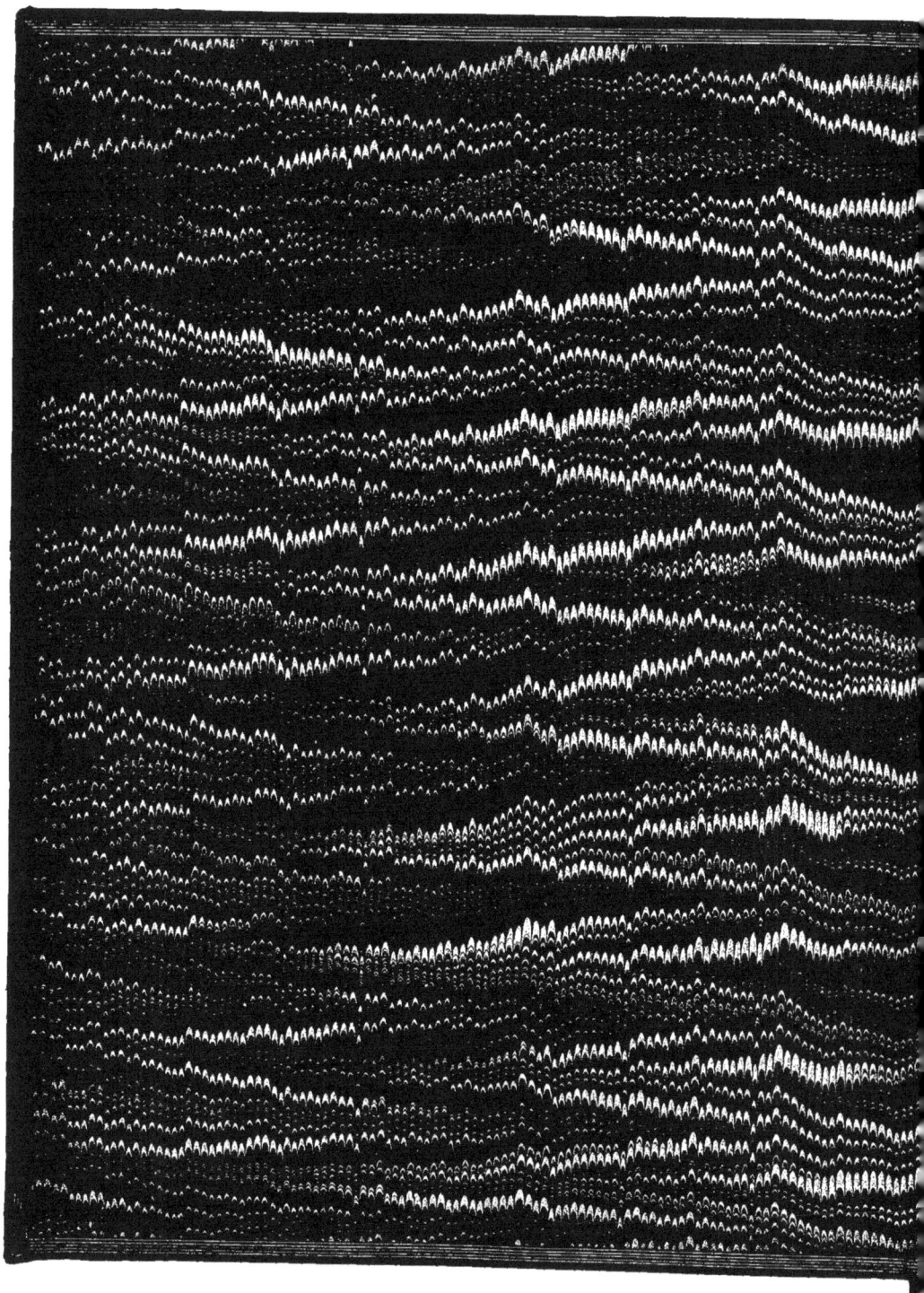

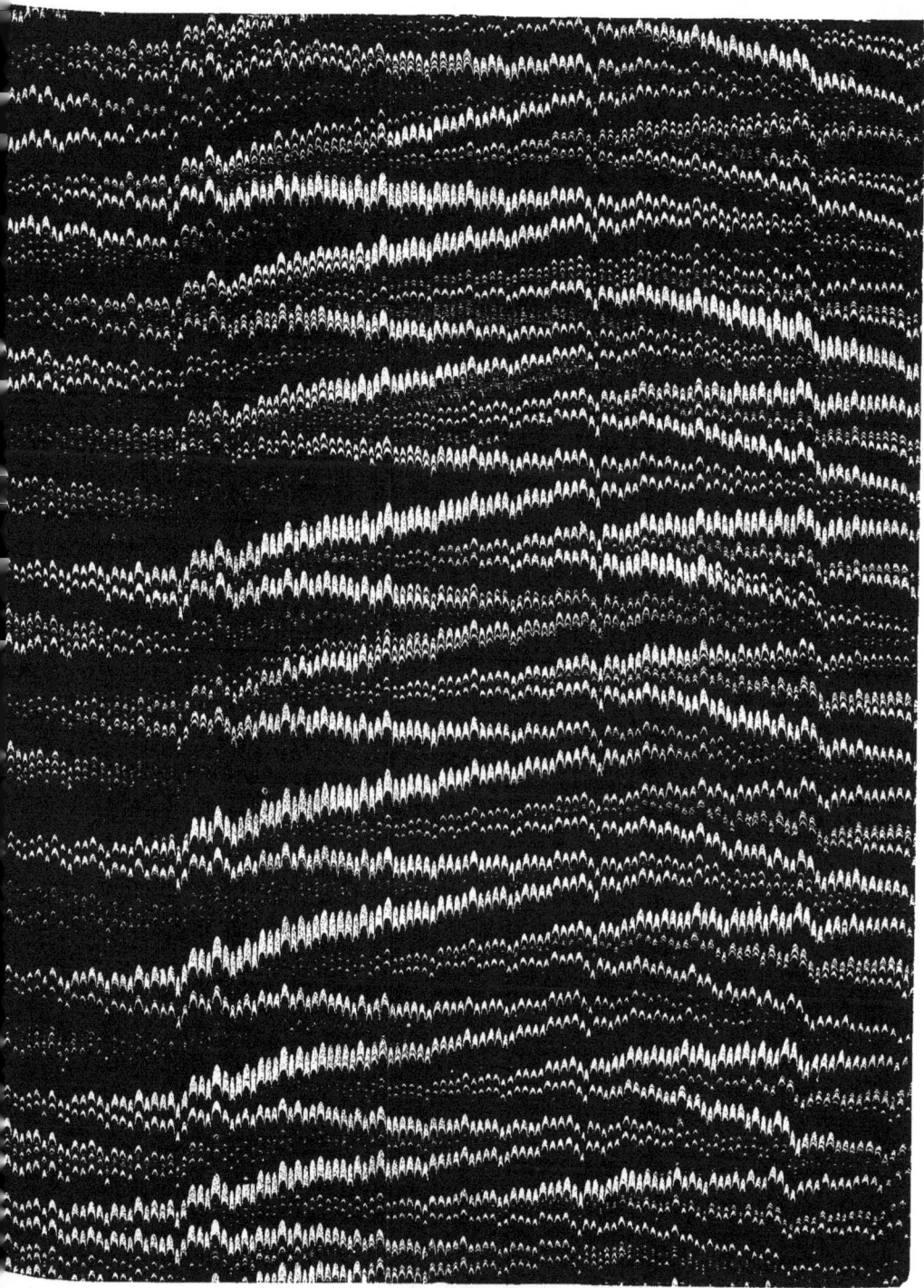

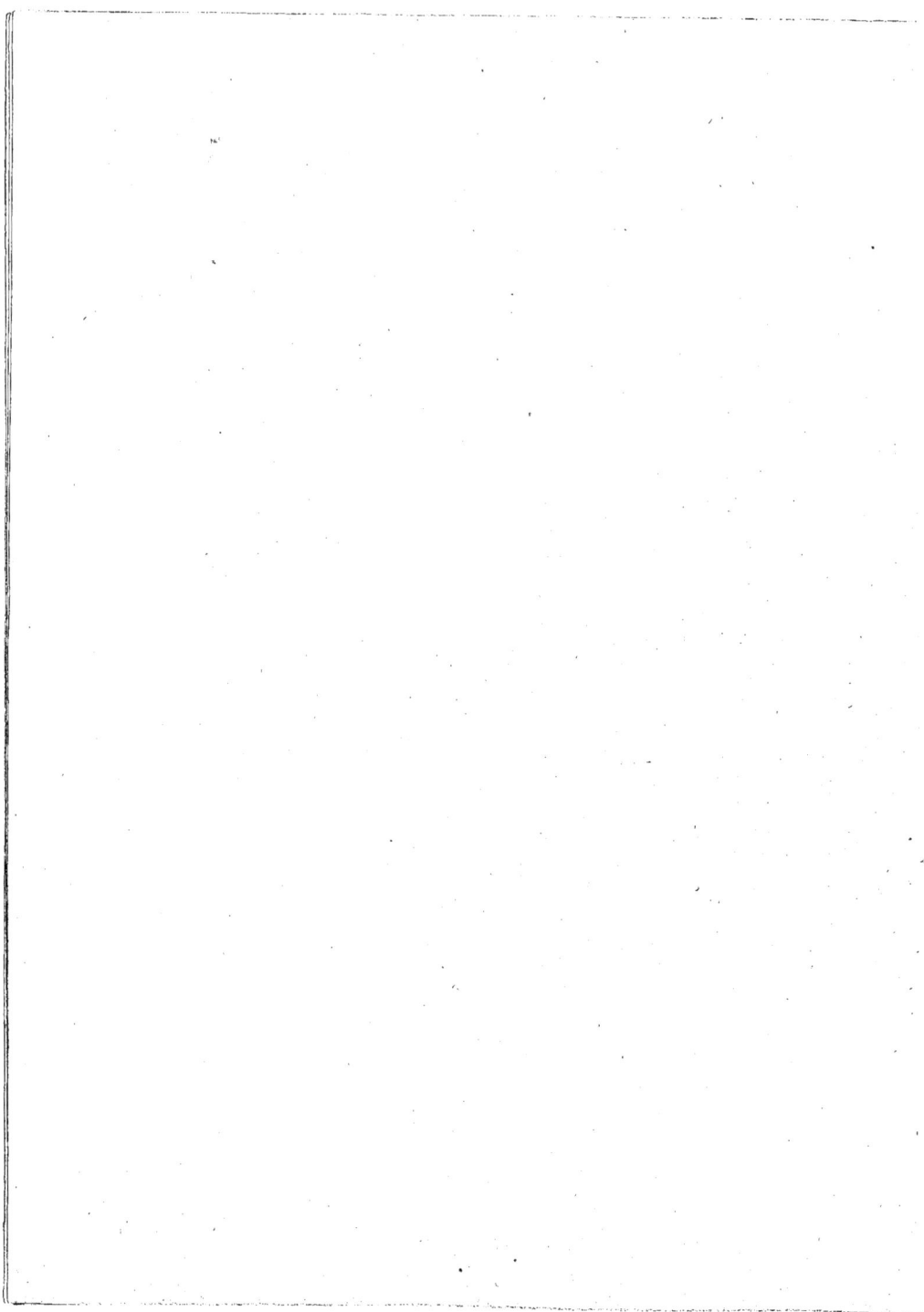

MINISTÈRE

DE L'AGRICULTURE, DU COMMERCE ET DES TRAVAUX PUBLICS.

ENQUÊTE AGRICOLE.

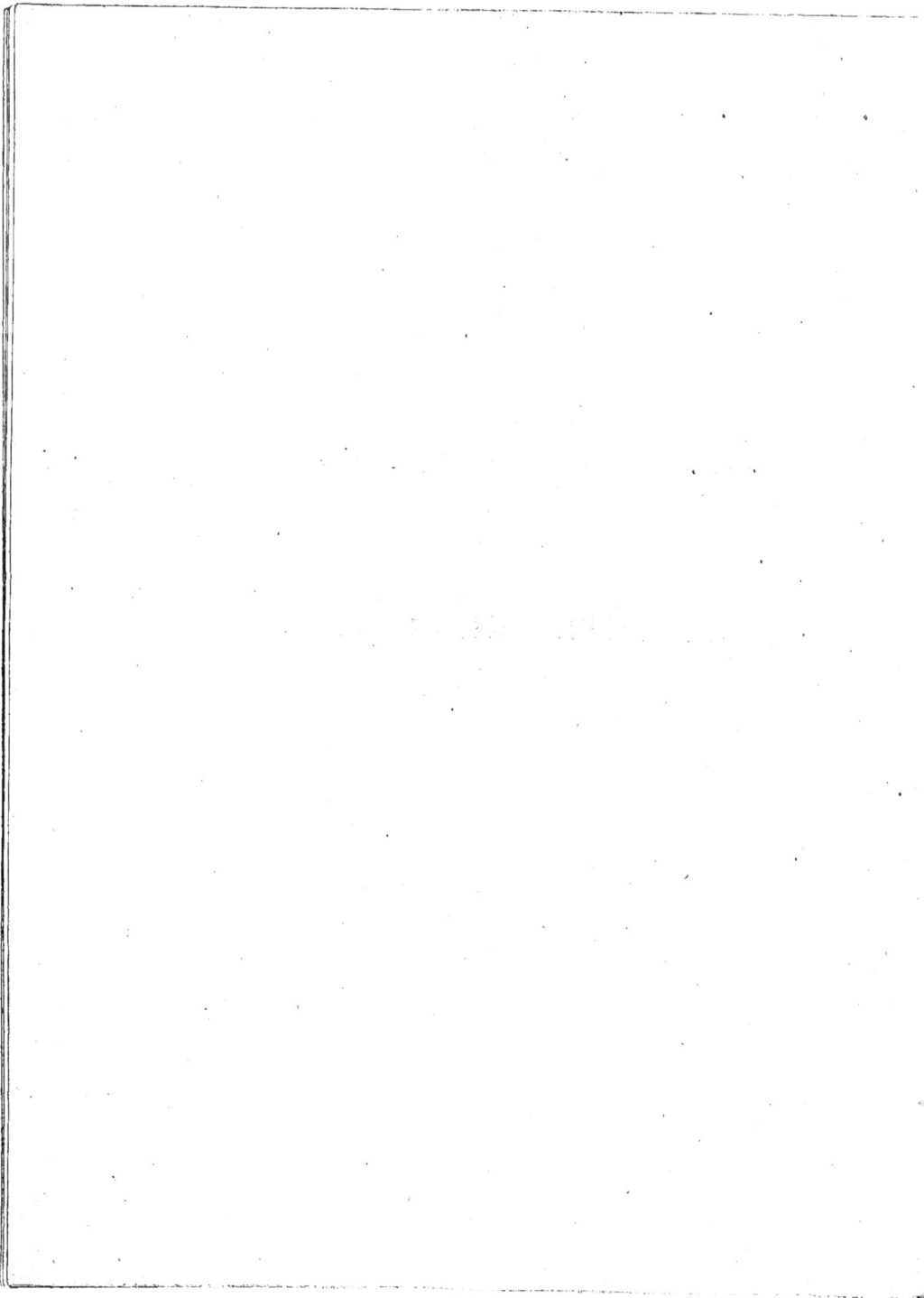

MINISTÈRE
DE L'AGRICULTURE, DU COMMERCE ET DES TRAVAUX PUBLICS.

ENQUÊTE AGRICOLE.

QUATRIÈME SÉRIE.

DOCUMENTS RECUEILLIS A L'ÉTRANGER.

TOME TROISIÈME.

PARIS.
IMPRIMERIE IMPÉRIALE.

M DCCC LXVIII.

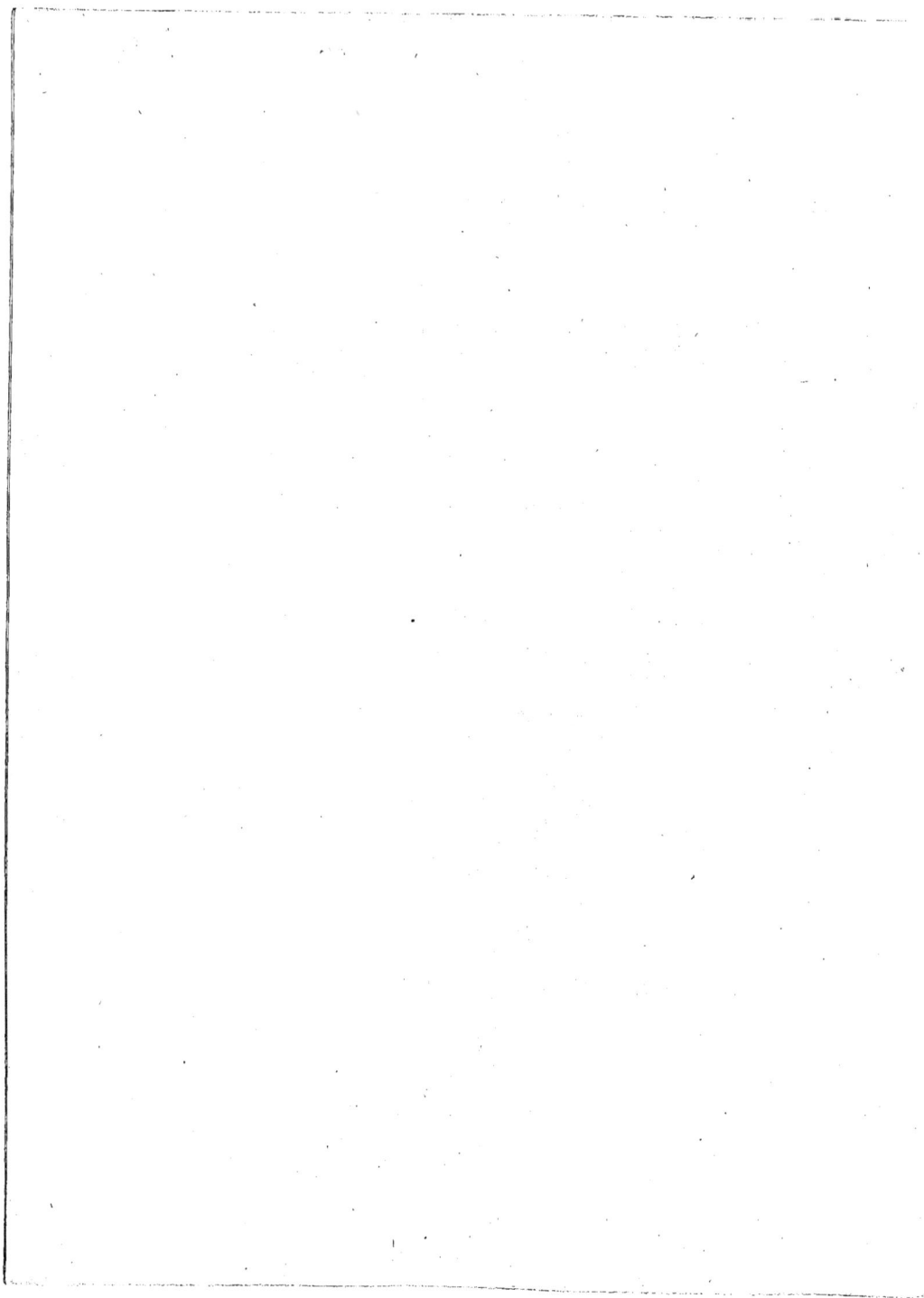

NOTE PRÉLIMINAIRE.

Le décret du 28 mars 1866, qui a ordonné l'Enquête agricole, indiquait, dans son article 9, qu'indépendamment des Enquêtes départementales s'appliquant à toute l'étendue du territoire de l'Empire, des renseignements pourraient être recueillis, en ce qui concerne l'étranger, par les soins de l'Administration. M. le Ministre de l'agriculture, du commerce et des travaux publics a donc demandé aux agents diplomatiques et consulaires de la France, par l'entremise de son collègue des affaires étrangères, des informations détaillées en réponse à un questionnaire spécial sur la situation de l'agriculture dans les divers pays de leur résidence.

Ces informations ont fait l'objet de rapports extrêmement intéressants, fournis avec beaucoup d'empressement et de soin par nos agents extérieurs pour les différentes contrées de l'Europe, pour plusieurs parties du littoral de l'Asie Mineure et de l'Afrique, pour les États-Unis et quelques points de l'Amérique du Sud.

La Commission supérieure de l'Enquête a été d'avis que l'examen de l'ensemble des rapports parvenus à l'Administration fût confié à une Sous-Commission, dont les membres se sont partagé le travail et ont rendu compte des documents qui avaient passé sous leurs yeux. C'est d'après le rapport verbal, présenté par chacun d'eux, que l'impression des documents publiés ci-après[1] a été proposée par la Sous-Commission et décidée par la Commission supérieure.

Plusieurs rapports ont été quelquefois envoyés pour un même pays; mais la Commission, en décidant qu'ils seraient imprimés simultanément, a pensé que ces documents, qui proviennent d'ailleurs de points différents de la même contrée, pouvaient renfermer d'utiles éléments de comparaison, se contrôler et se compléter, dans certains cas, les uns par les autres.

Le Commissaire général de l'Enquête agricole,

J[h] DE MONNY DE MORNAY.

---

[1] Cette publication se compose de trois volumes.

RENSEIGNEMENTS

A RECUEILLIR A L'ÉTRANGER.

QUESTIONNAIRE.

---

1. De quelle manière est divisée la propriété territoriale dans la contrée sur laquelle porte l'Enquête ?

Quelles sont les étendues de terrains qui, dans la contrée, sont considérées comme constituant les grandes, les moyennes et les petites propriétés ?

Quelles sont les proportions relatives de ces diverses natures de propriétés ?

2. Les terres sont-elles habituellement exploitées en totalité ou en partie par les propriétaires eux-mêmes ?

3. Dans le cas où les propriétaires n'exploitent pas eux-mêmes, quelles sont les conventions qui interviennent entre eux et ceux qui exploitent, soit que l'on constate ces conventions par des contrats écrits, soit qu'elles résultent de simples engagements verbaux ou de coutumes locales ?

4. Quels sont notamment les prix de location des terres, les redevances et charges de toute nature qui profitent aux propriétaires ?

5. Quels sont, pour les différentes espèces de propriétés et pour les divers genres d'exploitation, les prix de vente des terres, suivant leur qualité, les variations que ces prix ont pu subir depuis un certain temps, en remontant à trente ans au moins, et les causes de ces variations ?

6. Quelles sont les règles habituellement suivies pour la transmission des héritages ? Résultent-elles de dispositions expresses de la loi ou seulement des usages du pays ?

Les propriétés sont-elles habituellement conservées entières et par quels moyens, ou bien sont-elles ordinairement divisées ?

La division des propriétés se produit-elle fréquemment ou à des intervalles éloignés ?

7. Les propriétaires des biens ruraux ou ceux qui les exploitent possèdent-ils des capitaux suffisants pour les besoins de la culture, le perfectionnement des procédés agricoles et l'amélioration des terres ?

8. Si les capitaux n'existent pas ou ne se trouvent pas en quantité suffisante entre les mains de ceux qui possèdent les propriétés rurales ou qui les exploitent, comment ceux-ci peuvent-ils se les procurer ? Quelles facilités ou quels obstacles rencontrent-ils à cet égard ?

9. A quel taux l'argent qui leur est nécessaire leur est-il habituellement fourni ? Quel est l'état du crédit agricole ?

10. Quelle est la situation de la culture au point de vue de la question des salaires et de la main-d'œuvre ? Cette situation s'est-elle modifiée depuis un certain nombre d'années ? Dans quel sens ? Quelles sont les causes de ces modifications ?

11. Le personnel agricole a-t-il diminué ? Le nombre des ouvriers ruraux est-il en rapport avec les besoins de la culture ou est-il devenu insuffisant ?

S'il y a insuffisance d'ouvriers agricoles, quelles en sont les causes ?

12. Le mouvement d'émigration des populations rurales vers les villes et l'abandon du travail des champs pour le travail industriel se sont-ils produits dans des proportions sensibles ?

13. Quelle a été l'influence exercée sur l'importance du personnel agricole, sur le taux des salaires et de la main-d'œuvre, par l'emploi des machines dans l'agriculture ? L'emploi de ces machines s'est-il déjà étendu dans la contrée et a-t-il une tendance à se vulgariser de plus en plus ?

14. La somme de travail obtenue des ouvriers agricoles est-elle plus ou moins considérable que par le passé ?

⋆ 15. Les conditions d'existence de cette partie de la population se sont-elles améliorées ?

16. Quels sont les divers engrais ou amendements dont l'agriculture fait usage dans le pays ?

La production du fumier est-elle suffisante ? Y a-t-il besoin d'y suppléer par l'achat d'engrais naturels ou artificiels ?

Pour une étendue donnée de terres, combien a-t-on ordinairement de chevaux, d'animaux de race bovine, ovine, porcine, etc. etc. ? Ce nombre est-il ce qu'il devrait être eu égard à l'importance de l'exploitation ? Est-il suffisant pour donner la quantité de fumier nécessaire ? S'il ne l'est pas, quelles sont les circonstances qui s'opposent à ce qu'il atteigne la proportion voulue ?

17. Quels sont aujourd'hui, pour la grande, la moyenne et la petite culture, les divers modes d'assolement, et particulièrement ceux qui sont le plus fréquemment suivis ?

Quelles modifications ont été apportées, sous ce rapport, à l'ancien état de choses ?

18. Quels ont été, depuis un certain nombre d'années, les progrès accomplis et les améliorations réalisées dans la culture du sol, et dans quelle mesure les divers procédés agricoles se sont-ils perfectionnés ?

19. Quels ont été, dans la contrée, l'importance et le résultat des travaux de défrichement, de desséchement, de drainage?

20. Quel est l'état des irrigations dans la contrée? Sont-elles naturelles ou artificielles?

21. Quelle est, dans la contrée, l'étendue relative des prairies naturelles?

22. Quelle est l'étendue relative des terres cultivées en prairies artificielles? Quels sont les frais de culture de ces prairies pour une étendue donnée en mesure locale et ramenée à l'hectare?

23. Cultive-t-on dans la contrée d'autres plantes destinées à la nourriture des animaux, telles que choux, betteraves, navets, carottes, etc.?
Quelle est l'étendue relative des terres employées à ces cultures? Quels sont leur rendement moyen et les frais qui leur incombent?

24. A-t-il été donné depuis un certain nombre d'années un développement sensible aux cultures fourragères, et dans quelle proportion?

25. Quel est le rendement moyen des terres cultivées en plantes fourragères des diverses espèces, trèfle, luzerne, sainfoin, betteraves, choux, etc.?

26. Quel est le prix de vente de ces divers produits?

27. Quels sont, pour les animaux de chaque sorte: chevaux, mulets, ânes, bœufs, vaches, moutons, porcs, les frais de toute nature que le cultivateur a à supporter pour dépenses d'achat, d'élevage, de nourriture, d'entretien, d'engraissement, etc.? A quels prix les animaux de chaque espèce lui reviennent-ils et à quels prix se vendent-ils?

28. Y a-t-il amélioration dans la quantité et la qualité des animaux? Quels changements se sont opérés à cet égard depuis trente ans, soit par le choix des races, soit par leur perfectionnement, soit par de meilleurs procédés d'élevage et d'engraissement?

29. Quelles facilités nouvelles l'extension des cultures fourragères, sur les points où elle a été constatée, a-t-elle procurées pour l'élevage du bétail et la production des engrais?
Achète-t-on pour les animaux des aliments non fournis par l'exploitation?

30. Quel parti les cultivateurs tirent-ils des produits accessoires provenant des animaux de la ferme, tels que les laines, le beurre, le lait, les fromages, etc., et quelles ressources trouvent-ils dans l'élevage de la volaille?

31. Quelle est, dans la contrée, l'étendue des terres cultivées en céréales des diverses espèces?

En froment?
En méteil?
En seigle?
En orge?
En maïs?
En sarrasin?
En avoine?

32. Quels sont, pour chacune de ces céréales, les frais de culture d'un hectare de terre, ou de la mesure employée dans la localité et dont le rapport avec l'hectare serait indiqué?

33. La production des céréales de chaque espèce a-t-elle augmenté dans une proportion sensible depuis trente ans? S'il y a eu augmentation, à quelles causes doit-elle être particulièrement attribuée?

34. Quels ont été les prix de vente des diverses espèces de céréales, et les variations que ces prix ont pu subir depuis dix ans?

35. La qualité des différentes sortes de céréales s'est-elle améliorée par suite d'une culture plus soignée?

36. Quelle est, dans la contrée, l'étendue des terres cultivées en plantes alimentaires autres que les céréales proprement dites?

En pommes de terre?

En légumes secs?

En légumes frais?

37. Quels sont, pour chacun de ces produits, les frais de culture d'un hectare ou d'une mesure de terre déterminée et ramenée à l'hectare?

38. Quelle est l'étendue des terrains cultivés en plantes industrielles de toute nature?

En betteraves?

En graines oléagineuses : colza, navette, œillette, cameline et autres?

En plantes textiles : chanvre, lin, etc.?

En tabac?

En houblon?

En plantes tinctoriales : garance, safran, etc.?

39. Quels sont, pour chacun de ces produits, les frais de culture par hectare ou par mesure locale ramenée à l'hectare?

40. La production de chacune de ces cultures industrielles s'est-elle développée ou s'est-elle amoindrie? A quelles causes doit-on attribuer l'augmentation ou la diminution?

41. Quelle est l'importance de la fabrication des sucres indigènes dans la contrée?

La production des alcools y joue-t-elle un rôle considérable?

Quels ont été les progrès réalisés dans ces deux industries?

42. Quelle est, dans la contrée, l'étendue des terres cultivées en vignes? La culture de la vigne y a-t-elle reçu de l'extension depuis dix ans?

43. Quelles sont les principales espèces cultivées, et quelle est la nature et la qualité des vins récoltés?

44. Quels sont les frais de culture des terres plantées en vignes, soit par hectare, soit par mesure locale dont le rapport avec l'hectare serait indiqué?

45. Quels sont les prix de vente des vins et quels changements ont-ils subis depuis dix ans?

46. Quelles facilités et quels obstacles rencontrent l'écoulement et le placement des produits agricoles de la contrée, leur circulation et leur transport?

47. Quels sont les débouchés qui leur sont déjà ouverts, et ceux qu'il serait possible de leur ouvrir encore?

48. Quels progrès la viabilité y a-t-elle faits depuis un certain nombre d'années, en remontant à trente ans au moins?

49. Quelles ont été les lignes de chemins de fer construites et mises en exploitation?

50. Quels travaux ont été faits pour la création de routes de terre nouvelles ou l'amélioration des voies existantes?

51. Quels travaux ont été faits pour l'amélioration des fleuves et rivières et pour la création de canaux?

52. Quelle est la direction donnée aux divers produits agricoles de la contrée, et quelles variations cette direction a-t-elle éprouvées depuis un certain nombre d'années?

53. La facilité et la rapidité plus grandes des communications ont-elles donné de l'extension aux expéditions des produits agricoles à des distances éloignées?

Quels sont ceux de ces produits qui ont plus particulièrement pris part à ce mouvement, et quels progrès serait-il possible de réaliser encore à cet égard?

54. Quels sont les frais de transport que les produits agricoles ont à supporter pour être dirigés des lieux de production sur les lieux de consommation?

55. Quelle est la législation en vigueur dans le pays en ce qui concerne l'importation et l'exportation des produits agricoles, céréales, produits des cultures industrielles, bétail, vins et spiritueux, etc.?

56. Quelle influence cette législation exerce-t-elle sur la situation de l'agriculture dans la contrée, et quelles modifications paraîtrait-il utile d'y apporter au point de vue des intérêts agricoles?

57. Quelles sont, pour les produits agricoles, les dispositions et l'influence des traités de commerce qui peuvent exister entre le pays pour lequel les renseignements sont fournis et les autres puissances?

58. Quels sont les produits de l'agriculture de la contrée qui peuvent faire concurrence aux produits de l'agriculture française, soit sur nos propres marchés, soit sur les marchés des autres pays?

59. Quelle est l'étendue des débouchés que les produits de notre agriculture trouvent actuellement dans la contrée, et quels seraient les moyens de les accroître ou d'en ouvrir de nouveaux?

60. Quel est l'état de la législation fiscale? Quelles sont les charges que cette législation fait porter, soit directement, soit indirectement, sur la propriété rurale, sur ceux qui la possèdent et sur ceux qui l'exploitent?

61. Quels sont les impôts qui pèsent sur le sol et sur ses produits, soit sous forme de contributions perçues au profit de l'État, soit sous forme de taxes locales, de prestations en nature, de corvées, etc. etc. ?

62. Quelle est la nature et quelle est la quotité des impôts correspondant à nos contributions directes, et plus particulièrement à la contribution foncière ?

Existe-t-il des impôts analogues à nos droits d'enregistrement sur les actes de vente, baux, etc. ?

Existe-t-il des droits de mutation perçus dans le cas de transmission des propriétés, soit par héritage, soit par vente, etc. ?

Quelles sont les contributions indirectes correspondant à nos impôts sur les boissons, sur les sels, sur les sucres, etc., et qui sont établies sur des produits agricoles ?

Existe-t-il sur ces produits des droits analogues à nos droits d'octroi ?

Quelle est l'importance et l'assiette de ces divers impôts ?

Quels sont les autres impôts n'ayant pas de similaires en France, qui sont perçus dans le pays pour lequel les renseignements sont fournis et qui peuvent grever directement ou indirectement la propriété agricole ?

Existe-t-il un régime spécial de corvées, et, en cas d'affirmative, quelle en est l'organisation ? Ce régime est-il considéré comme profitable ou nuisible à l'agriculture ?

63. Quelle influence les différentes charges fiscales que l'agriculture a à supporter exercent-elles sur sa prospérité ?

64. Quels sont les moyens que l'on considérerait généralement dans le pays comme les plus propres à améliorer la condition de l'agriculture ?

TURQUIE.

PRINCIPAUTÉS DANUBIENNES.

CONSULAT GÉNÉRAL DE FRANCE A BUCHAREST.

M. le Baron D'AVRIL, Consul général.

RÉPONSES AU QUESTIONNAIRE.

1. — La superficie totale de la Roumanie est de 15,377,465 hectares, la population de 4,224,961 habitants; le pays se divise en 33 districts, 164 arrondissements, 62 communes urbaines, 3,018 communes rurales formées elles-mêmes de 7,402 villages ou hameaux.

1° Sur la superficie totale du territoire, 2,600,000 hectares environ, soit près du quart du territoire, sont la propriété de l'État; ils se divisent en 2,365 propriétés: sur ce chiffre, il y a 500,000 hectares de terres labourables, 600,000 hectares de forêts et 1,500,000 de terres incultes;

2° Les terres appartenant aux grands propriétaires (avant la loi rurale) comprennent 3 millions d'hectares;

3° Les terres appartenant à l'Église, 300,000 hectares;

4° Les biens des couvents dédiés (actuellement domaine de l'État), un million d'hectares;

5° Les terres appartenant aux petits propriétaires, 700,000 hectares;

6° Les terres appartenant aux communes, 100,000 hectares.

Division de la propriété.

L'ensemble du territoire des Principautés se répartit de la sorte :

Terres labourables.............................. 12,636,618 pogones [1].

Forêts....................................... 4,029,947

Terres incultes................................ 6,574,366

TOTAL.......... 24,240,931

Le rapport entre l'étendue labourable, les forêts et les terres incultes est, sur 100 pogones :

Terres labourables....................................... 52

Forêts.. 17

Terres incultes... 31

TOTAL.................. 100

L'agriculture n'a pris un certain développement dans les Principautés que depuis une trentaine d'années (1831, introduction du règlement organique). Avant cette époque, le pays n'avait d'autre débouché, pour l'écoulement de ses produits, que l'approvisionnement des forteresses turques des bords du Danube et ne produisait guère que la quantité de céréales nécessaire à la consommation intérieure. En Valachie, on ne comptait qu'environ 150,000 hectares de terres cultivées, et l'hectolitre de blé valait à cette époque 1 fr. 50 cent.

La libre exportation est venue donner un véritable élan à l'agriculture : un grand nombre de terres incultes ont été livrées à l'exploitation et la valeur de la terre cultivée a augmenté dans la même proportion que le prix des céréales.

A la suite de cette augmentation, deux opérations ont agi sur la propriété : d'un côté, les grands domaines appartenant à des particuliers se sont morcelés de plus en plus par le partage entre héritiers ou par des ventes successives; tandis que, d'autre part, la petite propriété s'est absorbée en partie dans la grande. De là une tendance marquée à la formation d'une propriété moyenne qui n'existait pas.

En général, les dimensions des grandes propriétés sont aujourd'hui de 500 à 10,000 hectares, il y en a même de plus considérables; celles des propriétés moyennes de 50 à 500 hectares, au milieu desquelles se trouvent des communes de 100 à 150 familles. Dans l'état actuel du pays, ces dimensions constituent les meilleures conditions pour une exploitation agricole. Si l'on fait exception pour quelques grandes familles, l'Église seule, jusque dans ces derniers temps, était restée propriétaire de grands domaines, aujourd'hui pour la plupart propriétés de l'État.

[1] Le pogone équivaut à 50 ares 11 centiares.

Quant à la petite propriété, le nombre des propriétaires de petits lots de terrain, qui avait été réduit de près de moitié durant ces dernières années, s'est accru depuis la mise en vigueur de la loi rurale, en vertu de laquelle chaque paysan est devenu propriétaire. La dimension moyenne de ces propriétés est de 5 à 50 hectares.

2, 3 et 4. — Les grands propriétaires exploitent leurs terres dans la plupart des districts de Moldavie; néanmoins, ils en font cultiver une partie par le paysan, en vertu de conventions qui l'obligent à abandonner au propriétaire une partie des produits qui varie suivant la population et les difficultés de l'exploitation : tantôt le tiers, tantôt le cinquième. Dans quelques localités, le paysan paye un fermage pour le terrain qui lui est concédé. Dans l'état actuel du pays, presque tous les paysans ont des contrats de ce genre; car la terre dont ils sont devenus propriétaires, en vertu de la loi rurale qui régit actuellement la propriété, ne leur suffit pas. Il y a des paysans qui cultivent pour leur compte jusqu'à 50 hectares.

Dans d'autres localités, les paysans s'engagent à cultiver la terre du propriétaire ou du fermier pour la somme d'argent équivalente au fermage de la terre. Sans conventions de ce genre, les propriétaires rencontreraient, en raison du manque de bras, de grandes difficultés pour exploiter leurs terres. Depuis quelques années même, les propriétaires en Valachie commencent à se mettre eux-mêmes à la tête de leurs exploitations; les petits propriétaires notamment et la plupart des moyens exploitent par eux-mêmes, ces derniers bien entendu avec l'aide de gens à gages ou de journaliers; néanmoins le fermage prédomine toujours.

5. — Les grandes propriétés se vendent généralement à raison de 3 à 3 1/2 p. o/o du revenu et les petites à raison de 4 à 5 1/2 p. o/o. Dans le voisinage des grandes villes, le prix moyen d'un pogone est de 180 à 300 francs; tandis qu'en s'éloignant des villes, il n'est plus, dans les grandes propriétés, que de 50 à 70 francs.

Les propriétés achetées il y a vingt-cinq ou trente ans en raison d'un revenu de 5 p. o/o rapportent souvent aujourd'hui près de 50 à 60 p. o/o sur le prix d'achat, et leur revenu continue à doubler presque tous les dix ans, sans même que le propriétaire ait affecté de grands capitaux à les améliorer et à les faire valoir. Le revenu des terres du clergé affermées par enchères publiques tous les cinq ans est monté, de l'année 1842 à l'année 1857, de 2 à 17 millions de piastres [1].

6. — La loi ne détermine pas la manière dont la propriété rurale doit être transmise par les héritages. Les parents partagent selon leur convenance la propriété entre les enfants des deux sexes. S'ils ont plusieurs terres, ils en laissent une ou plusieurs à chacun de leurs enfants; s'ils n'ont qu'une seule propriété et plusieurs enfants, la terre est divisée en autant de parcelles qu'il y a d'enfants ou parfois un seul des enfants en hérite et tient compte aux autres de la part qui leur est due.

[1] La piastre vaut 37 centimes.

ROUMANIE.

La propriété se divisait fort peu tant que la population était peu nombreuse et que la classe moyenne n'avait aucunes ressources; mais, depuis une vingtaine d'années, elle tend à se morceler davantage. Des négociants, des fermiers commencent à acheter des terres et font tous leurs efforts pour devenir propriétaires. La mise en vigueur de la loi rurale a eu pour résultat d'opérer une grande division dans la propriété, et plus de 600,000 familles sont devenues propriétaires. Les plus grands progrès dans la division de la propriété datent de 1855.

Capitaux. — Crédit.

7, 8 et 9. — Les capitaux affectés à l'agriculture sont tout à fait insuffisants; c'est ce qui explique l'état peu avancé de la culture. Les propriétaires moldaves sont ceux qui apportent le plus de soins et de capitaux à la culture du sol; ceux de Valachie, en voyant les résultats obtenus, ont commencé à les imiter. Le manque d'argent se fait surtout sentir depuis la loi rurale; car, sous le régime de l'ancienne législation, le fermier ou le propriétaire cultivateur faisait tous ses travaux à l'aide des paysans corvéables et, de cette manière, il n'avait besoin ni d'instruments ni d'animaux.

Le seul moyen pour se procurer des capitaux est de recourir aux banquiers et le plus grand obstacle que l'on rencontre est le taux élevé de l'argent. Les banquiers et les juifs notamment, tout en faisant des avances au cultivateur, ont le plus souvent l'arrière-pensée qu'ils arriveront à lui arracher la propriété elle-même par l'accumulation d'intérêts exorbitants. La situation faite au paysan est des plus malheureuses : s'il arrive à obtenir quelques avances de fonds pendant l'hiver, il est obligé de les rembourser au printemps par des travaux qui décuplent la somme qui lui a été donnée.

Le taux de l'argent est variable, mais toujours très-élevé : il varie entre 10, 15 et 25 p. o/o.

Quant au crédit agricole, il n'existe pas, et c'est assurément l'institution qui manque le plus au pays. Un établissement sérieux qui ferait des avances à l'agriculture, à un taux raisonnable, pourrait réaliser des bénéfices considérables et rendre de grands services.

Salaires.
Main-d'œuvre.

10 à 15. — Le rapport entre la population agricole et les terres labourables est, en moyenne, de 13 pogones par famille; toutefois, cette moyenne varie selon la localité : elle est, au minimum, de 6 pogones, et de 54 au maximum.

FORCES À L'EMPLOI DE L'AGRICULTURE.

Familles agricoles	684,168
Animaux de joug	961,973
Animaux de harnais	248,028
Chariots de transport	338,869
Charrues	150,510
Autres machines agricoles	804

Le rapport entre ces forces et l'étendue des terres labourables est le suivant :

1° Les bras d'une famille suffisent pour 13 pogones ;

2° Les animaux de labour sont, en moyenne, au nombre de 18 têtes pour 10 familles ; le minimum est de 9 têtes de bétail, le maximum de 94 ; leur nombre peut se décomposer de la sorte :

De joug. Taureaux		200,000
Bœufs		1,078,970
Vaches		863,216
Génisses, veaux		517,303
Buffles		91,079
	TOTAL	2,751,168
De harnais. Chevaux, juments, poulains		506,104
Anes et mulets		7,635
	TOTAL	513,739
De laine. Moutons		4,824,900
Chèvres		423,077
	TOTAL	5,247,977
De consommation. Porcs		1,088,737
Ruches		301,615
Volailles		13,683,360

3° Les chariots de transport se trouvent également au nombre de 6 par 10 familles (minimum de 2, maximum de 11).

4° Le nombre de charrues est de 2 par 10 familles, et varie entre un minimum de 1 et un maximum de 9.

La main-d'œuvre est tout à fait insuffisante et les salaires tendent toujours à s'élever : ils varient aujourd'hui entre 1 franc et 2 fr. 50 cent. par jour. Dans quelques localités on emploie des ouvriers étrangers, Bulgares, Serbes, Hongrois, qui viennent dans le pays à des époques déterminées. Le personnel agricole n'a pas diminué, il est vrai, mais le nombre des ouvriers est insuffisant parce que la culture tend continuellement à s'étendre et que la population n'augmente pas dans la même proportion. Le paysan qui, sous l'ancienne loi, travaillait vingt-deux journées par an pour le propriétaire, réserve aujourd'hui son temps pour ses propres travaux, et préfère cultiver un certain nombre d'hectares pour son propre compte plutôt que de travailler comme ouvrier salarié. Cette tendance est tellement prononcée qu'un grand nombre de communes s'associent pour prendre en fermage de grandes propriétés appartenant à l'État ou à des particuliers. Or, si le paysan refuse de travailler à la journée, les grandes propriétés ne peuvent être cultivées; c'est ce qui oblige les propriétaires à faire avec les paysans des conventions en vertu desquelles ils leur cèdent une partie de leurs terres, moyennant une redevance en produits ou en travail.

Les populations rurales émigrent, du reste, fort peu vers les villes, et, seuls, quelques jeunes gens, dans les localités où la population est plus condensée, abandonnent le travail des champs pour s'occuper de quelque métier plus rémunérateur; mais l'industrie est si peu avancée que ces cas sont exceptionnels.

Les machines agricoles sont encore assez rares et ne sont guère employées que par de grands propriétaires et quelques fermiers qui se livrent à l'agriculture sur une grande échelle; les plus communes sont les machines à battre et les charrues de fabrication anglaise, dont le bon marché a jusqu'ici empêché l'importation de machines françaises; si pourtant quelques-uns de nos fabricants établissaient des dépôts dans le pays, il y a tout lieu de croire que leurs produits feraient une sérieuse concurrence à ceux de l'Angleterre, aujourd'hui surtout que le nombre de ces machines tend à augmenter, et où plusieurs fermiers parcourent le pays en les louant à la journée à des prix assez élevés; ce travail commence après la moisson et dure jusqu'au mois de novembre; mais, jusqu'à présent, la main-d'œuvre n'a pas eu à se ressentir notablement de l'introduction de ces machines.

La somme de travail obtenue des ouvriers agricoles n'est pas plus considérable que par le passé; au contraire, le paysan tend de plus en plus à travailler pour son propre compte.

Depuis plusieurs années, les conditions d'existence des ouvriers agricoles tendent à s'améliorer un peu : les villages se transforment, la construction des habitations, la nourriture, l'habillement, s'améliorent graduellement.

Engrais.
Amendements. 16. — L'emploi des engrais ou amendements nécessaires à l'agriculture dans les autres pays, et notamment de la chaux et de la marne, est presque inconnu en Roumanie; la fertilité du sol et l'étendue des terrains non cultivés expliquent cet état de choses. Toutefois, depuis quelques années, le fumier commence à être employé pour le maïs et pour le blé, dans les montagnes où la population est plus condensée que dans la plaine. Dans cette dernière région, le fumier est considéré comme onéreux et n'est jamais utilisé; dans les villes on paye des prix assez élevés pour le faire enlever.

Le bétail est entretenu pour la spéculation, mais nullement pour la production du fumier.

D'après la moyenne générale, on nourrit une tête de gros bétail pour un hectare et demi de terre cultivée.

Assolements. 17. — Le système de culture suivi dans le pays est le système pastoral ou le système pastoral mixte. Il y a des localités où la culture céréale prédomine. L'assolement adopté généralement est le suivant :

Première année, céréales (blé); deuxième année, maïs; troisième année, jachère; ou bien : première année, maïs; deuxième année, blé : c'est-à-dire l'assolement biennal.

La jachère dure, suivant les localités, de un à trois ans; les cultivateurs plus avancés font travailler la jachère et y sèment du blé à l'automne. Dans les terres où le blé ne réussit pas, on le remplace par du seigle, de l'avoine et de l'orge; on sème le millet à la place du maïs, et, après le millet, du blé.

Dans les endroits où l'on sème du fourrage, l'assolement suivant est adopté :

Première année, blé; deuxième année, fourrages; troisième année, maïs; quatrième année, jachère.

18. — Les progrès accomplis et les améliorations réalisées dans la culture du sol sont peu considérables; on s'est occupé pourtant de l'introduction dans le pays des meilleures variétés de blés; on laboure et on travaille la terre avec plus de soin; on emploie quelques charrues perfectionnées, machines à battre, herses à dents, buttoirs, etc.; plusieurs fabriques d'instruments aratoires ont été fondées; de grands propriétaires ont établi des ateliers de réparation et même de construction. *Progrès agricoles.*

19. — La superficie totale des forêts est de 4,029,947 pogones; sur ce chiffre, 1,281,927 sont la propriété de l'État et 2,748,020 propriété privée. *Drainage. Desséchements. Défrichements.*

Les forêts de l'État peuvent être approximativement évaluées à plus de 45 millions de francs. Le rapport entre l'étendue des forêts et les habitants est, en moyenne, de 4 pogones par famille, mais varie, d'après la localité, entre un minimum de zéro et un maximum de 9 pogones.

En déduisant de l'étendue totale des forêts un tiers situé sur le sommet des montagnes ou dans les vallées non exploitées, il reste 2,686,631 pogones. Une exploitation systématique, qui aurait pour but la conservation des forêts, devrait être basée sur une période de vingt-cinq ans en moyenne; sur la vingt-cinquième partie de 2,686,631 pogones, on pourrait donc sans inconvénient faire annuellement la coupe de 107,465 pogones, qui donneraient, en moyenne, 537,320 toises de bois. Au lieu de cela, on coupe aujourd'hui plus de 2,500,000 toises, c'est-à-dire quatre cinquièmes en sus de ce que produisent les forêts qu'on peut exploiter; aussi les forêts ont-elles diminué sensiblement.

Cette imprévoyance est devenue la source de grands désastres : la fonte des neiges qui, autrefois, s'opérait graduellement, suit, aujourd'hui, la rapidité des variations atmosphériques et précipite vers la plaine des torrents dévastateurs; les eaux pluviales, ne rencontrant plus aucun obstacle, inondent les villages et ensablent les terrains cultivés.

Les travaux de défrichement ont été entrepris à bras d'hommes; on n'a jamais employé jusqu'ici ni machines ni bétail; le travail se fait à la bêche et à la pioche, et est confié aux Bohémiens, race très-apte à remuer la terre et à faire les déblais, mais peu disposée à l'agriculture; leur travail est payé à raison de 60 à 160 francs

ROUMANIE. par hectare, suivant les difficultés que présentent les racines à extraire; cette dépense est presque toujours couverte par le produit de la première année. Aucun encouragement n'a, d'ailleurs, été donné, ni par le Gouvernement, ni par aucune société; la loi n'a rien prévu à ce sujet et les communes n'ont rien entrepris comme personnes collectives. L'opération se fait en creusant un petit fossé autour de l'arbre coupé; on coupe les racines à la hache et on enlève le tronc avec la pioche; la terre ainsi défrichée est livrée à la culture; on y fait passer la charrue et on y sème du maïs la première année.

Mais, jusqu'ici, on n'a fait aucun essai pour dessécher, assainir et mettre en rapport des terres marécageuses, en raison du peu de population et de la facilité qu'on a toujours de se procurer de bonnes terres à moins de frais que par des irrigations ou le drainage, dont on n'a encore aucune idée. Les jachères sont le seul moyen employé pour améliorer une terre épuisée; après avoir semé du maïs ou du blé pendant une période de sept à douze ans, si la terre s'appauvrit trop, on la laisse se reposer pendant cinq ou six ans; on y met du bétail, pour la livrer ensuite à la culture. Les assolements commencent à peine à être connus, depuis cinq ou six ans, dans certaines localités; dans les terres vierges ou nouvellement défrichées, on ne sème que du maïs la première année, mais dès la deuxième on peut cultiver en blé.

Irrigations. 20. — La nature du sous-sol est sablonneuse, ce qui donne au terrain une grande fertilité sans avoir besoin de recourir aux irrigations et au drainage; la perméabilité du sous-sol garantit également les terres cultivées contre l'abondance des pluies. Sur les plateaux et les collines qui longent les rivières descendant des Carpathes au Danube, le sous-sol est argileux et c'est encore une condition de fertilité, car la sécheresse étant fréquente en été, l'imperméabilité de l'argile maintient l'humidité et la fraîcheur dans la couche végétale; sur les bords du Danube, le sous-sol redevient sablonneux, et c'est ce qui rend cette région si fertile, car, pendant la sécheresse des étés, la couche de sable, qui repose sur un lit argileux, garde les eaux dont elle s'est imprégnée au printemps et auxquelles se joignent par infiltration les eaux des rivières et du Danube.

Prairies et cultures fourragères. 21 à 23. — Les terres cultivées peuvent se subdiviser de la manière suivante :

Jardins	3o8,477 pogones.
Terres labourées proprement dites	4,442,924
Foins	1,848,775
Pâturages	5,845,135
Vignes	191,3o7
TOTAL	12,636,618

Le rapport entre l'étendue des divisions spéciales de terres labourables est, sur 100 pogones:

Jardins...	2.44 pogones.
Terres labourées proprement dites......................	35.15
Foins...	14.64
Pâturages...	46.25
Vignes..	1.52
TOTAL...................	100.00

Le versant des montagnes, jusqu'au bas des vallées, est couvert de prairies naturelles qui se trouvent dans les meilleures conditions de végétation; les éléments argileux et calcaires, mêlés aux matières végétales provenant surtout de la décomposition des bois, ont formé un sol qui produit les meilleurs pâturages; l'herbe y est épaisse et fine, et le lait des brebis acquiert une épaisseur extraordinaire.

Il n'existe nulle part de prairies artificielles, pas même à l'école d'agriculture, et on ne trouve de travaux d'irrigation que dans les potagers cultivés aux environs des grandes villes par des paysans bulgares.

Généralement on ne cultive aucune plante fourragère, telle que trèfle, sainfoin, etc., destinée à la nourriture des animaux, auxquels on ne donne que le foin des prairies naturelles, le pacage des forêts, les millets coupés en vert et les tiges de maïs. Si le battage par les machines n'a pas pris une plus grande extension, cela tient en partie à ce que, pour l'hivernage des animaux, le paysan n'emploie que la paille concassée; la paille coupée n'a pour lui aucune valeur.

Aux environs des villes seulement, on cultive quelquefois le chou pour l'alimentation publique; le cent de têtes de chou se vend, en moyenne, à raison de 5 à 6 francs.

24 à 26. — Quelques propriétaires ont depuis peu semé de la luzerne; les résultats de ces essais ont été très-satisfaisants: dans les bonnes années on a pu faire quatre et cinq coupes, et cette plante a produit jusqu'à 12,000 kilogrammes de foin sec par hectare; on la fauche jusqu'au mois d'octobre.

Le prix en est supérieur à celui du foin naturel; les 1,000 kilogrammes se vendent en moyenne 100 francs.

27 à 29. — Les frais d'achat des animaux de toute sorte varient suivant les localités et les années. Pendant les années de sécheresse le bétail se vend à vil prix; ainsi on peut avoir pour 20 francs une vache qui, en moyenne, se vend 60 francs ou plus.

Les prix de vente sont, approximativement, les suivants :

Un cheval ordinaire .... 300^f
Un bœuf... 100
Une vache... 60
Un veau 20
Un porc... 24
Une brebis.. 24

Les frais d'entretien et de nourriture sont extrêmement variables, suivant la récolte. Nulle part on ne s'applique à l'élevage des bestiaux; les troupeaux passent leur vie dans les champs, où ils sont mal soignés, bien qu'ils soient le seul moyen d'exploitation employé dans le pays.

La viande de boucherie laisse beaucoup à désirer : les animaux destinés à l'alimentation sont nourris avec les résidus des distilleries. Un bœuf acheté à l'automne pour cette destination vaut, en moyenne, de 5 à 6 ducats (60 à 70 francs), et, après deux mois d'entretien dans la distillerie, il est revendu de 10 à 12 ducats (120 à 140 francs). Le cultivateur paysan possède de deux à quatre bœufs qu'il entretient avec les résidus de ses produits; il les emploie pour faire son travail, ainsi que celui auquel il s'est obligé par contrat avec le fermier qui, rarement, possède des animaux de travail.

Il n'y a point de mulets dans le pays. Les chevaux ne sont jamais employés pour la culture. Le buffle est employé par les Serbes et les Bulgares, qui sont beaucoup plus industrieux que les populations roumaines; le prix des buffles est supérieur d'un quart environ à celui des bœufs.

On ne peut signaler presque aucune amélioration dans la quantité et la qualité des animaux depuis un certain nombre d'années. Les épizooties sont très-fréquentes, en effet, pendant l'hiver; la nourriture des animaux, qui se compose exclusivement de paille et de tiges de maïs, est mauvaise et insuffisante; le printemps arrive sans transition, et les variations subites de température, qui se produisent lors de la fonte des neiges, ont pour résultat de remplacer subitement cette mauvaise nourriture par de gras pâturages et de l'herbe qui se trouve en abondance.

Nulle part on ne s'occupe de rechercher les meilleurs procédés d'engraissement ou d'introduire dans le pays des cultures fourragères.

Seuls, quelques grands propriétaires s'adonnent à l'élevage, mais plutôt par luxe que dans l'intérêt du choix et du perfectionnement des races, qui, par suite, s'appauvrissent plutôt qu'elles ne s'améliorent. Quelques-uns ont fait venir des taureaux suisses, des mérinos et des chèvres d'Angora qui réussissent fort bien; en général, le bétail est plus beau en Moldavie qu'en Valachie.

Produit des animaux. 30. — Les produits accessoires provenant des animaux de la ferme sont, pour la plupart, consommés dans le pays; on exporte pourtant environ 7 millions de kilogrammes de laine, des peaux et du suif.

Les troupeaux de moutons sont élevés par des gens nomades, qui descendent de la montagne dans la plaine au moment de l'agnelage et de la tonte; ils campent près des villes pour y vendre leurs produits, le lait et les laines, puis ils remontent dans la montagne. La population des villes n'est alimentée de lait, de beurre et de fromage que par les femmes des ouvriers, qui élèvent quelques vaches pour cette destination. Les fromages de brebis sont faits à l'automne par les bergers, après leur retour dans la montagne; ce sont les seuls fromages du pays.

Chaque paysan élève une certaine quantité de volailles, car, d'après la coutume du pays, il est tenu par son contrat d'en fournir au fermier un certain nombre pour sa nourriture et à titre de dime; il vend le reste pour l'approvisionnement des villes.

31. — D'après les données les plus récentes, la terre est partagée de la manière suivante entre les différentes céréales : *Céréales.*

```
Froment........................................  1,149,119 pogones.
Seigle.........................................    221,547
Maïs..........................................  2,069,510
Orge..........................................    453,928
Avoine........................................    121,880
Millet........................................    252,860
Produits divers...............................    204,080

              TOTAL.................  4,442,924
```

Le rapport entre l'étendue de la division spéciale des pogones labourables, d'après l'espèce de produits, est, sur 100 pogones :

```
Blé...........................................   25.19
Seigle........................................    4.99
Maïs..........................................   46.58
Orge..........................................   10.22
Avoine........................................    2.75
Millet........................................    5.68
Produits divers...............................    4.59

              100.00
```

32. — Les frais de culture sont très-variables, car ils se payent généralement en nature. Ainsi, le propriétaire qui a 3 pogones à cultiver abandonnera au paysan tantôt la récolte d'un tiers, tantôt celle de la moitié, pour l'indemniser des frais de culture; dans les propriétés situées près des grandes villes ou des ports du Danube, les frais sont plus élevés, et il devra souvent abandonner les deux tiers. Après la récolte du maïs, par exemple, la tige qui reste vaut généralement 5 francs : suivant la récolte et la convenance du paysan, le propriétaire lui abandonne ces tiges et stipule que, l'année *Frais de culture.*

ROUMANIE. suivante, le paysan lui cultivera un pogone de maïs, dont la culture lui aurait coûté environ 25 francs.

En général, les frais de culture d'un pogone de terre labourée à deux façons et ensemencée pour le blé s'élèvent à 40 piastres[1] (14 à 15 francs); le prix est à peu près le même pour l'orge et l'avoine. Un seul labour de 18 piastres suffit pour le maïs, mais il faut y ajouter le sarclage et le battage de 30 piastres chacun, soit 78 piastres (27 à 28 francs). Ces prix varient en outre suivant les localités, le nombre des labours et la qualité des semences, car tel blé de semence est vendu 120 francs le *kilé*[2] lorsque tel autre ne vaut que 60 francs.

Production, prix de vente et qualité. 33, 34 et 35. — Ainsi qu'il a été remarqué plus haut, la production des céréales qui, il y a trente ans, était presque nulle, a pris une grande extension depuis 1831, époque à laquelle l'exportation a été permise et a ouvert aux produits du pays de vastes débouchés. Depuis cette époque, elle a varié suivant l'état de la récolte dans les pays voisins, mais tend à augmenter tous les ans en raison des demandes d'exportation. Lors de la guerre de Crimée, une augmentation considérable a eu lieu : le blé, en effet, qui, l'année précédente, se vendait à raison de 4 ducats le kilé, s'est élevé jusqu'au prix de 12 ducats. Les terres ont progressivement augmenté de valeur jusqu'en 1860, où il y a eu un temps d'arrêt et même une baisse.

D'après les données les plus récentes, la production des diverses céréales est la suivante :

CÉRÉALES.	KILÉS.	PRIX		
		HAUTS.	MOYENS.	BAS.
		piastres.	piastres.	piastres.
Blé..................................	2,217,343	280	190	80
Seigle................................	363,436	180	120	64
Maïs.................................	2,984,059	160	110	60
Orge.................................	1,169,243	120	100	60
Avoine...............................	258,640	120	90	50
Millet................................	368,816	90	70	60

En 1866, les prix moyens ont été :

Blé.. 190 piastres le kilé.
Seigle.. 120
Maïs... 110
Orge... 100
Avoine... 90
Millet.. 70

[1] La piastre vaut 37 centimes.
[2] Le kilé, mesure de capacité, vaut 6 hectol. 792.

Lorsque la récolte est mauvaise, comme cette année et l'année précédente, la production suffit à peine à la consommation intérieure. Le Gouvernement s'est trouvé dans la nécessité de fermer les distilleries de grains et de prohiber l'exportation.

La qualité des différentes sortes de céréales tend à s'améliorer tous les ans, et les agriculteurs cherchent à se procurer les meilleures semences. On se souciait peu, il y a quelques années, de la présence du seigle dans les blés de semence; aujourd'hui, cette négligence est devenue beaucoup moins fréquente. Quant au maïs, sa qualité est excellente, et l'on n'a pas besoin de chercher à se procurer de meilleure semence.

36 et 37. — L'étendue des terres cultivées en plantes alimentaires autres que les céréales proprement dites est, pour les pommes de terre, de 12,467 pogones, produisant en moyenne 9,247,943 *okas* [1]; pour les haricots et lentilles, de 43,322 pogones, produisant en moyenne 12,816,505 okas.

Il résulte de ces chiffres que le haricot est un des grands produits du pays; il s'exporte en grande quantité de Galatz et d'Ibraïla pour Marseille. Cette culture pourrait recevoir beaucoup plus d'extension, car, sans la nonchalance du paysan, ce produit se vendrait ici à des prix peu élevés, et il y aurait de grands bénéfices à réaliser. Il en serait de même pour la culture des pois.

Les frais de culture pour ces produits sont très-élevés, souvent même exorbitants, car ils peuvent s'élever jusqu'à 160 francs par pogone; il faut établir un chenal, un manége à cheval pour les irrigations, et faire une foule de dépenses qui peuvent devenir improductives par suite du changement du fermier.

38, 39 et 40. — Parmi les plantes industrielles, le chanvre, le lin et le tabac, etc. sont seuls l'objet d'une certaine culture. Cependant, depuis quelques années, le colza est devenu une culture importante. On commence à en exporter une grande quantité d'Ibraïla. L'hectolitre se vend de 25 à 35 francs. L'huile de colza est encore peu employée, mais on en fabrique la quantité nécessaire à la consommation intérieure du pays. Depuis quelques années, cette plante a été attaquée par un ver qui la détruit complétement; cette maladie a découragé la plupart des cultivateurs.

Plusieurs cantons, principalement dans le voisinage de la Transylvanie, ont donné une certaine extension à la culture du chanvre et du lin, mais, en général, le paysan ne cultive ces plantes que pour ses besoins personnels, et le commerce a peu d'étendue dans l'intérieur du pays.

Le houblon est peu cultivé parce que, le vin étant abondant, la bière est peu recherchée.

Les plantes tinctoriales n'existent pas dans le pays; cependant, quelques essais ont été faits pour la culture de la garance et ils ont donné de très-beaux résultats, mais les frais ont dépassé le prix de vente.

---

[1] Une oke vaut 1 kilog. 27.

Voici l'étendue des terres affectées à la culture des plantes industrielles :

Tabac................ 10,000 pogones, produisant...... 1,480,660 okas.
Lin 50,000   633,754
Chanvre.............. 50,000   1,628,361
Colza................ 10,000   »

Les frais de culture pour ces plantes sont les suivants :

Colza .... 70 piastres.
Lin 80
Chanvre 80
Tabac... 200

La production du tabac, qui augmente d'année en année, a eu pour résultat de rendre moins abondante l'importation du tabac turc. Celle du lin et du chanvre est demeurée stationnaire depuis que, dans les campagnes, le paysan fait usage des étoffes de coton; le lin pourtant est plus cultivé parce que, de sa graine, est extraite une huile que l'on consomme dans le pays.

41. — Des essais infructueux ont été faits dans le temps pour la fabrication des sucres indigènes, mais le prix de la main-d'œuvre étant trop élevé, ces essais ont été abandonnés, et tous les sucres qui se consomment dans le pays viennent de France, des Pays-Bas et d'Angleterre.

Il n'en est pas de même pour les alcools, dont la production est considérable et dont la fabrication a pris un grand développement depuis quelques années. Une partie de la récolte du maïs est aujourd'hui transformée en alcool, les résidus servant de nourriture aux porcs. Il y a, dans les deux Principautés, 1,687 distilleries, qui occupent 5,661 ouvriers; la valeur moyenne des produits a été, pendant la dernière période de trente ans, de 16,382,199 piastres pour les matières premières et de 27,490,095 piastres pour les produits fabriqués. Le rapport des bénéfices de cette industrie avec le capital mis en matière brute est de 49 p. o/o. Le prix moyen des journées de travail des ouvriers de ces établissements est de 6 piastres; la plus grande brandevinerie ne produit que 3 hectolitres d'eau-de-vie par vingt-quatre heures.

Il se fabrique annuellement 654,865 védros d'eau-de-vie de céréales et 6,969,365 védros d'eau-de-vie de prunes. Il faut faire exception pour cette année où, par suite de la mauvaise récolte du maïs, le Gouvernement a dû fermer les distilleries de grains.

La consommation de chaque famille est évaluée à 62 piastres.

42, 43, 44 et 45. — L'étendue des terres cultivées en vigne est de 191,307 pogones, qui produit 4,108,704 védros [1] de vin, représentant une valeur de 24,652,244

(1) Un védro égale 12 litres 8 décilitres.

piastres. Le chiffre moyen de la production est de 22 védros par pogone. Sur la superficie totale des vignes, 30,011 pogones sont la propriété de l'État, et 161,296,
propriété privée.

La consommation de chaque famille est évaluée à 41 piastres.

Quant à l'extension de la culture, aucun progrès n'a été réalisé depuis dix ans; loin
de s'accroître, elle est demeurée stationnaire, et l'on pourrait même citer des localités
où elle était moins devoloppée en 1860 qu'en 1850. Il en est de même des procédés
employés pour la fabrication des vins, excepté lorsque la température est très-élevée :
le cuvage et le pressurage n'existent pas; on se borne à un simple foulage, et le reste
est employé pour la fabrication de l'alcool. C'est pourquoi, bien que l'on trouve en
Roumanie de bonnes espèces de cépages qui pourraient rivaliser avec les produits
viticoles des pays étrangers, la qualité des vins récoltés laisse beaucoup à désirer.
Les crus les plus célèbres sont ceux de Cotnari, Dragaschani et Odobesti.

Les frais de culture de terres plantées en vignes varient suivant les localités. Près
des villes ils s'élèvent jusqu'à 250 piastres (85 à 90 francs) par pogone, tandis que
dans la montagne ils ne sont que de 120 piastres (45 francs); car, dans cette région,
on n'a pas à enterrer et à déterrer la vigne, ce qui constitue deux mains-d'œuvre de
plus; les conditions du vigneron sont plus élevées près des villes, et ces vignes, bien
que de qualité inférieure à celles de la montagne, rapportent davantage par suite de
la vente au poids du raisin pour la consommation locale; le reste sert à faire le vin
doux, car les vins de conserve n'existent pas.

Les prix de vente du védro de vin varient, selon la qualité, entre 3 et 27 piastres
(1 fr. 15 cent. à 10 francs). Les vins nouveaux de bonne qualité se vendent 10 à
12 piastres; les vins ordinaires, de 5 à 7 piastres. Les marchands de vins en détail
vendent le vin ordinaire de 7 à 10 piastres le védro, et les vins de bonne qualité, de
30 à 60 piastres; mais ce dernier prix ne se rapporte qu'aux vins de trois ans.

Le prix des vins a augmenté dans une proportion considérable depuis dix ans, par
suite de l'accroissement des demandes. A cette époque on payait 2 piastres le védro,
qui, aujourd'hui, se vend facilement 6 à 7 piastres. Cette augmentation frappe
surtout les vins rouges qui se fabriquaient peu il y a quelques années; ce n'est qu'à
partir de 1860 que plusieurs propriétaires de vignes y ont donné leurs soins.

On peut dire que la culture de la vigne a beaucoup d'avenir dans le pays, et que
de grands progrès pourront être réalisés quand la généralité des viticulteurs s'occupera
sérieusement d'améliorer les cépages, les modes de culture, et surtout de fabrication.
On vend presque dans toutes les villes, comme vins de Bordeaux, des vins rouges du
pays dans des bouteilles portant la marque de nos principaux négociants.

46, 47, 48, 49 et 50. — Les principaux débouchés des produits agricoles sont les
États de l'Europe occidentale, et l'Autriche principalement. Ceux qui n'ont pas été
exportés par les échelles du Danube sont livrés aux distilleries, dont les produits

Circulation, débouchés
des produits agricoles.
Routes
et chemins de fer.

passent en grande partie en Russie, par la Moldavie. Mais le plus grand obstacle à leur écoulement et au développement de l'agriculture, est le manque de voies de communication. Les transports qui ne peuvent se faire par le Danube se font au moyen de chariots attelés de quatre à huit bœufs, portant de 9 à 14 hectolitres, au prix de 2 centimes par hectolitre et par kilomètre. Aussi est-il très-difficile de porter au Danube des céréales d'une distance de plus de 100 kilomètres de ce fleuve. Ces produits sont exportés, pour la plupart, en Angleterre, en France et en Italie.

On jugera de l'état de viabilité du pays par le tableau suivant :

	1re classe.	2e classe.
Chaussées en circulation (avril 1861). :	659 kil.	68 kil.
A partir de 1861.	333	6
A être terminées en 1866	139	20
A être terminées en 1867.	116	82
En projet, et devant être adjugées	117	82
En cours d'étude. . . . . :	284	222
A étudier.	522	1,702
	2,170	2,183
	4,353	

En vertu d'une loi promulguée en 1842, chaque contribuable était tenu à six journées de travail pour l'entretien des routes. Cette redevance a été transformée, en 1851, en une contribution en argent, payable moitié par les contribuables laboureurs, et moitié par les propriétaires sur les terres desquelles ils étaient établis. En 1860, l'impôt pour les chaussées a été porté à 12 piastres (4 fr. 50 cent.) par famille.

· Il n'y a encore dans le pays aucune voie ferrée en exploitation. La ligne de Brahant au Danube a été concédée à une compagnie anglaise qui doit la livrer dans un espace de deux ans; une garantie d'intérêt de 5 p. o/o lui est assurée par le Gouvernement; le parcours est de 64 kilomètres. Mais cette concession n'est pas encore définitive, et est soumise à l'approbation de la Chambre.

51. — Les canaux n'existent pas; quant aux rivières, si l'on exécutait les travaux nécessaires pour les rendre navigables, il est certain qu'ils réduiraient dans une notable proportion les frais de transport, en mettant en communication avec le Danube les localités les plus isolées et les plus lointaines du pays, et l'écoulement des produits agricoles pourrait s'effectuer avec facilité. Mais aujourd'hui la plupart des rivières sont torrentielles, et par suite innavigables. Elle se sont creusé, à travers la plaine, des lits en échelons ayant de 500 à 1,000 mètres de largeur, avec une profondeur de 3 à 4 mètres au plus. La plaine est coupée transversalement, et à des distances de 10,000 en

10,000 mètres par des bandes de sable et d'argile, déposées par ces rivières, dont le cours ne peut être utilisé pour les transports. Par suite de cette innavigabilité, il n'y a dans le pays aucun canal. Le Danube a été, jusque dans ces derniers temps, la seule voie navigable. Depuis quelques années des remorqueurs se sont établis sur le Pruth et sur le Sereth. Une convention récente a été conclue pour l'amélioration et le règlement de la navigation du Pruth avec l'Autriche et la Russie. Les autres rivières ne servent qu'au flottage, au moment des pluies et de la fonte des neiges.

52, 53, 54.—La direction donnée aux produits agricoles du pays est la production des céréales, que l'on recherche le plus dans les ports et à l'étranger. Depuis un certain nombre d'années cependant, l'élevage du bétail tend aussi à se développer, en raison des demandes qui sont faites par l'Autriche et par la Russie. Nous avons fait connaître plus haut les obstacles que les fréquentes épizooties apportaient au développement de cette industrie, ainsi que les causes auxquelles il fallait les attribuer.

Nous avons également indiqué les frais considérables de transport que les produits agricoles ont à supporter pour être dirigés des lieux de production dans les ports d'embarquement. Le paysan prend autant que possible en retour un chargement de colis d'importation, dont le prix est en général de 7 centimes par kilomètre pour 120 kilogrammes pendant la belle saison, et s'élève à plus du double à l'époque des pluies; la plus forte voiture à quatre bœufs transporte 1,200 kilogrammes, et fait par jour 24 kilomètres. Encore faut-il choisir, pour les transports, le moment où le travail des champs est nul, sans quoi les prix seraient exorbitants.

55 et 56. — L'exportation des produits agricoles avait toujours été libre. L'état des finances a déterminé le Gouvernement à frapper d'un droit de sortie les produits agricoles. Cette mesure, fort mal accueillie par le pays, qui s'attendait au contraire à voir encourager l'exportation, a été successivement abolie pendant deux ans, sous le règne du prince Couza, puis rétablie. Dans les années où, comme celle-ci, la récolte a manqué en partie, l'exportation de certaines céréales telles que le maïs, l'orge, le millet, etc. etc., est complètement prohibée. Le droit d'exportation est aujourd'hui de 3 p. o/o, et est diminué d'année en année jusqu'au chiffre définitif de 1 p. o/o.

En vertu des traités conclus par les puissances étrangères avec la Porte, l'importation des produits étrangers ne peut pas être taxée au-dessus de 8 p. o/o; elle est soumise en ce moment à un droit de 7 1/2 p. o/o, qui, contrairement aux dispositions de ces traités, s'accroît, dans un grand nombre de villes, de taxes diverses, telles que droits de port, d'octroi, d'accise, etc. etc. L'importation des vins et eaux-de-vie ordinaires et des alcools de moins de 40 degrés est même complétement prohibée en ce moment; le Gouvernement a présenté un projet de loi destiné à remplacer cette prohibition par un droit de 25 p. o/o, qui s'appliquerait également aux esprits de plus de 40 degrés.

ROUMANIE.

Direction donnée
aux produits.
Frais de transport.

Législation
sur l'importation
et l'exportation
des produits agricoles.

ROUMANIE.

L'importation des machines agricoles de toute sorte, dont l'introduction dans le pays est de nature à favoriser le développement de l'agriculture, est franche de tous droits.

Cette législation exerce sur la situation de l'agriculture une influence regrettable : partout le propriétaire réclame la suppression du droit d'exportation sur les produits agricoles. Quant au droit d'importation, il n'influe nullement sur l'agriculture, attendu qu'en général on en importe fort peu dans le pays; il n'a d'ailleurs jamais eu pour objet d'encourager l'agriculture, mais il est simplement une mesure fiscale. L'échelle mobile est inconnue.

Traités de commerce.
Produits
pouvant faire
concurrence
aux produits français.

57 à 59. — Les dispositions des traités de commerce qui existent entre la Turquie et les autres puissances : la Grande-Bretagne, l'Autriche, l'Italie, la Russie, etc. etc., sont, pour la plupart, analogues à celles qui règlent nos rapports commerciaux avec cette puissance. Il suffit donc, pour apprécier leur influence, de se reporter aux considérations contenues dans le paragraphe en réponse à la Question 55, et qui peuvent s'appliquer également aux relations de ces États avec les Principautés.

Le pays n'est nullement industriel, la source de ses richesses consiste seulement en matières brutes animales, végétales et minérales. Si l'on en excepte les céréales, blés et maïs, aucun produit de l'agriculture ne peut, dans l'état actuel du pays, faire concurrence aux produits de l'agriculture française, soit sur nos propres marchés, soit sur les marchés étrangers; mais, si les procédés de culture s'améliorent et se développent, les vins en première ligne, la soie, les plantes industrielles et certains légumes secs, haricots et pois, pourront, dans l'avenir, faire concurrence aux produits français.

L'étendue des débouchés de nos produits agricoles dans le pays est d'ailleurs peu considérable, la production nationale suffisant et au delà aux besoins de la consommation; on pourrait cependant y importer avantageusement des plantes légumineuses, des semences de luzerne, de trèfle et de sainfoin. plutôt que de les faire venir d'Allemagne; il en est de même pour les machines agricoles, qui sont toutes importées par l'Angleterre, tandis que les nôtres pourraient, ainsi que nous l'avons dit plus haut, leur faire une concurrence sérieuse, si nos fabricants consentaient à établir des dépôts dans le pays.

Impôts.

60 à 63. — Il est difficile de donner, sur la législation fiscale en vigueur dans les Principautés, des renseignements qui puissent s'appliquer indistinctement à toutes les communes ou parties du territoire. Parmi les charges qui frappent directement la propriété rurale, la première est l'impôt foncier, dont le montant est de 4 p. o/o sur le revenu; sa perception se fait d'une manière très-irrégulière, et l'arriéré des dernières années s'élève aujourd'hui à près de 6o millions de piastres; il figure au budget pour la somme de 9,334,o35 piastres.

La contribution personnelle est de 36 piastres par individu; elle figure dans le budget pour 36,922,482; celle des ponts et chaussées est de 12 piastres par individu. Ces trois impôts, ainsi que le droit d'exportation, actuellement de 3 p. o/o et réductible d'année en année jusqu'au chiffre définitif de 1 p. o/o, sont les seuls qui frappent directement la propriété rurale; mais les produits du sol sont encore, soit sous forme de contributions perçues au profit de l'État, soit sous forme de taxes locales, grevés de divers impôts dont le chiffre varie suivant les localités. Ces impôts, qui se perçoivent par 2, 3 ou 4 décimes additionnels du montant des autres contributions, sont affectés à diverses destinations et profitent, les uns aux communes pour l'entretien de l'école, de l'église et la rémunération du maire, de ses aides et du prêtre; les autres au district pour la sous-préfecture, le tribunal, la police, les prisons, etc. Ces contributions, qui n'existent que depuis la mise en vigueur de la loi rurale, s'élèvent, au profit des communes, à 9,863,574 piastres, et, au profit des districts, à 6,960,630 piastres; avant la loi rurale, elles étaient à la charge du Gouvernement. Il faut mentionner encore les droits d'accise, qui frappent les spiritueux dans un grand nombre de communes; à Bucharest, notamment, et dans les grandes villes ils sont fort élevés; le droit sur le sel nécessaire à l'agriculture, et dont le Gouvernement se réserve le monopole et fixe chaque année le prix de vente au consommateur; enfin, plus indirectement, il est vrai, les taxes de justice. Tout procès, en effet, entraîne, outre les frais, la perception des taxes suivantes au profit du Gouvernement:

En première instance............................ 4 ducats [1].
En appel....................................... 10
En cassation................................... 20

Il n'existe d'ailleurs sur les produits agricoles, en faisant toutefois exception pour les spiritueux, aucune contribution analogue à nos droits d'octroi sur le sucre, etc. etc. Le chiffre des contributions indirectes est de 29,455,750 piastres.

Il n'existe pas non plus de droits d'enregistrement sur les actes de vente, baux, etc.; mais la question est à l'étude en ce moment, et un projet de loi doit être soumis prochainement au Pouvoir législatif.

Dans le cas de transmission de la propriété par héritage, il n'est perçu aucun droit de mutation; mais, dans le cas de vente forcée, l'État perçoit un droit de 2 p. o/o, et de 1 p. o/o lorsque la vente a lieu à l'amiable par-devant le tribunal; ces deux cas exceptés, il n'est perçu aucun droit.

La propriété agricole n'est grevée, en Roumanie, d'aucun autre impôt n'ayant pas de similaire en France, car la corvée est abolie depuis 1864, date de la mise en vigueur de la loi rurale. Il est vrai de dire qu'en raison du manque de bras et du prix élevé de la main-d'œuvre, qui en est la conséquence, elle ne pourrait supporter, au dire des hommes les plus compétents dans la matière, de plus lourdes charges.

[1] Le ducat vaut 11 fr. 80 cent.

ROUMANIE.
Moyens d'améliorer
la condition
de l'agriculture.

64. — Le manque de bras, de machines et de voies de communication, a été le véritable obstacle au développement de l'agriculture en Roumanie ; c'est à peine si le quart de la superficie du pays est cultivé, tandis qu'avec la population actuelle et à l'aide des machines, on pourrait en cultiver le double. Avec une bonne loi sur la coupe des forêts, le pays pourrait occuper, en Orient, le premier rang parmi les contrées boisées.

On peut donc résumer ainsi les moyens qui seraient les plus propres à améliorer la condition de l'agriculture :

1° Multiplication des voies de communication, navigabilité des rivières, création de canaux, construction de lignes de chemins de fer ;

2° Établissement d'écoles d'agriculture dans les différentes régions du pays, pour y répandre des connaissances plus avancées et attirer vers la culture de la terre les propriétaires qui l'abandonnent trop facilement pour rechercher les fonctions publiques ;

3° Augmentation du nombre des machines agricoles perfectionnées ;

4° Introduction, dans la culture, de différentes plantes industrielles qui rapportent plus que le blé et le maïs ;

5° Institution d'un établissement de crédit foncier ou d'une banque agricole qui puisse avancer aux agriculteurs les capitaux dont ils manquent ;

6° Mise en vigueur d'un code rural ;

7° Encouragements à donner à l'agriculture par le moyen d'expositions et de concours régionaux de toute sorte ;

8° Amélioration des procédés de culture et du bétail dégénéré dans un grand nombre de localités, et introduction des races étrangères ;

9° Colonisation des steppes, qui contiennent d'immenses espaces incultes, et où les colons trouveraient des conditions plus avantageuses qu'en Amérique.

CONSULAT DE FRANCE A GALATZ.

—

M. GORSSE, Consul.

—

RÉPONSES AU QUESTIONNAIRE

POUR LA MOLDAVIE.

———

1. — La propriété territoriale est divisée, dans les Principautés Danubiennes : Division
de la propriété.
En domaines de l'État,
Et en propriétés particulières.
Sont considérés comme grandes propriétés, celles de 10,000 *falches* [1];
Comme propriétés moyennes, celles de 100 à 1,000 falches;
Et comme petites propriétés, celles au-dessous de 100 falches, à partir de 3 falches concédées aux paysans, en vertu de la loi rurale de 1864.

2. — La majeure partie des terres est exploitée, du moins en Moldavie, par les propriétaires eux-mêmes; les autres sont affermées par baux de trois à cinq ans. Mode d'exploitation.

3. — Les terres sont affermées par des contrats écrits et dûment enregistrés; toutefois, en ce qui touche les petites portions de terrain que les propriétaires ou les fermiers louent aux paysans, les engagements sont en général verbaux, avec l'intervention des notables du village.

4. — Les terrains labourables sont affermés annuellement, en moyenne, 2 *ducats* [2]; Prix de location
des terres.

[1] *Falche*, unité agraire, égale à 1 hectare 43 ares 22 centiares 95 décimètres 20 centimètres.
[2] Le *ducat* autrichien, qui est la monnaie la plus répandue dans les Principautés, vaut 11 fr. 75 cent.

MOLDAVIE. les prairies, 5 ducats, et les pâturages, 1 ducat la falche. Toutes charges et redevances ont été abolies par la loi rurale de 1864.

Prix de vente. 5. — Les prix de vente des terres, en Moldavie, diffèrent d'une zone de pays à l'autre : ils sont de 10 à 20 ducats la falche dans la basse Moldavie, tandis qu'ils s'élèvent de 20 à 30 ducats dans la haute Moldavie.

Dans la Bessarabie moldave, le maximum du prix n'est que de 7 ducats. Ces différences proviennent, d'abord, de la qualité du sol, du voisinage des cours d'eau, du plus ou moins de facilité des communications; et, en second lieu, du nombre d'établissements industriels et ruraux qui se trouvent sur la propriété, tels que distilleries, scieries, moulins à eau, magasins, maisons et habitations seigneuriales.

En remontant à trente ans, et bien au delà, on constate que la valeur vénale des terres n'a, pour ainsi dire, éprouvé aucun changement. La cause de cette immobilité réside dans l'absence complète de tout établissement de crédit qui puisse seconder les efforts des agriculteurs.

Transmission de la propriété. 6. — La transmission des héritages se fait, dans toute la Roumanie, d'après les dispositions de la loi civile (Code promulgué par le prince Couza, le 1ᵉʳ janvier 1866, et presque entièrement copié sur le Code Napoléon).

Il n'y a jamais eu de majorats en Roumanie : tous les héritiers ont des droits égaux à la succession.

On tâche, néanmoins dans les familles, de conserver les propriétés en une seule main, et les cohéritiers sont indemnisés par le rachat de leurs parts au comptant ou au moyen de rentes hypothécaires sur la succession elle-même; de sorte que la division de la propriété, tout en étant facultative, ne se produit que dans des cas extrêmes et fort rares.

Capitaux. — Crédit. 7. — Non, et, pour ainsi dire, sans aucune exception.

8. — Les propriétaires des biens ruraux, ou ceux qui les exploitent, n'ont d'autres moyens de se procurer des fonds que de vendre, par anticipation, leurs récoltes présumées, ou bien d'emprunter à de gros intérêts chez les banquiers ou autres capitalistes. Les institutions de crédit manquent absolument dans le pays. (La banque ottomane, qui a été remplacée par la banque roumaine, n'a été organisée qu'en vue de l'intérêt du commerce, et nullement dans celui de l'agriculture.)

9. — Le taux de l'intérêt est de 18 à 24 p. o/o sur simple signature, et de 12 à 15 p. o/o sur hypothèque. Ces conditions sont d'autant plus onéreuses pour l'agriculture, que les propriétés qui se trouvent dans les meilleures conditions possibles de rapport ne peuvent donner, en moyenne, plus de 8 p. o/o de revenu annuel; or, si l'on songe que les neuf dixièmes des propriétés sont hypothéquées pour des sommes

— 29 —

MOLDAVIE.

qui égalent souvent la moitié de leur valeur, et pour le payement de l'intérêt desquelles les revenus des terres sont parfois insuffisants, on se fait une juste idée de l'état de souffrance d'un pays où, cependant, les grandes exploitations trouveraient des facilités particulières dans la richesse du sol et dans la répartition des propriétés.

Salaires. Main-d'œuvre.

10. — La population des campagnes étant peu nombreuse en Moldavie, principalement dans sa partie inférieure, il s'ensuit que la main-d'œuvre y est fort recherchée; toutefois les salaires, quoique plus élevés aujourd'hui qu'ils ne l'étaient vingt ans auparavant, ne dépassent guère la moyenne de 1 fr. 25 cent. à 1 fr. 50 cent. par journée d'homme.

11 et 12. — Le personnel agricole n'a pas diminué, si ce n'est, pourtant, dans les cantons voisins de quelques grandes villes, comme Yassi, Botuchani, Berlad, Fokchani, Galatz. Le nombre des ouvriers ruraux, en général, n'est point en rapport, ici, avec les besoins de l'agriculture telle qu'elle est pratiquée actuellement. On supplée à cette absence de bras par des travailleurs étrangers qu'on amène principalement de la Transylvanie et de la Buchovine. Mais cet accroissement de forces est loin de combler les vides de la population, et l'on peut affirmer que, faute de travailleurs, le tiers des propriétés reste encore sans culture.

Depuis la promulgation de la loi rurale mise en vigueur en 1864, le paysan émigre moins volontiers pour aller chercher du travail dans les villes; devenu propriétaire, il s'attache au sol, à ses foyers, d'autant plus fortement, que les établissements industriels, en très-petit nombre dans le pays, ne lui offrent, comme salaires, que de fort minces avantages.

13. — L'influence exercée par l'emploi des machines, dans l'agriculture, sur le taux des salaires et de la main-d'œuvre, ainsi que sur l'importance du personnel agricole, a été presque nulle.

En fait de machines, les seules, et en nombre très-restreint, qui aient été introduites jusqu'ici dans le pays, sont des batteuses et des moissonneuses. Aussi longtemps qu'un établissement de crédit rural n'y aura pas été fondé sur des bases solides qui le mettent en mesure de fournir aux producteurs, à des conditions modérées, les ressources qui leur manquent, les machines agricoles, dont l'achat et le transport exigent des débours importants, ne pourront être employées que par un nombre insignifiant d'agriculteurs.

14. — La somme de travail obtenue des ouvriers agricoles a doublé depuis trente ans, mais elle est encore bien inférieure aux résultats que l'on obtient en France.

15. — Les conditions d'existence des ouvriers agricoles sont à peu près les mêmes; toutefois on a pu constater de légères améliorations dans les villages qui avoisinent les grandes villes.

MOLDAVIE.
Engrais.
Amendement des terres.

16. — L'emploi des engrais est inconnu dans les Principautés; les terres n'y sont jamais amendées, à moins qu'on ne considère, comme suppléant à ce procédé, l'usage qu'on y suit généralement de parquer les bestiaux sur les terrains qui doivent être mis en culture l'année suivante. Cette précaution, combinée avec le sarclage des immenses champs affectés à la culture du maïs, suffit à féconder le sol, en général peu fatigué.

Sur une terre de 1,000 falches (1,450 hectares environ), il y a en moyenne, en Moldavie :

300 bêtes à cornes;
50 chevaux;
500 moutons;
100 cochons.

Pour une exploitation de cette étendue, si elle répondait à l'importance qu'elle comporte, cette quantité de bétail serait évidemment trop faible; mais plusieurs raisons s'opposent à ce qu'elle puisse être augmentée, à savoir : la pénurie des capitaux, la fréquence des épizooties et l'absence complète, sur les propriétés, des étables et autres abris qu'exigent l'élevage du bétail et la protection contre les intempéries d'un climat très-variable et souvent excessif.

Assolements.

17. — Il n'y a aucun mode d'assolement en Moldavie, car on n'en éprouve pas encore la nécessité. Les terres productives sont tellement considérables que, dans les grandes et moyennes propriétés, il suffit de laisser reposer un terrain pendant un an pour le rendre propre à toute espèce de culture.

Progrès agricoles.

18. — Le double labour, le sarclage plus soigné des champs de maïs et l'introduction de quelques machines, constituent tout le progrès et les seules améliorations qui aient été réalisées dans la culture du sol, depuis une vingtaine d'années.

Drainage.
Dessèchements.
Défrichements.

19. — Le défrichement a été peu important, en Moldavie, jusqu'en 1864; depuis la mise en vigueur de la loi rurale, il a pris un certain développement sur les terres concédées aux paysans, tandis qu'il continue à être très-insignifiant sur les grandes propriétés : le manque de bras ne permettrait pas de cultiver convenablement les terrains défrichés.

Les travaux de dessèchement sont peu nombreux; quant au drainage, le sol n'en exige point.

Irrigations.

20. — Les quelques irrigations qui existent sont toutes naturelles.

Prairies naturelles.

21. — Cette étendue est de 14 p. o/o environ. Le foin que l'on récolte est grossier et de qualité fort médiocre.

Prairies artificielles.

22. — Il n'y a point de prairies artificielles en Roumanie. Quelques rares propriétaires commencent à peine à semer de la luzerne, mais sur une échelle infiniment restreinte et qui ne mérite pas encore d'être mentionnée.

23. — Toutes ces plantes sont cultivées dans la contrée, mais elles servent à la nourriture des hommes et non à celle des animaux. Les choux, qui entrent dans la consommation journalière des paysans, sont cultivés en très-grandes quantités.

MOLDAVIE.
Autres cultures
fourragères.

24 à 26. — On l'a déjà dit dans les réponses aux Questions 22 et 23 : il n'existe point de plantes fourragères dans le pays, et les légumes, tels que choux, betteraves, etc. etc., n'y sont cultivés que pour la nourriture de l'homme.

Rendement
en plantes fourragères.

27. — Les frais que le cultivateur supporte pour dépenses d'achat, d'élevage, d'entretien, d'engraissement, etc. etc., sont environ par tête :

Animaux.

ESPÈCES.	PRIX D'ACHAT.	ÉLEVAGE.	NOURRITURE ET ENTRETIEN.	ENGRAISSEMENT.
	fr.	fr.		fr. c. fr. c.
Cheval.................	150 à 200	70 90	Au haras : 18 à 24 c. à l'écurie : 1 franc par jour.	//
Ane....................	50 70	15 20	10 à 15 cent.	//
Bœuf..................	120 180	80 95	Exempt de travail : 19 à 29 cent. à l'étable : 7 cent. par jour.	0 60 à 0 80
Vache.................	50 70	60 75	25 à 30 cent.	0 30 à 0 50
Veau à l'âge de trois mois...	12 20	//	5 à 8 cent.	//
Mouton	10 15	6 8	5 à 10 cent.	1 00 à 1 50
Porc maigre...........	20 25	4 6	12 à 18 cent.	0 15 à 0 20
Porc gras.............	60 80	//	//	//

28. — La race chevaline a dépéri, par suite de l'introduction de chevaux hongrois, dont le bon marché a fait disparaître complétement la race arabe. Une autre cause de dépérissement des chevaux indigènes, c'est l'extension progressive de la culture des céréales, qui a enlevé aux prairies une partie considérable des terres qu'on réservait autrefois pour le pacage des bestiaux.

La race ovine s'est améliorée par l'introduction des mérinos; quant à la race bovine, si elle n'a pas pris tout le développement dont elle est susceptible, on ne peut l'attribuer qu'à l'entretien défectueux du bétail, à l'insuffisance de la nourriture, ainsi qu'aux fréquentes épizooties qui le déciment.

29. — On a déjà répondu à cette question en faisant connaître que la culture des plantes fourragères était inconnue dans le pays.

Loin d'acheter pour les animaux des aliments non fournis par l'exploitation, on les nourrit malheureusement trop souvent, les prairies ne fournissant pas une quantité

MOLDAVIE.

suffisante de foin, avec du roseau tiré des marécages et dont on hésiterait, en France, à se servir pour les litières.

Produit des animaux.

30. — Les produits accessoires provenant des animaux sont consommés dans le pays même et ne rapportent que de bien.minces revenus, à l'exception du suif, des laines et des fromages, qui sont autant d'articles plus ou moins importants de l'exportation ; quant à l'élevage des volailles, il procure au paysan un revenu assez lucratif.

Céréales.

31. — Généralement, en Moldavie, sur 150 hectares de terres labourables on en cultive de 35 à 40, dont un tiers en blé et les deux autres tiers en maïs, seigle, orge et avoine ; ces deux dernières graines n'y entrent que dans une faible proportion.

La culture du méteil et du sarrasin est presque inconnue dans la province.

Frais de culture des céréales

32. — Les frais de culture sur une falche, ou 1 hectare 1/2 de terrain, sont, savoir :

Location du terrain......................... 80 à 90 piastres de Galatz [1]
Labour................................... 60 à 80
Semences en blé........................... 192
———— en seigle 92
———— en avoine......................... 70
———— en orge 80
———— en maïs........................... 92à100
Sarclage et récolte........................ 100à130
Moisson................................. 80à 92
Battage avec les chevaux des blés tendres et seigles. 15
————————————— des blés durs........... 20
————————————— des orges et avoines...... 10
Battage des blés avec des machines............. 18

Production.

33. — Depuis 1840 la production des céréales a triplé en Moldavie ; cette augmentation est due à l'extension toujours croissante du commerce avec l'extérieur.

Prix de vente.

34. — Les prix de vente des céréales suivent ici, à peu de différence près, les cours pratiqués sur les marchés consommateurs de l'Europe.

Les prix de vente des céréales, sur la place de Galatz, pendant les dix dernières années, n'ont guère dévié des cours moyens indiqués ci-après, pour les trois espèces principales de céréales :

Pour le blé, 200 piastres le kilé, soit 13 fr. 25 cent. l'hectolitre ;

Pour le maïs, 120 piastres le kilé, soit 8 francs l'hectolitre ;

[1] La piastre de Galatz vaut 40 paras ; le franc vaut 3 piastres 35/40.

Pour le seigle, 112 piastres le kilé, soit 7 fr. 50 cent. l'hectolitre.

Mais ces moyennes furent souvent dépassées pour les qualités de choix, qui atteignirent les prix maximum suivants :

Pour le blé, 235 piastres le kilé, soit 16 francs l'hectolitre ;

Pour le maïs, 145 piastres le kilé, soit 10 francs l'hectolitre ;

Pour le seigle, 132 piastres le kilé, soit 8 fr. 80 cent. l'hectolitre.

Dans la campagne d'automne de 1866, le blé de première qualité, sur la place de Galatz, atteignit sa plus haute limite décennale : il fut payé jusqu'à 276 piastres le kilé, soit 18 fr. 40 cent. l'hectolitre ; conséquence de la recherche des céréales sur les marchés de France et d'Angleterre, où les prix du froment, comme ceux du maïs, montèrent à des limites très-élevées, à la fin de l'année 1866. Si la hausse ne se fit pas sentir à Galatz dans la même proportion sur le maïs, c'est que, la récolte de ce grain ayant manqué en 1865 dans les Principautés, il n'y en eut point pour l'exportation, qui, du reste, fut prohibée dans la crainte d'une disette.

35. — La qualité des différentes sortes de céréales s'est améliorée, depuis quelques années, en Moldavie ; celle des blés, surtout, profite de l'usage qui a été introduit de labourer les champs à deux reprises différentes avant de les ensemencer ; on apporte aussi plus d'attention à la qualité des grains destinés à cet usage.

36. — L'insuffisance de renseignements statistiques ne permet pas de répondre d'une manière exacte à cette question.

L'étendue des terres cultivées en plantes alimentaires autres que les céréales proprement dites, n'a jamais été exactement relevée. Tout ce qu'on peut dire à ce sujet, c'est que les pommes de terre et les haricots se récoltent en plein champ, en quantités suffisantes pour la consommation du pays, et que les autres qualités de légumes ne se cultivent que dans les jardins et pour l'approvisionnement des centres de population de quelque importance.

37. — Les frais de culture de la pomme de terre et des haricots équivalent à ceux du maïs. (Voir la réponse à la Question n° 32.)

38. — L'étendue des terres cultivées en plantes industrielles ou alimentaires, autres que les céréales, est dans la proportion de 4 p. o/o.

On ne cultive point, dans les Principautés, de plantes tinctoriales.

La culture du houblon est également inconnue : ce produit est importé de la Bohême.

39. — Les frais de culture de la graine de lin s'élèvent, en moyenne, à 2 ducats la falche, soit 16 francs l'hectare, mais cette graine est cultivée sur une échelle assez restreinte ; cette culture est très-productive : la récolte ne coûte presque rien, car on abandonne aux paysans, pour leur travail, les parties textiles de la plante, que les

MOLDAVIE.
femmes transforment en filasse pour le tissage des toiles du ménage. Il en est de même pour le chanvre, dont les frais de culture par hectare n'atteignent pas les chiffres indiqués plus haut pour la graine de lin, par suite de la différence des prix de ces deux espèces de graines; celle du chanvre est réduite en huile pour la consommation locale; celle du lin est vendue au commerce pour l'exportation.

Tabac.
La culture du tabac est des plus productives, mais elle commence à peine à se propager dans les Principautés; il est cultivé dans les plaines à proximité de cours d'eau offrant des facilités pour l'arrosage. Les frais de culture de cette plante s'élèvent à 100 piastres par falche, soit environ 16 fr. 50 cent. l'hectare, qui produit, en cas de réussite, 800 kilogrammes de feuilles, vendues sur place 90 centimes le kilogramme.

Production.
40. — L'industrie nationale des tabacs a été paralysée naguère par la loi qui avait réservé le monopole exclusif de ce produit au Gouvernement; cette disposition législative vient d'être rapportée, et l'on ne doute pas que cette branche de commerce, dont le débouché est aussi important à l'intérieur qu'à l'extérieur, ne reprenne d'ici peu de temps la marche ascendante qu'elle avait commencé à suivre il y a quelques années.

Parmi les autres plantes industrielles, le colza seul est cultivé et forme un article assez important d'exportation, principalement en Valachie.

Quant au chanvre et au lin, qui servaient autrefois au paysan pour la fabrication de son linge, la culture de ces plantes textiles a disparu à peu près complétement depuis l'importation dans la province des tissus et filés de coton envoyés d'Angleterre; la partie nord de la Moldavie est la seule où cette industrie se soutienne encore assez faiblement.

Sucres. — Alcools.
41. — La fabrication des sucres n'existe point dans les Principautés.

La production des alcools est un des plus grands revenus des propriétaires de la haute Moldavie; elle prend aussi, depuis quelques années, une extension croissante dans la basse Moldavie. Depuis l'introduction des machines à vapeur, on obtient des résultats importants sous le double rapport de la quantité et de la qualité des alcools, ainsi que pour l'engraissement des bœufs destinés à la boucherie.

Vignes.
42. — L'étendue des terres cultivées en vignes, dans les Principautés, est d'environ 1 hectare sur 150.

La culture de la vigne, dans quelques localités, a doublé depuis dix ans; certaines localités de la basse Moldavie, telles que : Odobesti, Nicoserti, Preponesti et Maltesti, cultivent la vigne presque exclusivement.

43. — La Moldavie produit, par égales parts, le vin rouge et le vin blanc : le premier est supérieur au second comme force et se conserve très-bien; le second est supérieur au premier comme arome et plaît à l'œil par sa belle couleur d'ambre. Les vins blancs de Cotnar (haute Moldavie), de même que ceux d'Odobesti (basse Moldavie), ont

acquis une certaine renommée, mais ils ne sauraient aucunement lutter avec nos vins de France, même ceux de qualité inférieure.

44. — Les frais de culture de la vigne sont, en moyenne, de 2 ducats (24 francs) par pogone [1] ou par 400 ceps de vigne.

45. — Les prix moyens des vins, aussitôt après la récolte et sur place, sont de 3 à 5 piastres le védro [2]; cette valeur s'élève jusqu'à 10 piastres lorsqu'ils ont été transportés dans les villes. Dans l'espace de dix ans le prix des vins a doublé.

46. — Le principal obstacle à l'écoulement des produits agricoles est le manque de voies de communication ; sous ce rapport peu de pays sont aussi complétement déshérités que les Principautés. Le prix de transport des céréales à Galatz et à Ibraïla, les deux principaux ports de la Moldavie et de la Valachie, absorbe, surtout lorsque les récoltes sont abondantes, la plus grande partie des produits de la vente ; souvent même la circulation devient absolument impossible dans la mauvaise saison. Les produits de la haute Moldavie trouvent leur débouché dans la Buchovine et les autres contrées limitrophes appartenant à l'Autriche ; ceux du littoral s'écoulent par les ports de Galatz, d'Ibraïla, Beni et Ismaïl ; quant aux céréales récoltées dans le centre des Principautés, elles sont toutes, à l'exception du blé, employées dans les nombreuses distilleries qui y fonctionnent pour la fabrication des alcools.

47. — L'Autriche, pour la haute Moldavie, et, pour sa partie inférieure et méridionale, Galatz, Ibraïla, Beni et Ismaïl, qui sont tous des ports d'exportation.

Ces débouchés seront les seuls tant que le pays ne sera pas doté de lignes ferrées et de chemins qui rendront faciles les communications entre l'intérieur, le littoral et les frontières de terre.

48. — La Roumanie est peut-être le pays de l'Europe le moins favorisé sous le rapport de la viabilité, alors qu'il présente, par la configuration du sol, les plus grandes facilités pour la création d'un système complet de voies de communication : tous les grands centres pourraient être reliés ensemble, pour ainsi dire, sans travaux d'art et simplement au moyen de remblais et de déblais insignifiants ; et pourtant il n'existe dans les deux provinces que 1,200 kilomètres de chaussées livrés à la circulation.

Le Gouvernement semble se préoccuper sérieusement, aujourd'hui, de cet état de choses, car plusieurs projets d'un vaste réseau de lignes ferrées et chemins vicinaux se trouvent déjà depuis quelque temps à l'étude.

49. — La première ligne de chemin de fer en construction, dans les Principautés-

[1] Le pogone équivaut à 50 ares 11 centiares.
[2] Le védro, unité de mesure de capacité, est égal à 12 lit. 88 centil.

Unies, est celle de Giurgewo à Bucharest : elle présente un parcours de 40 kilomètres environ ; on espère qu'elle sera bientôt livrée à la circulation.

La ligne la plus importante pour le commerce sera celle qui, partant de Galatz, ira rejoindre le chemin de fer autrichien. La construction de cette ligne avait été concédée à M. Salamanca, qui s'est borné à quelques travaux de très-peu d'importance, et qui, n'ayant point rempli les engagements tout à son avantage qu'il avait pris envers le Gouvernement local, s'est vu retirer la concession qui lui avait été faite ; le Gouvernement ne pourra pas tarder, toutefois, à accorder à une nouvelle compagnie l'exécution de cette ligne d'un intérêt vital pour le commerce intérieur et extérieur des Principautés.

Routes. 50. — Ainsi qu'on l'a déjà fait observer dans la réponse à la Question n° 48, il n'existe en ce moment, dans les Principautés, que 1,200 kilomètres de chaussées livrés à la circulation ; 400 kilomètres sont en voie de construction et 522 à l'étude.

Navigation. 51. — Aucuns travaux n'ont été faits encore, dans les Principautés, pour l'amélioration des fleuves et rivières, ni pour la création des canaux. Il est bien entendu qu'il ne saurait être question ici des travaux importants que la Commission européenne a fait exécuter pour faciliter la navigation du bas Danube, et sur lesquels de nombreux rapports sont régulièrement adressés au Gouvernement.

Direction donnée aux produits. 52. — Les produits agricoles du pays sont expédiés principalement en France, en Angleterre et en Italie ; la direction de ces produits n'a point subi de variations depuis une longue série d'années.

53. — L'état actuel des voies de communication, dans les Principautés, s'est opposé jusqu'à ce jour aux expéditions des produits agricoles à des distances éloignées ; il n'y a guère que les districts situés dans l'espace compris entre les villes de Galatz et de Jassy, reliées l'une à l'autre par d'assez bonnes chaussées, qui expédient leurs denrées vers le Danube, et ces expéditions seules sont en voie de progrès depuis une vingtaine d'années.

Les produits qui contribuent le plus à cet accroissement sont : le blé, le maïs, le seigle et le lin.

Aussi longtemps que les Principautés n'auront pas été dotées de voies de communication embrassant toutes les parties de leur territoire, il ne pourra plus y avoir de progrès marquants dans l'écoulement de leurs produits.

Frais de transport. 54. — Dans les années de bonne récolte, les frais de transport sont de 12 à 40 piastres le kilé pour la basse Moldavie.

Lorsque les récoltes sont exceptionnelles, les prix de transport sont triplés.

Législation sur l'importation et l'exportation des produits agricoles. 55. — La législation en vigueur dans les Principautés, en ce qui touche les droits d'importation et d'exportation des divers produits agricoles et industriels, a été fixée par le traité de commerce du 29 avril 1861 entre la France et la Turquie.

Aux termes de ce traité, les marchandises d'importation et d'exportation sont sou- Moldavie. mises à un droit de 8 p. o/o.

Toutefois, en ce qui touche l'exportation, ce droit de 8 p. o/o, après avoir subi suc- cessivement, à partir de la seconde année, une réduction annuelle de 1 p. o/o, se trouvera fixé à ce dernier taux à la fin de la septième année.

Le tarif établi par le traité de 1861 doit rester en vigueur pendant sept ans, à partir du 1ᵉʳ octobre de la même année.

56. — Les droits d'exportation qui frappent uniquement le producteur sont regardés comme très-préjudiciables à l'agriculture. Devant les plaintes unanimes qui lui sont parvenues, le Gouvernement roumain s'est décidé à reviser le tarif.

Dans ce moment, une commission mixte composée de trois commissaires roumains et de trois étrangers élus par les délégués des différentes puissances représentées dans le pays, se trouve réunie à Bucharest afin de discuter un nouveau projet de tarif, tant pour l'exportation que pour l'importation.

57. — La Turquie n'a qu'un seul et même traité de commerce avec toutes les au- Traités de commerce. tres puissances qui ont obtenu le bénéfice du traitement qui nous a été accordé par ·le traité de 1861.

58. — Les seuls produits agricoles des Principautés qui pourraient faire concurrence Produits pouvant faire concurrence aux produits français. aux nôtres sur les marchés étrangers, sont le blé et l'orge; mais, en l'état, cette concurrence n'est nullement à craindre, vu l'élévation des frais de culture et de transport au point d'embarquement. Ces frais ne diminueront qu'alors seulement qu'on aura augmenté notablement les voies de communication et créé un établissement de crédit agricole.

59. — Il n'existe actuellement aucun débouché dans la Roumanie pour les produits de l'agriculture française : par leurs habitudes, comme par leur topographie, les pro- vinces moldo-valaques sont exclusivement agricoles et ne seront jamais, sous ce rap- port, tributaires d'un autre pays. Des faits récents en donnent la preuve la plus évi- dente : il y a déjà trois ans que l'agriculture, en Roumanie, éprouve chaque année des contre-temps et des entraves de tous genres. La récolte du maïs, cette nourriture fon- damentale du paysan roumain, a donné, à deux reprises consécutives, des résultats dé- plorables, et pourtant il est toujours resté assez de ressources dans le pays pour faire face à tous ses besoins. Pendant une longue crise alimentaire, la Roumanie non seu- lement s'est suffie à elle-même, mais elle n'a pas cessé un instant d'envoyer au dehors des quantités considérables de denrées, et de celle-là même qui forme la base essen- tielle de son alimentation.

60 à 64. — La législation fiscale des Principautés assujettit la propriété rurale à dif- Impôts. férentes charges qui correspondent à celles qu'elle supporte en France, soit par les impôts pesant directement sur le sol, soit par les taxes qui atteignent les agriculteurs.

Mais le système des contributions affecte néanmoins ici un caractère moins rigoureux de fiscalité.

Ainsi, en Moldavie comme en France, les impôts sont de double nature : la contribution directe consiste en un droit de 4 p. o/o perçu sous le nom d'impôt foncier et portant sur le revenu net de la propriété; plus en une taxe de 10 p. o/o prélevée, sous le titre de droit de transmission, sur les biens de mainmorte et sur les immeubles de toute espèce consacrés aux établissements de bienfaisance qui, outre les deux taxes ci-dessus désignées, acquittent encore un décime et jusqu'à deux décimes additionnels calculés sur le montant des contributions payées à l'État. Le produit de ces décimes est employé aux besoins locaux des districts respectifs.

Il n'existe point en Roumanie de droits d'enregistrement sur les actes de vente, baux, etc. etc.

Dans les cas de transmission de propriétés, il est perçu pour droit de mutation 1 p. o/o sur les ventes volontaires et 3 p. o/o sur les ventes forcées.

Aucune contribution indirecte correspondant aux impôts perçus en France sur les boissons, sur les sels et autres articles, n'est prélevée, en Moldavie, au profit de l'État, sur les produits agricoles. Les spiritueux sont soumis, à l'exportation seulement, à un droit de 7 1/2 p. o/o calculé, *ad valorem*, d'après les prix établis par des tarifs annuels. De plus, les vins, les alcools, le bitume, le gaz supportent différentes taxes communales qui varient selon les besoins des communes.

L'extraction du sel gemme constituant un monopole de l'État, c'est ce dernier qui approvisionne le pays de ce produit en le vendant au commerce de détail d'après un prix fixé par un vote de la Chambre élective, prix que les débitants ne peuvent point dépasser.

Les denrées de première nécessité sont affranchies de tout droit d'octroi.

La constitution actuelle des propriétés agricoles est de date toute récente : elle découle de la loi rurale décrétée en 1864 et mise en vigueur, l'année suivante, par le prince Alexandre-Jean Ier. L'expérience n'a pu encore démontrer clairement les avantages réels qui doivent résulter de ce nouvel ordre de choses. Ces avantages, on a pu d'autant moins les apprécier exactement, que l'agriculture a eu à subir, pendant deux années consécutives, la double crise de la sécheresse qui a détruit une grande partie des récoltes, et du passage subit du système des corvées à l'affranchissement complet des paysans, lequel, les ayant rendus maîtres absolus de leurs champs et de leurs bras, leur a fait négliger le travail, à leur propre détriment et au grand préjudice des propriétaires ou métayers, leurs anciens maîtres.

Toutefois, on est généralement d'accord sur ce point que la législation qui régit aujourd'hui les propriétés rurales est incontestablement supérieure à l'ancien état de choses, et devra infailliblement amener l'amélioration progressive des conditions agricoles de ces provinces.

VICE-CONSULAT DE FRANCE A ANDRINOPLE.

—

M. DE COURTOIS, Vice-Consul.

—

Andrinople, 19 janvier 1868.

La contrée située au nord d'Andrinople présente le triste spectacle de l'abandon et de la dépopulation. Pendant plusieurs heures, on ne rencontre ni un village, ni un hameau; de vastes plaines, désolées, silencieuses, qu'on croirait infertiles et maudites si de loin en loin les stèles d'un cimetière musulman, quelques pierres tombales d'une époque plus ancienne n'indiquaient au voyageur que cette terre aujourd'hui déserte, mais cultivée alors, nourrissait une nombreuse population.

La vue d'une pareille désolation attriste d'autant plus l'observateur que l'on est en Europe à deux pas de cette civilisation, de cette activité occidentales qui ne laissent improductive aucune des forces de la nature. Si les beys, sorte d'aristocratie territoriale, sont restés propriétaires du sol, ils n'ont plus de bras pour le cultiver.

Décimée par la misère et par les vices inhérents à la société orientale, périodiquement affaiblie par le recrutement dont elle supporte tout le poids, la population musulmane diminue sensiblement d'année en année et menace, dans un temps prochain, de disparaître ou d'être absorbée par l'élément chrétien. On voit des hameaux dont les maisons, encore debout, sont inhabitées. Il y restait quelques familles; mais quand les ressources leur manquent, quand, par suite de l'isolement où elles se trouvent réduites, le désespoir les gagne, les dernières survivantes chargent leurs enfants et leur pauvre mobilier sur un chariot et vont à la recherche d'un village encore habité et plus hospitalier.

D'après la superficie qu'on donne au sandjak d'Andrinople et le chiffre de la population qui l'occupe, on peut à peine compter dix habitants par kilomètre carré, c'est-à-dire six fois moins qu'en France.

Quoique cette évaluation ne puisse être qu'approximative, elle donnera une idée de la dépopulation de ces contrées, et on s'expliquera ainsi comment la propriété foncière y est à vil prix.

La mesure agraire en usage dans cette province est le *denum*, qui comprend une surface de terrain de 40 pas de côté. En portant le pas à 90 centimètres, un denum est donc représenté par un carré de 1,296 mètres.

Un denum, à quelques kilomètres d'Andrinople, vaut tout au plus de 14 à 20 piastres (3 fr. 50 cent. à 4 fr. 50 cent.).

Plus dans l'intérieur, ce prix, déjà si faible, devient presque dérisoire : 1 fr. 50 c. le denum. Tout dernièrement un négociant d'Andrinople vient d'acheter une immense ferme renfermant 3,000 denums pour la somme de 20,000 piastres, soit 4,444 francs, mais il n'a trouvé personne pour l'exploiter.

Une propriété comprenant une superficie de 40.000 denums, presque un arrondissement, est en vente depuis longtemps au prix de 300,000 piastres (73,332 francs), et aucun acquéreur ne se présente. Et cependant, outre d'immenses terrains labourables, cette propriété contient des bois et des pâturages naturels dont la location ou le rendement seul pourrait fournir un intérêt de 10 p. o/o du capital dépensé. Qu'on ne croie pas que ces terrains si dépréciés soient improductifs, qu'ils demandent des travaux de défrichement ou autres. Le paysan, les propriétaires ne s'inquiètent que fort peu de la qualité du sol et approprient fort rarement leur culture à sa nature. L'agriculture est aussi arriérée dans cette partie de la Turquie que dans les plaines d'Erzeroum ou de Passim.

Tous les engrais sont inutilisés par ignorance ou indolence. Autour des villages et des hameaux, des tumulus de fumier s'amoncellent depuis des siècles sans que le cultivateur songe à féconder sa terre de ces matières que lui fournit la nature pour réparer l'épuisement de son champ.

Dès qu'il voit que le sol, fatigué de plusieurs récoltes consécutives, s'appauvrit outre mesure, il l'abandonne, et, comme le terrain ne lui manque pas, il va, non loin, sur un espace inoccupé, semer le blé qui lui est nécessaire.

L'assolement remplace ici l'emploi de l'engrais; il se pratique généralement et dure trois ans, quelquefois six ans.

Quelques fermiers plus intelligents, avant d'abandonner leur terre au repos, la labourent profondément dans l'été avec une charrue particulière fort imparfaite, mais qui, entraînée par dix ou douze paires de bœufs, finit par tracer un large sillon.

Mais, plus généralement, le paysan jette la semence sur le champ sans s'occuper des herbes parasites qui le couvrent, gratte la terre au moyen d'une petite charrue attelée d'une paire de bœufs et, peu soucieux d'employer même la herse, abandonne sa récolte à la grâce de Dieu.

Malgré l'imperfection de la culture et la négligence qu'on y apporte, un terrain placé dans des conditions ordinaires produit de 8 à 10 pour 1.

Ce revenu est encore plus considérable et relativement très-rémunérateur, si on met en ligne de compte l'exiguïté du capital foncier et le peu d'importance des frais d'exploitation.

Ainsi 2 denums ou un carré de 72 mètres de côté, plus d'un demi-hectare, reçoit
ordinairement 1 kilé de semence, soit......................... 25 piastres.
Frais d'exploitation...................................... 4
Moisson... 13
Intérêt du capital représentant le prix du terrain.............. 2

TOTAL....... 44

En supposant le rendement de 8 pour 1 et le blé au prix moyen de 20 piastres le kilé, nous obtenons un revenu de 160 piastres, d'où il faut déduire la dîme = 16, et les dépenses mentionnées ci-dessus = 44, au total 60 piastres, ce qui donne un produit net de 100 piastres.

La journée de travail d'un homme des champs se paye de 3 à 4 piastres en hiver, et de 4 à 6 en été, nourriture comprise. Les gages d'un homme loué pour l'année sont très-minimes : 400, 500 piastres par an. Seulement, ce qu'on peut attendre de pareils ouvriers est si peu de chose que ces gages sont encore trop considérables.

Il est presque impossible d'obtenir d'eux quelques heures de travail régulier par jour, et c'est cette paresse, cette nonchalance chez l'homme des champs qui fait sentir bien plus encore l'absence de bras et rend l'exploitation d'une ferme si pénible.

Un travailleur à la terre fournit en moyenne une somme d'ouvrage qui est tout au plus le cinquième de celle d'un paysan français.

TURQUIE D'ASIE.

CONSULAT DE FRANCE A TRÉBIZONDE.

M. Jules SCHÉFER, Consul.

RENSEIGNEMENTS

CONCERNANT LA PROVINCE DE TRÉBIZONDE.

1. — La propriété agricole, en pays musulman, qui se divisait autrefois en terres *mahmour* ou cultivées et en terres *mevât* ou mortes, c'est-à dire sans possesseurs, a été répartie en cinq catégories par le hatti humayoun de 1856, savoir :

Division de la propriété.

1° Les biens *malk* ou libres;

2° Les biens de l'État ou *miryé;*

3° Les biens *mevkoufé* ou ecclésiastiques;

4° Les terres dites *metroukè*, affectées à un usage public ;

5° Les terres *mevât* (mortes), sans possesseurs connus.

Les biens mulk appartiennent en toute propriété à des sujets ottomans, sans distinction de race ou de religion. Parmi les biens mulk on ne compte plus, dans la province de Trébizonde, de terres soumises au kharatch, depuis l'établissement du droit dit *imdadïé* ou rachat du service militaire.

Les biens miryé se composent des domaines, forêts, champs, pâturages, etc. appartenant à l'État.

6.

Les biens mevkoufé comprennent les propriétés des mosquées ou vacoufs, qui sont inaliénables et affectées à l'entretien non-seulement des mosquées, mais encore des écoles et de toutes les fondations pieuses; mais la minime partie des produits des vacoufs reçoit cette destination; ce sont les mollahs qui se partagent presque tous les revenus et les appliquent à leurs dépenses personnelles.

Les terres metrouké comprennent les routes, les pâturages, les parcours, en un mot, toutes les parties du sol qui sont affectées à un usage commun, au profit des habitants d'une ou de plusieurs localités.

Enfin, les terres mevât comprennent les districts déserts, qu'ils soient montagneux ou en plaine, arides ou couverts d'herbe courte, dont on ne connaît pas les propriétaires ou qui ne sont pas affectés à l'usage des habitants d'une localité.

Dans la province de Trébizonde, bien que le hatti humayoun soit demeuré lettre morte, les règles établies anciennement sur la propriété rurale ont subi de profondes modifications.

Des biens appartenant à l'État ont été vendus : dans les environs de Trébizonde, l'État a conservé encore des pâturages affectés autrefois à la nourriture des chevaux de la poste, du gouverneur et de l'armée. Quelques parties des biens ruraux de l'État ont été affermées à des paysans, qui les cultivent moyennant une faible redevance et bénéficient des produits de leur culture. Mais généralement les biens de l'État, qui sont considérables, sont abandonnés et deviennent *méré* ou communs, et on voit souvent des derviches ou des indigènes s'y installer sans autorisation et y faire de petites cultures.

Les propriétés s'évaluent, dans la province, non d'après leur étendue, mais d'après la quantité de grains affectée à leur ensemencement. L'unité agraire n'existe pas; elle est représentée par l'étendue de terrain qui reçoit un *cot* (10 lit. 57 centil.) de semences; cette étendue doit varier nécessairement selon la qualité du terrain et la nature des grains, et les cultivateurs savent apprécier, avec une grande exactitude et d'un seul coup d'œil, la quantité de semences de toute espèce que pourra recevoir un terrain déterminé.

On peut dire que les petites propriétés forment la presque totalité des biens ruraux dans la province de Trébizonde. Telle propriété qui mesure une grande étendue de terrain n'est considérée que comme une petite propriété, à cause du peu d'importance des terrains ensemencés. Les propriétaires, en général, ne récoltent même pas la quantité de produits nécessaire à leur consommation personnelle; de juin en octobre, ils sont obligés de compléter leurs approvisionnements sur les marchés des villes, où affluent alors les céréales importées de la Russie ou du Danube et de l'intérieur, celles-ci en petite quantité.

Les biens mulk, c'est-à-dire appartenant à des particuliers, forment la majeure partie du territoire.

Les biens miryé occupent le second rang comme étendue, en y comprenant les terrains incultes ou abandonnés.

Les biens vacoufs et les biens méré, ou affectés à un usage commun, viennent ensuite.

Comme le cadastre n'a jamais été entrepris dans la province, il est absolument impossible de déterminer l'importance de ces divisions de la propriété, ou même d'en indiquer les proportions relatives.

2. — En général, les propriétaires exploitent eux-mêmes leurs biens, et ce fait s'explique naturellement par leur pauvreté. Les propriétaires, trop dénués de ressources pour payer des ouvriers agricoles, ont recours à leurs parents, à leurs amis, à leurs voisins, pour cultiver; ils s'entr'aident, s'empruntent réciproquement des bestiaux et tout ce qui leur est nécessaire.

Une partie des propriétés rurales, le quart environ, est affermée par les propriétaires, qui, dans ce cas, sont généralement des personnes aisées, des fonctionnaires, des négociants. Le bien affermé, comprenant les constructions, bestiaux, instruments aratoires, en un mot tout ce qui est indispensable à l'exploitation, prend le nom de *tchiftlik*, et, dans la province, le fermier ou colon partiaire s'appelle *marabâ*.

3. — La généralité des contrats pour les biens ruraux se conclut verbalement; il n'y en a qu'un petit nombre qui soient rédigés par écrit. Le peu d'importance des exploitations explique cet usage.

En règle générale, le propriétaire fournit les semences. Lorsque la terre à cultiver se trouve située près des bâtiments d'exploitation, le propriétaire reçoit les deux tiers de la récolte, et le dernier tiers appartient au marabâ; lorsque cette terre est, au contraire, éloignée de l'habitation et des étables, le travail étant plus pénible pour le marabâ, celui-ci partage par moitié la récolte avec le propriétaire.

Cette règle, bien entendu, est loin d'être absolue et elle se modifie suivant les districts et les circonstances.

Quelquefois, le propriétaire stipule une redevance fixe du marabâ, qui, dans ce cas, peut être assimilé complétement à un fermier, et choisit le genre de culture qui lui convient. Le propriétaire, indépendamment de la redevance, exige parfois du fermier d'autres charges; telles que la remise d'une certaine quantité de fruits, de bois de chauffage, etc.; quelquefois aussi, une partie de la redevance elle-même se paye en nature: bois, charbons, fruits, etc.; enfin, le fermier peut s'obliger à servir le propriétaire pendant un certain nombre de jours, à effectuer certains transports, etc.

4. — Comme il a été dit plus haut, le prix de location des terres ne s'évalue que par l'importance des ensemencements; il n'y a pas d'autre règle. Les prix de location et les redevances en nature sont tellement variables qu'il est impossible de donner aucune indication précise. En général, les marabâs gagnent à peine leur subsistance.

5. — Il n'est pas possible de recueillir de données exactes sur les prix de vente des terres : la nature du sol, la situation, le plus ou moins de proximité des centres de population et des chemins, en un mot, mille circonstances diverses influent sur la valeur des terrains. En outre, il n'y a aucune base sur laquelle on puisse établir un calcul, les prix de vente étant dissimulés en partie devant les autorités, et les autorités elles-mêmes refusant de communiquer les données qu'elles pourraient avoir entre les mains. L'importance de la récolte opérée dans telle ou telle propriété pourrait, à la rigueur, servir de point de départ pour une évaluation comparative; mais ce travail demanderait beaucoup de temps pour la province entière et il serait nécessaire de parcourir le pays pour recueillir des renseignements approximatifs.

On peut dire, toutefois, que les terrains ont augmenté de valeur depuis une trentaine d'années; cet accroissement de valeur ne subit pas de variations sensibles, il est constant; c'est peut-être au double qu'il faut porter, en moyenne, l'importance de cette augmentation. Dans l'intérieur, loin des centres de consommation, l'augmentation n'a guère été que de 5o p. o/o; dans les environs de Trébizonde, on a pu constater que des propriétés ont augmenté dans une proportion de 3oo à 4oo p. o/o.

Les causes de cette plus-value sont nombreuses : le développement de la navigation et surtout de la navigation à vapeur, celui des échanges qui en a été la conséquence, figurent en première ligne; le commerce par terre avec la Perse, qui a dû suivre le progrès du commerce maritime, l'établissement de nombreuses maisons de négoce étrangères ou indigènes dans les villes, l'accroissement de la population urbaine, doivent aussi entrer en ligne de compte. Enfin, il faut observer que la guerre de Crimée a été la cause de l'introduction d'une grande quantité de numéraire dans le pays; les achats de vivres pour les armées alliées ont produit une hausse importante sur tous les prix courants, et, depuis cette époque, les prix des denrées alimentaires se sont maintenus et même, dans ces dernières années, ont monté dans une proportion considérable.

Néanmoins, il est constant qu'à raison de la dépréciation du numéraire, la propriété rurale n'a point retiré de cette situation des avantages aussi considérables qu'on pourrait le supposer.

6. — La transmission des héritages se règle conformément aux dispositions du quatrième chapitre du Coran.

Le fils reçoit une part double de celle de ses sœurs. S'il n'y a que des filles et qu'elles soient plus de deux, elles obtiennent les deux tiers; s'il y a une fille unique, elle prend la moitié.

Si le défunt laisse un enfant, les père et mère ont un sixième de la succession; s'il n'en laisse aucun et que ses ascendants lui succèdent, la mère recueille un tiers; s'il laisse des frères, la mère n'aura que le sixième.

La moitié des biens d'une femme, décédée sans avoir jamais eu d'enfant, appartient au mari; le quart seulement est dévolu à celui-ci si elle laisse des enfants.

Les femmes prennent le quart de la succession de leurs maris morts sans postérité, et le huitième s'ils ont laissé des enfants.

L'héritier d'un parent éloigné doit à son frère ou à sa sœur un sixième de la succession; s'ils sont plusieurs, ils concourront au tiers de la succession.

Quand la loi a déterminé une quotité fixe pour tel héritier, l'excédant est dévolu aux parents mâles les plus proches en degré.

La représentation n'existe pas en droit musulman : si un sujet ottoman, au moment de son décès, a, par exemple, un fils et des enfants d'un fils prédécédé, les enfants du fils prédécédé n'ont aucun droit à exercer sur la succession de leur aïeul.

Les règles indiquées ci-dessus en résumé sont rigoureusement observées dans la province de Trébizonde, et elles s'appliquent indistinctement aux musulmans et aux chrétiens, sauf que, chez ces derniers, les fils et les filles partagent également.

Les principes qui régissent les partages s'étendent à tous les biens, quelle que soit leur nature, meubles ou immeubles. En droit strict, tous ces biens doivent être vendus et le produit de la vente partagé entre les cohéritiers; mais les partages se font habituellement à l'amiable et l'usage des soultes est assez répandu. Les biens ruraux sont précisément ceux que les cohéritiers tiennent le plus à conserver, et ceux-ci restent même assez volontiers dans l'indivision. Les habitants de la province de Trébizonde aiment beaucoup à posséder un domaine, un champ, et souvent même ils s'endettent pour faire des achats de terrains ruraux.

L'intervention du *mehkémé* est exigée pour sanctionner la transmission des héritages, quelle que soit la race ou la religion du défunt et de ses héritiers; le mehkémé a des agents qui déploient beaucoup d'activité pour rechercher les héritiers qui tenteraient de se soustraire aux formalités légales et à l'acquittement des droits.

La tolérance du mehkémé, qui autorise les partages amiables avec ou sans soulte, et la faculté pour les héritiers de demeurer dans l'indivision, empêchent la propriété rurale de se morceler aussi fréquemment qu'on pourrait le supposer d'après les règles indiquées plus haut. La division des biens se produit, il ne peut en être autrement, mais à des intervalles relativement assez éloignés.

7. — Les propriétaires des biens ruraux ni les *marabâs* ne possèdent de capitaux suffisants pour améliorer leurs fonds; comme on a eu occasion de le dire et comme on le verra encore plus loin, les propriétaires et fermiers sont trop pauvres pour exploiter convenablement leurs terrains, et ils sont généralement endettés.

8 et 9. — Lorsqu'un propriétaire ou un fermier a pu réunir quelques épargnes, ce qui n'arrive que bien rarement, ou il achète quelque terrain, ou il consacre cette épargne à son bien-être, mais jamais il n'améliore le sol ou les procédés de culture.

C'est dans les villes ou à des négociants que les propriétaires ou les marabâs font

Trébizonde. leurs emprunts à un taux élevé. Aussi les Yomralis (habitants du district de Yomra) empruntaient autrefois à Trébizonde au taux de 20 p. o/o. Depuis que le maximum du taux de l'intérêt a été fixé par le Gouvernement ottoman à 12 p. o/o, c'est à ces conditions que l'emprunt se conclut ostensiblement, mais le taux réel stipulé entre les parties est toujours plus élevé. Les Yomralis accumulent leurs dettes, qui maintenant doivent s'élever à plusieurs centaines de mille piastres. La première affectation du produit de ces emprunts est pour l'achat de provisions; quand il reste un excédant à l'emprunteur, il achète quelquefois des chevaux ou des bestiaux; plus souvent, il multiplie le nombre de ses noisetiers [1]. Si la récolte des noisettes est abondante, le Yomrali paye son créancier avec une certaine quantité de ces fruits, ou bien il les vend pour se libérer en partie; mais il est difficile que les Yomralis puissent se libérer entièrement, s'ils ne modifient pas un jour ou l'autre les conditions de leurs exploitations. Ce qui est vrai pour les habitants du district de Yomra peut s'appliquer aux autres districts de la province, sauf que les dettes y sont moins considérables.

Salaires.
Main-d'œuvre.

10 et 11. — Comme il a été dit ci-dessus, les paysans s'entr'aident, et les propriétaires ou les marabâs n'emploient que bien rarement des journaliers. Ces derniers gagnent leur nourriture; quelquefois ils reçoivent un modique salaire qui ne dépasse point 40 à 60 centimes par jour, ou bien, à la fin de leur travail, une petite quantité de grains, par exemple, un demi-cot (un peu plus de 5 litres) de maïs; mais, le plus souvent, ils ne reçoivent pas de salaire en numéraire.

Cette situation est toujours la même depuis bien des années.

12. — Le mouvement d'émigration des populations rurales vers les villes est insignifiant; il n'y a pas de grande industrie dans la province depuis l'abandon des mines. C'est à peine si quelques paysans viennent se placer dans les maisons des particuliers comme domestiques ou exercer quelque métier dans les bazars.

D'un autre côté, il y a eu une émigration considérable de familles grecques en Russie jusqu'à l'année dernière. Cette émigration paraît terminée ou au moins suspendue aujourd'hui.

13. — Il n'existe pas une seule machine dans toute la province de Trébizonde.

14 et 15. — On peut dire que la somme de travail des cultivateurs est plus considérable que par le passé.

Autrefois, ils étaient dans un dénûment complet, et, bien qu'ils soient encore fort pauvres, leur condition s'est un peu améliorée; le renchérissement des produits agricoles leur a permis d'adoucir quelque peu leur condition, et l'appât du gain leur a fait surmonter, jusqu'à un certain point, leur paresse naturelle.

[1] Le district de Yomra est à peu près entièrement planté de noisetiers.

16. — Les cultivateurs ne connaissent point l'usage des amendements, mais ils recherchent beaucoup le fumier de cheval, de bœuf et de mouton. Ils payent volontiers une petite somme pour faire cantonner un troupeau de moutons pendant deux ou trois nuits sur leur terrain.

La production du fumier est loin d'être suffisante. Les campagnes situées dans les environs de la ville en sont assez bien pourvues; les paysans rapportent chez eux le fumier provenant des nombreuses bêtes de somme affectées au transport des marchandises et qui stationnent sur la voie publique; mais, dans les districts de l'intérieur, le fumier fait presque absolument défaut par suite de l'éloignement des centres de population, et aussi par suite de l'insuffisance constante des chevaux et bestiaux, eu égard aux besoins des exploitations.

Le manque de bestiaux dans la province de Trébizonde est la conséquence de la pauvreté du cultivateur. Aussi les paysans s'empruntent-ils réciproquement des chevaux et des bestiaux; quelquefois, le prêteur stipule une petite rétribution.

On ne peut fournir aucune donnée sur le rapport qui peut exister entre une étendue déterminée de terrain et le nombre d'animaux attachés à l'exploitation; on peut seulement dire qu'en général toute exploitation ne possède pas la moitié des animaux qui lui seraient nécessaires.

17. — Le mode d'assolement est généralement le même dans toute la province. On sème alternativement du blé et du maïs; l'assolement n'est donc que de deux ans. Lorsque les terres ne sont pas fumées, on les laisse de temps en temps en jachère; mais il n'y a pas d'usage établi.

Sous ce rapport, il n'y a aucun changement depuis un temps immémorial.

Après le maïs et le blé, le tabac occupe une place importante dans la culture de la province; mais, pour cette culture, c'est toujours le même terrain qui y est affecté.

18. — Il y a eu, sans aucun doute, quelques progrès accomplis, quelques améliorations réalisées dans la culture du sol depuis un certain nombre d'années, en ce sens que, par suite du renchérissement des produits agricoles, les cultivateurs ont apporté plus de soins dans leur travail, mais sans rien changer à leurs procédés.

Tout ce qu'on a fait, c'est de creuser dans quelques endroits des bassins pour recueillir une provision d'eau en cas de sécheresse.

19. — Depuis quelques années, on a commencé à défricher, mais sur des espaces de très-petite étendue. Les cultivateurs gagnent peu à peu sur les terrains incultes.

Les desséchements de marais et le drainage sont complètement inconnus.

20. — Les irrigations ont toujours été faites avec un certain soin. Les sources sont abondantes dans toute la contrée, et les propriétaires tiennent à exécuter des travaux peu coûteux, il est vrai, mais qui fertilisent leurs terrains. Partout on voit de petites rigoles qui servent à arroser les champs cultivés.

21. — Les habitants de la province de Trébizonde ne laissent définitivement en prairies que les terrains non cultivables, dans les basses vallées, inondées pendant les crues.

Sur les collines et les montagnes se trouvent de vastes pâturages, mais alors ils sont éloignés des centres d'habitation. Ces pâturages sont certainement deux ou trois fois plus étendus que l'ensemble des champs cultivés; mais dans l'intérieur, où les pluies sont rares en été, l'herbe se dessèche aux premières chaleurs.

22. — Les prairies artificielles n'existent pas dans la province.

23. — On ne cultive spécialement aucune plante destinée à la nourriture des animaux: on ne leur donne comme aliments que de la paille hachée et des feuilles séchées à l'air, pendant l'hiver, et en été on les nourrit avec de l'herbe.

24. — Il n'y a jamais eu, dans la contrée, de cultures fourragères.

25 et 26. — Les trèfles, la luzerne, etc., sont inconnus; les choux ne servent qu'à l'alimentation de l'homme.

27. — Le prix d'un cheval varie de 500 à 1,000 et 1,200 piastres (116, 232 et 249 francs); celui d'un âne, de 100 à 200 piastres (23 à 47 francs); celui d'un bœuf, de 250 à 400 piastres (de 58 à 94 francs); celui d'une vache, de 202 à 300 piastres (de 47 à 70 francs), et celui d'un mouton, de 40 à 55 piastres (de 5 fr. 80 cent. à 12 fr. 65 cent.).

Il n'y a pas d'élevage : les cultivateurs achètent ou vendent, d'après leurs besoins, avec bénéfice ou avec perte, selon les prix indiqués ci-dessus. Les chevaux et les ânes sont abandonnés dans la campagne jusqu'à l'époque du dressage; les bœufs, vaches et moutons vont au pâturage, dans les terrains communs, en été, et, en hiver, ils sont nourris dans les étables, comme il est dit plus haut.

La nourriture d'un cheval ne peut coûter plus de 2 ou 3 piastres par jour (de 47 à 70 centimes); celle d'un âne, 10 paras (6 centimes); c'est le prix de la paille hachée.

Pour les bœufs et les vaches, cette même dépense ne dépasse pas 20 paras (12 centimes). Il faut ajouter une somme de 10 paras à peu près pour le sel. Autrefois, les bestiaux et les moutons en consommaient une quantité notable; depuis que le Gouvernement s'est réservé le monopole de cette denrée, la consommation en a considérablement diminué.

Les cultivateurs ne connaissent aucun procédé d'engraissement pour leurs bestiaux et les moutons; ils ne les nourrissent pas autrement qu'il ne vient d'être dit.

28. — Il n'y a aucun changement remarquable à observer dans la quantité ou la qualité des animaux; il y a eu plutôt diminution dans la quantité et dépréciation dans la qualité, et la cause doit en être attribuée au renchérissement du sel, et peut-être

aussi, dans une certaine mesure, aux épizooties qui ont sévi plusieurs fois dans la contrée.

Avant le traité de 1861, le commerce du sel était libre, et les cultivateurs l'achetaient moyennant 5 piastres (monnaie de compte), soit 75 centimes, le kilé de 30 okes, ou moins de 2 francs les 100 kilogrammes; tandis que maintenant le prix du sel varie entre 25 et 30 piastres le kilé (de 15 fr. 05 cent. à 18 fr. 05 cent. les 100 kilogrammes).

A ces prix, il est impossible aux propriétaires et aux *marabás* de donner aux animaux la quantité de sel qui est considérée comme nécessaire.

29. — L'achat du sel est, du reste, le seul que fassent les agriculteurs pour leurs animaux.

30. — Les laines sont vendues en suint par les cultivateurs et travaillées pour la consommation du pays. Les laines exportées du pachalik de Trébizonde proviennent du Kurdistan et des autres provinces de l'intérieur, ou du Caucase, mais non du pachalik même, qui n'en produit qu'en petite quantité.

Le beurre est vendu dans les villes; on en exporte pour Constantinople : Batoum, Surmeneh, Artwin sont les principaux districts producteurs.

Le lait est vendu également dans les villes, ainsi que les fromages.

Les volailles existent en très-grande quantité et se vendent à des prix assez bas, mais elles ne sont pas de bonne qualité. Il n'y a pas un paysan, quelque pauvre qu'il soit, qui ne possède des volailles. Le prix d'une poule varie de 45 centimes à 1 fr. 15 cent.; celui d'une oie, de 4 fr. 65 cent. à 5 fr. 75 cent.; celui d'un canard, de 90 centimes à 1 fr. 15 cent.; les indigènes, dans les villes surtout, consomment beaucoup de volaille.

31. — Il est impossible, par suite du défaut de renseignements statistiques, de fournir des données, même approximatives, sur l'étendue des terres cultivées en céréales.

Tout ce qu'on peut dire, c'est que le maïs forme la majeure partie de la culture, on peut évaluer la récolte du maïs à trois fois celle du froment en quantité.

Les récoltes, en maïs et en froment, ne suffisent généralement pas à la consommation de la province. Si quelques districts, comme ceux d'Ordou, de Termet, de Surmeneh exportent quelquefois du maïs, la quantité en est fort peu importante en comparaison de celle qu'il faut introduire pour obvier à l'insuffisance des approvisionnements. On peut évaluer la quantité exportée, année moyenne, à 150,000 kilés (de 56 à 59,000 hectolitres). Le maïs de la province s'expédie quelquefois même jusqu'en Angleterre.

Le défaut de voies de communication par terre ne permet pas à un district où la récolte a été mauvaise de demander à un autre district assez éloigné, et qui aurait été favorisé par la saison, les approvisionnements qui lui sont nécessaires. C'est surtout par mer que les transports s'opèrent, et c'est dans les ports que les paysans viennent faire leurs achats.

L'orge est peu cultivée : elle ne sert qu'à l'alimentation des chevaux, et la récolte est toujours fort au-dessous des besoins.

Le riz, cultivé surtout à Batoum et à Tiréboli, est de bonne qualité; la récolte en est assez abondante pour qu'une partie puisse en être expédiée à Constantinople.

Frais de culture.

32. — Il serait fort difficile d'estimer les frais de culture dans le pachalik de **Trébizonde**; les dépenses des paysans sont minimes et, si elles peuvent être appréciables dans la banlieue des villes, on ne peut donner aucune évaluation, même approximative, pour ceux de l'intérieur.

Production.

33.—La production des céréales a augmenté dans une proportion sensible; le renchérissement des denrées a déterminé les cultivateurs à apporter plus de soin à leurs travaux; le défrichement d'une certaine partie de terre doit aussi entrer en ligne de compte.

Prix de vente.

34. — Le prix moyen des blés du pays est de 18 à 20 piastres le kilé (de 11 fr. 14 cent. à 12 fr. 35 cent. l'hectolitre); celui du maïs, de 12 à 18 piastres le kilé (de 7 fr. 41 cent. à 11 fr. 14 cent. l'hectolitre).

Les variations des prix dans la province de Trébizonde ont suivi, bien que légèrement, les fluctuations des prix à Constantinople. Ainsi, en ce moment (décembre 1866), la hausse est, dans la capitale, de 10 piastres (2 fr. 32 cent.) par kilé; elle n'est que de 2 piastres (46 centimes) à Trébizonde.

Il n'y a pas de grandes variations, parce que le mouvement de l'exportation est nul, sauf dans quelques districts maritimes, que le pays est assez rapproché des foyers de production, tels que la mer d'Azof et le Danube, et que le transport s'effectue à très-bas prix par des navires à voiles indigènes d'un assez faible tonnage.

Qualité.

35. — La qualité des céréales ne s'est nullement améliorée : l'attention des cultivateurs ne s'est portée que sur la quantité.

Autres plantes alimentaires.

36. — Il y a trente-cinq ans, la pomme de terre a été introduite dans la province de Trébizonde.

La production est assez importante maintenant pour qu'il soit possible d'exporter une certaine quantité de pommes de terre à Constantinople et dans les ports russes de la mer Noire.

Les haricots sont cultivés dans toute la province et forment un article d'exportation assez important. C'est à Ordou, Rizeh, Surmeneh, Platana, que la culture a pris le plus grand développement : on en expédie jusqu'à Marseille et même à Londres. De Trébizonde, on exporte, en moyenne, par année, 12,000 sacs de 125 kilogrammes.

Les légumes frais sont peu communs; on ne cultive que ce qui est à peine nécessaire pour la consommation locale; les espèces sont très-peu variées du reste.

Les fruits, au contraire, forment une partie notable des ressources des cultivateurs.

Les noisettes figurent en première ligne; on en expédie des parties très-importantes pour tout le Levant, l'Égypte et l'Angleterre. La production peut atteindre un chiffre de 2 millions de kilogrammes.

Les autres fruits que la province produit en assez grande abondance sont les pommes et les poires; on en expédie à Constantinople; ces fruits proviennent surtout de Gumuchané et de Batoum.

37. — Pour tous ces produits, comme pour les céréales, les frais de culture sont insignifiants.

38. — Les cultures industrielles sont peu répandues, sauf celles du tabac et du chanvre; on peut y ajouter le lin.

La culture du chanvre est restée à peu près stationnaire dans la province; elle a peut-être même un peu diminué. On remarque presque toujours un petit champ de chanvre attenant à chaque propriété. Dans presque toutes les maisons des cultivateurs, on file le chanvre et on en fait des toiles grossières qui se consomment dans le pays; l'excédant est exporté surtout à Alep et à Bagdad. Il y a quelques années, l'importance de l'exportation s'élevait à 400 colis environ. Depuis que la hausse s'est manifestée sur le prix des chanvres, l'exportation a diminué, et elle se réduit actuellement, pour la province, à 250 colis environ. Chaque colis mesure de 1,400 à 1,600 *bitémis*, selon le plus ou moins de grosseur de l'étoffe. Le bitémi (de 5 nichans ou 5 huitièmes de pic) représente 41 centimètres et coûte de 40 à 50 paras, ce qui porte le prix du mètre à 64 centimes environ pour les qualités les moins grossières.

Le chanvre est l'objet d'une grande exploitation dans le district de Riseh où on fabrique des toiles de toutes qualités et de tout prix qui sont réexportées dans tout le Levant. Il n'existe point à Rizeh de fabrique proprement dite; c'est dans les maisons des cultivateurs que le chanvre est filé et tissé.

Le tabac est cultivé dans la partie de la province qui avoisine la mer, mais principa- lement dans les environs de Platana; c'est la culture qui est faite avec le plus de soin et les champs de tabac sont ceux qui présentent la plus grande étendue. L'exportation du tabac se fait pour la Russie, pour l'Angleterre et pour Constantinople, et le rendement est assez considérable.

39. — Les frais de culture sont tout aussi minimes pour les plantes industrielles que pour les céréales, et il n'est pas possible de fournir de données un peu exactes à ce sujet.

40. — La production du chanvre, comme on vient de le dire, non plus que celle du lin, n'a fait aucun progrès.

Celle du tabac a presque doublé, par suite du nombre des demandes pour la Russie; c'est pour ce pays que l'exportation est la plus considérable. A Constantinople, le tabac de Platana se mélange avec l'espèce dite *yénidjé*, dont le prix est très-élevé; pour l'Angleterre, on n'expédie que des tabacs de la qualité rouge, qui est très-inférieure, tandis que la Russie ne veut que des tabacs de choix, qualité jaune.

Sucres. — Alcools.   41. — La province ne renferme aucune fabrique de sucres indigènes ni d'alcools.

Vignes.   42. — La vigne n'existe, dans le pachalick de Trébizonde, qu'à l'état sauvage; les indigènes ne savent point la tailler et n'y consacrent aucun soin : dans les jardins comme dans les bois, dans les exploitations rurales comme dans les terrains en friche, la vigne grimpe après les arbres et la culture se bornait autrefois à multiplier le nombre des pieds.

Ce nombre, en remontant à une époque assez reculée, a certainement augmenté; mais, depuis dix ans, la vigne est à l'état d'abandon, par suite de l'invasion de l'oïdium qui a rendu la récolte à peu près nulle.

43. — L'espèce qui existe dans la province de Trébizonde est indigène.

Les vins que l'on fabriquait avant l'invasion de la maladie, étaient généralement des vins rouges, forts en alcool, âpres par suite d'une préparation défectueuse; ils ne pouvaient supporter le transport.

Malgré leur âpreté, ils étaient légèrement sucrés et paraissaient contenir des principes astringents.

Ceux qui étaient fabriqués avec plus de soin pouvaient se conserver et s'amélioraient en vieillissant.

Il y avait très-peu de raisins et de vins blancs.

Prix de vente des vins.   45. — Dans la province, le prix des vins a été fort variable; il y a une cinquantaine d'années, il était de 8 paras[1] l'ocque (de 6 à 7 centimes le kilogramme); il y a trente ans, l'ocque valait de 25 à 30 paras (de 11 centimes à 13 centimes 1/2 le kilogramme); il y a dix ans, enfin, 60 paras (27 centimes le kilogramme).

Actuellement, le peu de vin qui se fabrique vaut de 2 piastres 1/2 à 3 piastres 1/2 l'oke (de 45 à 63 centimes le kilogramme). La qualité commune, qui ne peut se conserver au delà d'une année, ne vaut que 2 piastres (36 centimes le kilogramme).

Ces produits proviennent uniquement des environs de Tiréboli et d'Éleghou.

Circulation des produits agricoles.   46. — L'écoulement des produits agricoles de la contrée s'opère facilement dans les centres de population, puisque, comme on l'a dit plus haut, les céréales sont en quantité insuffisante; quant aux produits d'exportation, le développement de la navigation

[1] La monnaie avait alors une valeur supérieure à la valeur actuelle.

à vapeur en permet aisément l'expédition jusque dans des régions éloignées. La circulation, très facile par mer, est, au contraire, difficile par terre; elle devient impossible lorsque la neige couvre les sentiers. Le mauvais état des chemins, dans la province, ne permet point, le plus souvent, les transports à grande distance; ces transports ne peuvent s'effectuer qu'à dos d'homme ou par chevaux, ânes ou mulets; on se sert même quelquefois, mais rarement, de bœufs de charge, pour apporter dans la province des blés de l'intérieur; car, dans le Kurdistan, les blés sont à un prix tellement bas qu'on en expédie jusqu'à Trébizonde, mais seulement pendant la bonne saison.

47. — Les débouchés n'existent pas pour les céréales hors de la province, sauf pour le maïs, et encore la quantité exportée est-elle, relativement, bien peu considérable. Le tabac s'expédie en assez grande quantité, comme il a été dit plus haut, pour la Russie, Constantinople et l'Angleterre; les noisettes s'exportent dans le Levant et même en Europe; il en est de même des haricots; les toiles de lin et de chanvre ne sortent pas de l'Empire ottoman.

Il ne sera possible de créer de nouveaux débouchés que lorsque les propriétaires se décideront à donner plus d'extension à leurs cultures, à les améliorer, et, surtout, à donner la préférence aux cultures industrielles, que le sol de la province comporterait parfaitement.

48. — La viabilité n'a fait aucun progrès depuis un temps immémorial : on a, de temps à autre, pavé quelques chaussées muletières de 1 mètre environ de largeur, réparé quelques sentiers devenus impraticables, soit sur le rocher, soit sur la terre; mais ces travaux, de minime importance, ont été exécutés par des particuliers qui, de même qu'aujourd'hui, se cotisaient, dans certains cas, pour rendre viables les sentiers qui conduisent à leurs propriétés.

49. — Aucune ligne de chemin de fer n'a été ouverte dans la province, et il n'y en a aucune de projetée.

50. — En 1850, le ministre du commerce, Ismaïl-Pacha, commença les travaux d'une route indispensable, entre Trébizonde et Erzeroum; mais cette route, commencée sans études, sans tracé déterminé d'avance, ne pouvait s'achever. Quelques tronçons épars, à une petite distance de Trébizonde, exécutés sans direction, sont les seuls vestiges des travaux entrepris à cette époque, et qui absorbèrent des sommes énormes dont Ismaïl-Pacha seul profita. Depuis cette époque, des tentatives furent faites pour établir quelques voies de communication, mais c'est à peine si on a commencé des terrassements à Kérassunde et près de quelques villes de la côte. Ces travaux, toujours peu importants, sont bouleversés aux premières pluies, et il ne reste rien du peu qui a été fait par les Turcs.

Depuis deux ans, le Gouvernement ottoman a paru songer sérieusement à commen-

Trébizonde. cer la route de Trébizonde à Erzeroum, et il a appelé un personnel français pour réaliser ce projet. Les études sont terminées actuellement sur une grande partie de la distance qui sépare ces deux villes; 12 kilomètres sont livrés à la circulation, et une dizaine de kilomètres peuvent être achevés dans un bref délai. On pourrait, à bon droit, exiger plus de rapidité dans l'exécution des travaux; mais la faute n'en peut être attribuée qu'au Gouvernement, qui alloue des sommes tout à fait insuffisantes aux dépenses des travaux, et ne met à la disposition des ingénieurs qu'un nombre restreint de paysans, obligés à quatre journées de travail, à titre de corvée. Ces prestataires ne reçoivent ni salaires, ni vivres, ni indemnité de route, quel que soit leur éloignement des chantiers.

Depuis le commencement des travaux de la nouvelle route d'Erzeroum, il n'est plus même question de l'entretien de l'ancienne, sur laquelle la circulation est devenue très-difficile. Du reste, l'entretien de l'ancienne route, qui n'est qu'un sentier souvent peu praticable, consistait seulement à enlever les obstacles qui s'accumulaient à l'arrière-saison sur son parcours, soit par suite de pluies abondantes, soit par suite de l'accumulation des neiges ou des avalanches; mais jamais il n'y a été exécuté de travaux de viabilité.

Navigation. 51. — Aucun travail n'a été entrepris pour améliorer le cours des rivières, et il n'y existe point de canaux.

Direction donnée aux produits. 52 et 53. — La direction donnée à certains produits agricoles a été indiquée en répondant à la 47ᵉ Question.

L'exportation pour l'Europe n'a commencé qu'avec la navigation à vapeur.

C'est depuis un certain nombre d'années que l'exportation des tabacs pour la Russie a acquis une grande importance.

Rien n'est changé en ce qui concerne les transports par terre.

Frais de transport. 54. — Pour les cultivateurs, les frais de transport sont nuls : ils se servent de leurs chevaux ou de leurs ânes, et même ils transportent les denrées à dos d'homme.

De Gumuchané seulement, où la production des fruits est assez importante, les transports, jusqu'à Trébizonde, se font par des muletiers; comme le mouvement d'exportation de la Perse est peu important, comparé à celui de l'importation, les chevaux ou mulets sont ramenés sans chargement; les muletiers achètent alors des fruits aux paysans de ce district, et les revendent à Trébizonde avec un petit bénéfice.

D'Artwin à Batoum, les transports s'effectuent par eau; mais les renseignements font défaut à cet égard.

Législation sur l'importation et l'exportation des produits agricoles. 55. — Les clauses du traité du 29 avril 1861 entre la France et la Turquie sont applicables aux produits agricoles. Les droits d'importation sont invariablement de 8 p. o/o de la valeur, et ceux d'exportation, qui sont réduits de 1 p. o/o par an, sont fixés, pour cette année, à 4 p. o/o de la valeur des produits.

56. — La législation douanière n'exerce aucune influence appréciable sur la situation de l'agriculture; cette influence ne peut être sensible qu'en tant qu'on considère la hausse que les droits d'importation produisent sur les prix des étoffes que les paysans achètent pour leurs besoins, et sur ceux des denrées, sucre et café, qui entrent dans la consommation des familles, même les plus pauvres.

TRÉBIZONDE.

57. — Dans une contrée où tout est sous l'influence des habitudes et de la routine, il est peu probable que les traités de commerce puissent exercer une certaine action sur l'état de l'agriculture. Des dispositions plus libérales n'apporteraient sans doute aucune amélioration à l'état de choses actuel.

Traités de commerce.

58. — Il n'y a que les haricots et les noisettes qui puissent faire concurrence à nos produits agricoles sur nos propres marchés; il faut ajouter les tabacs pour les pays où le monopole n'est point établi.

S'il existait des cultures industrielles, il est probable que les propriétaires et les fermiers pourraient expédier à l'étranger tout ou partie de leurs récoltes, et en retirer de grands avantages.

Produits pouvant faire concurrence aux produits français.

59. — Les produits de notre agriculture se placent facilement dans la contrée.

On peut évaluer à 4 ou 5 millions de kilogrammes la quantité de sucres importés en 1865, mais il faut dire aussi que la majeure partie de cette denrée était destinée à la Perse.

Les vins nécessaires à la consommation du pays, les eaux-de-vie et les huiles, proviennent également de France, et la consommation tend chaque jour à s'accroître dans une proportion constante, mais peu considérable.

On ne peut indiquer aucun moyen précis d'augmenter l'étendue des débouchés de nos produits. Cet accroissement suivra nécessairement l'augmentation de la population européenne, et le développement du bien-être des habitants des villes et des campagnes.

Les indigènes consomment peu de vins.

60, 61 et 62. — Dans la province de Trébizonde, les impôts se perçoivent tous pour le compte du Gouvernement; il n'y a pas de taxes locales, mais il existe des prestations en nature.

Impôts.

Les impôts sont au nombre de cinq :

1° Le *vergu*, plus connu, à Trébizonde, sous le nom de *saliân* (impôt sur les maisons);

2° L'*imdadié*, *nufus* ou *y'ané* (capitation);

3° L'*uchur*, *achar* ou *tachir* (dîme);

4° L'*iktissab*, qui participe de l'octroi;

5° L'impôt sur la vente des bestiaux.

Le *saliân* est uniformément fixé à 41 piastres, soit 9 fr. 50 cent. par maison, quelles que soient sa situation et sa valeur.

Dans la pratique, la répartition se fait d'une manière plus équitable : l'autorité fait le dénombrement des maisons, turques ou chrétiennes, et, en multipliant le nombre fourni par le recensement par 41, fixe en piastres le montant de la somme qui doit entrer dans les caisses du Gouvernement; puis elle remet aux imâms le soin de percevoir la contribution. L'imâm convoque les anciens et les notables de la localité et fait, avec leur concours, une répartition qui a pour base la fortune de chacun. La quote-part des pauvres est réduite et la différence répartie entre les propriétaires les plus aisés; les indigents sont complétement affranchis de toute contribution.

Aucun impôt fixe n'affecte directement les terrains non bâtis. Le *saliân* ne frappe que les constructions, mais il peut atteindre indirectement les terrains, cultivés ou non; car on tient nécessairement compte, dans la répartition du *saliân*, de la valeur des terrains attenant aux constructions; néanmoins, c'est la fortune personnelle du contribuable, quelle qu'en soit la nature, qui forme le premier élément d'appréciation pour l'imâm et les notables répartiteurs.

L'*imdadié, nufus* ou *y'ané* est un impôt personnel qui ne frappe que les rayas mâles, en état de porter les armes; il est fixé à 20 piastres et représente le rachat du service militaire. Pour dégréver la partie la plus pauvre de la population, il est admis de faire payer ce droit aux enfants mâles des familles aisées, dès leur bas âge.

L'*uchur* est la dixième partie de la récolte de toute terre; c'est après le prélèvement de cet impôt que la récolte se partage entre le propriétaire et le marabâ.

Légalement, le Gouvernement doit faire mesurer ou peser le produit de toute récolte et en prélever le dixième. Mais les choses ne se passent point ainsi dans la pratique.

En l'an 1266 de l'hégire (1849-1850 de notre ère), le Gouvernement ottoman envoya des délégués dans les campagnes, qui évaluèrent les terrains et fixèrent le montant de la dîme à payer. La répartition fut loin d'être équitable, car l'évaluation fut fixée à un taux beaucoup trop bas pour les riches, tandis que les terrains des pauvres furent taxés selon leur valeur exacte. A cette époque, la dîme fût fixée à 18 *yuk*[1], ou 1,800,000 piastres pour le district de Trébizonde; cette somme fut encaissée par l'entremise des mudirs.

Jusqu'en l'année 1271 (1855-1856 de l'ère chrétienne), cet état de choses fut maintenu.

Au commencement de l'année 1273, on afferma la dîme; le *multezim* ou fermier l'acheta pour 3 millions de piastres, en caïmés.

En 1274, le Gouvernement remit l'uchur en régie et il encaissa, cette année 24 yuk ou 2,400,000 piastres (environ 556,000 francs).

[1] Littéralement : *charges*.
La charge est de 100,000 piastres (actuellement 23,160 francs environ).

En 1275, l'uchur fut de nouveau affermé et le multezim en donna 32 yuk.

De 1276 jusqu'à l'époque actuelle (1283), le Gouvernement a perçu, chaque année, par l'entremise de ses agents, une somme annuelle de 32 yuk (741,000 francs).

Cette somme ne représente que la part de dîme afférente au district de Trébizonde. On ne pourrait pas évaluer exactement sans prendre des renseignements qui exigeraient du temps, celles des autres kaïmacanats de la province. On peut affirmer, toutefois, que le produit de l'uchur, dans le district de Karahissar est de 10 ou 11 yuk; de 6 à 7, dans celui d'Ordou; de 5 à 6, dans celui de Kérassunde, y compris le canton de Kéchal. Quant à l'uchur du district de Gumuchané, qui ne rapportait que 8 yuk en caïmés en 1272, il fut porté, l'année suivante, à 13 yuk en numéraire ou plus de 300,000 francs et, depuis un peu plus de trois ans, il a été abaissé à une somme de 4 1/2 ou 5 yuk au plus (116,000 francs), par suite de la distraction des cazas de *Kelkid* et du *Cheïran*, qui ont été réunis au mutewariflit d'Erzinghian.

Les sommes indiquées plus haut sont exactement celles qui entrent dans les caisses de l'État, mais elles sont inférieures à celles que payent les contribuables, comme on le verra plus loin.

Il est évident que la répartition, qui remonte à seize années déjà, ne doit plus convenir aujourd'hui, et, si des propriétés se trouvent favorisées par suite de leur amélioration, d'autres doivent être fortement grevées par suite de leur dépréciation.

En général, les paysans souffrent beaucoup de l'*achur*.

Le droit d'*iktissab* est un impôt indirect; il se perçoit sur tous les produits agricoles qui entrent en ville; le droit est de 10 à 20 paras par charge (de 6 à 12 centimes); il n'a pas d'assiette et se débat de gré à gré entre le percepteur et le paysan; bien que le taux de cet impôt, qui rappelle notre droit d'octroi, soit fort modéré, les percepteurs ont une tendance à l'abaisser encore.

On comprend aussi, sous le nom d'*iktissab*, un impôt appelé plus exactement *damgha* ou timbre : c'est celui que payent les produits fabriqués à leur sortie de la ville. Ainsi, un habitant de la campagne paye un petit droit s'il sort de la ville des habits confectionnés, des chaussures et autres objets fabriqués; ce droit est de 5, 10, 15 et 20 paras (de 3 à 12 centimes) par objet; il n'y a pas de fixité. Les objets, qui doivent être neufs, reçoivent après l'acquittement du droit, l'empreinte d'un timbre ou *damgha*, d'où le nom de cette taxe qui, comme l'*iktissab*, est excessivement minime.

Le droit qui frappe les bestiaux ne se perçoit que lors de leur vente en ville par les paysans; il est du quarantième du prix de vente ou un para par piastre.

Il n'existe, sauf la dîme, aucun droit spécial sur les produits agricoles; seul, le tabac est assujetti à un droit uniforme de 12 piastres par oke (2 fr. 78 cent. pour 1 kilogr. 283 grammes, soit 2 fr. 17 cent. par kilogramme), quelle que soit sa qualité; mais cet impôt, dont sont affranchis les tabacs destinés à l'exportation, est plutôt un droit de consommation, car il n'est perçu qu'au moment où le tabac préparé est coupé pour être vendu en détail.

Il en est de même pour les boissons; l'impôt ne frappe pas directement le produit, mais le détaillant qui débite à la mesure ou au verre paye une taxe égale au quinzième du loyer de son établissement; c'est une espèce d'abonnement.

Les droits de mutation, en cas de vente, d'héritage, etc. sont uniformément fixés à un quarantième, soit un para par piastre, payable après l'accomplissement des formalités devant les *mehkémé*.

Pour la vente des biens ruraux bâtis ou plantés, comme pour celle des biens situés en ville, l'intervention du *mehkémé* est exigée. Quant aux contrats de location, ils se font le plus souvent verbalement, surtout dans les campagnes; si les parties font un acte, elles le dressent sous seing privé et sur papier libre; quand elles le passent devant l'autorité, le locataire ou fermier acquitte une taxe d'un quarantième du montant du loyer.

La vente des biens ruraux est encore soumise à d'autres formalités, pour ce qui concerne la partie cultivée seulement.

Un exemple fera mieux comprendre la procédure suivie habituellement dans la province, d'autant plus que le droit de *tapou* y est tout différent de ce qu'il devrait être, d'après le hatti humayoun de 1856. On supposera que la propriété à vendre comprend des constructions, des plantations, et des terrains en culture.

L'acheteur et le vendeur se rendent chez le *mudir* (administrateur du *caza* ou canton) et déclarent s'être entendus pour la vente de telle propriété. Le mudir délivre un *teskéré* que les deux contractants produisent à l'*evkaf mudiri*, devant lequel on renouvelle la déclaration déjà faite chez le mudir. L'*evkaf mudiri*, n'étant point compétent pour les terrains bâtis ou plantés, fait seulement l'évaluation du terrain cultivé, et, après avoir prélevé le droit d'un vingtième ou d'un quarantième, dit *tapou*, sur cette évaluation, fait les démarches nécessaires pour faire délivrer aux parties, par l'autorité compétente qui siége à Constantinople, un *hudget* ou titre de propriété spécial qui, bien entendu, ne concerne que les terres en culture.

Dans la province, souvent, avant de se rendre à l'*evkaf*, les parties font préalablement leurs démarches au *mehkémé*, où elles se font délivrer un *hudget* pour les portions de terrain bâties ou plantées.

Quelquefois, les ventes ne sont régularisées qu'à l'*evkaf*, dont l'intervention est indispensable, et les parties, par négligence ou pour éviter de payer les droits, ne se présentent pas au *mehkémé;* mais les agents du *mehkémé* cherchent à découvrir ces fraudes qui, d'ailleurs, ne sont guère profitables aux parties, dont les titres ne se trouvent pas en règle.

On a dit plus haut que le droit de *tapou* était de 1 à 2 paras par piastre. D'après la loi, le droit d'un quarantième n'est exigible que dans le cas où le vendeur déclare affecter le prix qu'il doit toucher à l'acquittement de ses dettes; autrement, le droit est de 2 paras ou un vingtième. L'*evkaf* ne vérifiant jamais les assertions des parties et s'en rapportant pleinement à elles, c'est le droit d'un quarantième qui est le plus généralement acquitté.

Dans le cas d'échange d'immeubles ruraux, le droit de *tapou* est de 1 para par piastre à la charge de chacune des deux parties.

Les contrats qui se font devant l'autorité sont écrits sur papier timbré; le prix du papier est de 3 piastres ou 70 centimes; quant à la rédaction du contrat, le prix s'en débat de gré à gré.

Dans ces derniers temps, le Gouvernement ottoman a chargé une commission d'établir l'assiette d'un nouvel impôt foncier qui serait de 3 p. o/o sur la valeur de l'immeuble et de 7 p. o/o sur la valeur locative. Mais cet impôt n'a pas encore été perçu, et la commission ne s'est occupée que des immeubles situés dans la ville de Trébizonde.

Il n'y a pas de régime spécial pour les corvées. On impose aux paysans, répandus dans les environs d'une localité où un travail doit être exécuté, l'obligation de concourir à ce travail.

Ainsi, lorsqu'une ligne télégraphique a été établie entre Trébizonde et Erzinghian, les paysans des villages avoisinant le tracé de la ligne ont dû fournir le bois des poteaux, le travailler et le transporter, placer ces poteaux et attacher les fils. Quand un pont est emporté par les eaux, les habitants des villages environnants doivent le rétablir et fournir les pierres et le bois.

De même, lorsqu'il y a lieu de faire des transports d'artillerie, les habitants doivent traîner les pièces de canon à force de bras; pour les munitions, les vivres, les objets d'équipement militaire, ce n'est qu'à défaut de muletiers que les paysans et leurs chevaux sont mis en réquisition; mais, dans ce cas, le Gouvernement accorde une petite indemnité pour le louage des chevaux.

Pour les travaux de la nouvelle route de Trébizonde à Erzeroum, les paysans doivent donner quatre journées de travail par an ou se libérer moyennant 20 piastres (4 fr. 65 cent.). Cette obligation est très-onéreuse pour la plupart d'entre eux, qui ont quelquefois cinq journées de marche à faire pour se rendre sur les travaux. Le Gouvernement n'impose aucune prestation en nature pendant le temps des récoltes.

63. — Les charges de toute nature qui pèsent sur l'agriculture, bien que supérieures à celles qui pèsent sur les habitants des villes, ne seraient point trop lourdes, s'il n'existait de nombreux abus.

Ainsi la perception de la dîme donne lieu à des exactions de toute espèce; on peut évaluer à un quart du chiffre total les sommes qui sont abusivement perçues par les fonctionnaires de tout grade. En outre, tous les agents chargés de la rentrée de l'impôt, depuis l'*imâm* ou le *muktar* jusqu'aux *zaptiés* qui les accompagnent, se font loger et nourrir par les habitants et se font encore indemniser de leur déplacement. En un mot, il n'y a pas de moyen qu'ils n'emploient pour pressurer les contribuables, surtout les pauvres.

Moyens d'améliorer
la condition
de l'agriculture. 64. — Il est facile d'énumérer les causes de l'état précaire de l'agriculture. Il serait aisé d'y remédier en partie.

On a vu que l'inégale répartition des impôts était une cause de souffrance pour une grande partie des agriculteurs. Mais, indépendamment de cette cause de malaise qui n'est que secondaire, il faut mentionner l'apathie naturelle à des gens qui n'ont pas de besoins, pour ainsi dire, qui se contentent pour leur nourriture de pain de maïs ou de pain noir, et qui ne cherchent que bien rarement à se procurer quelque bien-être par leur travail.

Cette paresse, jointe à l'absence de voies de communication dans l'intérieur des terres, est la cause de disettes qui se produisent quelquefois dans un canton situé à quelques journées de marche d'un autre qui se trouve dans l'abondance; ces disettes obligent parfois le Gouvernement à pourvoir à la nourriture des paysans. Ceux-ci, dépourvus de toute instruction, de toute expérience agricole, de toute idée de progrès, ne songent pas à améliorer leurs procédés d'agriculture, à faire des essais de cultures industrielles autres que celle du tabac; ils ne songent pas à prévenir la disette, empruntent à un taux exorbitant dans les villes, et, ne pouvant se libérer, se laissent dominer par le découragement. Le cultivateur est trop pauvre pour salarier des ouvriers, pour acheter des chevaux et des bestiaux et c'est à peine si la contrée renferme la moitié du nombre d'animaux nécessaires aux exploitations agricoles. Le manque de bras est la cause des mariages prématurés; le cultivateur marie ses enfants dès l'âge de treize ou quatorze ans pour augmenter le nombre des travailleurs dans son exploitation. Mais ces unions anticipées ne sont qu'un faible remède à la situation précaire des paysans.

En un mot, la propriété agricole ne pourra s'améliorer que lorsque de bonnes voies de communication auront été établies, lorsque de meilleures cultures et de meilleurs procédés auront été introduits et lorsque les propriétés, ayant plus d'étendue, pourront rapporter assez de bénéfices pour permettre aux cultivateurs d'en affecter une partie à des améliorations indispensables.

Il n'y a pas lieu de prévoir d'ici longtemps de meilleures conditions pour les cultivateurs; les Turcs, qui représentent 70 à 75 p. o/o de la population agricole, sont trop attachés à leurs habitudes routinières pour qu'on puisse espérer de les y voir renoncer avant bien des années et surtout avant que l'exemple donné par d'autres ne les ait convaincus de leur propre infériorité.

CONSULAT GÉNÉRAL DE FRANCE A SMYRNE.

M. le Comte BENTIVOGLIO, Consul général.

APERÇU ÉCONOMIQUE SUR L'ANATOLIE.

La population de l'Anatolie peut être évaluée de 8 à 9 millions d'habitants, dont 2 à 3 millions sont grecs, et les autres musulmans. Les catholiques ne sont qu'en très-pétit nombre et ne se rencontrent que dans les grands centres, tels que Brousse, Kutaïsia, Angora et Smyrne. Le nombre des Arméniens n'est pas non plus très-considérable.

Le pays tout entier pourrait être très-productif, mais il n'y a de réellement cultivé que les terres qui s'étendent dans un rayon d'une vingtaine d'heures de la mer. Les moyens de culture sont, d'ailleurs, tout à fait primitifs : à la charrue antique on n'attelle que des bœufs, quelquefois des buffles; les chevaux du pays, vigoureux quoique petits, ne sont pas employés à ce genre de travail.

Bien qu'il y ait des domaines d'une étendue de 10,000 hectares, dont la presque totalité, il est vrai, reste en friche, la propriété est assez morcelée, et les deux tiers environ des terres sont entre les mains des paysans.

PRODUCTIONS.

La nature du terrain et la douceur de la température de l'Anatolie admettraient, on peut l'affirmer, toute espèce de culture; toutefois, le nombre de ses produits est très-limité. Nous allons indiquer ceux qui méritent une attention particulière :

Coton. — Les districts où le coton est cultivé sont ceux d'Aïdin, de Magnésie, de Dénizli et de Balukesser. Partout les plantes sont annuelles. Le sandjak d'Aïdin, qui est, d'ailleurs, le pays le plus riche de l'Asie Mineure, et peut-être de l'Empire ottoman, donne, grâce à la fertilité exceptionnelle de sa terre, les produits les plus beaux. Le mode de culture n'a jamais varié et l'on continue à suivre les anciens errements. Les paysans sont trop routiniers pour chercher à appliquer les nouveaux systèmes, dont les résultats leur semblent très-problématiques; cependant, on a remplacé, dans plusieurs localités, les graines du pays par les graines américaines et égyptiennes. Le coton est devenu plus beau, et les fabricants de l'Europe l'acceptent de préférence aux autres, même avec une augmentation de 10 p. o/o dans les prix. Il est à regretter que ces essais n'aient été faits que sur une petite échelle.

Céréales. — Les plaines de Koniah, d'Ouchak et d'Aïdin donnent un blé magnifique; mais beaucoup d'autres districts en produisent également. Dans les bonnes années, l'exportation du blé est de 150,000 kilés turcs; celle de l'orge, de 1 million à 2 millions et demi de kilés. Échelle-Neuve, qui est le port d'Aïdin, exportait seule près de 1 million de kilés d'orge [1].

Il est à remarquer que les semences d'orge et de blé du pays réussissent beaucoup mieux et se payent beaucoup plus cher que celles de Constantinople.

Depuis trois ans, les céréales du pays suffisent à peine à sa consommation, et la récolte de cette année est presque complétement perdue, par suite d'une sécheresse prolongée.

Opium. — Le district d'Afiun-Casa-Hissar et les environs de Kutahia donnent la plus grande partie de l'opium de l'Anatolie, dont l'exportation annuelle est, en moyenne, de 2 à 4,000 couffes, soit de 150 à 300,000 kilogrammes. Cette année, le premier de ces chiffres ne sera même pas atteint.

Sésame. — L'exportation de sésame est de 200 à 300,000 kilés par an, et on peut espérer que cette année elle ne sera guère inférieure.

Alizaris. — Il y a quelques années encore, les alizaris fournissaient à l'exportation de 50 à 60,000 balles par an, soit 14 à 17 millions de kilogrammes; aujourd'hui, c'est à peine s'ils arrivent à 20 ou 25,000 balles.

Vallonée. — La vallonée exportée est également tombée de son chiffre normal d'environ 400 à 500,000 quintaux à 200 ou 250,000 quintaux [2].

Fruits. — L'exportation des figues est encore de 50 à 80,000 quintaux par an, et celle des raisins de 150 à 200,000.

Ainsi, l'Anatolie qui, par sa situation géographique, par la fertilité de son sol, par la douceur de son climat, devrait être un des pays les plus riches du monde, se trouve ne donner que des produits relativement insignifiants.

Mais comment se fait-il que, dans une époque où, partout en Europe, l'agriculture se développe et tend même à devenir une science, elle soit tombée ici, depuis quelques années surtout, dans un état de décadence tel que, s'il venait à se prolonger en-

---

[1] Le kilé, mesure de capacité légale, vaut 22 okes. L'oke est composé de 400 drammes. 312 drammes valent un kilogramme français.

[2] Le quintal égale 56 kilog. 565 gr.

core, il entraînerait infailliblement la ruine de cette vaste région? C'est à cette question qui se pose d'elle-même que nous nous proposons de répondre.

Parmi les causes qui s'opposent au développement de la richesse en Anatolie, quelques-unes sont accidentelles; mais les plus graves, les plus réelles, celles qui méritent le plus l'attention, tiennent à l'ignorance des conditions économiques nécessaires à la prospérité du pays. Nous allons les passer en revue.

L'importance des forêts, tant au point de vue de la richesse que de leur influence sur le climat, a été depuis longtemps reconnue en France; récemment encore, l'opinion publique s'est vivement préoccupée de cette question. En Turquie, il n'en est pas ainsi : l'Anatolie était, il y a une cinquantaine d'années encore, couverte de vastes forêts qui disparaissent chaque jour, en modifiant le climat, suivant une opinion qui nous paraît admissible, d'une manière très-prononcée. Autrefois, les pluies venaient régulièrement en hiver; elles tombaient en abondance du mois de décembre au mois de janvier, et rafraîchissaient le sol. Depuis plusieurs années déjà elles sont devenues beaucoup plus rares et surtout plus irrégulières : de là une sécheresse pernicieuse et des récoltes mauvaises ou nulles.

La destruction des forêts est attribuée, par les forestiers que le Gouvernement français a envoyés en Turquie, aux incendies que les bergers allument, tous les ans, sur les montagnes, afin de se procurer des pâturages pour leurs troupeaux. La cendre, contenant de la soude et de la potasse, forme un engrais assez bon qui active la végétation des herbes.

En outre, les Yourouks (Turcs nomades), enlèvent constamment des arbrisseaux pour les débiter, sous forme de fagots, dans les villages, et les paysans abattent journellement des arbres, sans discernement et sans distinction, tant pour leurs besoins personnels que pour le chauffage des fours à chaux.

La population, comparativement à l'étendue du pays, est très-restreinte; de plus, elle est souvent décimée par les maladies épidémiques qui, parfois, enlèvent des villages entiers; dans l'intérieur, l'absence de médecins aggrave encore cette situation.

Le système de recrutement pour l'armée, qui, d'après les règlements, semblerait analogue à celui qui est en vigueur en Prusse, a pour résultat, dans la pratique, d'enlever presque tous les bras qui travaillent la terre.

L'agriculteur, pour exploiter son champ, quelque petit qu'il soit, a besoin d'argent, et il n'en trouve qu'à des taux très-élevés : généralement, ce taux varie entre 30 et 50 p. o/o, de sorte que, loin d'améliorer sa situation, il ne fait que la rendre pire; mais le besoin le presse, il ne peut guère devenir beaucoup plus malheureux qu'il n'est, un emprunt lui apporte un soulagement passager : aussi passe-t-il par toutes les conditions que lui fait le prêteur sans s'inquiéter de l'avenir.

Pendant ces dernières années, une épizootie très-violente et qui n'a pas encore entièrement disparu, a décimé les troupeaux de l'Anatolie et n'a pas peu contribué à la misère générale.

Il nous reste à indiquer la cause première de la misérable situation de l'agriculture de ce pays; nous voulons parler des impôts. Ces impôts sont nombreux; nous nous bornerons à énumérer les plus importants.

La dîme, le plus ancien, le plus primitif des impôts, comme le plus simple à réaliser, devait convenir surtout à la Turquie, qui persévère, malgré les enseignements du passé et les progrès de l'époque, dans les anciens errements. Cet impôt n'est peut-être pas en lui-même plus mal assis que tout autre, s'il ne donnait lieu à des abus dans le mode de perception. En principe, le propriétaire ne devrait payer que 10 p. o/o de la récolte en nature; mais le fermier estime la récolte sur pied et réclame la dîme en argent, sans tenir compte des accidents qui peuvent détruire subitement cette récolte; de sorte que l'agriculteur se trouve dans la nécessité de verser dans la caisse du dîmier l'épargne qu'il a réunie avec peine, et, la plupart du temps, il se trouve dans l'impossibilité de payer le négociant envers lequel il s'est engagé; il emprunte alors et se ruine.

Le droit de profession ou *temettuat* est, à proprement parler, le droit de patente. Cette taxe est payable par tous les artisans et les marchands faisant le commerce de détail. Elle varie selon le métier ou l'industrie, et chaque industrie est subdivisée en plusieurs catégories. Le taux de la taxe est fixé d'après les profits de l'industriel et non d'après le genre de profession : il en résulte de nombreuses difficultés.

La taxe pour l'armée ne pèse que sur les chrétiens et les israélites, qu'elle libère du service militaire, elle est supérieure à l'ancien *haratch*, qu'elle est destinée à remplacer. Tout chrétien est soumis à cette taxe depuis l'âge de quinze ans jusqu'à sa mort. Lorsque les fils ne peuvent la payer, le père est tenu de payer pour eux. Comme la perception est très-difficile, le Gouvernement s'adresse directement aux communautés chrétiennes ou juives, qui fournissent les fonds, et répartissent ensuite les avances qu'elles ont faites parmi leurs coreligionnaires. La moyenne payée par un chrétien est de 30 à 40 piastres par an. En général, les pompiers et ceux qui confectionnent les cartouches dans les arsenaux sont exempts de cette taxe.

La création de l'impôt foncier ne remonte guère qu'à une dizaine d'années, et la première expérience en fut faite à Smyrne; aujourd'hui encore, il est limité aux villes du littoral où les Européens sont en possession d'immeubles; ainsi, dans la province de Smyrne, il n'y a que la ville, ses huit villages et la petite ville de Ménémen qui y soient soumis.

Dans l'origine, les immeubles ne devaient être taxés qu'à 4 p. 1,000 sur estimation faite par une commission mixte composée de sujets de la Sublime Porte et d'Européens. Depuis trois ans, l'impôt a été élevé à 5 p. 1,000, et, récemment, une commission a été chargée d'une estimation nouvelle sur un pied beaucoup plus élevé; mais cette estimation, se faisant d'une manière très-irrégulière, donne lieu à de nombreuses difficultés. La nouvelle commission perçoit également une petite taxe fixe sous le nom de permis de bâtisse, qui varie de 50 à 60 piastres.

L'impôt sur les bestiaux (*ressoumat*), rangé parmi les contributions indirectes, est

peut-être un des plus onéreux; ainsi, les moutons et les chèvres sont taxés à 4 piastres
par tête et par an. Or un beau mouton vaut 30 piastres dans l'intérieur, et une belle
chèvre, moins encore. Les bœufs et les buffles payent 2 piastres chaque fois qu'ils sont
ferrés, les ânes 2 piastres, les mulets 3, et les chevaux 4. Le mode de perception est,
d'ailleurs, très-ingénieux : le maréchal ferrant ne peut vendre que des fers marqués
par l'autorité, et dans le prix desquels l'impôt se trouve compris.

Les ressoumat sont très-nombreux, et les autorités locales tendent à les multiplier.
Chaque année, on procède, par la voie des enchères publiques, à la vente de la plupart des contributions indirectes, telles que les pêcheries, le droit de peseur public,
de crieur public, la taxe sur les portes et fenêtres de toute nouvelle bâtisse donnant
sur la rue, etc. etc.

La perception de l'impôt sur le sel est confiée à l'administration des douanes; cet
impôt a été porté récemment à un taux très-élevé; ainsi, l'oke de sel, qui coûtait
10 paras (1 quart de piastre) il y a cinq ans, est aujourd'hui d'une piastre, et, avec le
prix de transport, il revient, dans l'intérieur, jusqu'à 2 piastres. Ces prix sont préju-
diciables, surtout à l'élève des moutons et des bêtes à cornes, qui se trouvent ainsi
privés d'un aliment indispensable. La douane perçoit également l'impôt sur les tabacs,
de 12 piastres par oke, et la taxe sur les spiritueux, taxes très-onéreuses et donnant
lieu à de continuelles réclamations. En dehors des dîmes comprenant les produits de
la terre en général (sauf les légumes), les ressoumat et les différentes taxes indiquées
plus haut, le paysan ou le villageois est encore soumis à une contribution annuelle,
fixée d'une manière immuable pour chaque village, et dans la répartition de laquelle
il n'est tenu compte ni de l'augmentation ni de la diminution des habitants ou des
feux. Ainsi, supposons que sur trois frères cultivant un champ, deux quittent le pays,
l'un devenant soldat, l'autre partant pour Smyrne, afin d'y exercer la profession de
portefaix : les deux absents continueront à payer la taxe de leur village, soit 100 piastres par tête environ; mais le portefaix aura en sus à acquitter, à Smyrne, les 400 piastres afférents à sa profession. L'uniformité n'existe même pas dans le système général
des impôts, et les taxes varient dans chaque province et dans chaque district.

On pourrait croire que, d'après l'ordre naturel des choses, la plus grande partie des
impôts retombe, en fin de compte, sur le consommateur, et il n'en est pas ainsi. Le
producteur supporte seul, non-seulement les impôts qu'il paye lui-même, mais souvent
encore ceux que paye le fabricant. Ainsi, pour ne citer qu'un seul exemple, il existe
une taxe de 30 p. o/o sur la fabrication des vins. Le fabricant la paye, il est vrai, mais
cet argent, qu'il a remboursé, il le déduit du prix d'achat. En effet, l'acheteur se trou-
vant placé en présence d'un vendeur (l'agriculteur), prêt à subir toutes les conditions
pour obtenir un peu d'argent et se libérer à l'égard du dîmier et du créancier, l'équi-
libre entre l'offre et la demande est détruit, et c'est celui qui a le numéraire en main
qui fixe le prix.

En résumé, on peut affirmer que la somme des impôts payés annuellement par

9.

l'agriculteur varie entre 5o et 6o p. o/o, soit 3o p. o/o du produit de sa terre; mais, en admettant qu'il n'ait emprunté qu'à un taux très-bas, que lui restera-t-il pour les besoins ordinaires de la vie?

Cette situation a empiré depuis plusieurs années surtout, et forcément le mal ne peut que s'aggraver de jour en jour. Nous pourrions indiquer telle propriété qui, louée, il y a six ans, à raison de 75o livres, rapportait 100 à 200 livres, produit brut, et qui, aujourd'hui, louée 3oo livres, met le fermier en perte à la fin de l'année.

On ne saurait donc se le dissimuler, l'Anatolie, malgré la richesse exceptionnelle de son sol, qui ne demande qu'à produire, malgré sa situation qui, par la Méditerranée, la relie directement à l'Europe, marche à une ruine probable, et il est à craindre que la Turquie ne voie diminuer, de jour en jour, les ressources que lui donne la plus riche et la plus vaste de ses provinces.

Nous ne voulons pas dire qu'il n'y ait aucun remède à cette situation : le mal est connu, il frappe les yeux, et, comme il provient du fait de l'homme, rien ne s'oppose, en principe, à ce que l'homme se corrige, et, instruit par l'expérience, refasse son œuvre sur des bases mieux assises et surtout plus équitables.

Les impôts sont excessifs, inégalement répartis et mal perçus. Qu'on allége, avant tout, ceux qui pèsent sur l'agriculteur, et l'agriculture se relèvera au profit du pays.

Que les percepteurs soient des agents du Gouvernement, responsables de leurs actes, et les rentrées augmenteront dans une proportion considérable.

L'agriculteur a besoin d'argent pour exploiter son champ; le Gouvernement peut lui en procurer à de bonnes conditions, sans rien débourser. En effet, un crédit agricole établi, en Anatolie, sous le patronage de la Sublime Porte, pourrait procurer au producteur, des fonds à un taux modéré, tout en donnant d'excellents résultats aux fondateurs de l'entreprise.

Les habitants de l'intérieur ne se mettront à travailler sur une vaste échelle que lorsqu'un débouché sera assuré à leurs produits. Qu'on ouvre des routes, et les communications deviendront plus faciles. En même temps, l'arbitraire deviendra de plus en plus rare, comme nous en avons déjà l'exemple sur le parcours des lignes ferrées de l'Anatolie.

Ces réformes essentielles qui, une fois introduites, en entraîneraient nécessairement beaucoup d'autres, rencontreraient certainement des obstacles très-sérieux dans l'ignorance des populations et dans le système des vacoufs. Quant aux restrictions du Coran, il est admis qu'une interprétation large et libérale pourrait les faire disparaître. Mais, lors même qu'une réforme radicale de l'administration aurait à lutter contre des obstacles plus grands encore qu'on ne les suppose, du moment qu'on ne se trouve pas en présence d'une impossibilité, rien n'empêche de tenter cette grande œuvre.

ÉGYPTE.

CONSULAT GÉNÉRAL DE FRANCE A ALEXANDRIE.

M. OUTREY, Consul général.

RÉPONSES AU QUESTIONNAIRE.

1. — La propriété territoriale en Égypte se divise en deux catégories bien distinctes : l'une sous le nom de *schiflik* ou *abadié*, l'autre sous celui d'*aharié*, ou *mulk attar kagar;* sa constitution date du commencement du règne de Méhémet-Ali. Possesseur d'immenses terres que le manque de bras, l'incurie des gouverneurs, l'abandon des anciens propriétaires, la difficulté d'obtenir des titres de propriété, le peu de sécurité du pays, mettaient à sa disposition, le Vice-Roi commença à les distribuer à ses serviteurs dévoués et à les constituer aux membres de sa famille. De là sont venus les domaines territoriaux connus sous le nom de schiflik, qui s'est confondu plus tard avec celui d'abadié, qui n'est, au reste, que la traduction en arabe du mot turc *schiflik*.

Néanmoins, le mot d'abadié s'applique plus généralement aux terres incultes qui ont été données ou vendues par le Gouvernement de Méhémet-Ali et de ses successeurs, avec l'obligation pour les concessionnaires ou acheteurs de les mettre en culture. Ces concessions, donations ou ventes n'avaient d'autre but de la part du gouvernement que d'augmenter les cultures en Égypte, et, par suite, les revenus de l'État. Aussi étaient-elles exemptes de tout impôt dans le principe, jusqu'à ce qu'elles fussent tout à fait productives. Le Gouvernement contribuait aussi pour sa part à cette mise en culture par le creusement des canaux nécessaires à l'irrigation des terres, et, bien que la corvée fût employée pour ce creusement et pour l'entretien des canaux ensuite, ce n'en était pas moins, pour le nouveau propriétaire, une dépense considérable, du moins pour son exploitation.

Les terres schiflik devenant productives étaient assujetties et le sont encore aujourd'hui au payement de la dîme.

Les *attarié* ou *mulk attar kagar* ont la même origine que les schifliks; mais elles désignent plus spécialement les terres qui, abandonnées par leurs anciens propriétaires, n'en ont pas moins continué à être cultivées et furent laissées à ceux qui les occupaient. Elles appartiennent aujourd'hui aux chefs des villages et aux fellahs eux-mêmes; données d'abord en location annuelle, elles sont devenues depuis des locations perpétuelles, véritable propriété qui se transmet par droit d'héritage. Il a suffi, en effet, que le locataire eût justifié d'avoir occupé la terre pendant quinze années et d'avoir régulièrement payé l'impôt, pour qu'il en fût reconnu le propriétaire légal, et aujourd'hui, le Gouvernement ne refuse jamais de faire délivrer des titres de propriété à ceux qui justifient de ces conditions, de reconnaître les ventes faites et de régulariser les titres qui, délivrés sous le précédent Gouvernement, ne constitueraient pas le droit de possession.

Il est incontestable que tout cela donne lieu à de nombreux abus; mais, en principe, le droit de propriété est acquis aux fellahs, et cela ne date que depuis le règne de Saïd-Pacha.

Dans les dernières années de son règne, ce souverain distribua une grande partie des terres qui étaient restées incultes dans la haute et dans la basse Égypte. Il convertit les pensions de retraite d'un grand nombre d'employés civils et militaires en concessions de terre, voulant ainsi tout à la fois soulager le Trésor et faire progresser l'agriculture; il en fit vendre aux enchères publiques, et les habitants s'y portèrent et s'y firent une rude concurrence.

A son avénement, Ismaïl-Pacha fut aussi très-prodigue de donations de terres, tous les hauts fonctionnaires en reçurent; lui-même s'en appliqua une quantité énorme, et d'un seul coup près de 100,000 *feddans* (42,000 hectares)[1], que Méhémet-Ali s'était engagé envers la Porte à maintenir comme propriété de l'État. Cette transmission de propriété fut autorisée par le sultan Abdul-Aziz, lors de son voyage en Égypte, en 1863.

Il reste encore énormément de terres incultes en Égypte; mais elles demanderaient, pour être mises en exploitation, des travaux considérables de canalisation et une population beaucoup plus nombreuse.

On évalue aujourd'hui à 5,500,000 feddans les terres cultivées en Égypte (2,310,000 hectares). On peut évaluer que la moitié de ces terres appartient au Vice-Roi, aux princes membres de sa famille et aux hauts fonctionnaires, c'est-à-dire à la race conquérante, les Turcs; l'autre moitié se divise en deux parties : l'une appartenant à ce qu'on pourrait appeler la bourgeoisie du pays, les commerçants, les an-

[1] Le feddan égale 42 ares.

ciens employés civils et militaires rétribués, et l'autre aux chefs des villages et aux fel- Égypte.
lahs, les véritables cultivateurs.

2. — Les grands propriétaires [1] eux-mêmes étant à même, par leur position dans Mode d'exploitation.
l'État, d'obtenir de véritables priviléges, soit pour se procurer des bras, soit pour avoir
l'eau nécessaire à l'irrigation, exploitent en général leurs terres. Nous avons vu néanmoins, cette année-ci et l'année dernière, quelques-uns d'entre eux et le Vice-Roi lui-
même, louer leurs terres, en partie du moins, plutôt que de les exploiter. Cela tient à
des considérations qui trouveront leur place plus loin. Les princes et quelques hauts
fonctionnaires ont des administrations désignées sous le nom de *daïra*, qui dirigent
l'exploitation de leurs propriétés, qui vendent elles-mêmes les produits sur le marché
d'Alexandrie.

La moyenne propriété est, en général, donnée en fermage ou louée en totalité. Ce
sont les propriétaires de la petite propriété qui prennent les terres de la seconde à bail
ou à fermage, et qui les exploitent en même temps que les leurs.

3. — Les locations de terres se font par des contrats écrits passés devant le *mudir*
(gouverneur de la province). Il en est de même pour les contrats de fermage.

Tout contrat qui n'est pas inscrit à la *mudirié* (préfecture) n'est pas reconnu valable
s'il survient des difficultés entre les parties.

Il n'y a aucun droit d'enregistrement à payer pour de pareils contrats. La seule dépense est celle de l'achat d'un papier timbré.

4. — Le prix de la location des terres est très-irrégulier; il varie suivant la nature Prix de location
des terres.
des terres, leur situation au point de vue des arrosages et des transports, des cultures
auxquelles sont propres les terrains. Dans la basse Égypte, où la culture du coton a pris
un grand développement, le prix de location varie depuis 5o piastres jusqu'à 6oo piastres
le feddan (12 fr. 5o cent. à 15o francs) [2].

Les terres qui se payent le plus cher sont celles propres à la culture du coton, du
riz, des légumes aux environs des grandes villes, telles que le Caire et Alexandrie. Les
terres qui rapportent le moins sont celles qui ne produisent que des blés, de l'orge,
des fèves.

Dans la haute Égypte, les prix de la location sont bien inférieurs à ceux de la basse
Égypte; cela tient à ce que l'on n'y cultive guère que des céréales, à l'exception
pourtant du Vice-Roi, seul grand propriétaire dans ces contrées, depuis ses achats de
LL. AA. Halim-Pacha et Mustapha-Pacha, qui s'y livre à la culture de la canne à sucre.

On peut évaluer la location des terres dans la haute Égypte de 4o à 2oo piastres au
plus (1 à 5o francs).

[1] Une étendue de terres de 1,000 feddans d'un seul tenant est considérée en Égypte comme une
grande propriété.

[2] La piastre égale 25 centimes.

En général, c'est le propriétaire, dans toute l'Égypte, qui paye la dîme ou l'impôt. Dans la basse Égypte, pourtant, cette charge est laissée quelquefois aux locataires; mais, en ce cas, le prix de location est réduit d'autant.

. Les terres sont données en fermage moyennant l'abandon par le propriétaire d'un quart ou d'un tiers de la récolte. Il. y a dans les contrats de cette nature une grande variété de conditions. On comprend facilement qu'une exploitation agricole plus ou moins éloignée du Nil ou des principaux canaux, plus ou moins munie d'appareils d'irrigation, d'instruments et de bêtes de labour, se loue plus ou moins cher.

Un système qui commence à se répandre assez généralement, surtout dans les provinces les moins peuplées, et qui a pour but précisément d'y appeler les bras, est celui qui consiste à donner au locataire un certain nombre de feddans, qu'il cultive comme il l'entend, dont il retire seul tous les produits, à la seule charge de fournir au propriétaire toute la main-d'œuvre nécessaire à la culture de ce qui lui reste de sa propriété. Le propriétaire exploite alors lui-même, mais il s'assure de cette manière les bras dont il a besoin. C'est un fermage payable par l'aliénation d'une certaine partie de la propriété au lieu d'être payable en produits. Les récoltes en Égypte étant assujetties à la crue du Nil, les propriétaires paraissent, par l'adoption de ce système, préférer diminuer l'importance de leur exploitation plutôt que de courir les éventualités de la récolte.

5. — La valeur des terres, en Égypte, varie énormément suivant leur situation et leurs conditions d'arrosage; celles qui sont tout à fait en culture peuvent se diviser en trois catégories.

La première s'applique à des terres de qualité moyenne, arrosables seulement pendant l'inondation, et propres plus spécialement à la culture du blé ou de l'orge qu'à toute autre; elle vaut, en moyenne, 1,000 à 1,500 piastres le feddan (250 à 375 francs).

La seconde catégorie est celle des bonnes terres préparées à toute culture, mais dont l'arrosage est assujetti à des dépenses et à de certaines éventualités; ces terres valent de 1,500 à 2,000 piastres le feddan (175 à 500 francs).

La troisième catégorie comprend les terres de toute première qualité, et dont la situation renferme toutes les conditions les plus favorables d'arrosage. Ces terres n'ont pas de prix; elles se vendent rarement; elles sont, en général, la propriété du Vice-Roi, des princes, des hauts fonctionnaires. On peut évaluer leur prix, pourtant. de 3,000 à 6,000 piastres le feddan (750 à 1,500 francs).

En 1862, les terres de cette nature appartenant à la succession de feu le prince Elami-Pacha, fils d'Abbas-Pacha, se vendirent 3,000 piastres (750 francs et plus). C'était l'époque, il est vrai, où le prix des cotons s'élevait.

Cette année, les terres achetées, par le Vice-Roi, aux princes Mustapha-Pacha et Halim-Pacha, n'ont été évaluées que 2,000 piastres le feddan (500 francs); mais cette

— 73 —

évaluation ne peut être prise pour base de la valeur des terres de la troisième caté-

gorie. Les princes étaient endettés, et vendant, l'un pour 52,500,000 francs, l'autre pour 35 millions de francs toutes leurs propriétés territoriales en Égypte, ne pou- vaient prétendre, pour des ventes de pareille importance, à un prix plus élevé. Le Vice- Roi, seul, pouvait être leur acheteur, et c'est lui qui, dans les divers éléments consti- tuant le prix d'achat, a évalué les terres de ses vendeurs à 2,000 piastres. Un seul fait prouvera l'infériorité de l'évaluation : le Vice-Roi a revendu à la daïra du jeune prince Toussoum-Pacha la seule propriété du *Thalia*, qu'il tenait du prince Halim, et qui contient 4,842 feddans au prix de 60 livres sterling le feddan (1,500 francs).

Les terres en jardin se vendent 10,000 à 20,000 piastres (2,500 à 5,000 francs).

Les terres incultes données en concession par le Gouvernement se sont revendues depuis 300 piastres jusqu'à 500 (75 à 125 francs).

Lorsque Saïd-Pacha en vendit une assez grande quantité aux enchères, en 1861 et 1862, elles s'adjugèrent de 100 à 200 piastres le feddan (25 à 50 francs l'hectare).

Il faut observer que de pareilles terres exigent de nombreux travaux pour les mettre en culture : il faut y faire des canaux et des digues, pour, tout à la fois, les arroser et les préserver de l'inondation.

En résumé, la valeur de la propriété territoriale, en Égypte, a augmenté dans la période de dix années. Cela tient principalement au développement qu'a pris dans le pays la culture du coton, et aux prix élevés qu'a atteints ce textile.

Cela tient encore à l'augmentation de la fortune publique, qui en a été le résultat, et il y a aujourd'hui beaucoup plus de propriétaires qu'il n'y en avait il y a trois ans.

6. — La transmission des héritages est réglée par la loi religieuse musulmane. La transmission des propriétés venant d'héritage n'est assujettie à d'autres droits qu'à celui de la mutation du titre de propriété.

Les propriétés sont divisées entre les héritiers, de même que tous les biens du défunt, de quelque nature qu'ils soient.

Le Turc et l'Arabe aiment la propriété territoriale; il n'y a pas de tendance à ce que sa division s'opère fréquemment et autrement que par héritage. Aujourd'hui, surtout, que la propriété est plus assurée en Égypte, plus respectée, il est à présumer que les grands propriétaires absorbent les petits.

7. — Les capitaux manquent à la culture en Égypte, et les taux usuraires auxquels la moyenne et la petite propriété ont dû se les procurer ont enlevé presque en totalité les bénéfices donnés par la culture du coton depuis que, par suite de la guerre aux États-Unis, le prix de ce textile avait triplé de valeur.

8 et 9. — Au mois de janvier 1864, les cultivateurs de l'intérieur devaient près de 40 millions de francs au commerce européen d'Alexandrie. Cette somme énorme était la queue de toutes les avances faites aux fellahs, depuis plusieurs années, sur les

Transmission de la propriété.

Capitaux. — Crédit.

récoltes pendantes; jamais, à la récolte, le fellah ne parvint à s'acquitter : c'est qu'il payait, sur ces avances, de *3 à 5 p. 0/0 par mois* d'intérêt. S. A. Ismaïl-Pacha, justement ému d'une pareille situation, voyant son Gouvernement assailli de demandes, de la part du commerce européen, pour poursuivre les débiteurs indigènes et s'emparer, en cas de non-payement, de leurs propriétés, S. A. le Vice-Roi, disons-nous, proposa au commerce européen de se charger de la dette des villages, et de lui donner en payement des bons du Trésor s'amortissant en sept ans et portant 7 p. o/o d'intérêt. Le commerce accepta, car il convertissait sa créance en titres d'une valeur incontestable et dont il pouvait immédiatement faire argent; bien entendu que le Gouvernement ne se chargeait que des dettes de ceux de ses sujets qui avaient de quoi répondre. Ceux-ci acceptèrent aussi la mesure avec reconnaissance, car ils n'avaient plus qu'à payer 7 p. o/o d'intérêt au lieu de 40 à 60 p. o/o, et ils avaient l'espérance de pouvoir en acquitter facilement le septième chaque année, au moyen de leur récolte.

Les grands et les moyens propriétaires n'ont pas plus de capitaux suffisants que le fellah, pour leurs exploitations agricoles, et, tout comme lui, sont endettés; mais cela tient à un autre ordre de faits.

Depuis 1863 l'agriculture a eu, en Égypte, à traverser toutes espèces de tourments : une terrible épizootie s'est d'abord déclarée sur la race bovine; elle a détruit tous les bestiaux qui existaient dans le pays, et par trois fois ceux qu'on y a importés; elle eut pour conséquence l'application de la vapeur aux irrigations et à toutes les industries agricoles. Par suite, une importation énorme de machines et de charbon se produisit, et l'Égypte devint tributaire de l'Europe pour une somme tellement considérable qu'elle ne reçut en numéraire que le tiers environ de la valeur de la récolte de coton. C'était la première fois qu'un pareil fait se produisait. Le manque complet de la récolte des blés dans la Haute-Égypte, en 1864 et 1865, fut également une des causes qui endettèrent l'agriculture et qui renchérirent les vivres; l'Égypte, qui avait constamment exporté des blés, fut obligée d'en demander à la mer Noire; nous eûmes, depuis lors, et nous avons encore aujourd'hui une importation assez considérable de farines de Marseille et de Trieste : elles sont allées se vendre jusque sur le marché de Djeddah, et il fallait que la pénurie des blés fût bien grande pour que des musulmans se résignassent à s'en servir.

La grande propriété, également, s'est endettée. Le Vice-Roi lui-même, en tête de tous les grands propriétaires, a dépensé des sommes énormes en machines à vapeur et en bestiaux : il a voulu appliquer la vapeur au labourage, et il possède 140 à 150 charrues à vapeur qui, en moyenne, lui ont coûté 60,000 francs chacune, rendues en Égypte. C'est une somme de 8 à 9 millions de francs entièrement perdue, car ces appareils, entre les mains des Arabes, se sont détériorés, les moyens d'entretien manquant, et ils ne s'en servent plus.

La dette de la daïra vice-royale peut être évaluée à 250 millions de francs, sur lesquels la moitié provient d'achats de propriétés, et l'autre moitié de dépenses productives ou perdues sur les terres et dans des constructions de palais.

C'est la pénurie des capitaux pour l'agriculture qui est une des causes de la préférence donnée par les propriétaires à la location des terres, plutôt qu'à leur exploitation par leurs propres moyens.

Le prix de location n'étant payable qu'à la récolte, le locataire se procure de l'argent par ses produits, qu'il se hâte d'envoyer sur le marché d'Alexandrie. Les maisons de commerce d'Alexandrie, qui reçoivent ces produits en consignation pour en effectuer la vente, avancent les deux tiers environ de leur valeur dès que le bulletin d'expédition par le chemin de fer ou le Nil leur parvient.

Il existe, néanmoins, des marchés usuraires dans l'intérieur. On parle, cette année, de nombreux prêts faits aux cultivateurs sur dépôt de bijoux, et aux anciens taux de 4 à 5 p. o/o par mois. Les propriétaires moyens ne peuvent guère plus emprunter, ayant hypothéqué leurs terres entre les mains du Gouvernement pour le payement de leurs dettes passées.

Le crédit agricole n'existe pas en Égypte, et sa création devrait être l'une des plus vives préoccupations du Gouvernement.

10 et 11. — La main-d'œuvre agricole a considérablement augmenté dans le cours des cinq dernières années : cela tient aux mêmes causes que nous avons signalées à propos de renchérissement de la valeur des terres, de l'augmentation des terres cultivées et du prix de leurs produits.

En 1860, les terres cultivées atteignaient à peine le chiffre de 4 millions de feddans (1,680,000 hectares); aujourd'hui, nous dépassons 5 millions (2,310,000 hectares). La production du coton n'atteignait que 6 à 700,000 quintaux; elle est aujourd'hui de 1,500 à 1,800,000. Si l'on remonte à vingt ans, on trouve qu'en année moyenne l'exportation du coton ne dépassait pas 150,000 quintaux.

La culture du coton, qui est, sans contredit, la plus productive de toutes celles pratiquées dans le pays, est aussi celle qui exige le plus de bras.

La population du pays n'a pas augmenté en proportion de l'accroissement des terres cultivées : elle ne s'élève pas, aujourd'hui, à plus de 5 millions d'âmes.

Le prix de la journée d'un fellah cultivateur ne dépassait pas, il y a dix ans, une piastre à deux par jour. Lorsque Saïd-Pacha concéda l'entreprise du canal de Suez à M. de Lesseps, en 1855, le prix fixé, pour la rétribution des travailleurs indigènes que le Gouvernement devait fournir (corvées), fut de 1 franc par jour, et on le donnait comme très-rémunérateur. MM. Borel et Lavalley, entrepreneurs de la compagnie du canal, les payent aujourd'hui 3 à 4 francs par jour, et les fellahs préfèrent-ils encore rester sur leurs champs plutôt que d'aller travailler dans l'isthme : c'est qu'en effet les propriétaires indigènes leur payent leur journée de 8 à 10 piastres (2 francs à

2 fr. 50 cent.), qu'ils trouvent la nourriture chez eux à meilleur marché que dans l'isthme, et qu'ils ne quittent pas leurs foyers, auxquels ils sont très-attachés.

Il y a de grandes propriétés, appartenant principalement au Vice-Roi et aux princes, qui ont des villages entiers et nombreux qui leur doivent une rétribution en main-d'œuvre. Ces villages, espèces de vassaux, sont désignés sous le nom de *hoddé*, et sont devenus légitimes propriétaires de leurs terres, à la condition de fournir un nombre déterminé de cultivateurs aux grands propriétaires, leurs voisins. Autrefois ils ne recevaient absolument que la nourriture pendant tout le temps que duraient les ensemencements et les récoltes; aujourd'hui la journée leur est payée de 4 à 5 piastres (1 franc à 1 fr. 25 cent.).

Ces villages tendent à disparaître; le Vice-Roi en a aboli un grand nombre, et a manifesté plusieurs fois l'intention de détruire entièrement ces anciennes redevances, bien que cela l'atteigne plus que tout autre dans sa fortune particulière.

12. — L'Arabe égyptien est essentiellement cultivateur : il préfère le séjour des champs à celui des villes; on ne l'a pas encore vu déserter les champs pour venir s'employer dans l'industrie et dans la domesticité. Dans les nombreuses usines à égrener le coton, qui se sont créées dans l'intérieur, le fellah n'a été employé comme ouvrier que temporairement: il fuyait l'usine sitôt qu'il trouvait du travail aux champs; il préfère la chaleur du soleil à celle de la chaudière, le silence de la nature au bruit de la vapeur. L'industrie a recruté des bras parmi les populations urbaines et parmi les Barbarins, les véritables auvergnats de l'Égypte, qui viennent passer quelques années au Caire et à Alexandrie, où ils servent principalement en qualité de portiers, et après lesquelles ils s'en retournent chez eux porter leurs économies.

13. — Ce n'est pas le manque de bras qui a déterminé, en Égypte, l'emploi des machines dans l'agriculture : c'est le manque de bestiaux, par suite de l'épizootie qui s'est déclarée en 1863 sur la race bovine. Cet emploi, néanmoins, a eu des conséquences assez importantes sur l'application des bras à la culture en ce qui a trait aux irrigations.

Jusqu'à la disparition presque complète de la magnifique race bovine qui existait en Égypte, presque tous les arrosages se faisaient avec un des appareils les plus primitifs, la *sakie*, espèce de noria tournée par des bœufs; aussi est-ce précisément et presque exclusivement dans l'emploi de la pompe, soit par machines fixes, soit par locomobiles, que l'usage de la vapeur s'est répandu en Égypte et s'est appliqué aux besoins de l'agriculture dans les arrosages.

La pompe à vapeur donnant plus d'eau que la sakie, il a été permis d'exploiter plus de terres, d'en appliquer une plus grande superficie à la culture du coton, et, par suite, le besoin de bras plus nombreux s'est fait sentir, et la main-d'œuvre est devenue plus chère.

L'emploi de la machine à vapeur dans l'égrenage du coton a pourtant rendu à la culture proprement dite un certain nombre de bras. La première usine de ce genre qui fut créée date de 1858. En 1862, il y avait 21 établissements réunissant ensemble 731 métiers; en 1863, le nombre s'en était élevé à 37, ayant 1,260 métiers; aujourd'hui il serait difficile d'en connaître le nombre. Quand cette industrie s'est répandue, presque tous les grands et moyens propriétaires ont installé des métiers mus à la vapeur pour l'égrenage de leurs cotons; ils se servent comme moteurs des machines faisant marcher leurs pompes pour l'arrosage. Il en est résulté que l'industrie proprement dite, celle qui travaillait pour le public, a perdu énormément d'argent, et que, cette année, la moitié des usines à vapeur ne travaillent pas. Il y a là un capital énorme employé, et dont la réalisation sera bien difficile. Pour donner une idée du changement qui s'est opéré dans l'industrie de l'égrenage, nous n'avons qu'à rappeler qu'en 1863 et 1864 les usines prenaient comme rémunération la graine, plus 5 à 10 piastres par quintal de coton (1 fr. 50 cent. à 2 fr. 50 cent.); aujourd'hui elles prennent la graine et payent elles-mêmes de 12 à 16 piastres (1 à 4 francs par quintal).

Avant 1858, l'égrenage se faisait à la maison, et c'était l'occupation des femmes et des enfants. Il fallait toute la période presque d'une récolte à l'autre pour que les produits d'une année vinssent se vendre sur le marché d'Alexandrie; aujourd'hui, bien que la production du coton ait quadruplé, cinq ou six mois suffisent pour que la récolte entière soit réalisée.

Tous ces faits ont donc eu une certaine importance sur le personnel agricole, le taux des salaires et la main-d'œuvre.

Il y a dans ce moment un temps d'arrêt dans l'importation des machines à vapeur; le pays en a été inondé dans le courant des années précédentes, et il y a peu de pays, croyons-nous, où, proportionnellement à la surface cultivée, il y ait autant de machines à vapeur qu'en Égypte; nous aurons à revenir sur ce sujet en répondant aux questions relatives aux irrigations.

14. — Le cultivateur arabe n'a pas de besoins; il est sobre, et pourvu qu'il trouve de quoi vivre sur la terre qu'il exploite, cela lui suffit; nous ne croyons donc pas que la somme de travail qui s'obtient aujourd'hui soit supérieure à celle qui s'obtenait dans le passé.

15. — Il est incontestable pourtant qu'il y a, depuis une dizaine d'années, une amélioration sensible dans les conditions d'existence de la population agricole.

Le premier bienfait qui leur ait été accordé, sous Saïd-Pacha, a été le payement de l'impôt foncier en espèces au lieu de sa perception en nature. Ce dernier mode livrait le producteur à toutes les exactions du percepteur des provinces. En second lieu, c'est l'abolition, par Ismaïl-Pacha, la première année de son avénement, de l'impôt sur les étoffes portées dans le pays. Aujourd'hui il n'y a plus que la terre qui paye : l'ouvrier cultivateur est exempt de tout impôt.

L'augmentation des cultures et des prix des produits a répandu plus d'argent dans l'intérieur, et les bénéfices réalisés par les propriétaires ont accru bien certainement le bien-être des populations rurales.

16. — Les terres, en Égypte, ne reçoivent certainement pas la quantité d'engrais nécessaire. C'est presque une erreur que de dire que le limon déposé par l'inondation périodique du Nil fertilise les terres. Ce limon est un amendement naturel, bienfait de la Providence pour des populations encore dans l'enfance sous le rapport agricole, mais qui ne suffit pas pour faire rendre à la terre tout ce qu'elle pourrait. C'est une *amélioration physique*, pour nous servir de l'expression de Thair à propos des amendements; quant à l'amélioration chimique, celle des engrais, les Arabes ne la connaissent qu'imparfaitement et ne l'emploient que d'une manière insuffisante.

Les seuls engrais employés sont ceux provenant des bestiaux et des pigeons; l'un et l'autre sont insuffisants. La colombine, que produit principalement la Haute-Égypte, se vend aujourd'hui bien plus cher qu'il y a dix ans.

Les fellahs ne sont pas pasteurs; ce sont les Bédouins qui élèvent de grands troupeaux sur la lisière du désert, et qui alimentent la population égyptienne. Le fellah n'élève guère que les bestiaux qui sont nécessaires à ses labours et à ses arrosages; la production des engrais que donne l'élève du bétail est donc à peu près nulle.

Presque tous les engrais qui se produisent dans le pays sont perdus; ceux des villes ne sont pas recueillis, ce qui est une cause d'insalubrité; ceux des écuries des villes sont employés sur les terres à jardinage.

Le jour viendra pourtant où toutes ces richesses seront recherchées, car la terre s'épuise en Égypte, surtout depuis le développement de la culture du coton.

L'amendement par le limon du Nil ne paraît pas aussi suffire, car les Arabes se servent aussi des décombres des anciennes villes pour modifier la nature de leurs terres.

M. le marquis de Bassano s'est livré à des études intéressantes sur la composition de ces décombres, ceux qui entourent la ville du Caire et dont il existe des quantités considérables.

Le prince Halim-Pacha est le seul des grands propriétaires égyptiens qui ait essayé l'emploi du guano d'Amérique; les résultats qu'il a obtenus sont incontestables; les produits des terres ainsi engraissées ont été plus nombreux et plus beaux que ceux produits par des terres similaires n'ayant pas reçu de guano. L'habile professeur, M. Ville, appelé par le prince Halim-Pacha, a fait des études sérieuses sur l'emploi des engrais en Égypte.

Dans la constitution d'une grande exploitation agricole, le nombre d'animaux nécessaires n'est pas basé, en Égypte, sur la production des engrais qu'il peut donner. L'exploitant ne calcule que sur la quantité des terres qu'il a annuellement à labourer. En général, on évalue qu'il faut cinq paires de chevaux ou de bœufs par 100 feddans

(42 hectares). Les bœufs sont préférés comme résistant mieux à la fatigue et donnant
plus de produits. Les buffles ayant mieux résisté que les bœufs à la dernière épizootie,
sont aujourd'hui très-abondants; mais il y a encore tellement pénurie de bêtes de
labour, qu'il n'est pas rare de voir attelés à la même charrue un bœuf et un cheval,
un buffle et un âne ou bien même un chameau.

La race ovine n'est pas nombreuse dans les exploitations agricoles; elle ne représente
guère que la quantité nécessaire à l'alimentation et c'est bien peu de chose quand on
songe que le fellah ne mange pas de viande plus d'une fois ou deux par mois. Quant
à la race porcine, dont l'usage comme nourriture est banni par l'islamisme, elle
n'est exploitée que par quelques Européens dans les environs des grandes villes.

17. — Les assolements en Égypte n'ont subi une modification depuis nombre
d'années, qu'au moment où s'est développée la culture du coton. Jusque-là les cultures
de céréales s'alternaient d'année en année et étaient remplacées par des ensemencements
de bercim (espèce de luzerne). Les cultures de lin et de sésame ont presque disparu,
celles de blé, orge, fèves et maïs sont les seules qui se pratiquent en fait de
céréales.

Quelle que soit l'importance de la propriété, un propriétaire évalue qu'il peut en
ensemencer un quart chaque année en coton. Il a été reconnu, en effet, que cette culture épuisait énormément la terre et qu'elle ne pouvait donner un revenu rémunérateur
qu'en laissant pendant trois années la terre se réconforter. Quelques propriétaires pré-
tendent que deux années suffisent et ensemencent en coton un tiers de leur terre.
L'expérience des deux dernières années a prouvé qu'ils étaient dans l'erreur.

La terre qui a produit le coton reçoit les années suivantes la culture des céréales de
quelque qualité qu'elles soient; on préfère en général le maïs et les fèves pour la première année, les orges et les blés pour les suivantes.

A peine le coton est-il déraciné que les terres sont ensemencées de bercim qu'on
coupe la même année avant le labour pour les céréales.

Nous avons vu plus haut qu'on évaluait à cinq paires de bestiaux par 100 feddans les
animaux nécessaires pour le labour. La production d'un feddan de bercim est reconnue
nécessaire pour la nourriture d'une tête de bétail; c'est donc 10 p. o/o de la surface
d'une propriété qu'on met en bercim pour l'entretien des animaux.

18. — Les procédés agricoles sont aujourd'hui en Égypte ce qu'ils étaient il y a
trente ans. Le seul progrès accompli, les seules améliorations réalisées consistent
dans le développement des irrigations et l'application des pompes à vapeur qui ont
eu pour conséquences la culture d'un plus grand nombre de terres, leur rapport
plus considérable et l'augmentation de la culture du coton. La charrue est restée celle
des anciens Égyptiens, le battage des grains est tout ce qu'il y a de plus primitif; la
paille est hachée et concassée; les grains mêlés de terre et de poussière. Le coton et le

riz sont les deux seuls produits à l'égrénage et au dépiquage desquels la vapeur ait été employée.

Drainage.
Desséchements.
Défrichements.

19. — Les défrichements en Égypte consistent dans l'inondation à plusieurs reprises des terres que l'on compte cultiver. Il faut donc avant tout y amener des eaux par des canaux. On construit des digues tout autour des terres, on fait ensuite plusieurs labours après lesquels on inonde les terres. On commence par les ensemencer de maïs et ce n'est que trois ans après qu'elles deviennent propres à la culture du coton. Nous avons dit plus haut qu'il y avait aujourd'hui 5,500,000 feddans cultivés en Égypte et qu'il n'y en avait que 4 millions à la mort de Saïd-Pacha, on peut donc dire que les défrichements on donné 1,500,000 feddans depuis quatre ans. Cette progression énorme s'est arrêtée et le manque de bras maintiendra pendant de nombreuses années encore le nombre des feddans cultivés en Égypte au chiffre où il se trouve aujourd'hui.

En fait de desséchement un peu important, il n'y en a pas eu depuis celui du lac Zargoum, qui se trouvait entre Damanour et Atfé; ce desséchement eut lieu pendant les dernières années du règne de Saïd-Pacha en 1861 ou 1862, il rendit 30,000 feddans de terre à l'agriculture; c'est aujourd'hui l'une des propriétés du douaire du jeune Toussoum-Pacha, fils de Saïd.

Il n'a été exécuté en Égypte aucun travail en fait de drainage; les terres cultivables ne reçoivent les eaux que par le Nil; il n'y a besoin nulle part d'établir des conduites souterraines pour les dessécher. Les eaux qu'on y amène ne suffisent pas souvent pour amollir le sol, le rendre plus facile à labourer, tant l'ardeur du soleil dessèche des terres toutes d'alluvions.

Irrigations.

20. — Les eaux seules du Nil alimentent les irrigations en Égypte. La végétation cesse et le désert commence là où les eaux du fleuve ne peuvent parvenir. La zone des terrains cultivés s'est donc élargie au fur et à mesure que des canaux dérivant du Nil ont été créés.

Ces canaux se divisent en deux catégories : les canaux *seffieh* et les canaux *nilieh*.

Les premiers ont leur plafond en contre-bas du niveau du fleuve à l'étiage, ils ont leurs prises d'eau au fleuve; le nombre en est restreint, mais ils ont de nombreuses ramifications.

Les seconds ne s'alimentent que pendant la crue du Nil; ils ont leur plafond plus haut que l'étiage et plus bas que le niveau des inondations; le nombre en est considérable.

Les canaux seffieh conservent toute l'année de l'eau courante venant directement; ils ont encore 60 à 80 centimètres d'eau à l'étiage lorsqu'ils sont en bon état. Les terres qui bordent le Nil et ces canaux sont donc privilégiées sous le rapport des irrigations.

Les canaux nilieh, soit qu'ils s'alimentent au Nil, soit dans les canaux seffieh, sont fermés par des barrages en terre; lorsqu'ils ont été remplis par la crue du fleuve, ils deviennent alors de véritables réservoirs où les riverains puisent l'eau nécessaire à leurs irrigations. Naturellement ces canaux se vident et ils restent entièrement à sec en mars et avril jusqu'en juillet, époque de la nouvelle crue. Les terres qui avoisinent ces canaux sont donc dans des conditions moins favorables. Elles sont privées d'eau en général au moment où la culture des cotons en demande.

Tous ces canaux se comblent facilement, tant par le dépôt des eaux que par les éboulements des berges; chaque année ils doivent être curés, les canaux seffieh pour être maintenus au-dessous de l'étiage, les canaux nilieh pour pouvoir contenir la plus grande quantité d'eau possible.

On estime à 18 millions de mètres cubes le cube des curages annuels dans la basse Égypte, et à 40 millions de mètres cubes celui des canaux de la haute Égypte.

Le curage des canaux nilieh se faisant à bras d'hommes et pendant la période où ils sont à sec, il en résulte que du mois de mars à celui de juin, il y a une population de 300,000 âmes en mouvement, tant pour ce travail que pour la consolidation des digues.

Le curage des canaux seffieh, dans la basse Égypte (il n'en existe point dans la haute Égypte), est coûteux et difficile; il se fait également à bras d'hommes, et les ouvriers travaillent dans 50 à 60 centimètres d'eau. On ne peut mettre ces canaux à sec pendant l'étiage, en établissant un barrage à la prise d'eau sur le fleuve, parce que c'est, comme nous l'avons dit plus haut, une époque pendant laquelle les arrosages sont très-nécessaires.

Tous les canaux seffieh ont un barrage régulateur des recettes d'eau, à leur prise d'eau; deux d'entre eux pourtant (le Burb-Moeze et le Rattabé) n'ont ce barrage qu'à une certaine distance du fleuve. Tous, sans exception, ont des barrages sur leur cours, afin de retenir les eaux suivant les besoins, pour les élever dans les différents fiefs et faciliter les arrosages. De tous ces barrages, il n'y en a que deux avec écluses, et c'est pour le passage des barques (celui de Bar-Cherbine et celui du Mahmoudieh).

Quand la crue est à son maximum, le niveau des eaux du Nil est plus élevé que celui de toutes les terres de la basse Égypte; les eaux du fleuve sont maintenues par de solides digues. Tout le delta, toutes les provinces du Décalieh et du Charkieh, qui longent la rive droite de la branche de Damiette, et celles de Béhéré, qui longent la rive gauche de la branche de Rosette, sont divisés par des digues qui représentent un immense échiquier et qui préservent les terres cultivées, aussi bien que les villes et les villages, d'une inondation générale. A cette époque on fait des coupures aux digues qui bordent les canaux, pour faire les arrosages sans frais, car le niveau des eaux de ces canaux est plus élevé que les terres, et les arrosages ne sont, par le fait, que des inondations partielles et réglementées; mais il est interdit de faire la moindre entaille aux digues qui bordent le Nil, car le courant du fleuve est tellement rapide qu'il envahirait la moindre ouverture qui lui serait faite, détruirait les berges et entraînerait des désastres comme ceux de 1860 et 1863.

Quand le fleuve a baissé, commence le rôle des appareils et machines à arroser; nous l'avons dit plus haut, la pompe à vapeur s'est répandue d'une manière considérable, en Égypte, depuis la dernière épizootie. Cet emploi n'a pas reçu encore, pourtant, tout le développement que les cultures demanderaient; il n'y a que les grands propriétaires et les moyens qui en tirent un véritable profit; pour le petit propriétaire, les moyens de réparation manquent, l'approvisionnement de charbon est difficile et coûteux; il n'y a pas de combustible dans le pays qui puisse remplacer la houille; il faut débuter avec un mécanicien européen dont la paye est élevée. Le petit propriétaire a donné la préférence à la locomobile : la machine fixe était trop chère; la plupart d'entre eux ont déjà mis de côté la locomobile pour revenir à la sakié, parce que la locomobile demande un entretien coûteux, plus de réparations que la machine fixe, qu'elle s'use plus promptement, et que, pour la même somme de travail, elle est plus coûteuse.

Le Gouvernement égyptien a beaucoup à faire pour compléter et développer le système des irrigations en Égypte: c'est d'abord l'achèvement du grand travail conçu par Méhémet-Ali : le grand barrage du Nil, au point où le fleuve se bifurque en deux branches, et qui, élevant sur ce point le niveau des eaux, permettrait de remplir, pendant toute l'année, presque la totalité des canaux qui irriguent les provinces de la basse Égypte; c'est ensuite d'établir, à la prise d'eau de tous les canaux sur le Nil, des écluses et des pompes d'élévation comme celles établies sur le Mahmoudieh, à Atfé, de manière que tous les principaux canaux soient remplis d'eau pendant toute la période de l'étiage; c'est, enfin, d'entretenir, de curer les canaux, d'y établir des barrages avec des écluses, pour qu'ils soient aptes à la navigation et au transport, d'y établir des ponts pour faciliter les communications. Ces travaux demanderaient des dépenses considérables, mais elles seraient largement rémunératrices; profitant au producteur, les redevances qui lui seraient demandées ne seraient pas considérées comme une charge.

Prairies naturelles et artificielles.

21 et 22. — Il n'existe pas, en Égypte, de prairies naturelles; la seule culture fourragère est celle du bercim, espèce de luzerne, comme nous l'avons dit plus haut, que chaque propriétaire fait pour la nourriture des bêtes de labour nécessaires à son exploitation. Cette culture est largement rémunératrice dans les environs des centres de population; elle donne quatre à cinq coupes par an, et le produit, à l'état vert, se vend sur pied pour la nourriture des bêtes de transport et les écuries des villes. Un feddan de bercim s'est vendu cette année-ci, dans les environs du Caire et d'Alexandrie, de 4,000 à 5,000 piastres (1,000 à 1,250 francs); dans l'intérieur, il ne se vend que 500 à 600 piastres (125 à 150 francs). Cette culture ne demande presque pas de frais: un simple labour très-léger et la projection de la graine par-dessus. Les bestiaux sont par-

qués sur les terres pendant les trois quarts de l'année et y prennent leur nourriture. La vente du bercim se fait sur pied; dans les environs des villes la coupe n'occasionne aucuns frais au propriétaire.

23 et 24. — Il n'y a pas d'autres plantes fourragères que le bercim, cultivées en Égypte pour la nourriture des animaux. Le chameau, qui rend de si grands services pour les transports, est nourri non-seulement avec du bercim, mais encore avec les feuilles de cannes à sucre et toutes celles des légumineuses; avec les fèves et les maïs, quand ils abondent.

L'évaluation des terres cultivées, en Égypte, étant de 5,500,000 feddans, le dixième en est cultivé en bercim, pour les animaux de labour; c'est donc 550,000 feddans appliqués à la culture fourragère (231,000 hectares). On peut ajouter à ce chiffre 150,000 feddans (63,000 hectares), cultivés de la même manière pour la nourriture des animaux de transport.

48. — Les transports des produits, en Égypte, ont éprouvé de grandes améliorations depuis une trentaine d'années; le transit pour les Indes en a été la cause primitive.

49. — C'est grâce à lui que s'est développée d'abord la navigation à vapeur, sur le canal de Mahmoudieh, qui relie le port d'Alexandrie au Nil, et sur le Nil lui-même; c'est lui qui a motivé ensuite la voie ferrée qui s'étend d'Alexandrie à Suez. Les voies de communication, les moyens de transport, créés pour le service du transit, ont été naturellement utilisés pour les besoins du pays, et le Gouvernement, comprenant les avantages qui en résulteront pour lui et pour les populations, les a développés dans des proportions déjà considérables. Les moyens de transport par eau consistent, aujourd'hui, dans environ 6,000 barques à voiles, dont le tonnage varie de 100 à 1,000 ardebs (10 à 100 tonneaux), et qui emploient un nombre de 7 à 8,000 hommes, et dans une compagnie privilégiée pour le remorquage à vapeur (l'Aziziè) sur le Nil et les canaux, qui a une flotte de bateaux à vapeur remorqueurs et de barques pontées en fer, d'un tonnage important.

C'est sous le règne d'Abbas-Pacha, en 1853, que commença la construction du chemin de fer d'Alexandrie au Caire. Saïd-Pacha prolongea cette voie jusqu'à Suez, et fit faire l'embranchement de Tautah à Samanoud, dans le centre du delta et par conséquent de la production cotonnière. Ismaïl-Pacha a prolongé cet embranchement jusqu'à Telka, sur la branche de Damiette, en face de Mansourah; il a créé, de plus, les embranchements de Béna à Zagazig et Bitmiré, ceux de Zagazig à Mansourah et à Belbeis, rejoignant, à Calioub, la ligne du Caire à Alexandrie; ceux de Samanout à Zefté, de Mahalleh-Rok à Denouk; il a fait doubler la voie d'Alexandrie au Caire, et commencer la ligne de la haute Égypte, du Caire à Miniéh.

11.

A l'avénement d'Ismaïl-Pacha, les voies ferrées représentaient un parcours de 241 milles anglais; aujourd'hui la situation des chemins de fer est la suivante :

Voies en pleine exploitation............................... 421 kilom.

Voies en cours d'exécution............................... 334

L'Égypte pourra donc bientôt rivaliser, eu égard à sa surface, avec les pays d'Europe les mieux pourvus de chemins de fer.

Routes.

50. — Si les moyens de transport se sont améliorés sous le rapport de la navigation intérieure et de la création des chemins de fer, il n'en est pas de même pour les routes de terre. On peut dire qu'il n'en existe pas dans l'intérieur; le charroi y est inconnu à l'exception d'un rayon très-étroit dans les environs des villes, et tous les transports des produits agricoles, jusqu'aux gares des chemins de fer ou aux ports d'embarquement sur le Nil et les canaux, s'y font par bêtes de somme. Les digues, en général, et d'étroits sentiers servent au parcours de ces bêtes de transport, qui sont le chameau, le cheval, le mulet, le baudet et souvent aussi le bœuf et le buffle:

Navigation.

51. — Une des améliorations les plus nécessaires au service des transports, en Égypte, serait, comme nous l'avons dit plus haut, la mise en communication des divers canaux au moyen d'écluses, et leur appropriation à la navigation; le placement de machines élévatoires à l'embouchure de tous les canaux sur le Nil; pour maintenir leur niveau d'eau, pendant l'étiage et le balisage du Nil, à la même époque, pour que la navigation n'éprouve plus les ensablements qui lui occasionnent des retards considérables.

C'est à Saïd-Pacha que l'on doit l'établissement des pompes à vapeur à Atfé pour alimenter le canal de Mahmoudieh, qui apporte à Alexandrie les eaux nécessaires à une population de 250,000 âmes, et qui permettent aux barques à vapeur et à voiles d'y apporter tous les produits de l'intérieur.

De nombreux canaux d'irrigation ont été créés par Ismaïl-Pacha, depuis son avénement, dans le delta, sur la rive droite de la branche de Damiette et dans la haute Égypte. Ce sont là tous les canaux d'irrigation qui ont eu pour conséquence l'augmentation que nous avons signalée des terres cultivées.

On doit à la compagnie de Suez la création du canal de l'Ouade, qui, après avoir amené les eaux du Nil au centre de l'isthme par une voie navigable, les conduit de même jusqu'à la mer Rouge à Suez et, par des conduites, jusqu'à Port-Saïd sur la Méditerranée. Le canal, qui se développe sur une longueur importante, a changé la face de la ville de Suez et est appelé à rendre au pays d'immenses services. La partie du Caire à Tel-el-Kebir, dont la construction était à la charge du Gouvernement, n'est pas achevée, ainsi que les écluses à la prise d'eau sur le Nil à

Boulac, près le Caire. Ces travaux achevés, le canal de l'Ouade sera, pour l'isthme et pour Suez, ce que le Mahmoudieh est pour Alexandrie.

52. — La valeur des exportations annuelles de l'Égypte a dépassé en chiffre ronds 400 millions de francs depuis 1864.

Elle n'avait été que de 300 millions en 1863, et de 200 millions en 1862. Les trois quarts de cette exportation se faisaient pour l'Angleterre jusqu'en 1864, et la France n'y entrait pas pour plus d'un sixième environ.

Depuis lors, la France atteint le quart. On trouve, en effet, dans le tableau général du commerce de la France, pour 1854, que les importations de l'Égypte se sont élevées à 81 millions, ce qui donnait une augmentation de 48 p. o/o sur 1853 et de 15 p. o/o sur la période quinquennale.

Cette augmentation provient surtout des cotons que les maisons d'Alsace et de Normandie sont venues acheter directement sur le marché d'Alexandrie. Il est fâcheux seulement que la place de Marseille n'offre pas à la spéculation les mêmes ressources pour cet article que la place de Liverpool, et que les frais de toute nature à laquelle cette marchandise est assujettie y soient plus considérables qu'en Angleterre. Il est un fait certain, c'est que le commerce égyptien et les producteurs eux-mêmes envoient de préférence leurs cotons à Liverpool qu'à Marseille.

Il en est de même pour les blés, les fèves, les maïs, lorsque leur production dépassait les besoins du pays. Les blés égyptiens d'une qualité incontestablement inférieure ne trouvaient aucun débouché en France. En Angleterre, on les emploie à la distillerie et à l'amidonnerie.

53. — Une des causes qui facilitent et qui encouragent l'exportation des produits de l'Égypte en Angleterre, c'est le prix du transport qui, en proportion des prix cotés à Liverpool et à Marseille pour les cotons, donne certainement une différence de 5 à 10 p. o/o. Aujourd'hui, les facilités et la rapidité des transports existent pour l'Angleterre comme pour la France; les cotons, à cause de leurs prix élevés, n'usent plus de la navigation à voiles; c'est le seul article, d'ailleurs, qui ait une importance réelle dans notre exportation, et qui ait uniquement pris part, dans l'intérieur comme dans son expédition sur les marchés étrangers, aux facilités et à la rapidité des communications.

Un progrès qu'il serait utile de réaliser en faveur du commerce français, ce serait de pouvoir maintenir, à Marseille, le transit des cotons pour la Suisse, alors que déjà Trieste, Brindisi et Gênes font tous leurs efforts pour s'assurer ce mouvement.

60. — La législation fiscale, en Égypte, est encore celle qui a été créée par Méhémet-Ali, et elle a été modifiée dans quelques-unes de ses parties par les successeurs du fondateur de la dynastie égyptienne.

61 et 62. — Elle est entièrement soumise d'ailleurs à l'arbitraire du Vice-Roi régnant

quant aux impôts grevant la population pour ainsi dire directement, et assujettie à la législation de la Turquie, sa suzeraine, pour les droits de douane et de navigation et les traités de commerce avec les puissances étrangères. La propriété rurale est donc exposée à voir s'accroître les charges de l'impôt suivant les besoins du Gouvernement; le producteur est assuré que les droits d'exportation n'augmenteront que tout autant que la Sublime-Porte le décréterait pour tout l'Empire ottoman.

Il n'existe plus pour ainsi dire aujourd'hui, en Égypte, qu'un seul impôt direct : c'est l'impôt foncier.

Les droits qui se percevaient sur les denrées à l'entrée des villes ont été abolis par Saïd-Pacha.

L'impôt personnel qui frappait toute la population a été aboli par Ismaïl-Pacha.

L'impôt foncier perçu sur les terres cultivées se divise ainsi que nous l'avons dit, en parlant de la constitution de la propriété, en deux parties, la dîme que payent les *schifliks* ou *abadié*, l'impôt que payent les *attarié*. Les propriétés soumises au payement de la dîme sont divisées en trois catégories, suivant la nature des terres, et qui payent aujourd'hui 18, 25 et 35 piastres le feddan (4 fr. 50 cent., 6 fr. 25 cent. et 8 fr. 75 cent.). Cette contribution n'était que de 18, 21, 27 piastres (4 fr. 50 cent., 5 fr. 25 cent. et 6 fr. 75 cent.) à la mort de Saïd-Pacha, en janvier 1863. Elle a donc subi une augmentation. L'impôt proprement dit se perçoit par feddan, suivant la nature de la culture qui y est faite. Cette perception donne lieu à de nombreux abus. Cet impôt varie actuellement de 5 à 120 piastres le feddan (1 fr. 25 cent. à 30 francs). Sous Saïd-Pacha le taux maximum ne dépassait pas 95 piastres (23 fr. 75 cent.).

L'impôt foncier produit aujourd'hui annuellement 700,000 bourses au Gouvernement, soit 87 millions de francs. Mais dans cette somme sont compris les impôts que payent les propriétés urbaines, et qui sont d'un douzième de revenu net.

Le locataire n'est assujetti au payement d'aucun impôt.

Les mutations de propriété, par suite de vente, payent un droit de 5 p. o/o, dont moitié payée par le vendeur, moitié par l'acheteur. Si la mutation a lieu par suite d'héritage, le droit n'est que de 1 p. o/o, et la valeur des terres est fixée conformément à 500 francs le feddan. Ce n'est que depuis un an que ces droits pour les héritages ont été fixés; auparavant il n'était rien perçu.

La corvée est pratiquée dans l'intérêt même de l'agriculture pour le curage des canaux; elle est abusivement exigée souvent par le Gouvernement pour l'exécution des travaux publics, pour les chemins de fer, et quelquefois même pour les travaux particuliers du Vice-Roi.

Les contributions indirectes qui existent en France n'ont aucun similaire en Égypte, à l'exception de la douane; quelques taxes ne donnant pas un revenu notable, vu leur peu d'élévation, peuvent être considérées comme grevant indirectement l'agriculture.

Ce sont d'abord les droits de péage établis aux écluses du barrage et du Mahmoudieh sur le Nil, celui sur toutes les barques employées aux transports, c'est le fermage privilégié donné pour le sel qui est ramassé sur les bords des différents lacs de la basse Égypte, sans demander aucuns frais d'appropriation; c'est le fermage du lac des sels natrons, qui est dans les mêmes conditions que le précédent; c'est encore la pêche sur le lac Menzaleh, qui donne une quantité énorme de poissons qu'on sale, et qui est une portion de la nourriture du fellah (le fesihe).

Ces différents fermages, désignés sous le nom d'*apaltes* étaient donnés jusqu'ici à la faveur et ne rendaient pas au Gouvernement les revenus qu'il était en droit d'obtenir d'eux, et les prix de vente des produits qu'ils donnaient étant laissés à l'appréciation du fermier, la population en subissait l'exagération. Depuis l'avénement d'Ismaïl-Pacha, le système des adjudications publiques a été essayé, et il est probable qu'au fur et à mesure de l'extinction du fermage, ce procédé sera généralement adopté.

Il existe également un droit de patente pour les débitants dans les villes : il est peu élevé, et son assiette est laissée à l'arbitraire des gouverneurs. Les Européens sont exempts de ces droits.

RÉGENCE DE TUNIS.

CONSULAT GÉNÉRAL DE FRANCE A TUNIS.

RAPPORT RÉDIGÉ PAR M. CHARLES CUBISOL,

Vice-Consul à la Goulette.

RÉPONSES AU QUESTIONNAIRE.

1. — Les propriétés territoriales sont divisées entre l'État, l'Église, les diverses tribus et les habitants des villes.

Aucune imposition foncière ne les atteignant, elles n'ont présentement aucune classification, et quoique les proportions de ces diverses propriétés ne soient pas précisément connues, on peut évaluer l'étendue totale des terres arables à environ 800,000 ou à un million d'hectares.

Division de la propriété.

2. — Une partie des terres est exploitée par les propriétaires eux-mêmes ; l'autre partie est donnée en bail à des fellahs (cultivateurs).

Mode d'exploitation.

3. — Généralement, lorsque les propriétaires n'exploitent pas eux-mêmes, les conventions qui interviennent entre eux et les fellahs varient selon l'importance des terrains et sont faites ou par des contrats écrits par-devant notaire ou par de simples engagements verbaux.

Tunis.
Prix de location
des terres.

4. — Les prix de location sont subordonnés à la qualité plus ou moins productive des terrains et varient de 25 à 100 francs la *mechia* (soit les 10 hectares) [1].

Si les propriétaires exploitent eux-mêmes, tous les frais sont à leur charge, moins le labour qui est à celle du *khamès* [2], lequel perçoit, dans ce cas, le cinquième sur le produit de la récolte du grain seulement.

Le propriétaire peut changer de khamès tous les ans.

Il y a des propriétaires qui donnent les terrains à des khamès aux conditions suivantes : le propriétaire donne le terrain et la moitié de la semence, le khamès se charge de l'autre moitié de la semence, en prenant aussi à sa charge toutes les dépenses de labour et de la récolte; celle-ci une fois terminée, le produit est partagé en parties égales entre le propriétaire et le khamès.

Prix de vente.

5. — Malgré l'énorme dépérissement de l'agriculture depuis une trentaine d'années, les loyers des terrains n'avaient jamais subi de variation, mais aujourd'hui l'on constate une sensible modification : la cause en est que la majeure partie des terrains restant incultes, ils ont besoin d'un défrichement. (Impossibilité d'avoir des renseignements précis et de faire table de ces variations.)

Transmission
de la propriété.

6. — Les transmissions des héritages résultent de dispositions expresses de la loi; les biens reviennent en partage égal et, en totalité, aux enfants mâles. S'il n'y a que des filles, celles-ci n'ont droit qu'au tiers des biens de leur père, et les deux autres tiers vont au domaine (*bit-el-mel*). Quelquefois, pour prévenir les dispositions rigoureuses de la loi, les propriétaires hypothèquent leurs biens en faveur de l'Église (*habes*) et, dans ce cas, toute la famille a la jouissance de la propriété, et l'Église ne s'en empare qu'après l'assurance qu'il n'existe plus aucun membre, soit mâle ou femelle, de la race du testateur.

Les propriétés sont habituellement conservées entières; mais, s'ils le veulent, les enfants peuvent se les partager à la mort de leur père.

Capitaux. — Crédit.

7. — Plus de la moitié des propriétaires des biens ruraux ou ceux qui les exploitent ne possèdent pas les capitaux suffisants pour les besoins de la culture; quant au perfectionnement des procédés agricoles et à l'amélioration des terres, il n'en existe pas, et le Gouvernement n'a jamais songé et ne songe nullement à les introduire dans le pays.

8. — Lorsque les capitaux leur manquent, les propriétaires des biens ruraux ou ceux qui les exploitent sont obligés d'emprunter de l'argent en hypothéquant entre les mains du prêteur ou leurs titres de propriété, ou tout le produit de la récolte, jusqu'à l'entier payement de la dette en nature.

[1] On appelle *mechia* l'espace de terre qu'une paire de bœufs laboure en moyenne pendant une année, soit environ 10 hectares.

[2] Le *khamès* est le fermier.

9. — Le taux de l'argent ainsi prêté est, en général, excessivement élevé et atteint quelquefois 1 2 5 p. o/o, le crédit agricole n'étant pas trop solide.

10. — Depuis quelques années, l'émigration enlevant journellement des bras, les salaires suivent une proportion inverse et il n'y a ainsi aucune modification à signaler.

11. — Le personnel agricole a diminué considérablement et le nombre des ouvriers ruraux n'est nullement en rapport avec les besoins de la culture; ces causes fâcheuses sont dues aux énormes impositions qui grèvent les populations par l'impôt de capitation et les exactions locales et, par conséquent, au grand état de misère qui provoque l'émigration sensible que l'on constate parmi les masses agricoles.

12. — Il y a une forte émigration des populations rurales vers les villes et à l'étranger; l'abandon du travail des champs pour le travail industriel s'est produit dans des proportions très-sensibles.

13. — On ne fait aucun emploi des machines dans l'agriculture, et il n'y a aucune tendance dans ce perfectionnement.

14. — La somme de travail obtenue des ouvriers agricoles a subi sur le passé une énorme diminution de près de sept huitièmes.

15. — Les conditions d'existence de cette partie de la population, loin de s'améliorer, empirent de plus en plus.

16. — Le seul engrais ou amendement dont on se serve dans le pays est le fumier des bestiaux; mais on en fait un bien faible usage, la production de ce fumier étant d'ailleurs insuffisante pour les besoins de l'agriculture, qui ne doit sa fertilité qu'à l'excellente qualité du sol.

L'élevage des bestiaux subit une très-sensible décroissance, ce qui est dû aux fortes impositions et aux avanies qui accablent les petits propriétaires.

17. — Il n'y a, de temps immémorial, aucune règle ici, aucune modification dans l'assolement de la culture.

18. — Il n'y a aucun progrès à constater, ni d'amélioration réalisée dans la culture du sol.

19. — Les irrigations sont très-limitées et elles sont presque toutes artificielles.

20. — On s'en occupe très-peu et l'on ne voit encore aucun résultat des travaux de desséchement, de défrichement et de drainage qu'on avait pourtant entrepris, spécialement sur un lac situé près de la ville de Tunis, au compte du premier ministre.

TUNIS.
Prairies naturelles.

21. — L'agriculture n'ayant pas aujourd'hui le développement voulu, les prairies naturelles embrassent presque les deux tiers du territoire de la Tunisie.

Prairies artificielles.

22. — On ne cultive pas ici de prairies artificielles; les animaux broutent dans les jachères qui forment les trois quarts des terrains cultivables, mais abandonnés.

Autres cultures fourragères.

23. — On ne cultive seulement qu'environ 400 hectares de carottes; les frais, pour un hectare de cette culture, sont d'environ 136 francs, et le rendement de 125 quintaux métriques, soit 750 francs environ.

24. — Il n'a jamais été donné ici de développement aux cultures fourragères : on ne fait usage que de la paille de blé et d'orge.

Rendement en plantes fourragères.

25. — On ne cultive point les trèfles, luzerne, sainfoin, betteraves, choux, etc.
On ne cultive que la carotte dont le rendement est d'à peu près 300,000 francs par an.

Prix de vente.

26. — Non cultivés.

Animaux.

27. — Les cultivateurs indigènes n'ont que la dépense d'achat des bestiaux, les prix des bœufs de labour varient, selon les époques, de 60 à 100 francs, les vaches de 50 à 60 francs, les chevaux et mulets de 90 à 125 francs, les moutons de 15 à 20; ils font très-peu de dépenses pour l'entretien, nourrissant la plupart du temps les chevaux, mulets et bœufs de labour avec de la paille et du chiendent que les femmes ramassent pendant la journée lorsqu'il n'y a pas de pâturage.

28. — Il n'y a aucune amélioration dans la quantité et la qualité des animaux.
Aucun changement n'a été opéré à cet égard depuis trente ans.
Au lieu de perfectionnement, on constate une grande dégénération et une décroissance sensible des races, surtout dans les chevaux.

29. — Les cultures fourragères n'ont aucune extension et elles sont insuffisantes pour l'élevage du bétail et la production des engrais.
On fait venir très-souvent du foin de Bône (Algérie) pour les chevaux de luxe seulement.

Produits des animaux.

30. — Une partie de ces produits accessoires sert pour le propre usage des cultivateurs; le reste est vendu aux marchés des diverses villes et il en est de même de la volaille et des œufs qu'elle fournit.

Céréales.

31. — On ne cultive dans la Régence que le froment, l'orge, le maïs et les fèves; l'étendue des terres cultivables pour ces céréales est d'environ 80,000 *méchiés*, soit 800,000 hectares, dont:

Froment . . . .   450,000 hectares.   Tunis.
Orge   250,000
Maïs   50,000
Fèves ou autres légumes   50,000

Mais aujourd'hui, par suite de l'abandon de l'agriculture, il n'est cultivé que tout au plus 100,000 hectares en tout.

32. — Les frais de culture de ces céréales, pour chaque hectare, sont :   Frais de culture.
Pour le froment, l'orge, le maïs et les fèves, 62 fr. 50 cent.
Mais si l'on ajoute à ces frais les exactions et les avanies du Gouvernement, on trouvera que les cinquante ou même les soixante centièmes des récoltes sont absorbés.

33. — Cette production, loin d'augmenter, a subi, depuis une trentaine d'années,   Production. un énorme dépérissement; aujourd'hui il est ensemencé tout au plus 10,000 méchiés, soit 100,000 hectares. La cause en est à la mauvaise administration qui opprime le pays, provoque la grande misère et, par suite, une très-sensible émigration et l'abandon presque total de l'agriculture.

34. — Il y a dix ans, le froment se vendait environ 60 francs les 6 hectolitres,   Prix de vente. l'orge 30 francs, le maïs et les fèves 40 francs.
Ces prix ont depuis augmenté sensiblement, et aujourd'hui, par suite du manque de céréales, ils ont atteint les chiffres suivants :

Froment . . . .   208^f les 6 hectol.
Orge   105
Maïs   150
Fèves   100

35. — Il n'y a aucune amélioration à constater.   Qualité.

36. — On pourrait tirer un grand bénéfice de la culture des pommes de terre et des   Autres plantes alimentaires. légumes secs et frais, mais le découragement complet de la population rend presque insignifiante cette branche de l'agriculture.

37. — Les frais de culture d'un hectare de pommes de terre peuvent être évalués à   Frais de culture. 350 francs, et pour les autres légumes, à 275 francs.

38. — Toutes ces plantes pourraient être parfaitement bien cultivées dans diverses   Plantes industrielles. localités de la Régence, mais l'on ne s'en occupe nullement, si ce n'est quelques maraîchers aux environs des villes.
Néant, sauf le tabac en très-faibles quantités.

39. — Néant.   Frais de culture.

<table>
<tr><td>Tunis.</td><td>40. — Néant.</td></tr>
</table>

Tunis.

40. — Néant.

Sucres. — Alcools.

41. — La canne à sucre pourrait être cultivée avec un immense succès dans la Régence. Un petit essai que l'on a voulu faire a donné pour résultat 40 kilogrammes de cannes par six touffes. La production des alcools pourrait aussi jouer un rôle considérable, mais on ne s'en occupe que dans des proportions insignifiantes.

Vignes.

42. — La culture de la vigne, quoique réussissant parfaitement, est très-peu répandue et n'a pris depuis dix'ans aucune extension, elle a même au contraire diminué.

43. — On ne cultive que la blanquette et une très-petite quantité de muscat blanc; quelques Européens en font du vin pour leur propre usage. La majeure partie des raisins est vendue pour la consommation du pays, mais jamais dans un état de maturité complète, la récolte ne pouvant être faite qu'après l'autorisation tardive du Gouvernement, ce qui fait que plus de la moitié en est perdue.

Frais de culture.

44. — Les frais de culture d'un hectare de terre planté en vigne peuvent être évalués à 31 francs, savoir : 6 francs pour la taille et 25 francs pour le binage.

Prix de vente des vins.

45. — Le prix des vins indigènes est de 50 centimes le litre.

Circulation des produits agricoles.

46. — L'écoulement et le placement des produits agricoles ne rencontrent que des obstacles, tant par les moyens de transport que par les droits exorbitants en vigueur dans le pays.

Débouchés.

47. — Il n'existe pour le moment aucun débouché; le pays s'approvisionne actuellement à l'étranger, mais personne n'ignore que, dans des temps reculés, la Tunisie a été le grenier de l'Europe et qu'elle pourrait le devenir encore.

Viabilité.

48. — Aucun progrès n'est constaté, n'existant aucune route.

Chemins de fer.

49. — Les lignes de chemins de fer n'existent pas encore, quoique souvent proposées et toujours entravées par les rivalités étrangères qui dissuadent la Tunisie de se relier à l'Algérie par les chemins de fer.

Routes.

50. — Il n'existe aucune route, excepté deux tronçons de 7 kilomètres de Tunis au Bardo, principale résidence du Bey, et de cette localité aux jardins et palais du premier ministre et à ceux du général Khérédine situés à la Manouba et d'environ 12 kilomètres, et celle en voie de création de Tunis à la Goulette de 18 kilomètres; on rencontre cependant à chaque pas des vestiges d'anciennes voies romaines.

Navigation.

51. — Aucun travail n'a été fait pour l'amélioration des fleuves et rivières et pour la création de canaux, à l'exception de la restauration des aqueducs de Carthage à Zaghouan, soit 80 kilomètres, amenant à Tunis des eaux potables.

52. — L'on faisait autrefois une grande exportation de céréales pour la France et divers points de l'Europe; mais, depuis 1863, ces céréales ayant manqué, l'on n'exporte plus de la Régence que de l'huile d'olive pour une valeur de 10 millions de francs environ par an.

Tunis.
Direction
donnée aux produits.

53. — Faute de routes assez praticables et de voies ferrées qui puissent relier la ville de Tunis avec les principaux points de production, il n'y a aucune facilité ni rapidité dans les communications avec ces points où dans quelques-uns les céréales se vendent à moitié prix de Tunis; d'ailleurs il n'y a aucun progrès possible à réaliser avec le système actuel d'administration.

54. — Ces frais sont d'environ 15 francs par *caffis* de froment, soit 6 hectolitres, du Kef, Bedgiah et Maâter à Tunis, et 10 francs pour les autres points plus rapprochés de la capitale.

Frais de transport.

55. — Le froment et autres céréales n'ont payé jusqu'à ce jour aucun droit d'importation, mais par contre ils sont grevés à l'exportation, savoir :

Législation
sur l'importation
et l'exportation
des produits agricoles.

Froment.. 2^f 07^c les 6 hectol.
Orge... 1 04
Maïs... 0 93
Fèves.. 0 93

Les tabacs 50 piastres, soit 31 fr. 25 cent. les 50 kilogrammes.

Le bétail ne paye aucun droit d'importation, mais à la sortie on paye :

25 piastres, soit 15 fr. 30 cent. par tête de bœuf;

5 piastres, soit 3 fr. 25 cent. par mouton.

L'huile d'olive paye 3 p. o/o à l'importation et un droit de 5 piastres par *métal*, soit 3 fr. 25 cent. les 16 kilogrammes.

Le coton paye à l'importation un droit de 3 p. o/o, et à l'exportation de 4 p. o/o.

Les vins et spiritueux s'important seulement payent pour le débit un droit de 10 p. o/o pour la consommation des familles.

56. — Cette législation ne nuit au commerce que pour les huiles seulement, mais comme on l'a déjà répété plusieurs fois, l'agriculture étant dans le plus grand abandon, il n'y a actuellement aucune modification possible à espérer avec le système actuel.

57. — D'après les traités existants, le commerce est libre pour toutes les puissances, et il n'est fait aucune mention spéciale pour les produits agricoles.

Traités de commerce.

58. — Si l'agriculture pouvait jouir des encouragements nécessaires à son développement, elle lutterait avec un immense avantage avec les produits de la France et de l'Algérie, n'existant surtout aucune maladie sur les végétaux.

Produits pouvant faire
concurrence
aux produits français.

Tunis. 59. — Dans des temps prospères, la Tunisie n'a pas eu recours à l'étranger pour son alimentation; mais aujourd'hui, et depuis peu, elle tire abondamment du froment et des farines de l'Algérie, et du froment et de l'orge de Malte.

Impôts. 60. — Proprement dit, il n'existe aucune législation fiscale, il n'y a aucune règle que celle de l'arbitraire.

Impôts directs. 61. — Les impôts supportés par les céréales devraient, d'après les lois primitives, n'être que de 10 p. o/o sur le produit de la récolte; mais aujourd'hui, avec le système d'organisation et de dilapidation des employés du Gouvernement, on peut évaluer à plus de 50 p. o/o les droits que payent les cultivateurs.

Impôts indirects. 62. — L'impôt foncier n'existe pas, les produits sont imposés sur pied à tant pour cent, sur une estimation arbitraire qui varie de 10 à 50 p. o/o.

Il existe des impôts analogues à nos droits d'enregistrement sur les actes de vente, baux, etc.

Il existe des droits de mutation perçus dans le cas de transmission des propriétés, soit par héritage, soit par vente, etc.

Les contributions indirectes ne sont imposées que sur le tabac et les sels, aucune de ces contributions n'atteint les autres produits agricoles qui payent la dîme.

Le tabac et les sels étant affermés n'ont aucun droit analogue à nos droits d'octroi, mais les autres produits les supportent.

Ces impôts n'ont pas d'ailleurs une grande importance.

Aucun, moins ceux créés par les avanies des employés du Gouvernement que l'on ne peut constater.

A l'époque des labours et des semailles, les propriétaires d'un même terroir s'entr'aident mutuellement; mais cette culture, qui existe de temps immémorial, n'est imposée par aucune loi. Ce régime est très-profitable à l'agriculture.

63. — Les influences des différentes charges fiscales que supporte l'agriculture sont généralement cause de l'anéantissement de celle-ci.

Moyens d'améliorer la condition de l'agriculture. 64. — Les moyens à employer seraient la conversion de la dîme sur les produits en un droit fixe sur les terrains cultivables, ce qui annihilerait la grande marge que le Gouvernement laisse présentement à l'arbitraire de ses employés au détriment de la population agricole.

MAROC.

LÉGATION DE FRANCE A TANGER.

M. le Baron Aymé D'AQUIN, Ministre plénipotentiaire.

RÉPONSES AU QUESTIONNAIRE.

1. — Le sol du Maroc, à l'exception de quelques territoires où le droit de propriété est accordé aux personnes qui les occupent, appartient au Sultan.

La grande propriété n'existe pas pour les particuliers; la moyenne est d'environ 200 à 250 hectares, en y employant de 20 à 25 paires de bœufs. La petite propriété emploie de 4 à 5 paires de bœufs; elle est la plus nombreuse.

Division de la propriété.

2. — On n'exploite ordinairement que le quart des terrains labourables. Les trois autres quarts sont laissés en friche pour le pacage des bestiaux. On prend annuellement, de préférence, un terrain nouveau, pour la récolte.

Mode d'exploitation.

3. — Les propriétaires font, en général, exploiter leurs terres par des laboureurs nommés *hamas*, auxquels ils donnent le cinquième du produit de la récolte, après le prélèvement de l'impôt. Le propriétaire, dans ce cas, fournit les bœufs de labour et la semence; de plus, il donne la *mouna* (provisions d'orge ou d'aldova) pour nourrir le laboureur pendant toute l'année; il le fournit encore de chaussures. Les frais de la moisson sont à la charge des propriétaires. On ne fait jamais de contrat par écrit: ce n'est qu'un simple engagement pour chaque récolte.

MAROC.
Prix de location
des terres.

4. — En général, on loue les terres pour le quart du produit net de la récolte; très-rarement pour une somme d'argent.

Prix de vente.

5. — Le sol étant en général la propriété du Sultan, ce dernier en octroie la jouis-sance aux tribus, à ses employés et soldats, mais ne le vend pas. Il n'y a que les petites parcelles, aux environs des villes, qui ont augmenté de plus de 300 p. o/o depuis la guerre d'Espagne en 1859 et 1860, à cause de la grande quantité d'Espagnols qui sont venus s'établir au Maroc pour y faire du jardinage.

Transmission
de la propriété.

6. — Les héritages se transmettent par la loi du Coran.
Les propriétés sont ordinairement divisées, vu que l'héritage se vend aux enchères quand il y a plusieurs héritiers.

Capitaux. — Crédit.

7. — Oui; — seulement ils sont obligés de le cacher, pour ne pas être spoliés par les cheiks ou caïds.

8. — Il est très-difficile de se procurer de l'argent sur propriétés rurales : en cas d'insuffisance de capitaux, le propriétaire vend ou loue.

9. — L'argent vaut, pour les Arabes, de 8 à 10 p. o/o par mois, quand ils ont de bonnes garanties à donner au prêteur; sans cela, il ne leur est point fait de crédit.

Salaires.
Main-d'œuvre.

10. — Le salaire des laboureurs est, comme il a été dit à l'article n° 3, du cin-quième de la récolte, la mouna et des chaussures.

11. — Il a augmenté; ils sont presque partout insuffisants. La grande paresse des Arabes et les exactions des autorités en sont les causes.

12. — Oui; elle a doublé depuis dix ans.

13. — On ne connaît aucune machine agricole dans le Maroc; tous les travaux se font à bras.

14. — A peu près la même.

15. — Toujours les mêmes depuis des siècles,

Engrais.
Amendement des terres.

16. — On n'emploie aucun autre engrais que celui que laissent les bestiaux en pâturant.
La quantité en est plus que suffisante, vu qu'on n'en fait aucun emploi dans la grande culture.
On emploie ordinairement, pour chaque 10 ou 12 hectares :
1 paire de bœufs,
20 vaches,
1 jument,
2 ânes,

30 brebis. MAROC.

Ce nombre est plus que suffisant, car souvent on manque de pâturages, lorque les hivers sont peu pluvieux. Le fumier est un embarras pour l'Arabe, trop paresseux pour s'occuper de l'engrais de ses terres.

17. — L'assolement quartenaire. Assolements.

Aucune modification.

18. — On n'a rien perfectionné : on laboure, moissonne et récolte comme il y a trois mille ans. Progrès agricoles.

19. — Aucun. Drainage.

20. — Elles ne sont que naturelles : l'Arabe est tellement paresseux qu'il ne se donne même pas la peine de détourner un cours d'eau qui inonde la contrée où amène des maladies dans son douar. Irrigations.

21. — Tous les terrains qui restent en jachère servent de pâturages. Il n'y a pas, proprement dit, de prairies, si ce n'est aux bords de quelques ruissaux. Prairies naturelles.

22. — Aucune. — Les prairies sont naturelles. Prairies artificielles.

23. — Aucune. Cultures fourragères.

24. — Aucun.

25. — Inconnu dans le pays.

26. — Aucun.

27. — Les seuls frais d'entretien des animaux sont ceux de pâturage. Les Arabes ne s'adonnent pas à l'engraissement; ils n'ont que le bouvier du berger à payer, ce dernier coûte annuellement environ 100 francs, et il soigne tout le troupeau. Animaux.

Quant aux chevaux, mules et ânes, ils se nourrissent de même; le *hamas* a seulement la peine de les faire sortir le matin et de les faire rentrer le soir.

Les prix de vente varient énormément, selon les années et la demande.

Un cheval ordinaire de trois ans vaut de 100 à 150 francs;

Un mulet de trois ans, de 200 à 250;

Un âne, de 25 à 40 francs;

Un bœuf, de 65 à 100 francs;

Une vache, de 60 à 70 francs;

Un mouton, de 13 à 15 francs.

On ne peut calculer le prix de revient, attendu que l'Arabe n'a d'autres frais que ses soins et la paye du berger. Dans la moyenne et la petite culture, c'est ordinairement un des membres de la famille qui soigne le troupeau.

MAROC.

28. — Les races ont dégénéré, les Arabes ne portant aucun soin à l'amélioration de leurs troupeaux.

Les animaux engraissent au printemps, lorsqu'ils trouvent un pâturage abondant, l'Arabe ne leur donnant rien autre que ce qu'ils peuvent trouver aux champs.

29. — L'Arabe ne cultivant aucune plante fourragère, n'a pas augmenté l'élevage du bétail.

On n'achète rien hors de l'exploitation pour l'entretien des animaux.

Produits des animaux.

30. — Les laines servent aux fabriques indigènes et le surplus est expédié en France pour la majeure partie. Le beurre, le lait et le fromage se consomment dans le pays. Dans les environs de Tanger, on se livre en grand à l'élevage des volailles, qui ont un grand débouché à Gibraltar et en Espagne.

Céréales.

31. — A peu près 12,000 hectares pour la province de Tanger, dont on sème environ :

3,000 en blé,

5,000 en orge,

4,000 en aldova et autres graines, fèves, pois chiches; dans le reste de l'empire, cela varie de 7 à 800,000 hectares.

Frais de culture des céréales.

32. — Environ 4 francs par hectare pour argent déboursé par le propriétaire.

Production.

33. — Toujours la même.

Prix de vente.

34. — Les prix des céréales étaient en 1860, par hectolitre, les suivants :

Blé, 12 à 13 francs; orge, 4 francs; maïs, 4 à 4 fr. 50 cent.; fèves, 5 à 6 francs; pois chiches, 8 à 9 francs.

Les prix actuels sont, par hectolitre :

Blé, 27 à 28 francs; orge, 12 à 13 francs; maïs, 12 à 13 francs; fèves, 14 à 15 francs; pois chiches, 40 à 45 francs.

Les pois chiches ont éprouvé une forte hausse, à cause des demandes considérables qu'il y a eu pour l'Espagne et Malte.

35. — Le maïs, les pois chiches et les fèves, à cause de la libre exportation pour l'étranger, exportation temporairement suspendue cette année par crainte d'une disette.

Autres plantes alimentaires.

36. — En pommes de terre, 25 à 30 hectares; en légumes secs, lentilles, fèves de marais, pois chiches, pois verts et riz, environ 200,000 hectares.

En légumes frais, 50,000 hectares environ.

Frais de culture.

37. — Pour les légumes secs, comme ils appartiennent à la grande culture, ils ne coûtent guère plus que le blé.

Les légumes frais ne sont cultivés que dans les jardins, et ce sont les propriétaires qui les soignent eux-mêmes.

38. — Industries inconnues dans le Maroc, à l'exception du chanvre et du lin, qui se cultivent en très-petites quantités par les propriétaires.

, 39. — La culture étant faite par le propriétaire, on ne peut les calculer.

40. — Les cultures n'ont pas varié.

41. — Industrie inconnue dans le pays.

42. — On ne cultivait la vigne que pour avoir du raisin frais; mais, depuis le développement de la maladie (oïdium), les Arabes y ont renoncé.

43. — Les raisins de table. On ne récolte pas de vin.

44. — Les terrains plantés en vigne sont si peu importants que les propriétaires les soignent eux-mêmes.

45. — Pas de vin.

46. — Aucune facilité, toute espèce d'obstacles provenant du manque total de routes et de chemins.

47. — La consommation des grandes villes et l'exportation pour l'Europe, si elle était permise.

48. — Aucun.

49. — Inconnus au Maroc, où l'on n'a pas même l'idée de ce que peut être un chemin de fer.

50. — Aucun : les routes sont simplement des sentiers plus ou moins larges, selon qu'ils sont plus ou moins fréquentés. Il n'y a pas, dans le Maroc, une seule route carrossable.

51. — Aucun.

52. — On s'adonne principalement aux gros grains, tels que maïs, fèves, lentilles, pois chiches, qui, pouvant s'exporter pour l'Europe, donnent plus de bénéfices et ont un débouché toujours sûr.

53. — Vu l'absence totale de route entretenue et toujours praticable, et la défense faite par le Gouvernement à des particuliers de l'emploi de la navigation d'un port à l'autre de l'empire, on ne peut faire venir de loin les produits agricoles.

Maroc.

Tous les produits pourraient s'écouler très-facilement, si le Gouvernement accordait des facilités quelconques au commerce et aux agriculteurs.

Frais de transport.

54. — Les produits se vendent sur les lieux, ou ils sont apportés dans les villes par les animaux du propriétaire même.

Législation sur l'importation et l'exportation des produits agricoles.

55. — Aucune. L'exportation du blé, de l'orge, du bétail, des bœufs, moutons, porcs, chevaux, mulets, ânes, chameaux et chèvres, est toujours prohibée; quant aux autres produits, le Sultan peut, selon son caprice, en prohiber l'exportation du jour au lendemain.

56. — Elle est cause que les Arabes, dans l'intérieur, se bornent à ne cultiver que le strict nécessaire; sur la culture des grains, dont l'exportation est permise et qui leur donnent de grands profits. L'abolition de toutes ces restrictions serait un grand avantage pour l'agriculture et le commerce.

Traités de commerce.

57. — Aucun : les négociants n'étant jamais sûrs de pouvoir exporter leurs achats, ne peuvent en faire qu'au jour le jour.

Produits pouvant faire concurrence aux produits français.

58. — Ils le pourraient tous, s'il y avait liberté de commerce, à cause du bon marché de la main-d'œuvre et de la fertilité du terrain.

59. — Le Maroc n'a besoin que dans les années de grande sécheresse d'un peu de blé, qu'il tire ordinairement de l'Égypte ou de la mer Noire.

Impôts.

60. — D'après la loi du Coran, l'Arabe ne devrait payer que le *jekka* et l'*achour*. Le jekka est un impôt sur la charrue, qui varie, selon la province et la culture, de 4 à 50 francs par charrue; l'achour est la dîme ou dixième des produits de la terre. Ces impôts sont appliqués arbitrairement par les caïds, cheiks et autres employés, qui souvent retirent du propriétaire beaucoup plus qu'il n'a récolté.

Le *hamas* n'a personnellement aucun impôt à payer, mais il est soumis, comme tous les habitants de la campagne, à des corvées de toutes sortes.

Impôts directs.

61. — Sur le sol, aucun. La terre appartenant en général au Sultan, la contribution au profit de l'État est l'impôt sur la charrue et la dîme, ou le dixième des récoltes, que le Sultan, à son gré, fait payer au contribuable en argent ou en nature.

Quant aux autres taxes locales : prestation en nature, corvées, etc., elles sont innombrables, dépendant toutes de la cupidité du caïd ou gouverneur de la province, qui en invente chaque jour de nouvelles.

Impôts indirects.

62. — Il n'y a pas de contributions foncières.

Il n'y a pas d'enregistrement.

Il n'y a pas de droits de mutation.

A l'exception de Tanger, toutes les villes de l'intérieur et de la côte perçoivent, pour le compte de l'État, un droit de 2 à 3 francs, selon la ville, pour les charges de chameaux, quelles que soient ces charges, marchandises ou produits du sol. La charge est calculée à 225 kilogrammes. Pour les autres produits, de 15 à 50 centimes la charge de mulet, cheval ou âne.

Le produit est d'environ 15 millions de francs.

La personne de l'Arabe et tous ses biens doivent toujours être à la disposition du Sultan ou du chef qui les administre.

63.— L'Arabe étant corvéable à merci, ne travaille que pour se nourrir lui et ses enfants.

64.— Un changement complet qui amènerait plus de sécurité pour la personne et les biens.

MAROC.

Moyens
de venir en aide
à l'agriculture.

ÉTATS-UNIS.

CONSULAT GÉNÉRAL DE FRANCE A NEW-YORK.

M. GAULDRÉE-BOILLEAU, Consul général.

RÉPONSES A QUELQUES QUESTIONS

RELATIVEMENT A LA SITUATION LÉGALE, FISCALE, ETC.

DE L'AGRICULTURE AUX ÉTATS-UNIS.

OBSERVATIONS PRÉLIMINAIRES.

La jurisprudence des États-Unis se compose de deux systèmes distincts : la jurisprudence fédérale et la jurisprudence des États formant l'Union américaine. Il est quelquefois assez difficile, particulièrement depuis la guerre civile, de préciser avec certitude la ligne exacte qui sépare ces deux systèmes. D'après les uns, le régime fédéral est souverain sur tous les points où son droit exclusif d'action n'est pas limité par la Constitution. D'après les autres, les États qui ont formé la Confédération (qui est maintenant la République des États-Unis) n'ont entendu abandonner qu'une partie très-restreinte de leur souveraineté ; suivant ceux-ci, tout ce que ces États souverains n'ont pas clairement et spécialement cédé au pouvoir central est encore du ressort des États. Ces derniers seraient donc toujours souverains, ayant seulement, pour le bien commun et la sécurité de tous, cédé une part de leurs droits respectifs. En un mot, d'après les premiers, le Gouvernement fédéral est l'autorité suprême d'une confédération indes-

ÉTATS-UNIS.

tructible, fondée sur la volonté et le concours du peuple américain; d'après les seconds, ce gouvernement ne serait que le résultat d'un pacte entre États souverains indépendants, ayant leur autonomie complète, lequel pacte serait destructible à la volonté des contractants. On sait que la fortune de la guerre a donné tort aux partisans de la souveraineté des États (*state sovereignty*).

Mais quoique les faits aient mis fin à l'existence de tout parti extrême en faveur de la souveraineté des États, il sera sans doute toujours difficile de tracer nettement la ligne de démarcation entre la législation fédérale et la législation des États.

Sur certains points, du reste, la Constitution fédérale est expresse; toutes les fois qu'il en est ainsi, sa législation est souveraine. Par exemple, le droit de naturaliser, de passer des lois de banqueroute, de battre monnaie (*to coin money*); à ce sujet la juridiction fédérale est expressément réservée par la loi organique du pays; elle est donc absolue, de plus elle est exclusive. Il ne saurait y avoir matière à contestation.

Mode d'exploitation.

Dans le cas où les propriétaires n'exploitent pas eux-mêmes, quelles sont les conventions qui interviennent entre eux et ceux qui exploitent, soit que l'on constate ces conventions par des contrats écrits, soit qu'elles résultent de simples engagements verbaux ou de coutumes locales?

Lorsque les propriétaires n'exploitent pas eux-mêmes, il est d'usage de faire un contrat spécial, écrit lorsqu'il s'agit de plusieurs années, et souvent verbal lorsqu'il n'est question que d'un an. Il n'y a guère de coutume générale réglant ces questions.

La législature fédérale ne s'occupe pas (sauf certaines exceptions qui seront mentionnées plus loin) de la propriété immobilière. Les États ont toujours maintenu leur droit de régler ces questions sans l'intervention fédérale. La législation qui régit la propriété immobilière varie donc dans les divers États, mais les différences sont assez légères et en général les règles ci-après sont habituellement suivies dans la plus grande partie des États-Unis.

Tout bail dont l'étendue dépasse une année doit être fait par écrit et signé par les parties ou par leur agent dûment autorisé. Dans l'État de New-York, tout bail dont la durée excède trois ans doit être enregistré, sous peine de nullité à l'égard des tiers agissant de bonne foi. Dans d'autres États, cette règle ne s'applique qu'aux baux de sept ans et au-dessus.

Il est interdit dans l'État de New-York de faire un bail de plus de douze ans, lorsqu'il s'agit de terrains agricoles (*agricultural lands*). Lorsqu'il s'agit de maisons d'habitation ou de terrains à exploiter de toute autre façon, cette prohibition ne s'applique pas, et il est permis de contracter pour un temps qui ne doit pas dépasser vingt et un ans.

L'obligation de faire des réparations dépend entièrement des conditions du bail.

En l'absence de toute stipulation le propriétaire n'est tenu à aucune réparation, et quel que soit l'état de l'immeuble, le locataire ne peut rien exiger de lui. Si le locataire s'est engagé à tenir l'immeuble en bon état, il est tenu de faire à ses frais les répara-tions nécessaires (*substantial repairs*). Si, cependant, il s'engage d'une manière absolue à réparer sans limitation de l'obligation ainsi créée, il se rend responsable, même en cas de destruction par l'incendie, la foudre, la tempête ou toute autre cause acciden-telle. Il n'y a pas d'obligation de la part du locataire de faire d'assurance, s'il ne s'y est pas engagé d'une manière formelle.

A moins de clause spéciale, il est permis au locataire de sous-louer en tout ou en partie. On insère souvent dans les baux une clause retirant cette faculté au locataire et lui interdisant de louer à un autre sans la permission préalable et écrite du propriétaire. Les impôts sont à la charge du propriétaire, sauf arrangement exprès. On convient gé-néralement dans les contrats de bail que le locataire payera les impôts qui pourront grever l'immeuble durant le temps pendant lequel il en jouira.

Malgré la prohibition de sous-louer, si le locataire cède son bail ou sous-loue, le fait que le propriétaire aura reçu du nouveau locataire le loyer stipulé opérera une ratification du transfert, et le nouveau locataire sera censé posséder tous les droits du locataire original.

Quant aux propriétés rurales, il arrive assez fréquemment que le propriétaire d'un immeuble le loue à un cultivateur à la condition d'être payé en nature; la règle géné-rale, sujette naturellement aux modifications que peuvent y opérer les parties, est de diviser les produits en parties égales : le propriétaire fournit dans ce cas la terre et l'en-grais nécessaire, le cultivateur prend à sa charge la main-d'œuvre.

Quelles sont les règles habituellement suivies pour la transmission des héritages? Résultent-elles de dispositions expresses de la loi ou seulement des usages du pays?

Les propriétés sont-elles habituellement conservées entières et par quels moyens, ou bien sont-elles ordinairement divisées?

La division des propriétés se produit-elle fréquemment ou à des intervalles éloignés?

La transmission des héritages se règle en général par les dispositions expresses de la loi de l'État où est située la propriété : on ne parle ici que des immeubles; la législa-tion est différente pour les biens mobiliers. C'est alors la loi du domicile du défunt qui régit et qui est observée, par une coutume empruntée aux usages du droit interna-tional.

La faculté de transmettre ses biens sans restriction est laissée au testateur; toutefois il ne peut priver sa femme de son douaire (*dower right*). Ce droit, qui provient de la loi anglaise, attribue à toute femme mariée un intérêt d'un tiers, sa vie durant, dans les immeubles de son mari. Ce droit lui échoit dès l'acquisition de l'immeuble et ne peut lui être enlevé que par son consentement. Toute vente à laquelle elle ne partici-perait pas librement par sa signature serait nulle à son égard, et elle serait toujours en droit de revendiquer son douaire, même si l'acquisition avait été faite par un tiers acquéreur de bonne foi. La circonstance qu'il aurait pu acheter en croyant que son vendeur n'était pas marié ne changerait pas la règle.

Sauf cette réserve, la faculté du testateur est sans bornes : il lui est même permis de déshériter ses enfants et de laisser tous ses biens à un étranger. On trouvera plus loin (annexe n° 1) un résumé de la législation de l'État de New-York relativement à la transmission des héritages. Des règles à peu près identiques à celles adoptées dans l'État de New-York sont observées dans les autres parties de l'Union.

Il est rare que les propriétés soient conservées entières : ordinairement elles sont divisées peu de temps après la mort du propriétaire. Ceci tient à plusieurs causes qu'il serait trop long de discuter ici; le morcellement des fortunes entre les enfants, aussi bien que l'amour du changement qui caractérise le peuple américain, contribuent beaucoup à amener ce résultat.

Si les capitaux n'existent pas ou ne se trouvent pas en quantité suffisante entre les mains de ceux qui possèdent des propriétés rurales ou qui les exploitent, comment ceux-ci peuvent-ils se les procurer? Quelles facilités ou quels obstacles rencontrent-ils à cet égard?

A quel taux l'argent qui leur est nécessaire leur est-il habituellement fourni? Quel est l'état du crédit agricole?.

Le moyen à peu près unique de se procurer les capitaux nécessaires dans les cas prévus par la dernière question est de les obtenir sur hypothèque. Ce moyen, quoique coûteux, est très-usité. C'est sur l'emprunteur que retombent tous les frais de recherche et d'examen de titres. Les prêts sur hypothèque se font la plupart du temps pour un intervalle de trois à cinq ans, mais comme ce genre de placement offre aux capitalistes des garanties très-fortes, les prêts se renouvellent en général indéfiniment.

Le taux usuel est de 7 p. o/o par an. D'après la Constitution de l'État de New-York, tout contrat par lequel l'emprunteur s'obligerait à payer plus de 7 p. o/o serait usuraire et par suite nul. Le prêteur dans ce cas perdrait non-seulement l'intérêt, mais ne pourrait même pas exiger le remboursement de son capital.

Des lois analogues existent dans presque tous les États de l'Union, avec de légères modifications dans le taux de l'intérêt. Dans l'Ouest cependant et dans les États nouveaux, où le besoin de capitaux se fait plus vivement sentir, les lois sont moins sévères, et il est permis dans certains cas aux contractants de fixer le taux de l'intérêt qu'ils jugent convenable. Dans la Louisiane le taux légal est de 5 p. o/o par an; dans les États de New-York, de la Caroline du Sud, de la Géorgie, du Michigan, du Wiscosine et du Minsota, il est de 7 p. o/o; dans l'Alabama, la Floride et le Texas, de 8 p. o/o; dans la Californie, le Kansas et l'Orégon, de 10 p. o/o. Dans les autres États de l'Union le taux légal est de 6 p. o/o. On doit reconnaître cependant que l'opinion publique s'est considérablement modifiée relativement à la question des prêts d'argent et de l'usure, et que ceux qui s'occupent de cette question sont assez

généralement d'avis que l'argent doit être traité, légalement parlant, comme toute marchandise qui s'achète, se loue, se prête et s'emprunte, et que la compensation de celui
qui prête ses capitaux doit être laissée à la volonté des contractants. Cet avis a prévalu
en Angleterre, où toutes les lois réglant le taux de l'intérêt et prohibant l'usure ont été
abrogées depuis quelques années (*8 act of Victoria 17 and 18, ch. xc*). Dans plusieurs
États de l'Union une transaction a été adoptée entre les deux extrêmes, c'est-à-dire
entre les cas où il y a nullité de contrat lorsqu'il est réservé plus d'un certain taux au
prêteur et ceux où il est permis de fixer le taux à la discrétion des parties.

Ainsi dans quelques États la loi réglant le taux de l'intérêt n'a son application qu'en
l'absence de contrat spécial, mais les parties peuvent fixer une somme plus forte en
allant jusqu'à une limite déterminée. Dans d'autres, s'il y a usure, le prêteur perd
l'excès d'intérêt qu'il a exigé, mais il conserve le droit de recouvrer son capital et l'intérêt
légal.

Quant à l'état du crédit agricole, on ne peut guère en dire que ceci : les agriculteurs
trouvent rarement l'argent dont ils ont besoin autrement que sur hypothèque ; les
sommes prêtées équivalent ordinairement à la valeur de la moitié ou des deux tiers
de l'immeuble grevé.

Législation
sur l'importation
et l'exportation
des produits agricoles.

Quelle est la législation en vigueur dans le pays en ce qui concerne l'importation et
l'exportation des produits agricoles, céréales, produits des cultures industrielles, bétail,
vins et spiritueux, etc. ?

Quelle influence cette législation exerce-t-elle sur la situation de l'agriculture dans la
contrée, et quelles modifications paraîtrait-il utile d'y apporter au point de vue des
intérêts agricoles?

Il est interdit aux États d'imposer des droits, soit d'importation, soit d'exportation
sur quelque produit que ce soit, cette faculté étant expressément réservée par la Constitution (art. 1, sect. 8), sauf quelques exceptions peu importantes, au Gouvernement
central. La Constitution prescrit que le Congrès aura le pouvoir d'imposer et de percevoir des impôts, taxes, etc., mais que les taxes et les impôts seront uniformes dans
toute l'étendue du territoire des États-Unis.

La Constitution porte aussi qu'il ne pourra être imposé de droit ou d'impôt sur aucun
objet qui sera exporté hors du domaine d'aucun État. Cette disposition répond à une
partie de la quatrième question; il s'ensuit, semble-t-il, que le pouvoir du Congrès
fédéral d'imposer des droits d'importation et d'exportation est (sauf quelques réserves
sans importance) reconnu par la Constitution, mais que cette faculté est restreinte dans
son application aux importations seules. Le motif de cette dernière prohibition se trouve
sans doute dans la vaste étendue du territoire des États-Unis, dont les productions
naturelles et artificielles présentent une immense variété : ainsi la création d'un droit
d'exportation sur le riz, le coton ou le tabac serait sentie seulement par les États du
Sud, tandis que des droits imposés sur l'exportation des céréales seraient un fardeau

ÉTATS-UNIS. pour les États du Centre et de l'Ouest presque exclusivement. Sans cette restriction, il serait au pouvoir du Congrès de porter une grave atteinte aux intérêts d'un ou de plusieurs États et même de détruire les productions d'une partie de l'Union. En vue de l'impossibilité de distribuer des impôts semblables d'après un système équitable et uniforme, il est interdit au Congrès de s'immiscer d'aucune façon dans la question d'exportation.

Il n'est pas hors de propos de rappeler ici la loi passée par le Congrès au mois de juillet 1866 et en vertu de laquelle, à partir du mois d'août 1866, il sera prélevé sur chaque livre de coton produit dans le pays, entre les mains soit du producteur, soit de l'acheteur, une taxe de 3 cents par livre. Il est de plus prescrit qu'il sera alloué un drawback sur le coton manufacturé, mais non sur le coton qui pourra être exporté dans son état brut. Cette loi, qui est une source d'immenses revenus pour le Gouvernement, n'est-elle pas en conflit avec l'article que nous venons de citer, et par suite nulle? C'est là une question importante et qui sera sans doute l'objet d'une décision judiciaire avant longtemps.

Quant à l'importation de produits agricoles, la politique du pays a toujours été en faveur d'un système libéral et propre à encourager l'agriculture du pays. Ainsi, les animaux reproducteurs, le guano et autres engrais, les modèles d'inventions utiles, les graines, les arbres, les plantes, etc., ont été l'objet d'une exception favorable dans les tarifs, et leur introduction en franchise a été autorisée par la loi.

Il a été importé aux États-Unis, de guano, en 1857, pour 279,026 dollars; en 1859, pour 429,685 dollars, et en 1860, pour 525,307 dollars. D'animaux, il a été introduit dans le pays, en 1857, pour 48,343 dollars; en 1859, pour 705,787 dollars; en 1860, pour 1,441,665 dollars.

Mais ce n'est pas seulement en exemptant ces produits de tout droit que la législation a eu à cœur de favoriser l'agriculture : c'est aussi en allégeant autant que possible les fardeaux que la guerre civile a légués à l'Union sous forme de contributions diverses; sans entrer dans de longs détails, il suffit de dire que la classe des agriculteurs est celle qui a peut-être le plus gagné depuis cinq ans et celle qui a le moins contribué à défrayer les dépenses énormes de la guerre. On aura occasion plus loin de faire quelques observations plus détaillées à ce sujet.

Quant aux vins et spiritueux, les droits d'importation sont excessivement élevés. L'objet de la législation qui régit cette matière est non-seulement de produire un revenu considérable en imposant des taxes, mais d'encourager la production vinicole du pays, production qui, depuis quelques années, a acquis une certaine importance dans les États de l'Ouest et dans la Californie.

Progrès de la production agricole. Quels qu'en puissent être les motifs, il n'y a pas de doute que la production agricole a fait d'énormes progrès depuis un demi-siècle, progrès qui se sont manifestés plus particulièrement depuis quelques années. Non-seulement les vastes prairies de l'Ouest sont venues prêter leur concours à l'industrie agricole du pays, mais la production s'est accrue dans les pays depuis longtemps cultivés; même les États de l'Est et les États Atlantiques rendent beaucoup plus qu'ils ne le faisaient il y a quelques années. Ce progrès tient, en partie, aux améliorations qui ont été introduites dans le système de la culture, tant par l'adoption des nombreuses machines qui ont été inventées dans ces dernières années que par l'application de la chimie à l'exploitation des terres. Mais outre ces causes très-importantes, qui rentrent dans la spécialité de l'agronome, il y en a d'autres d'un caractère plus général. Le Gouvernement central ainsi que les Gouvernements des États ont fait tous leurs efforts pour encourager le progrès qui se manifeste dans cette branche de la richesse publique. Durant les huit dernières années, plus de 200 brevets d'inventions différentes ont été accordés pour des machines à couper le blé et le foin. Sous l'influence du monopole créé par ces brevets, des progrès considérables ont été faits dans toutes les variétés d'outils et d'ustensiles propres à l'agriculture, tels que râteaux à foin, charrues, coupe-racines, etc. etc. On peut affirmer que les améliorations ainsi introduites ont permis aux cultivateurs de doubler au moins la quantité de travail qu'ils pouvaient accomplir, sans augmenter le nombre des ouvriers dont ils se servaient, non plus que celui des bêtes de somme ou de trait.

Dans la seule session de 1861-1862, le Congrès a passé trois lois dont les dispositions doivent nécessairement exercer une influence marquée sur l'agriculture du pays.

Voici un résumé succinct de ces actes législatifs :

1° L'une de ces lois a créé un bureau spécial d'agriculture attaché au *Patent office* (département des brevets). Depuis longtemps déjà, il se faisait annuellement une distribution gratuite de graines importées de pays étrangers; ces graines étaient données à tout cultivateur qui en faisait la demande. Le commissaire des brevets (*patent commissioner*) était chargé de cette distribution. Le nouveau bureau, bornant exclusivement son cercle d'action à l'agriculture, peut donner une plus grande attention à tout ce qui intéresse les cultivateurs et la production.

2° Une autre loi, connue sous le nom de *homestead law*, a pour objet d'encourager l'exploitation des terrains vierges de l'Ouest en offrant des terres à tout cultivateur qui, après les avoir cultivées pendant trois ans, désirerait en devenir propriétaire, en payant un prix insignifiant destiné seulement à couvrir les droits d'enregistrement. Cet exemple a été suivi par quelques États nouveaux, qui ont intérêt à encourager l'immigration.

3° Enfin une loi a été rendue dans le but d'encourager la création de colléges d'agriculture. Par cet acte législatif, le Gouvernement fédéral offre certains avantages à tout État qui voudra fonder au moins un collége dans lequel, sans exclure les branches usuelles d'éducation, une attention spéciale sera donnée à l'étude de l'agriculture et des arts mécaniques. L'établissement le plus complet qui existe en ce genre aux États-Unis est situé dans l'État de la Pensylvanie. En 1862, ce collége comptait 110 étudiants. Dans presque tous les États, les législateurs s'efforcent, du reste, d'encourager la fon-

ÉTATS-UNIS.

dation des colléges agricoles et celle de bureaux spéciaux, qui, au moyen de publications gratuites, tendent à répandre parmi les populations une connaissance pratique des améliorations qui se font journellement dans l'agriculture.

Les chiffres démontrent les bons résultats du système suivi par la législation fédérale et celle des États, auxquelles sont, d'ailleurs, venues en aide plusieurs causes dans le détail desquelles il serait trop long d'entrer ici, telles que l'immigration, le goût des améliorations, et l'esprit d'initiative du peuple américain, etc. etc.

Les chiffres suivants, qui sont extraits des recensements de 1850 et de 1860, ne sont pas dénués d'intérêt :

	1850.	1860.
Valeur comptant des fermes.........	3,271,575,426 doll.	6,650,872,507 doll.
——— des instruments de culture.....	151,587,638	247,027,496
——— des bestiaux...............	544,180,516	1,000,490,216
Récolte de blé (boisseaux)..........	100,485,944	171,183,381
——— seigle, idem............	14,188,813	20,976,286
——— maïs, idem.............	592,071,104	830,830,707
——— avoine, idem	146,584,179	172,172,554
——— riz (livres)............	215,313,497	187,140,173
——— tabac, idem.............	199,752,655	429,390,771.
——— pommes de terre (boisseaux).	65,797,890	110,571,201
——— orge, idem.............	5,167,015	15,635,119
——— sarrasin, idem	8,956,912	17,664,914
——— vin (litres).............	221,249	1,860,008
——— houblon (livres).........	3,497,029	11,010,012
Nombre d'animaux tués............	111,703,142	212,871,653

Impôts.

Les impôts existant aux États-Unis peuvent se diviser en deux classes principales : les contributions directes, qui s'appliquent aux biens meubles et immeubles du contribuable, à son revenu et à sa personne; les contributions indirectes, qui comprennent les droits sur les exportations et les importations, les licences, les droits de timbre, etc. Il est rarement arrivé que le Gouvernement des États-Unis ait perçu des contributions directes, les droits de douane et les ventes de terrains appartenant au domaine public ayant généralement suffi à couvrir les dépenses de l'administration. Avant la guerre civile, il n'y avait que trois exceptions à cette règle; mais les frais énormes de la guerre de la sécession ont nécessité l'emploi d'une fiscalité plus exigeante, et il a été créé une taxe directe de 20 millions de dollars, imposable en partie sur les revenus (income-tax), en partie sur les terres.

En 1862, la plupart des États ont pris à leur charge les taxes directes qui devaient être imposées à leurs habitants.

Un système fiscal entièrement nouveau aux États-Unis est maintenant en vigueur; il a fourni jusqu'à présent toutes les sommes dont le pays a eu besoin; ce système consiste dans l'obligation pour tout négociant, créancier, vendeur, etc. d'apposer un timbre sur chaque contrat de bail, de vente, d'hypothèque, sur les factures, etc. etc.

Les revenus des États proviennent généralement d'impôts levés sur les propriétés mobilières et immobilières. Il existe, en outre, des contributions sur les capitaux des banques, compagnies d'assurances, chemins de fer, sur les licences des commissaires-priseurs, des marchands de liqueurs, etc.; mais le revenu principal est celui qui est perçu sur les terres. Ce dernier impôt fonctionne de la manière suivante : il y a dans chaque juridiction des officiers (*assessors*) chargés de préparer une liste contenant les noms de tous les contribuables, la quantité et la valeur de la maison et des terres aussi bien que des propriétés mobilières de chacun. En général, les terrains consacrés à l'agriculture sont estimés au-dessous de leur valeur, parce qu'ils rendent moins que les propriétés mobilières. Les listes préparées par les assesseurs sont remises au collecteur et constituent la base sur laquelle il s'appuie pour répartir la taxe entre les contribuables. Outre les taxes ayant pour but de défrayer les dépenses de l'État, c'est-à-dire l'administration, le service de la dette publique, etc., il y a des contributions pour les écoles, les chemins, etc.; elles sont perçues de la même façon. Les taxes pour l'entretien des écoles publiques sont habituellement très-fortes; avant la guerre, elles constituaient l'élément le plus onéreux des impôts qui grevaient les propriétés agricoles.

La guerre qui vient de se terminer a introduit un élément nouveau et jusqu'alors inconnu dans la fiscalité américaine. La quantité considérable de soldats qu'exigeait la guerre avec le Sud a nécessité des dépenses énormes de la part des États, ou plutôt des villes et comtés formant les subdivisions des États. Voici quels étaient les procédés employés pour satisfaire aux exigences de la guerre, qui réclamait à chaque instant de nouveaux soldats afin de combler les vides que la mort, les blessures et les maladies faisaient dans les rangs de l'armée. Lorsque le Gouvernement fédéral ordonnait une levée d'hommes, chaque État devait fournir son contingent suivant sa population. L'État, de son côté, ordonnait que chaque comté fournît la quote-part attribuée à sa juridiction, et enfin chaque ville du comté était appelée à contribuer dans une certaine proportion. Pour l'encouragement des volontaires, de fortes primes étaient offertes par les villes; elles montèrent graduellement jusqu'à 800 et 1,000 dollars. De cette façon, lorsque le tirage avait lieu, si le résident de la ville qui tirait un mauvais numéro préférait ne pas partir, la prime lui était allouée afin qu'il pût se procurer un remplaçant. Le plus souvent, il n'avait même pas à s'en occuper, les officiers principaux de la ville (*supervisors*) se chargeraient de trouver, de payer et d'enrôler les hommes voulus. Dans le but d'aider les villes dans ces opérations, des lois ont été passées afin de les autoriser à émettre des bons (*county bonds*) suffisants pour couvrir les dépenses occasionnées par le recrutement. L'intérêt et le principal de ces obligations devient une charge sur les propriétés et se paye par le moyen de contributions perçues comme les taxes ordinaires. On peut estimer que les impôts ont été de la sorte au moins doublés.

Quant au taux des contributions sur la' valeur des immeubles, il est assez difficile de le fixer, la proportion variant beaucoup suivant les localités. Aux environs de New-York la quotité de l'impôt ne s'élève pas à moins de 1 1/2 p. o/o de la valeur estimée de la propriété taxée. Lorsqu'on s'éloigne de New-York, ce taux diminue quelquefois, mais il s'en rapproche la plupart du temps.

Les prestations en nature, corvées, droits d'octroi, etc. sont à peu près inconnus aux États-Unis. Dans quelques localités, on exige des habitants qu'ils fournissent une certaine somme de travail pour l'entretien des routes, mais cet usage est peu répandu et tombe graduellement en désuétude.

Il existe aussi des impôts analogues aux droits d'enregistrement sur les actes de vente, baux, successions, etc. Pour l'enregistrement de tous actes, on prélève, dans le bureau où ces actes sont enregistrés, une somme modique qui sert à payer les frais d'employés, etc. Depuis trois ans, la loi du Congrès a cependant imposé des charges nouvelles et beaucoup plus lourdes sur tous les contrats ayant rapport aux biens fonciers, aux successions, etc. L'annexe n° 2 fait connaître les dispositions législatives ayant trait à ce sujet.

Quant à l'influence que peut avoir la législation sur l'état de l'agriculture du pays, il est impossible d'en parler avec certitude. Le pays est dans un état de transition; il cherche sa voie et marche pour ainsi dire dans l'inconnu. Avant 1861 le peuple américain sentait à peine le poids des impôts; les revenus du Gouvernement se percevaient sans presque qu'on s'en aperçût, la dette était nulle ou à peu près; tout contribuait à donner un essor et un développement extraordinaire à l'agriculture; non-seulement les encouragements venaient du côté du Gouvernement central, mais encore dans chaque État se formaient des sociétés ayant le même but : des récompenses étaient offertes aux produits de la meilleure qualité, aux outils les plus parfaits, aux machines les plus ingénieuses. Les riches prairies de l'Ouest offraient un champ sans bornes à l'agriculteur, qui pouvait obtenir des terrains très-productifs pour un prix à peu près insignifiant. Le génie particulier du peuple le poussait rapidement au perfectionnement de tous les instruments qui servent à épargner le travail et à multiplier les produits. Enfin l'expérience du dernier demi-siècle a été telle, que si l'avenir correspondait à ce passé, la production agricole aurait bientôt atteint un degré de prospérité inouï. En un instant, on est passé de l'absence presque complète d'impôts à une multiplication effrayante des taxes. La dette du Gouvernement se monte à 2 milliards au moins; si l'on y ajoute les dettes des États, ayant leur origine dans les frais de la guerre, on arrive à plus du double de ce chiffre. Les conséquences qui résulteront pour l'industrie agricole de cette situation sont un problème qui n'est pas encore résolu. Jusqu'à ce moment elle n'a pas eu à se plaindre; elle a été favorisée, d'un côté, parce qu'on l'a exemptée presque entièrement des fardeaux qui oppriment les autres industries; de l'autre, par l'augmentation des prix de toutes les denrées. Si l'on tient compte de l'énorme demande de produits créée par la guerre, la prospérité de l'agriculture semble devoir être un résultat à peu près forcé. Mais ces causes ne sont pas d'une durée certaine. La faveur accordée à l'agriculture lui a valu de la part des autres industries une jalousie dont le Gouvernement devra probablement tenir compte et qui se traduira sans doute par la création de quelque impôt sur l'industrie agricole. Un premier pas a été fait dans cette voie, lorsqu'on a créé la taxe de 3 cents par livre sur les cotons, une des plus fortes, parmi celles qui grèvent les contribuables américains. Il n'est pas impossible, ni même improbable, que cette mesure soit suivie d'autres mesures analogues.

ANNEXE N° 1.

Les immeubles de toute personne décédée *ab intestat* seront distribués dans l'ordre suivant :

1° Aux descendants en ligne directe;

2° Au père;

3° A la mère;

4° Aux collatéraux.

Les descendants dans la ligne directe, ayant le même degré de parenté, recevront des parts égales.

Si des enfants de l'intestat sont vivants et qu'il y en ait de décédés, la succession appartiendra aux enfants vivants et aux descendants des enfants décédés, en sorte que chaque enfant survivant reçoive la même proportion qui lui serait dévolue si tous les enfants de l'intestat, qui sont décédés laissant des héritiers, étaient vivants, et de manière que les descendants de chaque enfant décédé reçoivent la proportion qui serait dévolue à leur auteur.

Lorsque l'intestat meurt sans descendants légitimes, et laissant un père, la succession appartient au père, sauf le cas où les biens proviendraient du côté maternel, et où la mère serait encore vivante; mais, si la mère était morte, la succession venant d'elle irait au père, durant sa vie, et, à sa mort, aux frères et sœurs de l'intestat et à leurs descendants.

S'il n'existe ni frères, ni sœurs, ni descendants vivants, la succession devient la propriété absolue du père.

Si l'intestat ne laisse ni descendants, ni père, ou si, en vertu de la disposition précédente, son père n'a pas de droits à la succession, et s'il laisse une mère, ou un frère, ou une sœur, ou le descendant d'un frère ou d'une sœur, la succession appartient à la mère, durant sa vie, et, à sa mort, aux descendants du « *de cujus* » et aux descendants de ceux prédécédés.

Si, dans l'hypothèse susénoncée, l'intestat ne laissait ni frère, ni sœur, ni descendants de frère ou de sœur, la succession deviendrait la propriété absolue de la mère.

S'il n'y a ni père ni mère qui puisse hériter de la succession, dans les cas ci-dessus mentionnés, celle-ci appartiendra aux parents collatéraux de l'intestat; et, si ces parents sont tous au même degré, elle se divisera entre eux en portions égales.

Si tous les frères et sœurs de l'intestat sont vivants, l'héritage sera divisé entre eux ; si les uns sont morts et les autres vivants, la succession se partagera entre les frères et sœurs vivants et les descendants de ceux décédés, de manière que, etc. (comme plus haut).

S'il n'y a pas d'héritier ayant droit à la succession, en vertu des dispositions précédentes, et que celle-ci soit provenue du « *de cujus* » du fait de son père, elle appartiendra :

1° Aux frères et sœurs du père du « *de cujus* » en proportions égales, s'ils sont tous vivants ;

2° Si un ou plusieurs d'entre eux sont décédés ayant laissé des héritiers, la succession ira aux frères et sœurs vivants et aux descendants des décédés par représentation ;

3° Si tous les frères et sœurs sont décédés, elle appartiendra à leurs descendants.

S'il n'y a ni frères, ni sœurs du père de l'intestat, ni descendants desdits frères et sœurs, la succession appartient aux frères et sœurs de la mère du « *de cujus* » et aux descendants des frères et sœurs décédés, ou, s'ils sont tous décédés, à leurs descendants, de la même manière que s'ils étaient les frères et sœurs du père du « *de cujus*. »

Dans tous les cas où un enfant illégitime, n'ayant pas de descendants, vient à mourir intestat, la succession appartient à la mère ; si celle-ci est morte, la succession appartient aux parents maternels du « *de cujus*, » comme si ce dernier était un enfant légitime.

Les parents d'un même père ou d'une même mère seulement, héritent en proportion égale avec les parents germains d'un degré égal de parenté, et leurs descendants héritent aussi, de même que les descendants germains, excepté lorsque la succession est dévolue à l'intestat par legs ou donation d'un de ses aïeux : dans ce cas, ceux qui ne sont pas descendants dudit aïeul n'héritent pas.

Dans tous les cas non prévus par les articles précédents, la loi commune règle toutes les matières relatives aux successions.

Les descendants et parents de l'intestat, engendrés avant sa mort, mais nés après son décès, héritent toujours comme s'ils étaient nés du vivant de l'intestat et lui avaient survécu.

Les dispositions de l'acte législatif, dont on vient de résumer les points les plus importants, ne sont pas applicables aux enfants ou parents illégitimes.

Les enfants illégitimes peuvent, du reste, hériter de leur mère de propriétés meubles ou immeubles, quand il n'y a pas d'héritiers légitimes.

Aucun obstacle résultant de la nationalité des aïeux d'une personne pouvant hériter, en vertu des dispositions précédentes, ne peut être apporté à l'exercice des droits de ladite personne.

ANNEXE N° 2.

Bière, par baril ne contenant pas plus de 31 gallons .... 1 dollar.
Peaux de veau .... 5 p. o/o.
Cigares dont la valeur n'excède pas 8 dollars le mille .... 2 dollars par mille.
————————— 12 idem .... 4 dollars par mille.
Cigares dont la valeur excède 12 dollars par mille .... 4 doll. et 20 p. o/o.
Mélasse .... 3/4 de cent.
Coton brut .... 3 cents par livre.
——— fabriqué .... 5 p. o/o.
Spiritueux (distillés) sur lesquels aucun impôt n'a été payé .... 24 cents par gallon.
Peaux de chèvre .... 5 p. o/o.
——— de cochon .... 5 p. o/o.
« Lager bier » par baril ne contenant pas plus de 31 gallons .... 5 p. o/o.
Liqueurs vendues comme vin .... 50 cents par gallon.
Mélasse fabriquée avec de la canne à sucre et non avec du « sorghum » ou « imphee » 3 cents par gallon.
Peaux de mouton .... 5 p. o/o.
Esprits de térébenthine .... 10 cents par gallon.

SUCCESSIONS (LORSQU'IL S'AGIT D'IMMEUBLES).

Lorsque l'héritier est le descendant ou l'ancêtre légitime du « de cujus, » un droit de 1 p. o/o sur la valeur de l'immeuble ;

Lorsque l'héritier est un frère ou une sœur, ou un parent issu d'un frère ou d'une sœur du « de cujus, » un droit de 2 p. o/o sur la valeur de l'immeuble;

Lorsque l'héritier est frère ou sœur du père ou de la mère, ou descendant d'un frère ou d'une sœur du père ou de la mère du décédé, un droit de 4 p. o/o sur la valeur de l'immeuble.

Lorsque l'héritier est un frère ou une sœur du grand-père ou de la grand'mère, ou un descendant d'un frère ou d'une sœur du grand-père ou de la grand'mère du décédé, un droit de 5 dollars p. o/o sur la valeur de l'immeuble ;

Lorsque l'héritier est de tout autre degré de parenté, ou lorsqu'il n'existe entre lui et le décédé aucun lien du sang, 6 p. o/o sur la valeur de l'immeuble.

ÉTATS-UNIS.

OBJETS DIVERS TOMBANT SOUS L'APPLICATION DE LA LOI DU REVENU INTÉRIEUR.

Tabac à mâcher .... 40 cents par livre.
———— à fumer préparé... 40 cents.
———————— non préparé... 15 cents.
Vin par douze bouteilles d'une contenance n'excédant pas 2 pintes.......... 6·dollars.
————————————————————————— 1 pinte.......... 3 dollars.

TIMBRE.

Exemptions : Le pain, les céréales; les briques, la pierre à bâtir; le fromage, le beurre; le cidre, le sucre, la mélasse et le sirop faits d'une autre substance que la canne; le bois de construction; le malt; l'huile de poisson et de baleine; les charrues, râteaux, coupe-foins, coupe-paille, herses, machines à faucher, machines à égrener le maïs, à presser le coton et le foin; le goudron; le vinaigre, le vin fait de fruits, tels que groseilles, raisins, etc. etc.

Sur tout contrat qui n'a pas été taxé par la loi, pour chaque famille, 5 cents.

Sur tout écrit par lequel un immeuble est cédé, vendu ou transféré à un acheteur, lorsque le prix ne dépasse pas 500 dollars, 50 cents; lorsque le prix ne dépasse pas 1,000 dollars, 1 dollar; et, pour chaque 500 dollars au dessus de 1,000 dollars, 50 cents.

Sur tout bail ou contrat, lorsque le loyer annuel ne dépasse pas 300 dollars, 50 cents.

Sur tout bail, lorsque le loyer annuel excède 300 dollars, sur chaque 200 dollars additionnels, 50 cents.

Sur toute hypothèque affectant un immeuble, lorsque le montant ne dépasse pas 500 dollars, 50 cents; au-dessus de 500 dollars et au dessous de 1,000, 1 dollar; et, pour chaque 500 dollars additionnels au-dessus de 1,000 dollars, 50 cents.

Sur toute procuration pour vendre un immeuble, 1 dollar.

Sur toute procuration pour recevoir un loyer, 25 cents.

Sur l'homologation d'un testament, lorsque la succession ne dépasse pas une valeur de 2,000 dollars; au dessus de cette somme, il est dû, par chaque 1,000 dollars, 50 cents.

VICE-CONSULAT DE FRANCE A CHICAGO.

M. Edmond CARREY, Vice-Consul.

Chicago, le 5 février 1867.

En dehors du dernier *census*, publié en 1860, je ne connais aucun ouvrage dans lequel je puisse puiser des renseignements positifs sur l'état actuel de l'agriculture dans l'Ouest.

Depuis cette publication, les progrès de la culture dans l'Illinois ont été immenses, et il est impossible d'en estimer au juste l'étendue; cependant, j'ai recueilli quelques notes que je me hâte de vous remettre.

Les terrains cultivables de l'Illinois sont de 9 millions d'hectares, dont 7 millions environ sont en culture.

Cette étendue de terrain est divisée entre 142,000 propriétaires, dont :

1,896 possèdent moins de	4 hectares.
6,518	8
38,196	20
49,024	40
45,532	200
988	800
194 possèdent plus de	800

Les petites propriétés, qui ne dépassent pas 100 hectares, sont généralement exploitées par les propriétaires eux-mêmes; les grandes, au contraire, possédées le plus souvent par de riches capitalistes qui résident dans les grandes villes, sont louées, mais rarement pour une somme fixe; le produit des céréales, des bestiaux, etc. vendus par le fermier est, ou plutôt devrait être, d'après les conventions, divisé également entre lui et le propriétaire.

Le cultivateur fournit lui-même les animaux et le matériel nécessaire à l'exploitation; cependant, souvent le propriétaire aide ce dernier, mais cela comme avance, dont il paye les intérêts.

Quant à la valeur des terrains, cela dépend absolument de la proximité plus ou moins grande du marché; quelques terres de l'Illinois, situées près d'un grand centre, sur une ligne de chemin de fer, valent 200 dollars l'hectare; d'autres, au contraire, n'en valent pas plus de 20; mais cela, bien plus par leur situation que par leur qualité.

La valeur approximative de toutes les terres de l'Illinois, en dehors des villes, est estimée à 600 millions de dollars, ce qui donne, comme valeur moyenne, environ 64 fr. 50 cent. l'hectare.

Rarement les propriétés restent entières à la mort des propriétaires, qui, le plus souvent, ont de nombreuses familles qui se divisent en parties égales le terrain héréditaire.

Presque toujours les capitaux manquent au cultivateur, soit fermier, soit propriétaire, et il ne peut se procurer de fonds qu'en hypothéquant ses terres ou ses bestiaux, et en payant un intérêt de 10 à 15 p. o/o suivant sa solvabilité.

La culture souffre, surtout aujourd'hui, des prix élevés de la main-d'œuvre, prix qui, depuis la guerre, sont exorbitants, à cause de l'insuffisance des ouvriers ruraux et du défaut du pays de cultiver plus de terrain que la population ne le comporte; aussi partout tous se servent de machines, ce qui n'empêche pas le besoin toujours croissant d'ouvriers agricoles.

Quant aux engrais, la culture de ce pays n'en réclame pas; sauf quelques rares exceptions, les terrains sont si riches que le fumier est luxe inutile; il faut ici payer pour faire enlever des écuries le fumier qui s'y amasse.

Le cultivateur n'a pas de modes d'assolement; son caprice seul le guide.

Ici, les progrès de l'agriculture ne consistent pas à améliorer une portion de terrain ou à obtenir d'un arpent une récolte plus ou moins belle, mais à augmenter l'exploitation en défrichant de nouvelles terres.

L'étendue relative des prairies naturelles est d'environ un tiers, mais elles diminuent sans cesse à mesure que le défrichement augmente; quant aux prairies artificielles, elles existent à peine.

Le plus beau profit du fermier de ce pays, c'est l'élevage d'animaux, tels que chevaux, mulets, bœufs, vaches, veaux et surtout cochons, parce qu'il les laisse se nourrir comme ils peuvent et veulent dans la prairie, où le droit de pâturage est loi, là où il n'y a pas de barrière. C'est, je crois, le cochon qui rapporte les plus grands bénéfices; il naît dans la plaine, au hasard, sans que souvent le fermier lui-même le sache; il y vit pendant un an, se nourrissant comme un sanglier; puis, à un an à peu près, il est ramené à la ferme ou enfermé dans un enclos quelconque où il est engraissé au maïs, et cela en trois ou quatre semaines. Pour le prix positif de revient des animaux, je n'ai pas encore trouvé un cultivateur dans l'Ouest qui ait pu me donner un chiffre. Ils savent à la fin de l'année qu'ils ont vécu plus ou moins bien, qu'ils ont mis de côté plus ou moins de dollars : c'est tout ce qu'ils savent.

Les produits accessoires provenant des animaux, tels que lait, fromage, beurre, etc. sont considérés comme insignifiants, parce que la main-d'œuvre en absorbe les profits; les petits fermiers seuls s'en occupent, ainsi que de l'élevage de la volaille.

Quant à l'étendue des terres cultivées en céréales de diverses espèces, en voici à peu près la répartition : la moitié du sol est plantée en maïs, le quart en blé, un huitième en avoine, le reste en seigle, orge, pommes de terre, sorghum, etc. mais la pomme de terre n'est cultivée pour le marché que dans la partie nord de l'État.

La canne à sucre, le raisin ne sont pas cultivés; cependant, presque chaque fermier plante, soit un quart, soit un demi-arpent en sorghum, mais seulement pour son usage personnel et afin d'éviter d'acheter du sucre, dont il fait une grande consommation, sa boisson consistant principalement en thé et en café.

La production des céréales de toute espèce a plus que triplé en dix ans, la cause en est l'émigration européenne. Les prix de ces produits augmentent en rapport des facilités de transport qui se développent chaque année de plus en plus.

Quant aux frais de culture, ils varient avec chaque individu; tel laboure son champ une fois seulement, comme il le faisait en Europe; tel autre, au contraire, gratte avec une espèce de herse le sol qui lui a donné du maïs l'année précédente, puis sème son blé ou son avoine sans autre travail, et, le plus souvent, le moins soigneux a les meilleures récoltes.

Les frais de culture sont à peu près, par hectare, évalués comme suit :

Maïs...	28 dollars.
Blé..	20
Avoine..	20
Seigle...	20
Sorghum...	28
Pommes de terre......................................	30

Autrefois, la fabrication des alcools était très-importante; mais, depuis la guerre, les taxes imposées par le Congrès sur les spiritueux sont si élevées (2 dollars 1/2 par 4 litres) que presque toutes les distilleries ont cessé leurs opérations.

Le grand obstacle contre lequel vient se briser la culture éloignée des grands centres, c'est la spéculation organisée à chaque station par les administrateurs des grandes lignes de chemins de fer. Cette spéculation consiste en ceci : un magasin, le plus souvent bâti aux frais de la compagnie, est loué à une maison de commerce; une convention secrète est passée entre cette maison et la compagnie du chemin de fer, lui donnant le privilége exclusif de transporter ses marchandises à un prix inférieur à celui auquel le producteur peut transporter lui-même; la marge est telle que ce dernier se trouve obligé de passer par les mains de ces messieurs, qui partagent leurs profits avec les administrateurs. La législation de l'État parle, en ce moment, d'imposer des tarifs réguliers aux chemins de fer, mais l'influence pécuniaire des personnes intéressées contre cette loi est telle, que je crains que les arguments dont elles peuvent se servir n'amènent un changement dans l'opinion que les législateurs professaient avant l'élection.

Les seuls produits de ce pays qui peuvent aujourd'hui faire concurrence, sur nos marchés de France, aux produits de l'agriculture française sont les blés, les maïs et les avoines; mais notre commerce trouverait ici un débouché immense pour nos vins, nos eaux-de-vie, nos soies, meubles, huiles, etc. si nos hommes d'affaires voulaient se donner la peine de venir voir et de se rendre compte par eux-mêmes; s'ils voulaient établir ici des comptoirs et importer directement, ils réaliseraient des bénéfices énormes et augmenteraient de beaucoup la consommation de nos articles français.

Le Gouvernement central n'impose aucune taxe directe sur la propriété foncière.

Les revenus proviennent seulement des douanes extérieures, des impôts sur les manufactures, sur le revenu, et des droits d'enregistrement.

Le produit des contributions foncières ne sort pas de l'État; ces contributions sont imposées par trois pouvoirs différents:

L'*État*, le *comté* et le *township*.

La taxe est fixée sur la valeur de la propriété, soit meuble, soit immeuble; mais l'estimation ne passe jamais le quart de cette valeur.

Cette année, ces trois impôts réunis sont montés à 2 p. o/o du capital:

1/2 p. o/o pour l'État;

1/2 p. o/o pour le comté,

Et 1 p. o/o pour le township.

Cette dernière taxe comprend l'entretien des routes et des écoles.

En outre, chaque individu mâle de dix-huit ans est tenu de donner *trois* jours de travail sur les routes ou l'équivalent en argent.

Ainsi donc, les charges qui pèsent sur chaque cultivateur sont:

1° 2 p. o/o sur environ le quart de sa propriété, soit meuble, soit immeuble;

2° Trois jours de travail par homme de dix-huit ans au moins;

3° Droits d'enregistrement, imposés par le Gouvernement central, de 1 pour 1,000 sur toute vente foncière et de 1/4 p. o/o sur tout bail, quelle qu'en soit la durée;

4° 5 p. o/o sur tout revenu annuel dépassant 1,000 dollars. Le chiffre de ce revenu est accepté sans contrôle sur la déclaration de chaque individu.

Il faut encore ajouter à ces charges la portion que tout le monde paye indirectement des taxes qu'impose le Gouvernement central sur tout objet manufacturé ou importé, mais cette portion ne peut être calculée, car elle dépend complétement des habitudes et des besoins de chacun.

Les charges fiscales que la culture a à supporter exercent peu d'influence sur la prospérité des cultivateurs, mais les prix élevés de la main-d'œuvre sont aujourd'hui ce dont ils se plaignent le plus; cependant l'émigration continue; chaque jour, des centaines d'émigrants arrivent soit de l'Allemagne, soit de l'Irlande, et tout fait croire que le salaire des ouvriers agricoles diminuera sous peu.

CONSULAT DE FRANCE A PHILADELPHIE.

———

M. DELAFOREST, Consul.

———

SITUATION DE L'AGRICULTURE
EN PENSYLVANIE ET DANS LES ÉTATS DU CENTRE.

———

RÉPONSES AU QUESTIONNAIRE.

———

Philadelphie, 20 mars 1867.

1. — L'État de Pensylvanie fait partie de ceux désignés sous le nom d'États du Centre et est situé entre les parallèles 39° 43′ et 42° latitude nord, et 74° 40′ et 80° 36′ longitude ouest de Londres.

Cet État embrasse 46,000 milles carrés, il est divisé en soixante-cinq comtés, eux-mêmes subdivisés en townships ou communes variant en étendue de 5 à 10 milles carrés.

La surface du pays est montagneuse. Une chaîne de montagnes, les Allegbany, le traverse du nord-est au sud-ouest.

Tout ce territoire est propre à l'agriculture, même dans les montagnes, jusqu'à une élévation de 2,500 à 3,000 pieds au-dessus du niveau de la mer.

La terre est divisée en fermes de 400, 200, 100 et 60 acres. (Voir au tableau des mesures, à la fin.)

La moyenne propriété est de 100 à 200 acres.

A deux périodes différentes on a donné les estimations suivantes de la quantité

(marginalia:) Division de la propriété.

d'acres cultivés et non cultivés, ainsi que de la valeur des fermes, instruments et machines aratoires :

	1850.	1860.
Cultivés	8,623,619	10,463,306 acres.
Non cultivés	6,294,728	4,455,041
Totaux des acres	14,918,347	14,918,347
Valeur des fermes	407,876,099	662,050,707 dollars.
Valeur des instruments et machines	14,722,541	22,442,842

Mode d'exploitation.

2 à 4. — La plupart des fermes sont cultivées par les propriétaires eux-mêmes. Quand elles sont affermées, les baux sont d'une, trois années et plus.

Le fermier donne généralement une part de la récolte, le plus souvent la moitié, et partage dans les mêmes proportions avec son propriétaire les profits de la laiterie et de l'accroissement du cheptel. Ce sont les conditions le plus en usage.

Les baux sont écrits.

Quelquefois le fermage se paye en argent.

Prix de vente des terres.

5. — La valeur des fermes dépend de la qualité du sol, de la situation par rapport aux facilités des transports des produits, du capital investi dans les constructions, etc.

Généralement dans la Pensylvanie, une grande proportion du capital est appliquée à la construction des granges et autres bâtisses.

Le prix des bonnes terres à ferme varie de 100 à 200 dollars par acre. Les prix ont augmenté depuis vingt ans (c'est-à-dire depuis la construction de tant de chemins de fer) de 50 à 100 p. o/o.

Transmission de la propriété.

6. — La loi de primogéniture n'existant pas aux États-Unis, la propriété, à la mort du père de famille, peut être divisée entre ses enfants. Cependant le morcellement ne va presque jamais au-dessous des limites indiquées à la 1ʳᵉ Question.

Le père de famille a toutefois la liberté absolue de tester. Il peut par conséquent léguer tous ses biens à un seul de ses enfants ou même à un tiers.

Il peut laisser ses biens à un fidéicommissaire pour les transmettre à un petit-fils, mais pas au delà.

Capitaux.

7. — Un défaut général aux États-Unis, et qui existe ici, en Pensylvanie, est que le propriétaire n'emploie jamais un capital suffisant au développement des capacités productives des terres.

Ce défaut est plus marqué encore pour les terres affermées. Le fermier accumule ses bénéfices pour les employer à des achats de terre.

8. — Il n'existe pas d'autres moyens, à celui qui exploite, pour augmenter ses capitaux d'exploitation que ceux qui dérivent du propriétaire lui-même.

9. — Mais le propriétaire peut obtenir un emprunt hypothécaire sur des biens fonciers. Ce placement d'argent est considéré comme le meilleur et le plus sûr, il rapporte au prêteur 6 p. o/o. **PHILADELPHIE.**

10. — Le prix payé pour salaire et main-d'œuvre est ordinairement de 1 dollar à 1 doll. 5o par jour, et au mois 15 à 20 dollars avec la nourriture. Ce salaire est considérablement plus élevé que ceux payés il y a une vingtaine d'années. *Salaires. Main-d'œuvre.*

11 et 12. — Le personnel agricole a beaucoup diminué et est insuffisant. Les causes auxquelles on peut attribuer cet état de choses sont les demandes croissantes faites par les entreprises minières, manufacturières, le commerce et les travaux publics.

13. — L'emploi des machines dans l'agriculture est universel et cependant n'a apporté aucune réduction dans le taux des salaires et de la main-d'œuvre, qui tendent plutôt à augmenter qu'à diminuer.

14. — La somme de travail que l'on obtient des ouvriers agricoles est moins considérable en proportion des salaires payés actuellement, qu'elle n'était auparavant.

15. — Les conditions d'existence des ouvriers agricoles se sont beaucoup améliorées en conséquence de l'augmentation générale du bien-être.

16. — Outre le fumier ordinaire que fournissent les étables, les écuries et les parcs à bestiaux, les fermiers emploient actuellement la chaux assez libéralement, tandis qu'on a presque abandonné le gypse, qu'on employait auparavant. *Engrais. Amendement des terres.*

Dans les districts où les terres sont épuisées, on se sert du guano péruvien et du superphosphate de chaux, extrait des ossements d'animaux. On commence aussi à se servir des guanos phosphoriques apportés du golfe du Mexique.

Ces amendements ont pour avantages, non-seulement de forcer les récoltes de grains dans les terres de moyenne qualité, mais de rendre le sol, auparavant inculte, capable de donner de fortes récoltes de trèfle et autres herbages. Il est alors labouré avec ses récoltes. Cette expérience a amené les plus heureux résultats.

La proportion du bétail de toute nature sur les fermes, dans cette partie des États-Unis, est rarement suffisante pour fournir la quantité de fumier requise pour l'amélioration, voire même pour la conservation des terres. Il en est ainsi surtout sur les fermes dont les produits ne sont pas consommés sur les lieux. Il importe donc, dans ce cas, d'amener les engrais artificiels d'autre part.

17. — Les fermes sont ordinairement divisées en cinq ou six champs, dont l'un reçoit le froment, l'autre l'avoine, un troisième le maïs, un quatrième sera réservé *Mode d'assolement.*

PHILADELPHIE.

pour les foins, le dernier pour pâturage, etc. Ils sont soumis au système de rotation, de manière à ne reprendre la même culture qu'au bout de cinq ou six années.

Progrès agricoles.

18. — L'étude et les efforts des cercles et sociétés agricoles ont, sans aucun doute, apporté de grandes améliorations au système de l'agriculture dans toutes ses branches; surtout dans les dernières années, les expositions ont fait faire de grands progrès.

Drainage.
Dessèchements.
Défrichements.

19. — Le dessèchement par fossés et le drainage par tuyaux sous sol ont fait quelques progrès; mais les grands travaux de ce genre *ne payent pas (do not pay)*; il est meilleur marché et plus dans les usages de changer de localité.

Irrigations.

20. — On emploie ici fort peu les irrigations artificielles; les pluies sont suffisantes pour le développement des récoltes.

Prairies naturelles.

21. — Les prairies naturelles sont, en Pensylvanie, de peu d'étendue et en petit nombre en proportion des terres arables. A l'ouest des Alleghany, la proportion est tout à fait différente.

22. — On a déjà répondu à cette question dans la réponse à la Question n° 17, où l'on dit qu'une portion de la ferme, soit d'un cinquième à un tiers de la terre, est réservée pour pâturage et foin.

Le trèfle est généralement cultivé, aussi bien comme plante fourragère que pour l'amélioration de la terre.

Le terrain, semé de blé en automne, reçoit en même temps le grain de timothé (*phleum pratense*); en mars ou avril suivant il reçoit le trèfle rouge (*trifolium pratense*); ce dernier herbage paraît vers la fin de la deuxième année et abandonne le champ au timothé, jusqu'à ce que l'on juge utile de préparer la terre pour de nouvelles récoltes de grain.

Les foins provenant de champs ainsi préparés sont considérés de la meilleure qualité.

23. — Les betteraves, carottes, navets, choux et autres sont cultivés; les deux premières plantes, quoique très-estimées pour la nourriture des bestiaux, sont cependant cultivées sur une petite échelle. Le maïs, généralement cultivé aux États-Unis, demeure la nourriture principale du bétail.

Cultures fourragères.

24. — Aucun développement sensible ne s'est produit depuis nombre d'années dans les cultures fourragères.

Rendement.

25 et 26. — On a répondu à ces questions par le tableau comparatif inclus dans la réponse à la Question n° 31.

27. — On ne trouve aucun document qui réponde à cette question. Dans ce pays tout pratique, on tient peu à calculer le détail des bénéfices obtenus. *It pays or it does not pay*, cela paye ou ne paye pas.

La principale nourriture sur laquelle on compte pour tout bétail de boucherie consiste en foin de trèfle, fourrage sec, l'épi du maïs, foin de timothé avec une certaine quantité de grains de maïs, et mieux de la farine de maïs.

Ce système dure depuis la colonisation de la Pensylvanie. Les racines fourragères, telles que navets, pommes de terre, betteraves, carottes, choux, etc. ont été depuis et à de rares intervalles ajoutées au fourrage. On y trouve de l'avantage, mais l'usage l'emporte et le progrès est lent.

28.—L'amélioration des races suit cette même progression. On laisse trop à la nature, et quelques particuliers seuls s'occupent de l'amélioration des races.

29. — Le fermier dépend presque exclusivement des produits de ses terres pour le maintien de son cheptel; il n'achète comme aliment que le tourteau de graine de lin qui, bien qu'employé par quelques fermiers, n'est pas d'un usage ordinaire.

30. — Comme meilleur moyen de répondre à cette question, je me référerai aux divers tableaux ci-après indiquant les produits accessoires qui reçoivent davantage les soins des fermiers de la Pensylvanie et des États du Centre.

Ces tableaux indiquent les quantités et l'accroissement des produits.

RÉCOLTES DE GRAINS À DEUX PÉRIODES DIFFÉRENTES.

	1850.	1860.
Froment.	15,367,691	13,045,231 boisseaux.
Seigle.	4,805,160	5,474,792
Maïs.	19,835,214	28,196,831
Avoine.	21,538,156	27,887,149
Orge.	165,584	530,716
Sarrasin.	2,193,692	5,572,026

RÉCOLTES DE PRODUITS COMMERCIAUX.

	1850.	1860.
Tabac.	912,651	3,181,586 livres.
Houblon.	22,088	41,576
Chanvre.	44	4,003 tonneaux.
Lin.	530,307	310,030 livres.

RÉCOLTES DIVERSES.

	1850.	1860.
Pois et haricots	55,231	123,094 boisseaux.
Pommes de terre	5,980,732	11,687,468
Patates douces	52,172	103,190
Vin	25,590	38,623 gallons.
Foin	1,842,970	2,245,420 tonnes.
Graines de trèfle	125,030	274,863 boisseaux.
Autres graines d'herbes	53,013	57,204
Graines de lin	41,728	24,209
Sucre d'érable	2,326,525	2,768,965 livres.
Mélasses d'érable	50,652	127,455 gallons.
Mélasses de canne à sucre de Chine (sorghum)	"	9,605
Soie	285	163 livres.

Le chiffre du bétail sur pied dans l'État a été calculé pour la même période comme suit :

	1850.	1860.
Chevaux	350,398	437,654
Mules, ânes	2,259	8,832
Vaches	530,224	673,547
Bœufs de travail	61,527	60,371
Autre bétail	562,195	685,575
Moutons	1,822,357	1,631,540
Porcs	1,040,366	1,031,266

Évalué en 1850 à	41,500,053 dollars.
——— 1860 à	69,672,726

PRODUITS ANIMAUX, COMPRIS LA CIRE ET LE MIEL.

	1850.	1860.
Beurre	39,878,418	58,653,511 livres.
Fromages	2,505,034	2,508,556
Laine	4,481,570	4,752,523
Viande de boucherie	8,219,848	13,399,378 dollars.
Cire, miel	839,509	1,454,698 livres.

Céréales.

31. — Cette question trouvera sa réponse dans la tableau ci-après des différentes récoltes dans la Pensylvanie en 1862, avec la moyenne par acre, le nombre d'acres en rapport, et les prix moyens sur le marché de Philadelphie.

CÉRÉALES.	UNITÉS.	TOTAL PAR ACRE.	MOYENNE PAR ACRE.	NOMBRE D'ACRES.	VALEUR par MESURE.	VALEUR TOTALE de la récolte.
					dollars.	dollars.
Maïs	Boisseaux.	30,721,821	36	853,384	0 58	17,204,220
Froment	Idem.	15,654,255	18	869,681	1 22	19,098,191
Seigle	Idem.	6,843,427	18	380,190	0 72	4,927,267
Avoine	Idem.	34,233,936	37	925,241	0 37	12,666,556
Orge	Idem.	636,859	29	21,999	0 85	541,330
Sarrasin	Idem.	6,686,431	24	278,601	0 60	4,011,859
Tabac	Livres.	3,976,982	1,116	3,563	0 14	556,777
Foin	Tonnes.	2,245,420	3,200	1,403,388	10 00	22,454,200
Pommes de terre	Boisseaux.	14,609,335	114	228,152	0 50	7,304,667
Navets	Idem.	"	180	"	0 50	"
Carottes	Idem.	"	400	"	0 26	"
Oignons	Idem.	"	179	"	0 69	"
Haricots	Idem.	"	23	"	1 40	"
Pois	Idem.	"	20	"	1 31	"
Patates douces	Idem.	128,987	122	1,057	1 06	137,726

32. — Quelques estimations font monter les frais de culture d'une acre (l'achat de moitié de l'engrais compris) de 60 à 80 dollars pour les plantes telles que betteraves, navets, carottes et panais. Cette moyenne est prise sur des récoltes de 400 à 800 boisseaux, évalués de 25 à 35 cents le boisseau. *Frais de culture.*

33. — La production des céréales augmente rapidement en Pensylvanie, mais pas en proportion des besoins de la population. Les récoltes sont consommées dans l'Etat; et le commerce, qui autrefois exportait les céréales, les fait venir aujourd'hui de l'Ouest, pour l'alimentation des centres manufacturiers et miniers. *Production.*

34. — Il a été répondu à cette question dans les tableaux précédents. *Prix de vente.*

35. — Oui, la qualité des récoltes s'est améliorée en raison des meilleurs engrais employés et d'une culture plus soignée. *Qualité.*

36. — Il a été répondu à cette question dans les tableaux précédents. *Plantes alimentaires.*

37. — Les mêmes frais moyens que pour les plantes énumérées à la Question 32. *Frais de culture.*

38. — On a répondu à cette question aux articles 31 et 32, et dans les tableaux qui précèdent. *Plantes industrielles.*

PHILADELPHIE. La culture des plantes oléagineuses et colorantes est minime.

Celle du tabac s'est considérablement accrue en Pensylvanie et dans les États du Centre, du Nord et de l'Ouest, pendant la guerre civile. L'interruption des travaux d'agriculture dans le Sud et le haut prix des produits de ces régions a produit une émulation favorable aux cultures similaires qui pouvaient être acclimatées dans le Nord. Cependant, il y a eu beaucoup de relâchement de ces mêmes cultures depuis la paix.

39 et 40. — Déjà répondu plus haut, autant que possible.

Sucres. — Alcools. 41. — La fabrication des sucres consiste simplement dans celle provenant du jus de l'érable à sucre (*acer saccharinum*), que l'on trouve en profusion dans les forêts qui couvrent les montagnes de cet État. La quantité produite par année est donnée au tableau de la réponse à la Question 30.

La distillation des eaux-de-vie (*whiskey*) et alcools provenant du maïs et du seigle est très-étendue en Pensylvanie; mais les rapports sur cette matière ont peu d'exactitude, en conséquence des fraudes immenses qu'ont provoquées les droits exorbitants prélevés sur les alcools pendant la guerre et conservés depuis : 2 dollars par gallon sur les whiskeys et 4 dollars sur les alcools. Les prix sur ces produits ont quadruplé depuis 1860, et la production, comme je l'ai déjà dit, a considérablement augmenté.

Vignes. 42. — Il n'existe aucune donnée sur l'étendue des terres cultivées en vignes. Mais si l'on en juge par les fortes demandes de plants nouveaux faites au commerce, cette culture doit prendre une grande extension.

Dans les États de l'Atlantique, la culture en pleine terre n'admet que la vigne du pays même. Le climat s'oppose à la naturalisation des vignes européennes ou exotiques, quelle qu'en soit la provenance.

Il n'en est pas de même à l'ouest de ce continent où l'on a acclimaté facilement les vignes européennes.

Il y a quatre ou cinq années on ne s'occupait que de la culture de trois ou quatre variétés de vignes indigènes; mais l'industrie de quelques individus, dans divers endroits des États-Unis, a obtenu par croisement et par un choix fait avec soin plusieurs nouvelles variétés beaucoup supérieures aux plants originaires.

Les qualités primitivement cultivées étaient connues sous les noms de *isabella* et *catawba*. Le grain de la première espèce est rond, d'une assez bonne grosseur et d'un pourpre obscur; le second rond aussi, d'une belle grosseur, mais d'une couleur plus rougeâtre. Toutes deux ont la peau épaisse et le goût musqué.

Parmi les nouvelles variétés, on distingue : 1° le *concord*, ressemblant à l'isabella, mais plus gros, plus juteux et plus fin. Ce plant pousse vite, est très-productif et donne du vin trouvé bon aux États-Unis (sans doute par amour-propre national); ces qualités et surtout celle de pouvoir être adaptée à presque tous les sols et expositions placent cette vigne au premier rang; 2° la *diana*, un produit amélioré du catawba, lui ressemblant par la couleur et la forme, mais d'un grain plus petit, est une variété riche et qui promet beaucoup, au dire des vignerons américains; 3° on en dit autant de la variété dite *delaware*, d'une grappe petite, serrée et rougeâtre, et dont le goût est riche, doux et sans arrière-goût musqué. On choisit assez volontiers ce dernier dans les terres et situations qui lui conviennent, mais il est plus délicat en cela que le *concord*. On estime beaucoup le vin de cette provenance.

Parmi les raisins blancs on peut mentionner le rebecca, le taylor, le bullet et surtout un natif de Pensylvanie appelé maxatawny.

Les prix auxquels ces différents plants se vendent sont :

Catawba, plant de deux ans..	o^d 40	cents chaque ou	30 dollars par 100 plants.
Isabella..................	0 40		30
Concord..................	0 50		35
Diana....................	0 75		50
Delaware	1 00		50
Rebecca	0 75		50
Taylor	1 00		75
Hartford prolifa...........	0 50		35
Aridondac	3 00		100
Clevillins	0 75		50
Crinton..................	0 40		30
Elsinburg...............	0 50		30

Cette liste de plants et de prix est copiée du prospectus d'un pépiniériste des environs de Philadelphie; mais cette liste n'est pas complète, et il existe une plus grande variété de vignes, surtout à l'ouest des Alleghany, et sur les bords de l'Ohio où elles trouvent un meilleur sol et un meilleur climat.

Il y a quelques années, et avant l'augmentation des salaires, M. Robert Buchanam, vigneron intelligent, a fait l'estimation suivante du coût d'une plantation. Il faut considérer d'abord que ce vignoble est établi sur une pente douce, ne demandant aucun terrassement, peu pierreux, circonstances très-favorables :

COÛT D'UNE PLANTATION.

Façon des sillons à 2 ou 3 pieds de profondeur pour 6 acres, à 65 dollars par acre.................................	390 dollars.
Formation des avenues pour 6 acres, à 10 dollars par acre......	60
Coût des plants, 30,000 dollars à 2 doll. 50 par 1,000.........	75
Pour plantation des mêmes.............................	70
14,500 échalas à 3 dollars par 100.......................	435
Pose des échalas......................................	55
TOTAL pour plantation..........	1,085

DÉPENSES POUR LA PREMIÈRE ANNÉE.

Au vigneron chef, 216 dollars; et à un aide, pour un mois, 15 dollars..   231 dollars.
Dépenses pour la deuxième année pour les mêmes................   256
Pour la taille et le remplacement de plants non réussis............   20
Pour l'entretien, charretage, etc.............................   68
Autres dépenses.......................................   150

                  TOTAL..................   725

L'addition de ces deux chiffres donne comme moyenne des dépenses 300 dollars par acre à la fin de la deuxième année, qui déjà commence à produire.

M. Buchanam estime en conséquence le prix moyen de 200 à 350 dollars par acre, suivant le terrain et la situation du sol.

C'est à la qualité de vigne dite *catawba* que les États-Unis sont redevables du vin de ce nom, et qu'ils annoncent déjà comme devant *égaler les meilleurs vins d'Europe*. Elle produit un vin mousseux, ressemblant (de très-loin) à notre moselle. Elle donne aussi un vin blanc non mousseux que l'on qualifie *hock* (vin du Rhin).

Quant au prix de fabrication des vins dans la vallée de l'Ohio, M. Buchanam l'estime, par expérience, avec travail salarié, pour cueillette, pressage et barillage, à 25 à 30 dollars par acre.

Les ouvriers vignerons sont principalement des Allemands, et leur travail est le plus profitable, en ce que leur usage est d'employer tous les membres de leur famille aux travaux, ce qu'on ne peut obtenir des Américains natifs.

La moyenne du rendement des vignes en plein état de santé est estimée par M. Buchanam de 300 à 400 gallons par acre de terre, contenant 2,420 pieds de vigne plantés à 3 pieds de distance sur 6; mais sur une période de huit à dix années, et prenant en considération la maladie de la vigne, les gelées, etc., il ne pense pas devoir établir sa moyenne au-dessus de 200 gallons. Un boisseau, bien plein de *catawba* en grappe, rend de 3 à 3 1/2 et quelquefois 4 gallons de jus. Le vin de cette qualité vaut en baril 1 doll. 25 par gallon, et en bouteilles 7 ou 8 dollars la douzaine (*hock catawba*).

Le vin mousseux (*sparkling catawba*) se vend de 8 à 12 dollars par douzaine.

Ces vins ont haussé de 50 p. o/o depuis l'augmentation des droits sur les vins étrangers.

Ces vins obtiennent quelque faveur aux États-Unis, et grâce à la protection que les producteurs trouvent dans le tarif, *ils ne craignent plus*, disent-ils, *que la concurrence des vins de la Californie*.

Circulation
des produits agricoles.   46 à 54. — Les transports des produits agricoles deviennent chaque jour plus faciles,

grâce aux innombrables voies de communication ouvertes tant par eau que par chemins de fer.

Les produits, qui, il y a trente ans, devaient être transportés avec peine à travers d'immenses distances, arrivent aujourd'hui à la côte et dans les grands centres de population, où ils sont consommés et d'où ils sont exportés avec facilité.

La construction des chemins de fer a été tellement étendue et rapide qu'elle a causé la surprise du monde entier.

La longueur des canaux ouverts en Pensylvanie en 1860 était de 1,018 80/100 milles, et en y ajoutant la navigation par rivière, 190 12/100 milles, la navigation de l'État se trouvait être de 1,209 milles, ayant coûté 65,439,891 dollars.

La longueur des rail-roads en opération en 1850 était de 823.34 milles, ayant coûté 41,683,056 dollars, et en 1860 de 2,542 milles, ayant coûté 143,471,710 dollars.

La longueur des routes-postes était en 1850 de 11,422 milles, et en 1860 de 13,118.

Le coût des transports varie considérablement. Le transport par eau est de beaucoup le meilleur marché, là où il est possible; mais là où il ne peut se faire que par chemins de fer, le prix devient considérable pour les articles volumineux, comme les produits agricoles, et pour des distances considérables, ce qui élève le prix à l'impossible. Ainsi on a vu les fermiers user leur maïs comme combustible, les prix n'en permettant pas le transport.

Il n'existe aucune taxe sur le mouvement des produits agricoles. Le prix des transports dépend du tarif imposé par les individus ou compagnies qui font le transport.

55 et autres. — Il serait impossible de répondre aux questions relatives aux taxes auxquelles sont sujettes les terres, et qui seraient communes dans tous les États-Unis. Les impôts et taxes sur la terre sont différents dans les trente-sept États de l'Union, et ils sont encore différents dans chaque comté du même État, et encore dans chaque commune (township).

En conséquence, il faut se rappeler que l'État de Pensylvanie seul compte soixante-six comtés et près de deux mille communes, et que les taxes dans chacune de ces divisions et subdivisions varient d'année en année.

On comprendra dès lors qu'il soit difficile, je dirai presque impossible, de faire une réponse exacte aux questions posées sur le système général des taxes.

Le Gouvernement fédéral ne prélève aucune taxe sur la terre.

Il prélève toutefois des taxes sur le revenu provenant des opérations de fermage.

Le fermier fait déclaration :

1° Des profits sur les opérations de fermage, y compris la vente du bétail sur pied ;
2° De la valeur des produits agricoles vendus ;

3° De la valeur des mêmes produits consommés par le fermier, sa famille et par les animaux qui ne sont pas employés à l'exploitation de la ferme.

De ces différents produits on déduit :

1° Le salaire des journaliers, y compris la nourriture, quand ils sont nourris sur les lieux, ou sa compensation en argent;

2° Les réparations sur la ferme ou plantation n'excédant pas la moyenne payée pendant les cinq années précédentes, mais à l'exclusion de toute amélioration permanente;

3° La valeur des assurances sur les bâtiments;

4° L'intérêt d'hypothèques sur les terres ou les bâtiments;

5° La valeur même des taxes d'État ou des taxes locales payées pendant l'année;

6° 600 dollars par an, exclus de la taxe.

Le revenu, déduction faite des articles précédents, est sujet à une taxe de 5 p. o/o quand le revenu n'excède pas 5,000 dollars, et 10 p. o/o quand il excède cette somme.

L'État de Pensylvanie percevait autrefois une taxe de 3 millièmes sur le dollar (soit 30 cents sur 100 dollars) sur la valeur expertisée de la terre; mais cette taxe a été supprimée, et l'État ne prélève plus de taxe ni sur la terre ni sur l'occupation du fermier.

Chaque trois années les terres, dans chaque comté, sont expertisées par les autorités du comté. Sur la valeur expertisée, les autorités du comté, les autorités de la communes, les directeurs des écoles publiques et les commissaires des pauvres prélèvent une taxe.

Cette expertise ou évaluation des terres varie dans chaque comté, mais reste toujours au-dessous de la valeur réelle.

En Pensylvanie cette évaluation est rarement de plus du tiers de la valeur réelle. On prend généralement pour guide le prix que rapporterait la terre, vendue par autorité de justice et dans sa plus mauvaise condition.

Les terres en Pensylvanie ont donc à payer en fait de taxes :

1° Une taxe de comté pour l'entretien des prisons, pour la construction et l'entretien des maisons de justice (court houses), pour le salaire des officiers du comté et autres objets intéressant le comté;

2° Une taxe de commune (township) pour construction et réparation de routes, ponts, etc., dans l'intérieur du township;

3° Une taxe pour le soutien des pauvres;

4° Une taxe pour l'entretien des écoles publiques et la construction et l'entretien des bâtiments.

Dans un pays nouveau comme celui-ci, ces taxes doivent nécessairement beaucoup varier. De nouvelles routes à faire, de nouvelles écoles à construire et à établir doivent augmenter le niveau des taxes que le comté, que la commune s'impose.

Peut-être que le meilleur moyen de répondre aux questions relatives aux impôts et taxes qui grèvent l'agriculture serait de donner des exemples des variations de ces taxes.

Une ferme de 100 acres par exemple, sise à environ 12 milles de la ville de Philadelphie, dans un des districts agricoles les meilleurs (Bucks' Corentz), évaluée à 140 dollars l'acre, et valant en réalité au moins trois fois cette valeur, a payé les taxes suivantes aux diverses époques ci-après :

1862.

Taxes des routes et des pauvres........................	30^d 00^c
——— d'État......................................	37 50
——— du comté...................................	45 00
——— d'écoles...................................	52 50
TOTAL..............	165^d 00^c

1863.

Taxes des routes et des pauvres........................	25^d 50^c
——— d'État......................................	45 00
——— du comté...................................	67 52
——— d'écoles...................................	52 50
TOTAL..............	190^d 52^c

1864.

Taxes des routes et des pauvres........................	76^d 50^c
——— d'État......................................	45 00
——— du comté...................................	240 00
——— d'écoles...................................	54 00
TOTAL..............	415^d 50^c

1865.

Taxes des routes et des pauvres........................	64^d 40^c
——— d'État......................................	44 10
——— du comté...................................	271 60
——— d'écoles...................................	70 00
——— de primes pour l'armée........................	35 00
TOTAL..............	485^d 10^c

1866.

Taxes des routes et des pauvres.........................	46ᵈ 20ᶜ
—— du comté.......................................	280 00
—— d'écoles.......................................	63 00
—— de l'État (nulle).................................	"
Total..............	389ᵈ 20ᶜ

Le cheptel d'une ferme, chevaux, mules, bétail, etc. est aussi sujet à taxation, suivant le prix d'estimation.

Le fermier est aussi sujet à une taxe de comté sur la valeur estimée de son travail.

Il faut dire ici que l'énorme accroissement de la taxation du comté, qui a commencé en 1864, est dû à l'emprunt levé par les autorités du comté pour exonérer la population de la conscription, pendant la guerre civile, lorsque le Gouvernement fédéral a autorisé le payement d'une prime de guerre, aux lieu et place du service personnel. Cet emprunt devait être remboursé, intérêt et capital, en trois ans. En 1867 le taux des taxes reviendra probablement à ce qu'il était en 1864.

Législation
sur l'importation
et l'exportation
des
produits agricoles.

55. — Il n'y a pas de droits d'exportation sur les céréales et produits agricoles aux États-Unis, excepté sur le coton.

56 et suivantes. — Les droits d'importation et d'exportation ont une influence tellement éloignée et indirecte sur le fermier qu'il est impossible de l'apprécier, et, du reste, je la crois tellement insignifiante qu'il me semble inutile d'en tenir compte.

62. — Sur tout contrat transmettant la propriété foncière on applique un timbre des États-Unis de 50 cents, lorsque la valeur n'est que de 500 dollars; de 500 à 1,000, 1 doll. 50 cents par chaque 500 dollars de plus ou fraction de cette somme.

Ces droits sont les mêmes pour contrats d'hypothèques.

Sur tous contrats de fermage de terre un timbre de 50 cents par 300 dollars et 50 cents par toute augmentation de 200 dollars.

Sont sujettes aux taxes fédérales suivantes les terres passant en succession :

Dans la ligne directe, 1 p. o/o.

Dans la ligne collatérale, soit frères ou sœurs, ou descendants de frères ou sœurs, 2 p. o/o.

Quand la succession passe aux frères ou sœurs des père ou mère, ou descendants desdits, 4 p. o/o.

Quand la succession passe aux frères ou sœurs du grand-père ou de la grand'mère, ou descendants des mêmes, 5 p. o/o.

Dans la ligne collatérale à un degré plus éloigné ou à un étranger de sang, 6 p. o/o.
Aucune taxe quand le successeur est conjoint.

L'État de Pensylvanie prélève une taxe additionnelle de 5 p. o/o sur les successions collatérales, sur toute propriété de plus de 250 dollars.

TABLEAU DES MESURES AMÉRICAINES TRANSFORMÉES EN MESURES FRANÇAISES.

Acre : 40 ares 467.
Mille carré : 259 hectares.
Boisseau : 36 litres 347.
Livre : 453 grammes 59.
Gallon pour les liquides : 3 litres 785.

Quant au dollar, il est impossible de lui assigner une valeur fixe; le dollar en or, qui est la base du système monétaire américain, vaut en moyenne de 5 fr. 15 cent. à 5 fr. 25 cent.; mais, depuis le commencement de la guerre, tous les payements à peu près se sont faits en papier-monnaie dont la valeur a varié à l'infini. Depuis un an sa valeur a été un peu plus fixe dans les limites de 3 fr. 60 cent. à 3 fr. 80 cent.

VICE-CONSULAT DE FRANCE A BALTIMORE.

M. SAUVAN, Vice-Consul.

SITUATION DE L'AGRICULTURE AU MARYLAND.

Baltimore, le 15 mai 1867.

Monsieur le Ministre,

J'ai l'honneur de transmettre à Votre Excellence le rapport qu'elle m'a demandé sur la situation de l'agriculture en Maryland.

Les immenses difficultés, pour ne pas dire les impossibilités, que j'ai rencontrées pour obtenir une partie des renseignements nécessaires à la solution des soixante-quatre questions de l'Enquête, que vous avez bien voulu m'envoyer, me feront pardonner, je l'espère, le long retard que j'ai apporté à vous adresser ce rapport.

En effet, le Maryland a une position exceptionnelle par le complet bouleversement que la guerre a apporté dans la culture de ses terres, par les pertes énormes en produits, en argent, en propriétés, en esclaves et en bestiaux qu'il a supportées pendant cette désastreuse guerre. On peut dire que l'agriculture n'existe plus en Maryland, ou, du moins, commence à peine à renaître; les fermiers, les agriculteurs, les propriétaires cherchent avec courage à se mettre de nouveau à l'œuvre, à organiser des sociétés d'agriculture, à fonder des écoles, des fermes modèles, à établir des expositions annuelles; mais tout est encore à organiser, et si la bonne volonté ne fait pas défaut, les ressources pécuniaires sont encore bien insuffisantes.

Ces quelques explications justifieront, aux yeux de Votre Excellence, les lacunes qui existeront dans mes réponses, et lui feront comprendre l'impossibilité où je me suis trouvé de répondre à toutes les questions : les gens spéciaux, les propriétaires comme les fermiers, étant toujours très-peu disposés, dans ce pays, à donner des renseignements complets, tant par méfiance que par manque d'obligeance.

Ainsi que Votre Excellence le fait remarquer, dans sa lettre explicative du Questionnaire, il serait bien difficile de répondre, pour les pays étrangers, à chaque question posée concernant l'agriculture en France : aussi m'a-t-il semblé préférable de commencer par m'étendre un peu sur le point que signale Votre Excellence dans sa lettre, c'est-à-dire sur les charges fiscales de toute espèce qui pèsent sur l'agriculture en Maryland, pour donner ensuite, sans indiquer de numéros à mes réponses, mais en suivant cependant l'ordre des questions, les renseignements que j'ai pu me procurer.

Ce travail sera loin, je le sais, de satisfaire à toutes les questions posées; mais il présentera un ensemble aussi complet que je puis le fournir, au milieu de toutes les difficultés que j'ai rencontrées, ainsi que j'avais l'honneur de le dire au commencement de ma lettre.

Les impôts qui frappent la terre, ses produits et les personnes qui les cultivent sont de deux espèces : la première espèce s'applique aux actes qui modifient la propriété, tels que les baux, les actes d'achat et de vente et les constitutions d'hypothèques (*mortgage*); la seconde concerne les produits de ces mêmes terres.

Les premiers impôts s'acquittent par l'application d'un timbre proportionnel (*stamp*) sur les actes passés, qui remplace notre papier timbré et notre enregistrement; les seconds se payent en espèces, chaque année, au bureau du receveur.

Tout acte constatant une vente ou un transport de propriété, quand le prix n'excède pas 500 dollars, est soumis à un stamp, ou timbre, de 50 cents; au delà, jusqu'à 1,000 dollars, à un stamp de 1 dollar; chaque 500 dollars au delà de 1,000 dollars ou une simple fraction, à un timbre de 50 cents.

Tout acte constatant un bail, quand le prix est de 300 dollars au moins par an, reçoit un timbre de 50 cents; quand le prix excède 300 dollars par an, pour chaque 200 dollars de plus, ou une fraction, un timbre de 50 cents.

Tout acte constatant une hypothèque, pour chaque somme excédant 100 dollars jusqu'à 500, un timbre de 50 cents; au delà de 500 jusquà 1,000, 1 dollar, et, pour chaque 500 dollars, ou une fraction en plus, un timbre de 50 cents.

Maintenant les impôts frappant les propriétaires sur les produits et la location de leurs terres se payent chaque année en espèces, comme je l'ai dit, sur une déclaration qui constate ce qu'ils retirent de leurs baux et de leurs opérations agriculturales.

Pour bien faire comprendre cet impôt, il suffira de donner un aperçu de cette déclaration, qui est fournie imprimée à chaque propriétaire, et qu'il doit remplir en la certifiant.

C'est l'état du revenu des gains et des bénéfices qu'il a retirés, pendant l'année, de ses propriétés, soit, pour l'agriculture :

De ses fermages, tant................................

De ses opérations agriculturales, c'est-à-dire montant de la vente de bestiaux, tant.....................................

Montant de la vente de ses produits, tant....................

ENSEMBLE............................

DÉDUCTIONS :

Somme à déduire accordée par la loi...................... 1,000 dollars.
Taxes payées pendant l'année à l'État ou au comté, tant..........
Payements faits aux ouvriers, aux laboureurs, pour cultiver la terre
    productive, tant.....................................
Dépenses pour nourriture des bestiaux qui ont été vendus, tant ...
Réparations indispensables aux bâtiments, tant................
                      TOTAL des déductions.................

Le montant net du revenu, après ces déductions opérées, est soumis à une taxe de 5 p. o/o.

En 1866, les déductions accordées étaient moins importantes : par exemple, la somme exemptée par la loi n'était que de 600 dollars; en 1867, une nouvelle loi l'a fixée à 1,000 dollars. L'impôt variait de 5 à 10 p. o/o, selon la somme à imposer, et cette année ce n'est plus qu'un impôt de 5 p. o/o, quelle que soit la somme imposable.

Cet impôt est celui du Gouvernement des États-Unis; il y a en outre l'impôt de l'État (ici du Maryland) et du comté. Ces impôts varient chaque année, selon que la ville a plus ou moins besoin d'argent pour ses routes, ses canaux, etc. Il serait impossible de fixer un chiffre positif, mais il est permis de poser, en moyenne, les chiffres approximatifs suivants : impôt de l'État, 1/4 p. o/o; de la ville, 1/4 p. o/o; du comté, 1/2 à 1/4 p. o/o.

RÉPONSES AU QUESTIONNAIRE.

La propriété territoriale, en Maryland, est divisée en plantations, fermes, vergers et jardins cultivés.

Les plantations sont considérées comme les grandes propriétés et contiennent plusieurs centaines d'acres (un hectare représente 2 acres 47), quelquefois 1,000 acres; les fermes, propriétés moyennes, 100 acres et plus; les vergers, petites propriétés, 50 acres et quelquefois plusieurs centaines, quand ils sont plantés en pêchers; les jardins contiennent de 5 acres à 100 ou même 200, quand ils sont cultivés en légumes et fraises.

Généralement les propriétaires exploitent eux-mêmes, bien que quelquefois ils s'entendent avec des fermiers; mais le plus souvent le propriétaire du sol le cultive lui-même; quelquefois aussi ils afferment leurs terres par baux de une ou plusieurs années.

Le prix des fermages des terres varie suivant leur fertilité, le voisinage des marchés, etc.; le propriétaire reçoit une partie des bénéfices bruts ou nets, suivant les circonstances.

Les fermages des terres sont plus élevés maintenant qu'autrefois, en raison de l'abolition de l'esclavage, de la difficulté de trouver des travailleurs, et de l'augmentation des taxes.

L'usage a autant d'effet que la loi sur les conditions entre les propriétaires et les fermiers.

Les propriétés sont ordinairement divisées.

Il est difficile de donner une valeur aux terres par acre, parce que cette valeur varie suivant la qualité des terres; on peut cependant la fixer, avec une marge, de 15 à 100 dollars par acre.

Les propriétaires de biens ruraux ne possèdent de capitaux suffisants pour l'exploitation que dans les districts où il y a beaucoup de marne, de chaux, de coquilles, d'herbes marines et de poissons fossiles; ils peuvent emprunter en hypothéquant et s'ils inspirent confiance par leur garantie personnelle.

Le crédit agricole est bon, mais cependant ne jouit pas, auprès des capitalistes, de la même faveur que certains autres placements.

Les salaires sont aujourd'hui très-élevés; ils se payent par an, par mois ou par semaine, suivant les circonstances.

On manque complétement de bras pour l'agriculture.

L'émigration des noirs est très-grande.

Les machines tendent à se multiplier, surtout celles pour couper et préparer les récoltes pour la vente, principalement les récoltes de grains.

Il y a beaucoup de progrès dans l'agriculture, et toutes les inventions nouvelles sont adoptées, qu'elles soient d'origine américaine ou étrangère.

Il y a beaucoup de fumier, mais on se sert aussi de guano et d'engrais artificiels.

La seule irrigation employée est un système général et uniforme d'arrosage, comme celui pour faire pousser le gazon.

Il n'y a guère d'amélioration dans la culture du foin, de la paille et des avoines, parce qu'on ne pense pas qu'il y ait lieu d'en faire; elles consistent seulement dans l'emploi des machines.

Le foin est la récolte la plus avantageuse, parce que sa récolte offre moins de chances de manquer.

Le prix des animaux est assez élevé maintenant : les chevaux, 150 dollars; les vaches, 45 dollars; les mules, 120 dollars.

Il est impossible aujourd'hui de fixer l'étendue des terres cultivées en céréales, en plantes alimentaires ou en plantes industrielles, à cause de la perturbation qui existe encore, même la guerre terminée, dans tous les travaux de l'agriculture, qui trouve peu d'aide parmi les capitalistes; mais on peut affirmer que l'étendue des terres ainsi cultivées est beaucoup moins considérable qu'avant la guerre; on a toujours cultivé très-peu d'orge en Maryland.

Les frais de culture s'estiment à tant par acre; mais les fermiers se refusent presque tous à en dire le montant.

La production des céréales a généralement augmenté, et cependant les prix augmentent graduellement, en raison de la cherté de toutes choses, de la dépréciation du papier-monnaie et du taux de l'or et de l'argent.

En Maryland on cultive très-peu de houblon, on sème peu de graines de navets, on fait très-peu ou presque pas de miel ; les betteraves ne sont pas cultivées comme récoltes, ni pour faire du sucre : le sorghum, dont on fait de grandes récoltes, les remplace.

La production des alcools joue un grand rôle; les distilleries sont très-nombreuses, surtout pour le whiskey, pour la fabrication duquel on emploie surtout le seigle.

Après de nouvelles recherches, j'ai pu me procurer une estimation approximative des frais de culture, qu'on peut évaluer, en moyenne, à 20 dollars par acre; quant au prix du bail d'une ferme, on peut l'estimer à 6 p. o/o du rapport probable.

On ne peut pas dire qu'on cultive la vigne en Maryland ; il y a bien des jardins où l'on recueille des raisins pour les vendre, mais on n'y fait pas de vin, et le commerce n'existe pas à cet égard. L'Ohio commence seulement à produire et à vendre du vin de Catawba.

Le tabac est une culture importante en Maryland et y fait l'objet d'un grand commerce sur le marché de Baltimore, tant avec la France qu'avec lA'ngleterre, la Prusse et la Hollande, ainsi que le constate toute ma correspondance avec l'administration des tabacs. On récolte en Maryland de 3o à 4o,ooo boucauts de tabacs par an, et un acre de terrain produit à peu près un boucaut, qui pèse de 6oo à 8oo livres américaines; les prix varient, suivant la qualité, de 5 dollars à 2o dollars les 1oo livres: en 1866 la France a acheté plus de 6,ooo boucauts à un prix, en moyenne, de 8 dollars les 1oo livres.

Les débouchés pour tous les transports sont très-nombreux en Maryland, soit par chemins de fer, soit par les canaux, soit par la vapeur, ainsi que j'ai eu l'honneur d'en rendre compte à Votre Excellence par mes rapports successifs sur les voies ferrées qui unissent maintenant le Maryland à toutes les contrées de l'Est et de l'Ouest, sur les canaux et les nouveaux steamers directs entre Baltimore et Liverpool, déjà en exploitation, sans compter la ligne directe qui va s'établir entre Baltimore et Brême. Les frais de transport pour toute espèce de produits sont encore assez élevés, mais, cependant, tendent à diminuer par la multiplicité des voies de communication.

Il n'y a aucun doute que le froment surtout, et aussi le maïs, les pommes de terre et les avoines, ne puissent faire concurrence à ces mêmes produits sur nos marchés français; mais on peut dire qu'il n'y a pas d'exportation directe entre Baltimore et la France, tout passant par New-York.

Il n'existe pas sur les produits agricoles de droits analogues à nos droits d'octroi: il n'y a pas d'octroi en Amérique.

Les droits de taxe sur l'agriculture sont très-élevés: aussi arrêtent-ils et déprécient-ils cette immense ressource du pays.

BALTIMORE. Pour améliorer l'agriculture on demande la diminution des taxes d'abòrd, puis on voudrait que l'importation des engrais prît une grande extension, et on cherche, comme je l'ai dit plus haut, à organiser des sociétés, des colléges, des expositions publiques, en sollicitant des allocations du conseil municipal, des dons de la munificence publique ; ce qu'il faudrait, surtout, ce seraient des bras pour remplacer ceux que l'abolition de l'esclavage a enlevés à l'agriculture.

Le droit de mutation grève les propriétés comme les valeurs mobilières ; j'établirai ici l'échelle des droits à payer pour les propriétés recueillies par succession :

En ligne directe, 1 p. o/o ;

Entre frères et sœurs ou leurs descendants, 2 p. o/o ;

Entre oncles et tantes, ou descendants, 4 p. o/o ;

Grands-oncles et grand'tantes, 5 p. o/o ;

Entre étrangers, 6 p. o/o.

CONSULAT DE FRANCE A RICHMOND (VIRGINIE).

——————

RAPPORT RÉDIGÉ PAR M. L'HOTE, GÉRANT DU CONSULAT.

——————

RÉPONSES AU QUESTIONNAIRE[1].

——————

Richmond, le 23 juin 1867.

1. — La propriété territoriale de la contrée est divisée en 51,342 fermes; l'étendue moyenne des terrains pour chacune est de 137 hect. 58 ares.

Les étendues de terrain considérées comme constituant les grandes propriétés sont de 324 à 3,240 hectares, les moyennes de 124 à 324 hectares, les petites de 20 à 124 hectares.

Les proportions relatives sont pour les grandes de 20 p. o/o; les moyennes, de 45 p. o/o; les petites, de 35 p. o/o.

La Virginie est divisée au point de vue de l'agriculture en quatre régions.

Première région, Marée-Haute (tide water), produit : maïs, avoines, patates et fruits, peu de tabac. Cette région possède :

En terres arables améliorées........................... 1,092,163^h 02^a
En terres arables non améliorées..................... 1,217,792 22

Deuxième région, Piedmont. La partie nord produit du blé, maïs, foin, peu de seigle, d'avoine et de tabac, et possède beaucoup d'excellents pâturages pour l'engrais des animaux. La partie sud produit maïs, blé, avoine et beaucoup de tabac.

Terres arables améliorées............................ 1,687,285^b 81^a
Terres arables non améliorées....................... 1,693,611 54

Division de la propriété.

——————

[1] Tous les calculs ont été faits au change moyen de 3 fr. 80 cent. pour un dollar « *greenback.* »

RICHMOND.

Troisième région, Grand-Valley. La partie nord produit blé, maïs en grande abondance et possède beaucoup d'excellents pâturages. La partie sud produit du tabac.

Terres arables améliorées.............................	763,620^h 00^a
Terres arables non améliorées.........................	1,128,188 02

Quatrième région, Trans-Alleghany, produit en petite quantité maïs et avoine, et possède beaucoup d'excellents pâturages.

Terres arables améliorées.............................	166,096^h 91^a
Terres arables non améliorées.........................	463,560 00

RÉSUMÉ.

Terres arables améliorées.............................	3,979,145^h 74^a
Terres arables non améliorées.........................	4,503,151 78
QANTITÉ TOTALE de terres arables......	8,182,297 52

Mode d'exploitation.

2. — Les terres sont habituellement exploitées en totalité par les propriétaires eux-mêmes.

3. — Les conventions existantes, résultat de simples engagements verbaux, sont de louer les propriétés pour un quart ou un tiers de la récolte, selon les localités.

4. — Répondue au numéro 3.

Prix de vente.

5. — Les prix de vente des terres étaient avant la guerre (1860) :

Première qualité, de.............................	500 à 750^f l'hectare.
Deuxième....................................	325 450
Troisième....................................	95 180

en 1866, 1867 :

Première qualité, de.............................	190 à 425^f l'hectare.
Deuxième....................................	60 100
Troisième....................................	15 45

Les prix de vente ont été pris au point de vue des moyennes propriétés.

La première qualité sert généralement à l'exploitation du tabac, blé et maïs.

La deuxième qualité sert au seigle, avoine et sarrasin.

La troisième reste habituellement en jachère.

6. — Elles résultent des dispositions expresses de la loi, et sont les mêmes que celles qui existent en France.

Les propriétés sont conservées entières jusqu'au décès du propriétaire; elles sont divisées alors entre les descendants.

Ces divisions ne se produisent donc que de génération en génération.

7. — Les personnes qui exploitent des biens ruraux ne possèdent pas depuis 1862, et encore moins maintenant, des capitaux suffisants pour les besoins *nécessaires* de la culture.

8. — Ils ne peuvent se les procurer maintenant, par suite de la ruine du pays par la dernière guerre et l'émancipation des esclaves. Le crédit agricole était basé sur le capital représenté par les esclaves.

9. — L'état du crédit agricole est complétement nul : lorsque, par hasard, les fermiers peuvent se procurer de l'argent, en hypothéquant leurs propriétés et donnant de plus deux bonnes signatures en garantie, ils sont obligés de payer un taux d'intérêt usuraire de 1 1/2 à 2 1/2 p. o/o par mois. L'intérêt légal reconnu par l'État n'est pourtant que de 6 p. o/o par an. Ceci démontre très-clairement l'état du crédit agricole existant.

10. — La situation de la culture, au point de vue de la question des salaires et de la main-d'œuvre, a été complétement modifiée depuis la guerre et l'émancipation des esclaves (1865). La réorganisation du travail est encore loin d'être achevée.

Les travailleurs sont payés en argent ou en nature sur les produits de la récolte; généralement ils sont payés en argent. Le taux des salaires, suivant les localités et l'aptitude du travailleur, varie de 18 fr. 75 cent. à 45 francs (de 5 à 12 dollars en monnaie fiduciaire) par mois. Il lui est fourni le logement, le feu et la nourriture, plus une étendue de terrain variant de 10 à 20 ares, où il lui est permis d'élever de la volaille, un porc, et d'y cultiver des légumes. On lui permet également, s'il est marié, d'avoir sa femme et ses enfants avec lui. Ces permissions font que le travailleur s'attache au maître qui l'emploie. La nourriture fournie se compose, par semaine, de 1 kilog. 365 gr. de viande de bœuf ou de porc fumé, de 8 kilog. 705 gr. de farine de maïs ou un équivalent à leur commodité, de la mélasse, et quelquefois un peu de thé ou de café.

11. — Le personnel agricole a diminué d'une manière sensible et n'est plus en rapport avec les besoins de la culture.

Les différentes causes qui ont produit cette diminution du personnel sont :

1° L'émancipation trop précipitée des esclaves; de là la démoralisation, les décès par les maladies causées par le manque de prévoyance et l'ignorance de cette classe de travailleurs ;

2° L'émigration des travailleurs noirs vers les villes.

La population de couleur, qui était, dans la contrée, en 1860, de 527,763 âmes, n'est plus que de 395,822.

La population masculine se décompose ainsi au point de vue du travail :

De moins de 12 ans............	37.26 p. o/o	74,512.92
De 12 à 30 ans...............	37.18	74,352.94
De 30 à 40 ans...............	11.04	22,077.90
De 40 à 50 ans...............	6.86	13,718.70
De 50 à 60 ans...............	3.96	7,919.24
De 60 à 70 ans...............	2.33	4,659.56
Au-dessus de 70 ans...........	1.37	2,739.74
	100.00	199,981.00 199,981.00

Sexe masculin au-dessous de 12 ans............	74,512.92 ⎫ 81,912.00
Sexe masculin au-dessus de 60 ans.............	7,399.30 ⎭

TOTAL du sexe masculin entre 12 et 60 ans.... 118,069.00

personnes du sexe masculin aptes au travail de la culture, c'est-à-dire 1 1/2 travailleur pour chaque ferme ou pour chaque 137 hect. 58 ares. Il faut ajouter que ces travailleurs produisent un tiers ou un quart de moins de travail que lorsqu'ils étaient esclaves.

Au point de vue de la subsistance de la classe émancipée :

Population masculine.................................	199,981
Population féminine.................................	195,841

Déduisant de la population masculine 40.96 p. o/o pour les personnes âgées de moins de 12 ans et plus de 60 ans qui ne peuvent se suffire à elles-mêmes... 81,912

Même proportion 40.96 p. o/o pour la population féminine........ 80,216

Il reste 59.04 p. o/o pour celle qui se suffit à elle-même, soit 115,605 travailleurs masculins producteurs............................ 118,069

280,197

est le chiffre total de la population qui doit subsister sur les gages des 118,069 travailleurs producteurs de travail, et, lorsque ces gages ne suffisent pas, il y faut qu'il y soit pourvu par l'impôt perçu pour les pauvres dans chaque ville et comté.

12. — Le mouvement d'émigration des travailleurs de la classe émancipée a été fort sensible depuis deux ans. Ils sont venus s'entasser dans les villes, où non-seulement

ils contractent des maladies chroniques qui les déciment, mais encore des habitudes de débauche et de paresse, sans compter qu'ils y reçoivent, par des meneurs politiques qui ne cherchent que le désordre, des instructions politiques et sociales qui ne s'accordent nullement avec celles nécessaires aux travailleurs ruraux.

13. — Avant la guerre, l'emploi des machines dans l'agriculture s'était étendu sensiblement dans toute la contrée; mais, depuis la guerre, aucune extension n'a été notée, quoiqu'elles soient devenues plus populaires. Ce qui manque, c'est l'argent ou le crédit.

De très-bonnes machines pour l'usage de l'agriculture sont faites à Richmond, principalement des charrues (*ploughs*).

14. — La somme de travail des ouvriers agricoles est moins considérable qu'avant la guerre, un tiers ou un quart de moins; elle se trouve pourtant plus considérable qu'on ne l'espérait.

On obtient une bonne somme de travail de l'ouvrier de couleur, lorsqu'on lui donne des gages raisonnables payés régulièrement et lorsqu'on le traite avec une certaine considération. Il a été prouvé, jusqu'à présent, que le travail obtenu de l'ouvrier de couleur est plus satisfaisant que celui que l'on obtient de l'ouvrier blanc. Il n'existe, d'ailleurs, que très-peu d'ouvriers agricoles de cette classe.

15. — Les conditions d'existence de cette partie de la population ne se sont pas améliorées au point de vue matériel, mais considérablement au point de vue intellectuel. Beaucoup d'affranchis adultes des deux sexes se rendent aux écoles qui ont été ouvertes dans la contrée depuis la fin de la guerre (1865 et 1866).

16. — Les engrais les plus généralement employés dans la culture sont les engrais naturels : pâturages, trèfle, jachère; puis, les engrais artificiels : guano, différentes sortes de phosphates, plâtre cuit de Paris (*gypsum*), etc. etc., ainsi que la composition suivante, qui, paraît-il, a le même effet que le guano naturel :

Tourbe, 7 hectol. 20 lit.; cendres de bois, 1 hectolitre; poussière d'os, 1 hectolitre; plâtre cuit, 1 hectolitre; nitrate de soude, 18 kilogrammes; sel d'ammoniaque, 10 kilogrammes; sous-carbonate d'ammoniaque, 5 kilogrammes; sulfate de soude, 9 kilog. 800 gr.; sulfate de magnésie, 4 kilog. 800 gr.; sel commun, 5 kilogrammes.

Si l'on n'a pas de tourbe, on emploie du terreau de jardin. Cet engrais artificiel revient environ à 95 francs le tonneau, non compris la tourbe, les cendres de bois et le sel.

Les noms et les prix des engrais artificiels sont :

Guano peruvian crude............................. 342^f par tonneau.
Guano old Dominion fertilizer....................... 266

RICHMOND.		
Guano pure ground plaster	277^f	par tonneau.
Superphosphate of Lime.	247	
James River regular preparation	247	
James River special preparation.	285	
Phœnix. . . . . :	190	
Flour of bones.	266	
Ground peruvian	342	
Bradley's superphosphate of Lime.	247	
Sea fowl guano.	266	
Baugh's raw bone phosphate.	228	

La production du fumier est tout à fait insuffisante ; on le remplace par des engrais naturels ou artificiels.

Sur une ferme moyenne de 137 hect. 58 ares, on a ordinairement de 3 à 5 chevaux, de 4 à 5 vaches, 2 bœufs de travail, 5 jeunes bestiaux, 12 cochons et de 30 à 40 moutons.

Le nombre de ces bestiaux est considéré comme insuffisant, tant au point de vue de l'importance de l'exploitation qu'à celui de la quantité du fumier. Les circonstances qui s'opposent à ce qu'il atteigne la proportion voulue sont : pour l'exploitation, le manque total de capital ; pour la quantité de fumier, un peu de manque de connaissances aux fermiers, et le manque de litière dans les écuries ou étables, lorsque, par hasard, les animaux reviennent des pâturages pour séjourner dans celles-ci.

Assolements. — 17. — Il n'existe, en ce moment, aucun mode d'assolement, par suite de la mauvaise condition dans laquelle se trouve le pays depuis la guerre. Autrefois, les divers assolements dans les terres arables étaient, entre trois ou six champs : blé, maïs, tabac, blé ou avoine, trèfle ou jachère.

Progrès dans la culture du sol. — 18. — De 1816 à 1861, les améliorations réalisées dans la culture du sol ont été très-remarquables ; depuis 1863-1864, tout est en *désarroi*.

Desséchements. — 19. — Le résultat des travaux de desséchement a été assez important, par suite des drainages superficiels. Le drainage souterrain n'a pas été employé, jusqu'à ce jour, dans la contrée.

Irrigations. — 20. — Les irrigations sont naturelles et en parfait état dans presque tout le pays, excepté dans la région des terres calcaires où les irrigations artificielles demanderaient un peu plus d'extension.

Prairies naturelles. — 21. — Les prairies naturelles sont en très-grande quantité en Virginie.

L'étendue relative des prairies naturelles est de 5 à 75 p. o/o, selon les localités. Les prairies naturelles, dans la région des pâturages et près des villes, sont très-belles et très-productives. L'intérêt de la terre et 46 francs par hectare pour frais de récolte et d'envoi au marché sont les seules dépenses de culture demandées.

22. — Les prairies artificielles ont très-peu d'étendue; elles sont semées, habituellement, en trèfles (*clover*) et foin (*hay*) pour servir comme engrais naturels.

23. — Les choux, betteraves, navets, carottes, etc. ne servent pas à la nourriture des animaux. Ces plantes, quoique produisant beaucoup en quantité et en qualité, ne sont cultivées dans les jardins que pour les besoins personnels de l'exploitation, parce que, est-il dit, elles ne payent pas assez!

24. — Très-peu de développement a été donné aux cultures fourragères, par la raison que les cultures du tabac et des céréales rapportent plus.

25. — Le trèfle rouge, 2,200 kilogrammes par hectare.
Choux, 1,400 têtes, pesant 5,500 kilogrammes par hectare.
Les betteraves n'ont jamais été mesurées.

26. — Les prix de vente de ces produits sont :
Foin ou trèfle, 4 fr. 50 cent. à 5 fr. 25 cent. les 50 kilogrammes.
Choux, de 40 centimes. 75 centimes à 1 franc par tête.
Navets, de 1 franc à 3 francs les 3 décalitres.

27. — Quoique la contrée possède beaucoup d'excellents pâturages, l'on ne s'occupe ni d'élevage ni d'engraissement. Il n'existe pas de marchés aux bestiaux dans le pays; il est impossible (impossible est le mot) de déterminer au juste quels sont les frais de toute nature que le fermier a à supporter. Les prix de vente et les frais de toute nature, par an, sont :

	Prix de vente.		Frais par an.
Chevaux, de...............................	475 à	575ᶠ	152ᶠ
Mulets....................................	500	700	140
Bœufs....................................	190	290	76
Vaches	120	200	60
Veaux....................................	40	60	20
Moutons	12	25	8
Cochons	60	90	20

Les cultivateurs de la contrée ne se sont jamais préoccupés de la question; peut-être en sera-t-il autrement maintenant qu'il n'y a plus d'esclaves.

28. — L'amélioration dans la qualité des animaux a été très-grande par suite de l'importation des meilleures espèces étrangères : les chevaux, les bêtes à cornes et

RICHMOND.   les moutons à longue laine, d'Angleterre; les moutons à laine fine, de France et de Silésie.

L'amélioration dans la qualité des chevaux n'a pas été aussi grande que dans les autres bestiaux, le sang des chevaux du pays ayant perdu en finesse et en qualité, par suite de l'importation d'étalons de *course* anglais.

29. — L'extension des pâturages et des cultures fourragères a facilité une plus grande production d'engrais.

Tous les aliments pour la nourriture des animaux sont fournis par l'exploitation. On n'achète rien au dehors.

Produits des animaux.   30. — Les cultivateurs tirent rarement parti des produits accessoires provenant des animaux. Ils consomment tout. Ils s'en servent pour l'usage de la famille et des travailleurs qu'ils emploient. Ils envoient rarement ces produits sur les marchés.

Céréales.   31. — L'étendue des terres cultivées en céréales était, dans les années 1860-1866 :

	1860.	1866.
Blé	43,820^h 07^a	14,606^h 69^a
Seigle	35,332 45	11,777 48
Maïs	492,091 15	164,030 38
Avoine	136,911 63	45,637 21

Les autres céréales ne sont généralement pas cultivées en assez grande quantité pour qu'il soit possible de donner l'étendue des terres employées à leur culture.

Frais de culture.   32. — Les rendements et les frais moyens de culture d'un hectare de terre sont, sur l'exploitation, pour les céréales :

	Rendement.	Produit total.	Frais.	Profit.
Blé	899^h 150^l	237^f 45^c	100^f 00^c	137^f 45^c
Seigle	899 150	117 06	84 50	32 56
Maïs	2,247 867	234 74	59 91	174 83
Avoine	2,247 867	152 58	58 50	94 08

33. — La production des grains a augmenté d'une manière remarquable par suite de l'amélioration des terres et de la manière de les cultiver.

Prix de vente.   34. — Les prix de vente des céréales sont maintenant cotés ainsi :

Blé	10^f 40^c les 36 litres 38
Seigle	4 75
Maïs	3 80
Avoine	2 47

Il a été impossible, par suite de la dernière guerre et du manque complet de statistique, de se procurer les cours des années précédentes. RICHMOND.

35. — La qualité des céréales s'est améliorée par suite d'une culture plus soignée. Qualité.

36. — Les plantes alimentaires autres que les céréales proprement dites sont très-peu cultivées. Les denrées principales rapportant beaucoup plus, il s'ensuit qu'on ne cultive les plantes alimentaires que pour les besoins de l'exploitation. Plantes alimentaires
autres que les céréales.

37. — Les quantités de terrains cultivés sont de trop peu d'étendue pour qu'il soit possible de donner une estimation. Ces produits, d'ailleurs, ne sont pas cultivés par suite du manque d'expérience et de savoir. Frais de culture.

38. — Les plantes industrielles, autres que le tabac, ne sont pas cultivées en Virginie. Toutes ces plantes, pourtant, poussent d'une manière admirable et sont de première qualité, surtout le houblon, qui pousse sans la moindre culture. Plantes industrielles.

Les betteraves, le houblon et le lin (pour la graine) sont cultivés seulement pour les besoins domestiques.

Les plantes tinctoriales, oléagineuses et textiles ne sont pas cultivées dans la contrée.

Tabac, 41,000 hectares.

39. — Les quantités de terrains cultivés en plantes industrielles autres que les tabacs sont de trop peu d'étendue pour qu'il soit possible de donner une estimation. Le rendement et frais moyens de toute nature pour une étendue d'un hectare sont pour :

	Rendement.	Produit total.	Frais.	Profit.
Tabac................	$720^k 116^g$	760^f	$281^f 58^c$	$478^f 42^c$

sur l'exploitation.

40. — La production de la culture du tabac s'est amoindrie par suite du manque de capitaux et de travailleurs.

41. — Il n'existe pas de fabrique de sucres indigènes dans la contrée; par contre, la distillerie du whiskey y joue un rôle assez considérable. Sucres. — Alcools.

Aucun progrès n'a été réalisé.

42. — La culture de la vigne n'a reçu aucune extension, quoique le sol et le climat du pays soient très-propices à cette culture, surtout dans certaines localités. Vignes.

Le manque de savoir et d'expérience est la cause principale qui a empêché l'extension de cette culture; la dévastation du pays pendant la guerre peut, aussi, être considérée comme une des causes principales.

43. — La nature des vins récoltés est très-ordinaire; la qualité est exécrable. Qualité des vins

20.

RICHMOND.
Frais de culture.

44. — Les frais de culture n'ont jamais été calculés.

Prix de vente des vins.

45. — Il ne se vend pas de vin du pays dans la contrée.

Circulation
des produits agricoles.

46. — Il n'existe aucun obstacle pour le placement et l'écoulement des produits agricoles de la contrée. Ils sont transportés, de toutes les parties de l'État, sur les marchés, par les chemins de fer, canaux, rivières qui sillonnent le pays.

Il est juste, d'ailleurs, de constater que les frais de transport sont trop élevés.

Débouchés.

47. — Aucun droit ne frappant les produits agricoles à la sortie, il s'ensuit que tous les débouchés leur sont ouverts, là où il y a des chemins ou des lignes directes de navigation.

Viabilité.

48. — La viabilité a fait beaucoup de progrès jusqu'en 1860; elle est restée à l'état de lettre morte jusqu'en 1866; depuis cette date, elle a repris beaucoup d'extension.

Chemins de fer.

49. — Les lignes de chemins de fer construites sont (le mille = 1,609 mètres) :

	Distance totale. milles.		Distance en exploitation. milles.	
Alexandria, Loudon et Hampshire............	160	00	37	50
Blue ridge.............................	17	00	"	
Clover Hill............................	21	50	21	50
Manassas Gap..........................	139	75	139	75
Norfolk et Petersburg....................	81	00	81	00
Orange et Alexandria....................	148	00	148	00
Petersburg et Roanoke...................	62	00	62	00
Embranchement to Gaston................	18	00	18	00
Richmond et Petersburg..................	22	00	22	00
Richmond et Danville....................	104	00	104	00
Richmond et Frederiksburg...............	75	50	75	50
Richmond et York River.................	38	75	38	75
Roanoke Valley.........................	53	00	22	00
Seabord et Roanoke.....................	80	00	"	
South-side.............................	123	00	123	00
Tuckahoe et Jame's River................	4	75	4	75
Virginia central........................	205	00	195	00
Virginia et Tennesse....................	204	25	204	25
Winchester et Potomac..................	32	00	32	00
	1,589	50	1,329	00
Virginia et Kentucky....................	100	00	"	
Covington et Ohio......................	224	00	"	
	1,913	50	1,329	00

Lignes nouvelles à l'étude : Valley, Lynchburg et Danville, Richmond et Lynchburg, Rock-Castle Gap.

RICHMOND.

50. — Les travaux pour la création de routes de terre ou l'amélioration de celles existantes sont entrepris sous la direction des municipalités des comtés et sous la surveillance des ingénieurs de l'État.

Routes.

Il est établi des taxes locales dans chaque corporation, plus ou moins fortes selon les localités, pour subvenir aux frais de construction et de réparation de ces routes.

D'autres routes sont créées par des entreprises particulières et réparées avec les produits du péage.

L'État également construit et répare des routes à ses frais.

51. — Il existe dans la contrée différents canaux dont les trois principaux sont :

Canaux.

Alexandria canal;

Dismal swamp;

Jame's River and Kanawha (218 milles).

La création de ces canaux est le résultat d'entreprises privées dans lesquelles l'État a souscrit, en général, la plus grande partie du capital qui a servi à les construire.

Depuis la guerre, il n'a été fait aucuns travaux pour l'amélioration des rivières. Avant la guerre (1860), il y avait un projet pour l'amélioration de Rivière-Nouvelle (*New River*); mais, jusqu'à présent, il n'a pas été donné suite à ce projet. Dernièrement, seulement, l'État a passé un contrat avec une compagnie qui s'est engagée à draguer les barres qui obstruent la navigation du *Jame's River* près la ville de Richmond.

52. — La plus grande partie des produits agricoles qui ne sont pas consommés dans la contrée est expédiée sur les marchés de Baltimore et New-York. Quant aux blés, en général, ils sont réduits en farines qui sont expédiées en grandes quantités au Brésil, au Canada et même à Liverpool. Ces farines sont très-recherchées comme étant de qualité supérieure. Elles sont, en outre, faciles à conserver et à transporter fort loin sous toutes les latitudes. Quant aux tabacs récoltés dans la contrée, une partie est manufacturée en (*chew tobacco*) tabac à chiquer, puis dirigée vers les ports du Nord, pour de là, être expédiée à l'étranger. Une autre partie est écôtée (*stripped*) pour être expédiée en Angleterre. La troisième partie, enfin, est expédiée sur les autres marchés de l'Europe.

Direction donnée aux produits agricoles.

Ce sont les deux seules branches qui constituent véritablement le grand mouvement commercial de la Virginie. Dans quelques années il se peut qu'un grand commerce de bestiaux s'établisse dans le pays en raison des pâturages qui y existent.

53. — Certainement, avant la guerre, par suite de la facilité des communications, le commerce des farines avait pris beaucoup d'extension. surtout avec le Brésil, qui

expédiait en retour, par les mêmes navires qui avaient transporté ces farines, des cafés, des sucres et des cuirs; aussi Richmond était-il considéré comme le troisième marché aux cafés dans l'Union.

Il est à croire, lorsque la Virginie aura repris sa place dans l'Union américaine et que la rivière Ohio sera en communication directe avec l'Océan, que ce commerce reprendra et progressera beaucoup.

54. — Les frais de transport par chemins de fer et par canaux, par tonneau et par mille, sont :

Pour les bestiaux :

	Chemins de fer.	Canaux.
Volailles	0ᶠ 752	0ᶠ 208
Cochons	0 392	
Veaux	0 376	
Moutons	0 356	
Chevaux et mules	0 272	
Bœufs et vaches	0 232	

Pour les céréales :

Blé	0ᶠ 224	0ᶠ 114
Maïs	0 182	0 133
Avoine	0 182	0 133
Seigle	0 182	0 133

Pour les plantes alimentaires :

Choux		
Pommes de terre	0ᶠ 208	0ᶠ 145
Haricots		
Pois		
Pour les fruits	0ᶠ 176	0ᶠ 160

Pour les plantes industrielles :

Tabac	0ᶠ 288	0ᶠ 168
Coton	0 288	0 136
Instruments aratoires	0 376	0 272

55. — La législation en vigueur dans la contrée est que l'État de Virginie ne perçoit aucun droit sur les produits agricoles, sur les produits des cultures industrielles, bétail, etc. etc., ni à l'exportation ni à l'importation.

Les droits qui peuvent exister sur ces produits sont imposés et perçus par le Gouvernement des États-Unis.

56. — Cette législation a pour effet d'exercer une triste influence sur l'agriculture dans les États producteurs. Les modifications à y apporter, au point de vue des intérêts agricoles, seraient, ou de diminuer les droits à l'importation, ou mieux, établir le libre échange.

57. — Les mêmes que pour tous les autres États de l'Union.

58. — Les tabacs, les cotons et les farines.

Produits pouvant faire
concurrence
aux produits français.
Débouchés.

59. — Il n'existe aucun débouché pour les produits de l'agriculture française. Il sera impossible d'en ouvrir tant que les droits d'importation qui existent maintenant subsisteront.

60. — La législation fiscale fait porter deux charges directes imposées par l'État de la Virginie, et une charge indirecte imposée par le Gouvernement des États-Unis.

Impôts.

Les deux charges directes de l'État sont :

1° L'impôt de la capitation, qui est de 2 fr. 28 cent.(60 cents, monnaie fiduciaire), sur chaque homme âgé de plus de vingt et un ans;

2° L'impôt sur la propriété mobilière et immobilière, qui est de 1 fr. 15 cent. sur chaque 380 francs de la valeur estimée (30 cents, monnaie fiduciaire, sur chaque 100 dollars de la valeur estimée), soit 0 fr. 30 cent. p. o/o.

Les bestiaux des fermes sont taxés comme ci-dessus à raison de 0 fr. 30 cent. p. o/o de la valeur estimée.

Il n'existe aucune taxe directe sur les produits agricoles dans la contrée.

La charge indirecte (*internal revenue*) des États-Unis se décompose en deux impôts :

1° L'impôt sur le revenu des personnes qui possèdent ou exploitent des propriétés rurales ou autres, qui est de 5 p. o/o au-dessus de 3,800 francs (1,000 dollars, monnaie fiduciaire).

Il s'ensuit donc que les produits agricoles sont imposés, puisque les bénéfices qu'ils produisent sont susceptibles d'une taxe de 5 p. o/o ;

2° L'impôt, également de 5 p. o/o, sur certains instruments aratoires.

61. — Les impôts qui pèsent sur le sol et sur ses produits ont été nommés dans la question précédente.

Il existe également, sur le sol et sur les personnes, sous forme de taxes locales (*counties taxes*), deux impôts dont la quotité varie suivant les besoins de chaque localité (*county*), et qui sont les mêmes que ceux perçus par l'État. Ces impôts sont quelquefois plus élevés que 2 fr. 28 cent. (60 cents) sur chaque homme âgé de plus de vingt et un ans, et que o fr. 30 cent. p. o/o sur les propriétés mobilières et immobilières. Les animaux sont également taxés sur la valeur estimée.

Ces taxes sont imposées pour l'entretien des routes, des ponts, pour l'établissement des écoles, pour venir en aide aux pauvres, etc. etc., enfin pour tout ce qui regarde les besoins de la localité.

62. — Répondu dans les deux questions précédentes.

Il n'existe aucun impôt d'enregistrement sur les actes de vente, baux, etc. etc. analogue aux droits d'enregistrement français. Il est payé seulement un droit de 3 fr. 80 c. (1 dollar) pour chaque titre, testament ou contrat fait ou passé.

Lorsque des propriétés sont transmises, par testament ou non, à des personnes autres que les ascendants ou descendants, tels que père, mère, mari, épouse, frère, sœur, neveu ou nièce, il existe un droit de mutation de 4 p. o/o imposé par l'État.

Il existe des droits indirects, perçus par le Gouvernement des États-Unis. Ces droits sont pour :

Legs, successions, ligne directe ou ancêtres, de . . . . 1 p. o/o
——————— descendants de frère ou sœur 2
——————— oncle ou tante ou de leurs descendants 4
——————— grand-oncle ou grand'tante, ou de leurs descen-
    dants 5
——————— d'étrangers 6

Il n'existe pas dans la contrée de droits analogues correspondant aux impôts sur les boissons, etc. etc., sur les produits agricoles, ni de droits d'octroi.

Les impôts qui n'ont pas de similaires en France, ce sont ceux qui sont perçus d'après la loi d'*excise* des États-Unis. Ces impôts font que les prix des articles de première nécessité et autres sont de 10, 15, 20 et même 50 p. o/o plus élevés qu'ils ne devraient l'être sans ces droits.

Il n'existe aucun régime spécial des corvées ; les taxes locales remplacent ce régime. Elles sont aussi préférées et considérées comme plus profitables à l'agriculture.

63. — Par rapport aux charges fiscales locales, elles sont considérées légères en comparaison de la bonne influence qu'elles exercent sur la propriété ; car plus les communications sont en bon état, plus la propriété acquiert de la valeur.

Les seules charges qui exercent une funeste influence sur les propriétés, ce sont celles imposées par la loi d'excise des États-Unis.

Moyens d'améliorer
la condition
de l'agriculture. 64. — La diminution des frais de transport des produits agricoles, plus deux grands moyens :

1° Celui qui pourrait fournir au cultivateur l'argent dont il a besoin pour l'amélioration de ses terres, à un taux d'intérêt, c'est-à-dire créer des établissements financiers basés sur le crédit foncier;

2° Celui d'attirer dans le pays des émigrants, cultivateurs intelligents, possédant déjà certains capitaux; mais il faut d'abord qu'on obtienne des propriétaires du pays qui possèdent plus de terrains qu'ils ne peuvent en exploiter, qu'ils cèdent ces terrains à des prix pas trop élevés, puis établir des agences à la tête desquelles il faudrait des hommes honnêtes et intelligents, qui puissent éclairer sur l'état du sol, du climat, du prix des terres, leur situation, leurs produits, les voies de communication et de débouchés, etc. etc., les personnes qui auraient le désir d'émigrer. Mais, premièrement et avant toutes choses, si l'on veut que l'émigration progresse, il faudra établir, dans les endroits de débarquement des émigrants, des établissements qui puissent les recevoir et les nourrir sans de grands frais, jusqu'au moment où ils pourront être dirigés, par la voie la plus directe, à des prix réduits et sous la garde d'un agent intelligent, s'il est possible, sur les lieux nouveaux qu'ils devront habiter.

Il est utile de dire que l'émigrant pauvre ne sera pas le bienvenu et qu'il souffrira toutes les misères du paupérisme sans que personne lui vienne en aide ou le relève, tant que les travailleurs noirs seront en majorité dans la contrée.

D'ailleurs, ces deux moyens ne pourront être mis à exécution et réussir que lorsque la Virginie et les autres États du Sud des États-Unis seront rentrés dans l'Union.

CONSULAT DE FRANCE A CHARLESTON.

M. LANEN, Gérant du Consulat.

RENSEIGNEMENTS

SUR L'AGRICULTURE DANS LA CAROLINE DU SUD.

Charleston, le 29 janvier 1867.

1. — L'État de la Caroline du Sud a une superficie de 24,500 milles carrés, et se divise en région basse (*low country*) et région haute (*up country*) : la première, comprenant la partie voisine de la mer, jusqu'à 60 milles environ dans l'intérieur, et spécialement propre à la culture du riz et du coton longue soie; la seconde, le reste de l'État, dans lequel se cultivent le coton courte soie et les céréales.

Division
de la propriété.

On considère les propriétés de 500 acres et au-dessus comme grandes propriétés; celles de 100 acres comme moyennes; celles de 50 comme petites. Une propriété de 500 acres, dans des conditions ordinaires, peut rapporter environ 7,000 dollars (soit 35,000 francs) net.

2 à 4. — Les terres sont habituellement exploitées par les propriétaires eux-mêmes, qui, au commencement de l'année, passent un contrat pour l'année entière avec les travailleurs. Les contrats sont de deux sortes : en vertu des uns, les travailleurs reçoivent une certaine partie de la récolte; en vertu des autres, ils touchent un salaire fixe. Une circulaire a été adressée, l'année dernière, aux planteurs par le général Scott, qui dirige à Charleston le bureau des affranchis; cette circulaire contenant un modèle

Mode d'exploitation.

21.

de contrat qui a été généralement adopté par les planteurs de la Caroline du Sud, je crois devoir en résumer ici les principales dispositions :

« Les affranchis s'engagent à travailler dix heures par jour; ils payeront 50 cents par jour d'absence non autorisée. Une absence de trois jours peut entraîner leur renvoi de la plantation et la privation de leur part de récolte. Dans ce cas, le propriétaire devra payer à l'affranchi 5 dollars par mois de travail accompli depuis la signature du contrat.

« Le propriétaire ou son agent désignera, parmi les affranchis, un chef (*foreman*), qui fera connaître au propriétaire les absences, refus de travail et toute faute de discipline commise sur la plantation. Le rapport du *foreman* sera lu, à la fin de chaque semaine, en présence de tous les travailleurs.

« Le propriétaire devra fournir à chaque affranchi et à sa famille, s'il en a une, la jouissance d'un logement convenable, d'un demi-acre de terre pour chaque chef de famille, et d'un quart d'acre pour les autres membres; il devra aussi lui accorder le droit de couper du bois à brûler sur des endroits de la plantation spécialement désignés. Chaque travailleur sera autorisé à élever de la volaille et des porcs sur la portion de terre qui lui est assignée.

« Le propriétaire ou son agent devra fournir un nombre suffisant de bêtes de somme et de labour, qu'il nourrira à ses frais; de charrettes, d'ustensiles aratoires, etc.

« La part des travailleurs, dans la récolte, sera d'un tiers. »

Quand le travailleur reçoit un salaire fixe au lieu d'une part de la récolte, le salaire est de 10 à 12 dollars par mois; le travailleur est, de plus, logé et nourri.

Depuis l'émancipation, quelques planteurs, rebutés par les difficultés que présentait l'organisation du travail libre, ont eu recours au bail à ferme, dont l'usage ne s'était pas encore introduit dans les États du Sud; les baux n'ont guère été faits que pour un ou deux ans.

Prix de location des terres. Le prix de location d'une plantation a été de 10 à 15 dollars *par acre de terre à riz.* Le fermier avait en outre la libre exploitation de la propriété propre aux cultures accessoires, c'est-à-dire au maïs, aux pois et autres plantes nécessaires pour la nourriture des nègres et des animaux.

Prix de vente. 5. — Le prix de vente d'une plantation de riz varie de 75 à 200 dollars par acre de terre à riz; celui d'une plantation de coton longue soie, de 25 à 100 dollars par acre, et de coton courte soie, de 3 à 15 dollars.

Transmission de la propriété. 6. — Les règles suivies pour la transmission des héritages résultent des dispositions expresses des lois de la Caroline du Sud.

Charleston.

La liberté de testament est illimitée; le privilége de primogéniture a été aboli. S'il n'y a pas de testament, l'ordre de succession est réglé ainsi qu'il suit :

Si le défunt laisse une veuve et un ou plusieurs enfants, le tiers de la succession est déféré à la veuve, les deux autres tiers aux enfants.

S'il n'y a ni enfant ni autre descendant, mais une veuve, un père ou une mère, la moitié appartient à la veuve, l'autre moitié au père, et, s'il est mort, à la veuve.

S'il n'y a ni descendant, ni père, ni mère, mais une veuve et des frères et sœurs, la veuve est appelée à la moitié de la succession, et les frères et sœurs à l'autre moitié, les enfants d'un frère ou d'une sœur décédé les représentent.

S'il n'y a ni descendant, ni père, ni mère, ni frère ou sœur germain, mais une veuve, un frère ou une sœur consanguin ou utérin, et un ou des enfants d'un frère ou d'une sœur germain, une moitié de la succession est dévolue à la veuve; l'autre moitié se divise par portions égales entre les frères et sœurs consanguins ou utérins, d'une part, et les enfants des frères et sœurs germains, d'autre part, des enfants d'un frère germain décédé devant toujours prendre une part égale à celle du frère ou de la sœur de père ou de mère.

S'il n'y a ni frère ni sœur consanguin ou utérin, une moitié est déférée à l'enfant ou aux enfants d'un frère ou d'une sœur décédé.

S'il n'y a pas d'enfant d'un frère ou d'une sœur germain décédé, cette moitié revient aux enfants des frères ou sœurs consanguins ou utérins.

S'il n'y a ni descendant, ni père, ni mère, ni frère ou sœur germain, ni enfant de l'un ou l'autre, ni frère ou sœur consanguin ou utérin, une moitié de la succession sera dévolue à la veuve, l'autre moitié aux ascendants en ligne directe.

S'il n'y a ni descendant, ni père, ni mère, ni frère ou sœur germain, ni enfants de l'un ou de l'autre, ni frère ou sœur consanguin ou utérin, ni ascendants en ligne directe, les deux tiers de la succession appartiendront à la veuve et l'autre tiers au plus proche parent.

Si le défunt ne laisse pas de veuve, la part de la succession qui est assignée à cette dernière sera répartie ainsi qu'il est stipulé pour l'autre part dans les articles précédents.

Quand une femme mariée vient à mourir, son mari est appelé à la même part de l'héritage que la femme en cas de décès du mari.

Les propriétés sont habituellement conservées entières; la division présente de si grands inconvénients, surtout pour les plantations de riz, où le système d'irrigation est très-compliqué, que les héritiers préfèrent vendre la propriété lorsqu'un partage est devenu nécessaire.

Capitaux. — Crédit.

7 à 9. — Déjà endettés, pour la plupart, avant la guerre de sécession, les propriétaires de la Caroline ont fait, pendant cette guerre, de grands sacrifices pour soutenir la cause du Sud, et ont converti en bons confédérés une portion de leur fortune;

la chute de la Confédération a eu pour conséquences immédiates : d'abord, l'émancipation, qui leur a enlevé environ les trois quarts de leur fortune, puis la répudiation
de la dette confédérée.

Les planteurs se sont donc trouvés, en 1865, dépourvus des capitaux nécessaires
pour organiser le travail libre; ils ont tous cherché à emprunter de l'argent sur hypothèque. Mais beaucoup ont échoué et ont dû renoncer à cultiver leurs terres. Pour
venir à leur aide, la législature de Columbia, ainsi que j'ai eu l'honneur d'en informer
Votre Excellence, le 24 décembre dernier, a abrogé les lois qui limitaient le taux de
l'intérêt dans la Caroline du Sud. Actuellement, ce n'est qu'à 2, 3 et même quelquefois, dit-on, 4 p. o/o par mois, qu'ils réussissent à se procurer de l'argent.

Quelques propriétaires en avaient emprunté, en 1865, à 7 p. o/o par an, à la
condition d'abandonner au prêteur une certaine part de la récolte; mais les récoltes
n'ayant pas réussi l'année dernière (celle de coton surtout), les capitalistes du Nord
semblent peu disposés à renouveler des conventions de ce genre. Il est, du reste, à
craindre que le crédit agricole ne se relève pas, tant que les dissentiments entre le pré-
sident Johnson et le Congrès continueront, et tant que la situation politique des États
du Sud dans l'Union ne sera pas nettement définie.

10. — Ce n'est naturellement que depuis l'émancipation des nègres, que les planteurs ont eu à se préoccuper de la question des salaires. Ainsi que je l'ai déjà men-
tionné en répondant à la 3ᵉ Question, quand les nègres ne reçoivent pas une part de
la récolte, leur salaire est de 10 à 12 dollars par mois; ils sont, de plus, logés et
nourris. Avant l'abolition, il arrivait quelquefois que des propriétaires de la Caroline
du Nord louaient leurs esclaves à des planteurs de la Caroline du Sud qui désiraient
se livrer à la production de la térébenthine et de la résine : dans ce cas, les seconds
payaient aux premiers 200 dollars par an par esclave, et nourrissaient les nègres qu'ils
employaient.

11. — D'après le recensement de 1850, le nombre de personnes de couleur, qui
forment, pour ainsi dire, tout le personnel agricole de la Caroline du Sud, était de
393,944; en 1860, il s'était élevé à 412,320. D'après un rapport adressé au secrétaire
de la guerre par le général Howard, chef du bureau des affranchis, le 21 décembre
dernier, leur nombre ne serait plus que de 375,000. Il y aurait donc eu une diminution
de 37,320, et il est à craindre que cette diminution ne continue. Outre que la mortalité
est effrayante parmi les nègres depuis l'émancipation (il en est mort 1 sur 9, en 1865,
à Charleston), beaucoup de ceux que les maladies ont épargnés émigrent. Les autorités
fédérales de Charleston portent à 40,000 le nombre de nègres qui ont quitté récemment ou se disposent à quitter la Caroline du Sud. C'est surtout vers la Floride, dont
le climat est plus doux et le territoire moins peuplé, que se dirigent la plupart de ces
malheureux. Quelques autres vont s'établir dans l'État du Mississipi, où les attire l'espé-

rance d'un salaire plus élevé. Ce mouvement d'émigration fait concevoir des craintes sérieuses pour la prochaine récolte.

12. — Depuis la fin de la guerre, beaucoup de nègres ont abandonné les plantations pour vivre dans les villes, où les vols sont devenus, par conséquent, très-nombreux.

13 et 14. — La somme de travail obtenue des ouvriers agricoles est beaucoup moins considérable que par le passé : bien qu'il soit stipulé, dans la plupart des contrats, que les nègres travailleront dix heures par jour, il est impossible de les obtenir.

15. — Les conditions d'existence de cette partie de la population sont loin de s'être améliorées; le chiffre de la mortalité actuelle et l'émigration toujours croissante, dont j'ai parlé plus haut, le prouvent suffisamment.

16. — Aucun engrais n'est employé dans la culture du riz; dans celle du coton longue soie, on se sert surtout de la vase des marais salins et des herbes marines. Le fumier, les graines de coton, la marne et la chaux s'emploient pour la culture des cotons à longue et courte soie et pour celle des céréales. Le guano, le noir animal, ont été employés avec succès depuis quelques années.

On n'a jamais attaché une grande importance, sur les plantations de la Caroline, à l'élevage des chevaux et des animaux de race bovine, ovine, etc.; le nombre en a, d'ailleurs, beaucoup diminué pendant la guerre, et les capitaux manquent pour en acheter de nouveaux; aussi le fumier est-il rare. On fait usage de chevaux et de mules pour la charrue; un planteur possède ordinairement un cheval ou une mule par 1o ou 15 acres.

17 à 19. — Il n'existe aucun système d'assolement proprement dit dans la Caroline du Sud : quand une pièce de terre a été appauvrie par les cultures épuisantes, telles que celles du coton, du blé, etc. etc., le planteur l'abandonne et la remplace en défrichant des portions de forêts. Le sol est si riche que les planteurs n'ont guère cherché, jusqu'à présent, à s'affranchir de la routine; aussi serait-il difficile de signaler quelques progrès accomplis ou quelques améliorations réalisées en agriculture.

La pratique du drainage n'a pas encore pénétré ici; lorsque le desséchement du sol est nécessaire, notamment pour la culture du coton, on se contente de pratiquer des rigoles à ciel ouvert.

20. — Le nombre des cours d'eau étant très-considérable dans la Caroline du Sud, on n'a guère recours aux irrigations artificielles. La culture du riz exige un système spécial d'irrigation. Cette plante ne se cultive guère maintenant que le long de fleuves ou rivières où la marée se fait sentir, de sorte qu'il est assez facile d'inonder les champs aux différentes périodes du développement de la plante où cette opération est néces-

saire. Cette culture ne peut néanmoins se pratiquer qu'à une distance de la mer suffisante pour que l'eau ne soit pas salée : l'eau salée tue infailliblement le riz.

21 à 30. — Les prairies naturelles sont très-rares, et les prairies artificielles sont à
peu près inconnues dans la Caroline du Sud; on cultive en assez grande quantité, pour
la nourriture des animaux, une sorte de pois appelée *cow pea* (pois des vaches), qui se
plante le plus souvent dans les champs de maïs. On calcule qu'un acre de terre qui
produirait 30 boisseaux de maïs devra donner 6 boisseaux de *cow peas*.

La feuille et la graine du maïs (*fodder*) forment la nourriture principale des chevaux
et du bétail.

La nourriture d'un cheval ou d'une mule se compose environ, par an, de 85 boisseaux de maïs ou de 113 boisseaux d'avoine (dans les parties de l'État où l'on cultive
cette dernière plante), et de 4,320 livres de feuilles de maïs, soit 12 livres par jour;
les bêtes à cornes ne se nourrissent guère que de paille ou de feuilles de maïs, et les
moutons, de l'herbe qu'ils paissent dans les bois.

Le prix d'un cheval pour l'agriculture varie de 100 à 150 dollars, et celui d'une
mule, de 150 à 250. Un bœuf se vend de 10 à 14 dollars, et un mouton de 2 à
2 doll. 50 cents.

Le tableau suivant présentera le nombre d'animaux existant dans cet État en 1850,
1860 et 1866.

	1850.	1860.	1866.
Chevaux	97,171	81,121	48,675
Anes et mulets	37,483	56,456	35,567
Bêtes à cornes	777,686	506,776	315,201
Moutons	285,551	233,509	270,880
Porcs	1,065,503	965,779	482,889

Ces chiffres prouvent que la quantité des animaux a singulièrement diminué depuis
seize ans; la qualité ne s'est pas non plus améliorée.

Les produits accessoires provenant des animaux des fermes, tels que les laines, le
beurre et le fromage ne sont pas une source de grand revenu pour le cultivateur, ainsi
que le prouvent les chiffres suivants :

	1850.	1860.
Laine	487,233 livres.	427,102 livres.
Beurre	2,981,850	3,177,936
Fromages	4,970	1,543

C'est de New-York que vient presque tout le beurre qui se consomme à Charleston.

31 à 35. — L'étendue des terres cultivées est environ :

Maïs, de...	500,000 acres.
Blé...	80,000
Seigle...	9,000
Orge..	800
Avoine..	30,000

100 acres font 40 hectares.

Les récoltes de la Caroline du Sud ont donné, en 1850 et en 1860 :

	1850.	1860.
Blé.........................	1,066,277 boiss.	1,285,631 boiss.
Seigle......................	43,790	89,091
Orge........................	4,583	11,490
Maïs........................	16,271,454	15,065,606
Sarrasin....................	283	602
Avoine......................	2,322,155	936,974
Riz.........................	159,930,613 livres.	119,100,528 livres.

Les frais de culture, le produit net et le produit brut de 100 acres de terre à riz peuvent être évalués ainsi :

200 boisseaux de semence, à 2 dollars par boisseau............	400 dollars.
Salaire de cinq hommes, à 10 dollars par mois...............	600
Salaire de cinq hommes, à 7 dollars par mois...............	420
150 boisseaux de maïs pour leur nourriture, à 75 cents par boisseau..	112
156 livres de porc salé (3 livres pour chaque semaine), à 15 cents la livre...	234
Louage de cinq mules...........................	90
Nourriture de cinq mules...............................	375
Cinq charrues......................................	40
Deux charrettes, etc. etc.............................	60
Houes, haches, dépenses imprévues........................	100
TOTAL...................	2,431

Produit net de 100 acres (50 boisseaux par acre), 5,000 boisseaux à 2 dollars par boisseau............................. | 10,000

PRODUIT NET de 100 acres...... | 7,569

CHARLESTON.

Les céréales se vendent actuellement, sur le marché de Charleston, aux prix suivants :

Maïs, le boisseau		1ᵈ 35ᶜ
Avoine		0 80
Seigle	1 doll. 50 c. à	2 00
Blé		2 50

Les prix ont presque doublé depuis dix ans, mais il faut tenir compte que l'on payait alors en or, et qu'aujourd'hui la monnaie courante (le greenback) subit une dépréciation de 30 à 40 p. 0/0.

Il n'y a pas eu d'amélioration générale dans la qualité.

Autres plantes alimentaires et industrielles.

36 et 37. — La récolte de légumes de la Caroline du Sud a été :

	1850.	1860.
	—	—
Pommes de terre, de	136,494 boiss.	226,735 boiss.
Patates	4,337,469	4,115,698
Pois et haricots	1,026,900	1,728,074

La valeur des produits des jardins et vergers a été, en 1850, de 2,394 dollars, et, en 1860, de 401,337.

Un acre de terre bien cultivée produit environ, en patates, 700 boisseaux; en pommes de terre, 565.

L'étendue des terres cultivées en patates est approximativement de 600 acres, et, en pommes de terre, de 401.

Le prix actuel des patates et des pommes de terre est de 5 dollars le baril, c'est-à-dire 2 boisseaux 1/2.

38 à 40. — On ne cultive, dans cet État, qu'une très-petite quantité de tabac et de houblon, et point du tout les graines oléagineuses ni les plantes tinctoriales.

Betteraves.

Le sol est très-favorable à la culture de la betterave, mais elle n'y est pas l'objet d'une culture étendue, bien qu'elle donne de beaux profits. Un acre de terre peut produire de 20 à 30 barils de betteraves, qui se vendent 5 dollars le baril.

Le chanvre et le lin ne sont guère cultivés; mais, ainsi que le sait Votre Excellence, le coton tient la première place parmi les plantes de la Caroline du Sud.

Coton.

L'étendue des terres cultivées en coton avait été environ de 942,000 acres en 1860; en admettant comme exacts les chiffres officiels du rapport du bureau de l'agriculture à Washington, qui porte à 100,000 balles la récolte de la Caroline du Sud en 1866, l'étendue de terres consacrées à cette culture aurait été, l'année dernière, de 272,000 acres environ.

Les deux relevés suivants indiqueront les dépenses, le produit brut et le produit
net d'une plantation de coton longue soie et d'une plantation de coton courte soie :

PLANTATION DE COTON À SOIE COURTE COMPOSÉE DE 100 ACRES CULTIVÉS EN COTON
ET DE 150 EN MAÏS.

Salaires de 5 hommes et 5 femmes.........................		1,020 doll.
150 boisseaux de maïs et 1,560 livres de porc salé pour leur nour- riture...		346
Louage de 5 mules..		90
Nourriture de 5 mules....................................		375
5 charrues................................	40 doll.	
Charrettes et voitures.........................	160	
Houes, etc. etc...............................	100	
	300	300
		2,131

Produit brut : coton, 25,000 livres (250 livres par acre) à 40 cents
et 3,000 boisseaux de maïs à 50 cents égalent 11,500 dollars. 11,500

PRODUIT NET............ 9,369

PLANTATION DE COTON LONGUE SOIE, DE 100 ACRES CULTIVÉS EN COTON
ET DE 250 ACRES CULTIVÉS EN MAÏS.

Salaires de 8 hommes et 8 femmes.........................		1,630 doll.
240 boisseaux de maïs et 2,496 livres de porc salé pour les nourrir.		555
Louage de 6 mules..		108
Nourriture de 6 mules....................................		450
6 charrues................................	48 doll.	
2 charrettes et une voiture.....................	160	
Houes, etc. etc...............................	100	
	308	308
		3,051

Produit brut : coton, 15,000 livres (150 livres par acre) à 1 dollar,
15,000 dollars; 3,750 boisseaux de maïs à 50 cents, 1,875 dollars. 16,875

PRODUIT NET............ 13,824

Ce résultat suppose de bons travailleurs et une saison favorable.

40. — La production du coton s'est beaucoup amoindrie par suite de la pertur-

CHARLESTON. bation momentanée apportée dans l'agriculture par la guerre et par l'émancipation des nègres. Ainsi, la récolte qui avait été, en 1860, de 353,413 balles dans la Caroline du Sud, n'a été, en 1866, que de 102,000 balles.

Sucre. 41. — La culture de la canne à sucre est peu développée : il n'a été fait, en 1860, que 198,000 livres de sucre et 15,144 gallons de mélasses. La culture du sorgho tend à se développer : il a été distillé, en 1860, 51,000 gallons de sirop de sorgho. On ne fabrique pas ici de sucre de betterave.

Alcools. Il a été distillé, du 1ᵉʳ juin 1859 au 1ᵉʳ juin 1860, 33,532 gallons de spiritueux (whiskey de grains, eau-de-vie de pomme ou de pêche).

Vigne. 42 à 45. — Quelques particuliers ont essayé la culture de la vigne, mais n'ont pas réussi : les chaleurs sont trop fortes et se prolongent trop tard pour que cette culture puisse se développer.

46 et 47. — Sauf le coton et le riz, tous les produits de la Caroline du Sud se consomment dans l'État même; on est même obligé d'en importer tous les ans. Toutes les cultures sont sacrifiées à celles du coton et du riz.

Chemins de fer. 49 à 54. — Lignes de chemins de fer en exploitation en 1850 et en 1860 :

	1850. milles.	1860. milles.
Blue ridge	"	33 00
Charlestown and Savannah	"	103 22
Charlestown and South Carolina	"	109 60
Cherow and Darlington	"	40 30
Greenville and Columbia	47 00	164 25
King's-Mountain	"	22 50
Laurens	"	32 00
North-Eastern	"	102 00
South Carolina	242 00	242 00
Spartauburg and Union	"	40 00
Wilmington and Manchester	"	99 00
TOTAL	289 00	987 87

Le chemin de fer de Charleston à Savannah et quelques embranchements du *South Carolina rail-road*, détruits pendant la guerre, ne sont pas encore complétement reconstruits.

Routes. Les routes de terre sont généralement assez bonnes; aucun travail récent n'a d'ailleurs

CHARLESTON.

été fait pour améliorer celles qui en auraient besoin, sauf la reconstruction de quelques ponts brûlés pendant la guerre.

Les canaux de la Caroline du Sud sont :

Navigation.

	Milles.
Le Santee canal	22 00
Le Wingan	7 40
Le Catawba	6 50
Le Wateree canal	4 00
Le Saluda	6 20
Le Drehr's	1 50
Le Lorick's	1 00
Le Lockart's	2 72
TOTAL	51 33

Aucun de ces canaux n'offre de grands avantages; ils sont même presque tous abandonnés.

54. — J'ai l'honneur de transmettre ci-joint, à Votre Excellence, le tarif du fret sur le chemin de fer de North-Eastern, un des principaux de l'État. Le fret se divise en quatre classes :

Frais de transport.

DÉSIGNATION.	FRET POUR DISTANCE			
	de 25 MILLES.	de 50 MILLES.	de 75 MILLES.	de 100 MILLES.
La première classe paye par pied	0^{d}10^c	0^{d}12^c	0^{d}15	0^{d}18^c
La deuxième classe paye par 100 livres	0 55	0 70	0 85	1 00
La troisième classe paye par 100 livres	0 45	0 55	0 65	0 75
La quatrième classe paye par 100 livres	0 35	0 40	0 45	0 50

Législation sur l'importation et l'exportation des produits agricoles.

55 et 56. — La législation en vigueur dans la Caroline du Sud, en ce qui concerne l'importation des produits agricoles, n'est autre que le tarif des États-Unis. Les droits élevés dont sont frappées toutes les denrées étrangères sont d'autant plus lourds pour la Caroline qu'elle n'a point, pour ainsi dire, de manufactures à protéger.

Il n'existe point de droits d'exportation.

Produits pouvant faire concurrence aux produits français.

58. — Le coton et le riz sont les seuls produits agricoles qui s'exportent de cet État; des céréales se consomment dans l'État même, qui est obligé, chaque année, d'en importer des États du Nord.

Les vins de Bordeaux et de Champagne sont les seuls produits de notre agriculture qui s'importent dans la Caroline du Sud, encore n'y arrivent-ils qu'après avoir touché à New-York. La valeur des vins importés directement à Charleston, en 1860, n'a été que de 6,303 dollars.

Je ne pense point que d'autres produits agricoles de France puissent trouver ici un débouché avantageux.

60 à 64. — J'ai eu l'honneur de transmettre à Votre Excellence, le 5 de ce mois, le texte du « Tax Act » voté récemment par la législature de la Caroline du Sud. Cette loi établit : 1° un impôt sur la valeur de toute propriété immobilière (30 cents par 100 dollars); 2° un impôt de 1 p. o/o sur tout revenu qui dépasse 500 dollars; 3° une capitation de 1 dollar pour tout homme entre vingt et un et cinquante et un ans.

Outre ces taxes d'État, les propriétaires doivent acquitter les taxes fédérales qui sont énumérées dans le bill de l'internal revenue.

Les articles de cette loi qui portent sur la propriété rurale ou sur ses produits, sont :

Article 94, taxe sur le sucre (excepté le sucre de sorgho) qui varie de 1 à 2 cents par livre; sur le sel, de 3 cents par 100 livres; sur la térébenthine, de 10 cents par gallon.

Article 109, taxe de 3 cents par livre de coton.

Article 117, taxe de 2 dollars par gallon sur les spiritueux.

Article 143, taxe, sur la bière et autres boissons fermentées, de 1 dollar par baril ne contenant pas plus de 31 gallons, et proportionnellement pour les quantités supérieures.

Article 158, 5 p. o/o sur tout revenu n'excédant pas 5,000 dollars (les premiers 600 dollars exceptés), et 10 p. o/o sur l'excédant de 5,000 dollars.

L'article 178 établit des droits de mutation dans le cas de transmission de propriétés par héritage : 1 p. o/o de la valeur pour un héritier en ligne directe; 2 p. o/o pour un frère ou une sœur, ou descendant de frère ou sœur, etc.

L'article 193 établit des droits de timbre sur les différents actes : tout contrat (autre que ceux expressément désignés) à 5 cents par rôle; bail (quand la rente est de 300 dollars), par chaque 200 dollars d'excédant, 50 cents; hypothèque (pour une somme excédant 100 dollars et n'excédant pas 500), 50 cents; (pour une somme excédant 500 dollars, mais non 1,000), 1 dollar, et, pour chaque 500 dollars additionnels, 50 cents.

Actes de transmission (conveyance) : quand la valeur de la propriété n'excède pas 500 dollars, 50 cents; quand elle excède 500 dollars mais non 1,000, 1 dollar, et au delà, par chaque 500 dollars additionnels, 50 cents.

DROITS D'ENREGISTREMENT.

Il existe des droits d'enregistrement qui sont touchés, non au profit du Gouvernement, mais au profit du secrétaire d'État qui remplit les fonctions de receveur d'enregistrement.

Voici le tarif de ces droits, tel qu'il a été fixé par une loi de la Caroline du Sud, en 1839 :

Pour enregistrer ou copier des actes ou autres papiers, par chaque
feuillet contenant 90 mots.............................. 0^d 9^c
Pour purger une hypothèque............................. 0 25
Pour enregistrer ou copier un plan......................... 1 00
Pour une vérification 0 25
Pour chaque recherche................................. 0 12 1/2.
Pour chaque certificat................................. 0 25

PRESTATIONS EN NATURE.

Une loi de la législature de Columbia, promulguée au mois de décembre 1859, a réuni ou modifié tous les règlements antérieurs relatifs aux prestations en nature exigées depuis longtemps, dans la Caroline du Sud, pour l'établissement, la réparation ou l'entretien des routes.

Aux termes de cette loi, chaque habitant de l'État est tenu de fournir des journées de prestations, dont le nombre est fixé par des commissaires nommés tous les quatre ans par la législature. Ce nombre ne pourra excéder douze journées par an. Cet impôt de prestation pourra être acquitté en argent; le tarif de conversion sera arrêté par les commissaires. Pour tout individu blanc ou tout individu libre de couleur, la somme n'excédera pas 75 cents par jour, et, pour tout esclave, 50 cents.

L'abolition de l'esclavage a nécessairement supprimé cette dernière distinction entre les hommes libres et esclaves, mais la loi de 1859 n'a pas encore été modifiée.

CONSULAT DE FRANCE A LA NOUVELLE-ORLÉANS.

———

M. GODEAUX, Consul.

———

SITUATION DE L'AGRICULTURE EN LOUISIANE.

———

RÉPONSES AU QUESTIONNAIRE.

———

RÉFLEXIONS PRÉLIMINAIRES.

Bien que les questions posées ne soient spéciales à aucun pays, mais d'une généralité qui semble devoir s'étendre à tous, elles se trouvent cependant presque entièrement inapplicables aux États du Sud de l'Union américaine, et en particulier à la Louisiane. Elles supposent, en effet, un pays développant un système agricole déjà ancien, sanctionné par l'expérience. Tel n'est pas le cas en Louisiane. L'agriculture, bouleversée par la grande révolution sociale qui vient d'avoir lieu, commence à peine à se reconnaître au milieu de ses ruines. Le passé n'existe plus, le présent est un état de transition. L'avenir est incertain.

Le travail que l'on demande ne pourra constater, pour l'état actuel, que des tendances, mais très-peu de faits généraux; les habitants, écrasés par les calamités de toute nature, cherchent leur voie, tâtent les systèmes et ne sont pas fixés encore. Si ce travail s'appuie sur les données du passé, il n'aura qu'un intérêt historique; encore serait-il nécessaire qu'il pût consigner des renseignements exacts, et qu'il s'appuyât sur une statistique régulière. Or telle n'était pas l'habitude du pays. Il ne s'y faisait pas de relevé théorique et de recueils des faits agricoles. L'agriculture en Louisiane est un métier routinier, et non une pratique éclairée par la science.

Il importe, d'ailleurs, d'avoir toujours présente à l'esprit cette considération que toutes les méthodes d'agriculture perfectionnée sont inconnues au Sud, où l'opinion générale est, à tort ou à raison, que la richesse du sol les rend inutiles.

1. — La superficie de la Louisiane est de 29,715,840 acres [1]. Le sol est divisé en terres publiques appartenant aux États-Unis ou à l'État de la Louisiane, et en terres particulières. Ces dernières formaient, lors du recensement de 1860, un total de 9,298,000 acres, dont 2,707,000 seulement étaient en culture.

Avant la guerre, les terrains d'une étendue de 500 acres et au-dessus constituaient les grandes propriétés; ceux de 100 acres à 500 acres formaient les propriétés moyennes, et au-dessous de 100 acres venaient les petites propriétés; mais, depuis la révolution qui a eu lieu, ces chiffres ont dû se modifier dans le sens d'une réduction qu'il sera, toutefois, impossible d'apprécier avec exactitude avant le recensement de 1870. D'après celui de 1860, voici comment se classifiaient les diverses propriétés d'après leur étendue :

De 3 acres et au-dessous de 10............................ 626
De 10 acres et au-dessous de 20............................ 2,222
De 20 acres et au-dessous de 50.., ... 4,882
De 50 acres et au-dessous de 100........................... 3,064
De 100 acres et au-dessous de 500.......................... 4,955
De 500 acres et au-dessous de 1,000........................ 1,161
De 1,000 acres et au-dessus............................... 371

D'après ce même recensement, la moyenne de l'étendue des propriétés était de 536 acres.

2. — Avant l'abolition de l'esclavage, presque toutes les terres étaient exploitées par les habitants eux-mêmes, mais aujourd'hui un assez grand nombre de planteurs, ruinés et n'ayant plus que le sol nu, louent leurs habitations, en totalité ou en partie, à des personnes qui les exploitent. D'autres, tout en exploitant eux-mêmes, n'exploitent cependant que pour moitié, le travailleur entrant dans l'exploitation pour l'autre moitié, ainsi qu'on le verra plus loin.

3. — Les locations se font généralement par-devant un *recorder* ou un notaire pour un prix convenu, payable un tiers ou moitié comptant, et le reste à la fin de l'année.

4. — Il est impossible de répondre exactement à cette question : on peut dire, cependant, qu'en moyenne le prix des terres louées, en 1867, sans moyen d'exploitation, a été de 3 à 5 piastres papier-monnaie [2] par acre. Si la terre est pourvue des animaux de travail suffisants et peut être cultivée sans grandes dépenses, le prix de loca-

---

[1] L'acre = 40 ares 46.

[2] Le cours du change de la piastre en papier-monnaie est très-variable et suit les fluctuations de l'or. Elle vaut en ce moment 3 fr. 80 cent.

tion s'élève à environ 10 piastres. Les provisions existant au moment de la prise de possession sont généralement estimées au prix du marché et achetées comptant par le locataire. A la fin du bail, le propriétaire profite des améliorations sans payer d'indemnité, à moins de conventions contraires.

5. — Sans pouvoir indiquer de prix exacts, on peut dire que la valeur des terres propres à la culture avait suivi, jusqu'en 1861, une marche progressive. Sous l'influence de la guerre et de la suppression de l'esclavage, cette valeur a sensiblement diminué, et peut-être ne serait-on pas éloigné de la vérité en l'estimant de la manière suivante : terres (bâtiments et améliorations comprises) des paroisses riveraines du fleuve ou près de la ville, 60 piastres papier-monnaie par acre; bonnes terres de l'intérieur, 40 piastres; terres de pinières, 20 piastres; cyprières exploitables, de 15 à 20 piastres.

6. — La Louisiane est régie par le Code civil français, et la transmission des héritages se fait, dès-lors, suivant les règles qui s'y trouvent établies. La propriété se subdivise donc selon la composition des familles, sauf les arrangements qui peuvent intervenir entre cohéritiers ou l'acquisition faite à l'encan par l'un d'eux pour reconstituer la propriété intégrale. Il y a peu d'exemples de cohéritiers exploitant ensemble une propriété d'héritage indivis. Quant à la fréquence du morcellement, elle suit, en moyenne, la loi de mortalité du pays; on peut dire qu'il y a mutation tous les trente ans.

7. — Les habitudes de laisser aller des planteurs, ainsi que l'amour-propre que l'on mettait à posséder un grand nombre de nègres, avaient occasionné une telle surcharge hypothécaire de la propriété agricole que peu de biens ruraux étaient exempts de dettes à l'époque où la guerre éclata. Cette lutte de quatre années, l'émancipation, deux mauvaises récoltes consécutives et l'incertitude de la situation politique sont venues aggraver un si fâcheux état de choses et ont amené bien des ruines. Un grand nombre de planteurs se trouvent, aujourd'hui, dénués des ressources nécessaires pour mettre leurs terres en culture, nourrir les travailleurs et les animaux, en attendant le moment de la récolte.

8 et 9. — Les propriétaires se procuraient autrefois les capitaux dont ils avaient besoin par l'entremise de commissionnaires appelés *facteurs*. Les conditions de ces prêts étaient les suivantes :

8 p. o/o d'intérêt par an.

2 1/2 p. o/o d'endossement sur les billets souscrits par les planteurs.

2 1/2 de commission.

C'est donc au taux moyen de 13 p. o/o que les planteurs obtenaient les fonds nécessaires à leur exploitation, avec la condition expresse de consigner au prêteur la récolte obtenue. Mais aujourd'hui il n'y a plus rien de fixe à cet égard, et la rareté des capi-

LOUISIANE.

Prix de vente
des terres.

Transmission
de la propriété.

Capitaux. — Crédit.

23.

taux ainsi que la situation obérée des planteurs rendent les emprunts extrêmement difficiles. Il est à peu près exact de dire que le crédit agricole n'existe pas.

10. — Avant 1863, la main-d'œuvre était essentiellement servile. Depuis qu'elle est devenue libre, elle se présente sous trois formes, entre lesquelles il n'est pas encore possible de distinguer celle qui l'emportera définitivement : le travail avec salaire, le travail à la part et le travail indépendant.

Le travail avec salaire a été la première forme de main-d'œuvre imposée aux habitants et acceptée par eux après l'abolition de l'esclavage. Il présente de grands avantages aux propriétaires qui possèdent le capital suffisant pour satisfaire aux exigences périodiques du règlement par semaine, par mois ou par trimestre. Il conserve dans l'exploitation le caractère hiérarchique, la gestion autoritaire, et favorise les travaux d'amélioration générale. La retenue de moitié des salaires, mise de côté jusqu'à la fin de l'engagement, diminue d'autant la somme du capital en roulement pendant l'année, puisque le payement de cette moitié se trouve ajourné à l'époque où une portion de la récolte aura été réalisée. Le mode de travail en question permet de congédier les ouvriers qui remplissent mal leurs obligations ; son prix connu d'avance ne varie pas d'une manière aléatoire suivant le plus ou moins de succès de la récolte. Pour l'ouvrier, il a l'avantage d'une réalisation régulière, certaine, qui ne court pas chance de se réduire à rien dans le cas d'une récolte malheureuse.

Le système de travail à la part, qui semble prendre plus de faveur que celui du travail salarié, a l'avantage d'exiger peu d'avances en numéraire, et de permettre d'obtenir, les ouvriers étant stimulés par le sentiment de la propriété, un travail plus considérable et mieux exécuté. En cas de mauvaise récolte, l'habitant fait toujours assez pour se couvrir de ses avances de provisions, et ne reste pas en perte comme il l'est avec le système du travail salarié ; mais par contre, si l'année est bonne, la part qui revient aux travailleurs est généralement trop forte, et dépasse les proportions ordinaires de rétribution de la main-d'œuvre. D'autre part, ce système exige une installation plus complète, attendu que chaque travailleur veut avoir son attelage, et que le manque d'animaux entraîne des querelles, des plaintes et des découragements. En outre, l'ouvrier ne se croit obligé qu'à travailler le lot de terre qu'il a reçu en culture, et, quelles que soient les stipulations du contrat qu'il a signé, il se refuse ou tâche de se soustraire à tout travail d'amélioration générale, à tout service qui ne l'intéresse pas directement.

Le troisième mode de culture est la petite propriété, but de l'ambition rationnelle et louable des affranchis industrieux, économes, et ayant une famille. L'avenir qu'ils se proposent est de devenir propriétaires d'un morceau de terre, et d'avoir un ou deux chevaux ou mulets pour l'exploiter à leur profit. Cette tendance, qui mérite tous les encouragements du moraliste et de l'homme d'État, puisqu'elle aurait pour résultat de créer des familles de citoyens ayant des intérêts dans le sol et dans l'État, est loin de s'accorder avec l'intérêt de l'agriculture, et paraît devoir amener, si elle triomphe, avec le morcellement de la grande propriété, l'installation d'une culture plus primitive, plus routinière et plus impuissante encore, faute de capitaux, que celle qui dominait dans le pays. Comme elle est l'objet de l'ambition des meilleurs travailleurs, la masse des salariés agricoles est, sans doute, appelée à diminuer chaque année, en perdant ses membres les plus utiles et les plus recommandables.

Les conditions du travail salarié varient beaucoup : pour les hommes, le prix de location par mois descend rarement au-dessous de 12 piastres papier-monnaie, et s'élève rarement au-dessus de 20 piastres; pour les femmes, ce prix va de 8 à 15 piastres. Quelquefois les hommes reçoivent 25 piastres, et les femmes 18 piastres; mais alors on ne leur donne aucunes provisions, et ils sont obligés de se fournir de tout, vivres et vêtements. Dans ce cas, le patron a généralement, sur son habitation, un magasin où les travailleurs trouvent ce dont ils ont besoin, et les prix auxquels ces articles leur sont vendus lui permettent de recouvrer une partie de ce haut salaire. D'ordinaire on fournit aux ouvriers, outre leur salaire, une ration consistant, chaque semaine, en 4 ou 5 livres de porc et un quart de boisseau de [1] farine de maïs. On leur donne aussi une case pour se loger. Le payement des salaires a généralement lieu tous les mois, quelquefois toutes les semaines. On en retient la moitié pour s'assurer le concours des travailleurs jusqu'au terme de leur contrat, mais ils ont recours sur la récolte pour toucher ce complément de leurs gages.

Dans le système du travail à la part, il n'y a pas non plus d'uniformité. Le mode le plus général est le partage par moitié, pour tous les produits cultivés; d'autrefois, c'est un tiers de maïs et moitié de coton; ou bien encore, sur la moitié du maïs, les travailleurs ont à rembourser la moitié de la nourriture des animaux de travail. Dans tous les cas, ils ont à payer le montant des avances qui leur ont été faites lorsqu'on règle définitivement le produit de la récolte.

11. — Déjà, avant la guerre, le haut prix des esclaves prouvait qu'il n'y avait pas assez de bras pour les terres en culture. Or on s'accorde à reconnaître que, depuis la guerre, la population noire, sous l'influence d'une mortalité plus grande ainsi que des déplacements qui se sont produits, a sensiblement diminué, et certaines personnes évaluent cette diminution à plus d'un quart; il est possible cependant qu'il y ait là une certaine exagération, et on ne saura la vérité qu'après le recensement qui doit avoir lieu en 1870. Il paraît, d'un autre côté, que les femmes sont peu disposées au travail : que, sous prétexte d'imiter les blanches, elles ont une grande tendance à vivre dans l'oisiveté, et que c'est là, dans le personnel agricole, une cause de déperdition très-appréciable.

12. — A l'époque de la guerre il y a eu, à la voix des fédéraux une émigration générale de la population noire des campagnes. La plupart des camps (assemblage des

[1] Le boisseau — 36 litres 3472.

cabanes habitées par les nègres sur chaque habitation) se sont vidés. La paix a ramené dans les champs la grande majorité des travailleurs, et la culture a repris son activité sur une large échelle, mais un nombre assez considérable d'affranchis est resté dans les villes, et il en résulte une nouvelle lacune dans le personnel agricole déjà diminué par les causes qui ont été citées plus haut.

13. — L'outillage agricole est nul en Louisiane. La culture des prairies artificielles n'y existe pas, et le maïs, seule céréale que l'on cultive en grand, n'admet pas l'emploi des machines : par conséquent pas de faucheuses, de moissonneuses, etc. Quant aux deux grandes cultures industrielles qui font la richesse de la Louisiane, le coton et le sucre, elles ne sont pas parvenues jusqu'à présent à remplacer, pour la cueillette du coton ou l'abatage de la canne, le travail de l'homme par le travail de la machine.

Ce n'est pas à dire que, plus tard, dans ces immenses plaines d'alluvions qui offrent une surface d'une horizontalité presque parfaite, sans pierres, sans obstacles, le labourage et le sarclage mécaniques n'arriveront pas à réaliser des prodiges d'activité et d'économie ; mais, dans l'état présent, nulle influence n'a encore été exercée sur le personnel agricole ou sur ses salaires par l'emploi des machines dans les cultures de la Louisiane, et il est permis de penser que la rareté des capitaux va retarder les tentatives qui pourraient être faites dans cette voie, bien que, d'autre part, le manque de bras soit de nature à agir dans un sens opposé. Peut-être le plus grand obstacle à ce genre de progrès consiste-t-il, du reste, dans l'ignorance et l'esprit de routine des cultivateurs du Sud.

14. — Indépendamment de la diminution qui s'est produite, depuis la guerre, dans le nombre des ouvriers ruraux, le rendement du travail libre paraît être, jusqu'à présent, moins considérable que celui du travail servile, et; en somme, certaines personnes évaluent à moitié le déclin qui a eu lieu dans le travail sous l'influence de ces deux causes. Il est toutefois permis de penser que cette appréciation n'est pas exempte d'une certaine exagération.

15. — La réponse à cette question est double. Matériellement parlant il est possible que les noirs aient moins de bien-être que du temps de l'esclavage. Si, en effet, ils reçoivent un salaire, ils sont obligés de pourvoir non-seulement à leurs besoins, mais à ceux des membres de leur famille qui ne travaillent pas, et sont à leur charge. D'un autre côté, le noir paraît manquer de prévoyance, et la facilité avec laquelle il dépense son argent porte atteinte à son bien-être réel. Voilà, du moins, ce que disent bien des personnes, et elles ont peut-être raison. Au point de vue moral, la question dont il s'agit ne peut évidemment comporter qu'une réponse.

16. — L'emploi des engrais et des amendements est inconnu en Louisiane. Les animaux ne sont presque jamais soumis à la stabulation, et, par conséquent, il n'y a

aucun système de ramassage des engrais. Quelquefois, et c'est à peu près le seul moyen que l'on pratique, on enfouit en vert une récolte de sèves; naguère, avant que la graine de coton eût acquis une valeur commerciale pour la fabrication de l'huile, et lorsque la production annuelle laissait d'immenses amas de cette graine dans les moulins du planteur, il en étendait des couches dans ses sillons; c'est, en effet, un excellent engrais.

Quant à la proportion entre les animaux et les terres en culture, elle n'a pas lieu au point de vue de la production des engrais, mais sous le rapport de la force à obtenir. Ainsi on calcule généralement qu'un mulet ordinaire suffit à la culture de 20 arpents ou acres en coton et maïs.

Le labour par les bœufs n'a pas le caractère d'un emploi général. On laboure rarement à plus de 4 ou 5 pouces, et des mulets ou des chevaux suffisent à ces *défonçages*. Les bœufs ne sont employés que pour les charrois de fret ou de bois de charpente sur les mauvaises routes, ainsi qu'à travers les cyprières et autres terrains marécageux.

La région des prairies (paroisses des Avoyelles, des Opelousas, des Attakapas) nourrit des troupeaux de bœufs assez considérables. L'élève des porcs est une des grandes ressources du pays, mais il a lieu dans les bois, sans aucune dépense spéciale pour ces animaux, qui ne sont parqués que lorsqu'on veut les engraisser pour les tuer.

Voici quelle était, lors du recensement de 1860, la statistique du bétail vivant en Louisiane :

Chevaux	78,703
Anes et mulets	91,762
Vaches laitières	129,662
Bœufs de travail	60,358
Autre grand bétail	326,787
Moutons	181,253
Porcs	634,525

Valeur du bétail vivant : 24,546,940 piastres en espèces, soit environ 129 millions de francs.

17. — L'assolement est inconnu en Louisiane, ou n'y est pratiqué que d'une manière exceptionnelle. Malgré l'opinion générale que les terres sont si riches qu'elles peuvent produire à perpétuité du sucre, du coton et du maïs, sans engrais ni rotation de cultures, la brutale puissance du fait vient quelquefois démontrer, par la diminution croissante des récoltes, la vérité des théories agricoles de l'Europe; mais on n'en conclut pas davantage en leur faveur. La grande étendue des terres, eu égard au petit nombre de bras, permet de laisser en jachère ou en parc pour les animaux les terres

par trop épuisées, et de reporter la culture sur des terres plus récemment défrichées et plus rapprochées de la cyprière, qui forme toujours et invariablement la ligne du fond des habitations, parallèlement à la ligne de façade déterminée par le fleuve ou le *bayou* (cours d'eau). Ces terres d'une grande fécondité, mais fort humides et toujours incomplétement desséchées, donnent une végétation puissante, mais trop riche en feuilles et en parties vertes. Le coton et la canne à sucre y acquièrent une grande hauteur, mais le coton y a peu de grabots, et le jus de la canne y est trop aqueux. Aussi généralement y fait-on du maïs pour la première année. Un autre inconvénient de ce système d'extension en surface, au lieu d'une sage rotation, c'est la plus grande facilité des inondations.

Il y a, en effet, pour toute habitation en Louisiane, ou plutôt dans la basse Louisiane, deux dangers d'inondation, l'une directe et l'autre indirecte. Lorsque l'habitant, en soignant la levée qui protége sa ligne de face, et en s'assurant que ses voisins sur le cours d'eau en ont fait autant, se voit à l'abri des inondations directes, c'est-à-dire par le cours d'eau lui-même, il est encore exposé à l'inondation indirecte, lui venant par sa ligne du fond, c'est-à-dire par la cyprière. Cette inondation provient d'une crevasse qui a pu se faire à 50, 100 ou 200 milles de lui sur un cours d'eau supérieur et dont les eaux, envahissant tous les bas-fonds et cyprières en aval, y font monter le niveau de l'eau à 15 ou 20 pieds, en sorte que cette eau reflue par les champs, et ne laisse plus qu'une faible lisière à sec sur la façade où se trouvent la maison, les magasins, étables, etc. heureux quand cette nappe d'eau, franchissant cette lisière, ne va pas rejoindre le cours d'eau qui s'est tenu entre ses levées.

Telle est la déplorable situation où se trouvent, cette année, huit paroisses de la basse Louisiane où la crevasse de la grande levée de la Pointe-Coupée a jeté de telles masses d'eau que cette eau a envahi par le fond toutes les habitations qui étaient préservées par devant.

18. — Les réponses aux questions qui précèdent ont constaté l'absence de tout progrès dans la culture louisianaise, qui est à peu près au même point qu'il y a un demi-siècle.

19 et 20. — Ces deux questions se tiennent, car elles embrassent l'étude de l'hydrographie artificielle du pays.

La quantité des défrichements n'étant qu'une proportion minime des surfaces boisées que le pays renferme, et tous ces bois étant dans des bas-fonds et non sur des pentes, il n'y a eu aucun des effets produits en Europe par une trop grande et trop rapide destruction des forêts : nulle dénudation de montagnes, nulle influence sur les cours d'eau, à peine même un effet sur la température, effet contestable, car les observations météorologiques manquent pour le constater. Toutefois, il faut remarquer que, dans les anciennes paroisses, celles riveraines du fleuve et des grands cours d'eau,

la fabrication du sucre, qui consomme près de 4 cordes (128 pieds cubes à la corde) de bois par boucaut (de 12 à 1,400 livres, soit 540 à 630 kilogrammes), a tellement épuisé les cyprières attenant à ces habitations que le prix de la corde de bois, sur le bord du fleuve, est de 4 piastres, et que la plupart des sucreries sont obligées de s'approvisionner de houille venant de l'Ohio et de la Pensylvanie. Un fait qui caractérise le pays, c'est qu'il n'est jamais venu à l'idée d'un habitant de faire des pépinières, ou d'exploiter ses bois en coupes réglées, en sorte que, lorsqu'une surface de bois a été coupée, si elle est trop basse pour être cultivée, elle est absolument sans valeur.

L'une des plus grandes richesses de la Louisiane consiste dans le cypre qui croît dans les bas-fonds et les marécages. L'exploitation qui s'en fait pour bois de sciage, bardeaux, barrières d'habitations, douves de boucauts et barils à mélasse, en diminue chaque jour la quantité, et la tendance à l'extension des terres arables agit dans le même sens. Cette source de richesse est donc, sans doute, destinée à une fin assez prochaine.

La question de défrichement ainsi légèrement esquissée, on passera à la plus capitale des questions agricoles de ce pays, son hydrographie.

On sait que la Louisiane est le produit assez récent des alluvions du Mississipi, et que l'homme est intervenu au milieu même de cette formation. En sorte que, depuis lors, entre les efforts de l'industrie humaine pour se préserver des irruptions périodiques du grand fleuve et la tendance régulière de celui-ci à continuer son œuvre, il y a une lutte incessante où il semble que la force naturelle doit remporter définitivement la victoire. C'est dire que la Louisiane, malgré ses gigantesques levées qui s'étendent sur des centaines de milles, ou plutôt à cause de ces levées mêmes, se trouve dans une situation qui paraît devenir, chaque année, plus dangereuse.

En effet, le résultat des levées remontant de plus en plus le long du fleuve a été d'empêcher celui-ci de s'épancher sur ses rives, et d'y produire ces atterrissements qui exhaussaient le sol du pays, remplissaient les bas-fonds et, commençant leur dépôt sur les bords, ont donné au pays cette singulière configuration de bassins partant du fleuve pour aller se vider dans l'intérieur des bois, tandis que partout ailleurs l'eau coule à la rivière. Rien n'étonne plus l'étranger à la Nouvelle-Orléans que de lui dire qu'on remonte une rue perpendiculaire au fleuve quand on la suit en allant vers le fleuve, et qu'on la descend quand on va vers le bois, c'est qu'en effet telle est la pente des ruisseaux et égouts de la ville. La même chose a lieu dans tout le pays.

L'exhaussement du sol par les débordements périodiques du fleuve aurait sans doute, au bout d'un certain nombre d'années, rendu ces débordements de plus en plus rares, et, chacun d'eux déposant de 8 à 10 pouces d'alluvions, les inondations eussent fini par devenir impossibles sans le secours d'aucune levée. Les levées au contraire, et la fermeture de grands cours d'eau qui dégorgeaient le fleuve à la mer, forcent à la fois toute l'eau du fleuve et toutes les alluvions qu'elle charrie à rester dans son lit. Or, comme à son arrivée dans le golfe du Mexique, sa vitesse se trouve ralentie par la masse des eaux qu'il rencontre, ce ralentissement se fait sentir loin en amont des passes, et le dépôt se forme au fond du lit jusqu'à 3oo milles des embouchures. Il résulte de ce fait que, d'une part, le lit du fleuve se relevant chaque année, et de l'autre la masse des eaux maintenues dans ce lit par les levées devenant chaque année plus considérable, la pression sur les levées devient plus forte; il faut en augmenter la hauteur, en élargir la base, et les causes de cet accroissement suivant leur action périodique, il faudra sans cesse procéder à un accroissement nouveau, jusqu'à ce qu'on arrive à des dimensions impossibles, et que la moindre négligence amène la submersion du pays par des colonnes d'eau de 15 à 2o pieds de hauteur.

Que faire dans cet état de choses? Négliger les levées? Le pays sera submergé chaque année et deviendra un séjour de ruine et de misères. Les entretenir ? On ne fait probablement que reculer l'époque de cette submersion et la rendre plus terrible par ce délai même.

La solution de cet effrayant problème paraîtrait consister à entretenir les levées provisoirement, en même temps que l'on procéderait à un atermoiement avec le fleuve et que l'on se déciderait à le laisser reprendre son œuvre interrompue.

Des observations qui précèdent résulte le peu que l'on a à dire sur l'hydraulique agricole de la Louisiane. On n'arrose pas, parce que généralement on a trop d'eau plutôt que pas assez, et que la nature du sol ne comporte pas de réservoirs supérieurs, mais, autant que possible, on dessèche par des fossés placés tous les 4 arpents, et coupés par d'autres fossés à angle droit. Ces fossés ont toujours leur pente naturelle de la façade vers la cyprière. Leur nombre, leur connexion, leur entretien ont la plus grande influence sur les récoltes, surtout sur celles du coton qui exige un terrain bien égoutté. Le peu de déclivité du sol permet souvent aux pluies du printemps d'y séjourner en flaques qui tiédissent au soleil et pourrissent toute graine, échaudent toute végétation.

Dans quelques grandes habitations, une machine à dessécher, placée près de la cyprière, élève toutes les eaux qu'apportent, en convergeant, les divers canaux du champ, et les déverse ensuite dans un canal spécial qui les emporte avec la vitesse d'écoulement convenable. Quant au drainage, il est inconnu dans le pays.

2 1. — On regrette de ne pouvoir donner des chiffres déterminant l'étendue des immenses prairies des Opelousas et des Attakapas dont il a été parlé plus haut, et qui sont de vrais plateaux supérieurs au niveau général du pays, par conséquent à l'abri des inondations ordinaires. Le caractère argileux de ces vastes plaines, les larges flaques d'eau qu'elles présentent, leur végétation drue et basse leur donnent un aspect tout particulier. Ce sont bien des prairies naturelles où l'homme n'a rien fait, n'a rien à faire qu'à y laisser errer les milliers d'animaux qui les peuplent et s'y multiplient.

22. — Les prairies artificielles sont inconnues en Louisiane.

23 à 26. — On l'a déjà dit : les trois seules grandes cultures du pays sont le coton, le sucre et le maïs; on peut sur quelques points y ajouter le tabac et le riz; autrefois on aurait mis au même rang l'indigo. Les autres plantes, telles que légumes, racines, etc. ne sont cultivées qu'en petit comme culture maraîchère pour la famille et les domestiques, jamais pour les animaux dont la nourriture consiste en maïs, quelquefois en avoine, foin, paille de maïs, feuilles d'épis de maïs, fèves, giraumonts, etc. Il n'y a donc pas lieu de faire un compte de revient pour une culture qui ne procède que sur les plates-bandes d'un jardin.

On doit toutefois faire exception en ce qui concerne les fèves et les giraumonts que l'on cultive en grand pour la nourriture des mulets ; mais cette culture ne donne lieu à aucune dépense spéciale. Elle se fait sur les ados où est planté le maïs; on y dépose la graine après que le maïs a été rechaussé une seconde fois; l'abondante foliaison des pois empêche le développement des herbes, et le tout est mûr à l'époque où l'on vient ramasser les épis.

Les plantes fourragères telles que trèfle, luzerne, sainfoin, etc. n'existent ni dans la culture ni sur les marchés des villes.

27. — Il est à peine possible de donner une réponse satisfaisante à cette question multiple, d'abord parce que les faits qu'elle a en vue sont généralement inconnus en Louisiane, et ensuite parce qu'il n'existe aucune trace de comptabilité agricole où l'on pût en supputer les éléments numériques.

On n'élève pas d'animaux dans ce pays, et ceux dont on se sert n'obtiennent que les soins indispensables, souvent même aucun. Rien n'est plus fréquent que de voir exposés à l'air, nuit et jour, dans un parc enclos, les animaux dont on n'a pas besoin, jusqu'au moment où on vient les chercher pour s'en servir. Quand ils ont accompli leur tâche, on les ramène à ce parc, on les dételle. on suspend les harnais à l'un des pieux de la barrière, les animaux s'étrillent eux-mêmes en se roulant dans la poussière, et ils paissent la maigre herbe de l'enclos où ils sont parqués, heureux quand on pense à les mener boire ou quand une flaque d'eau tiède et croupissante se trouve comprise dans l'enclos.

Chez les habitants un peu aisés les chevaux et les mulets de travail sont nourris avec plus de soin, mais ils ne sont pas mieux pansés et guère mieux logés. On leur donne une pitance de dix épis de maïs, environ trois fois par jour, et de la paille de maïs ou des robes d'épis. Les bœufs de tir ont une forte brassée de robes d'épis, mais très-rarement du maïs; d'ailleurs, on ne les nourrit que quand on s'en sert; le reste du temps on les laisse errer dans les bois; on sait à peu près les endroits qu'ils préfèrent, et on va les chercher lorsqu'on en a besoin, quelquefois à 3 ou 4 milles de distance.

Quant aux animaux destinés aux marchés des grandes villes, ils ne sont jamais soumis à un régime d'engraissement avant d'être livrés à la consommation.

L'élevage des chevaux de trait ou de monture n'est pas pratiqué en Louisiane, sauf

24.

chez quelques particuliers. La race des chevaux créoles est petite, a du feu, mais peu de fond, ce qui s'explique, du reste, par le manque de nourriture et de soins, et aussi par la nature aqueuse des herbages. Presque tout le travail agricole est accompli par des mulets. La grande majorité de ces animaux vient du Kentucky et du Missouri : ce sont les plus beaux. (C'est de là aussi que viennent les meilleures vaches laitières.) Les petits mulets viennent du Mexique.

On voit, par ce qui précède, qu'il est impossible d'établir un prix de revient pour des animaux qui ne sont pas des élèves du pays, ni un prix d'entretien pour des soins aussi irréguliers que ceux que l'on a mentionnés. Tout ce qu'on peut faire, c'est de signaler quelques prix de vente sur les marchés de la ville ou en campagne. Encore ces prix varient-ils beaucoup suivant les saisons, c'est-à-dire selon la demande.

La culture recommençant en janvier, le prix des animaux commence à monter en novembre, et se maintient jusqu'en avril; il est plus bas en juillet et août. Un mulet de premier choix vaut jusqu'à 250 piastres papier-monnaie, en janvier, et descend à 180 piastres; un mulet ordinaire vaut de 100 à 180, un petit mulet de 50 à 120. Un bon cheval de selle ou de voiture vaut jusqu'à 300 piastres, sauf les animaux de race qui n'ont pas de prix marchand. Un cheval ordinaire pour le travail des champs coûte de 75 à 150 piastres.

Une paire de bœufs du Texas à peu près dressés à la charrette, mais non à la charrue, vaut de 50 à 80 piastres. Une paire de bœufs de la Terre-aux-Bœufs (paroisse Plaquemines, Louisiane), dressés et soignés à l'espagnole, vaut de 150 à 200 piastres. Un bœuf pour l'abattoir vaut de 15 à 20 piastres. Une bonne vache laitière du Kentucky acclimatée vaut de 60 à 100 piastres; une vache du pays vaut de 25 à 50 piastres. Un porc se vend au taux de 8 centièmes de piastre la livre sur pied en gros, ou 10 centièmes au détail. Les moutons vont de 2.50 à 4 piastres pièce.

Quant aux frais de nourriture, on peut se baser sur ce fait qu'indépendamment du fourrage, un mulet consomme dix épis par repas, ou trente épis pour trois repas, ou un quart de baril de maïs en paille valant, dans les temps ordinaires, de 60 cents à 1 piastre, et aujourd'hui 1 piastre 50 cents, ce qui porte à 40 cents, soit 1 fr. 52, la nourriture quotidienne d'un mulet, fourrage compris.

En somme, tout ce qu'on vient de dire est à côté de la Question n° 27, car cette question présuppose que l'industrie de l'élevage existe en Louisiane, tandis qu'il n'en est rien. On a cru, toutefois, utile de consigner les faits et les chiffres qui précèdent à titre de renseignement.

28. — Ce qui a été dit plus haut prouve qu'aucune amélioration n'a été réalisée en Louisiane en ce qui concerne la qualité des animaux.

Quant à la quantité, elle s'était sensiblement accrue jusqu'à la guerre, sous l'influence de l'extension de la culture et des efforts des habitants d'origine américaine pour substituer, le plus possible, le travail à la charrue et au *scraper* au travail à la pioche; mais la guerre a absorbé une quantité considérable de chevaux pour la remonte et de mulets pour les transports, et bien que, depuis la paix, beaucoup aient été rendus à la culture, il manque tous ceux qui ont été détruits par les batailles, le manque de soins et les mauvais traitements.

29. — On a dit qu'on n'élève pas de bestiaux en Louisiane, sauf dans les prairies, où ils ne sont pas l'objet d'une industrie, et qu'on ne recueille ni n'emploie d'engrais. La première partie de la question se trouve donc être sans objet. En ce qui concerne la seconde, le maïs et quelquefois un peu de foin sont les seuls articles qu'un habitant achète pour ses animaux, quand sa provision est trop courte, ce qui accuse presque toujours une mauvaise direction.

30. — On doit bien se représenter la culture du Sud comme une production de coton, de sucre, de riz et de tabac, à l'aide d'une autre production, celle du maïs, comme moyen et non pas comme but. Mais là se borne l'ambition des cultivateurs de cette partie de l'Union; ils n'ont pas de fermes proprement dites, par conséquent aucune des exploitations accessoires qui créent le bien-être économique et les petits profits quotidiens.

31. — On a déjà eu occasion de dire que le maïs était la seule plante céréale cultivée en grand en Louisiane. L'étendue des terres affectées à cette culture a été, en 1866, de 406,473 acres qui ont produit 6,910,035 boisseaux, soit environ 17 boisseaux par acre, représentant une valeur de 8,499,343 piastres.

Céréales.

32. — Aucune comptabilité agricole qui permette de répondre à cette question.

Frais de culture.

33. — La production du maïs avait été de 16,853,788 boisseaux en 1860, et n'a été que de 6,910,035 boisseaux en 1866. Elle a donc diminué de près de 10 millions de boisseaux, tant sous l'influence des causes générales, telles que la guerre et l'abolition de l'esclavage, qui ont atteint l'agriculture, que par suite de la préférence que les planteurs, qui, depuis la paix, ont pu faire des récoltes, ont donnée à la culture du coton, en raison du prix élevé de cette matière première; mais il y a tendance à développer la culture du maïs, et cette tendance sera favorisée par la baisse progressive qui se produira dans la valeur du coton.

Production.

34. — Le déclin qui a eu lieu dans la production du maïs explique la hausse qui se remarque dans les prix. Ainsi le maïs qui, en 1860, valait en moyenne 50 cents en espèces le boisseau, soit, au change de 5 fr. 25 cent. pour une piastre, 2 fr. 62 cent., vaut aujourd'hui 1 piastre 15 cents en papier-monnaie, soit, au change actuel, 4 fr. 37 cent.

Prix de vente.

LOUISIANE.
Qualité.

Plantes
alimentaires
autres
que les céréales.

Plantes industrielles.

35. — On a déjà eu occasion de dire que la culture en Louisiane n'avait fait aucun progrès.

36 et 37. — La culture des plantes alimentaires autres que le maïs se borne à peu près à celle des pommes de terre, notamment des patates, et est fort peu importante. L'étendue des terres affectées à cette culture n'a été, en 1866, que de 2,426 acres qui ont produit 206,258 boisseaux (soit 85 boisseaux par acre), représentant une valeur de 249,572 piastres, soit 873,000 francs.

La culture des légumes frais ou secs est presque inconnue.

38 à 41. — Les seules plantes industrielles cultivées en Louisiane sont le coton et la canne à sucre.

Coton. — On sait combien la production du coton dans le sud de l'Union américaine a été atteinte par la guerre et par l'abolition de l'esclavage. Indépendamment de ces causes générales, l'agriculture de la Louisiane a été particulièrement éprouvée, depuis la paix, par des circonstances défavorables. Les inondations, les chenilles, les mauvais temps ont compromis les récoltes, et, sans rien préciser, en l'absence de données officielles. on peut dire que la production du coton, qui s'était élevée à 777,000 balles en 1859-1860, n'a probablement pas atteint le tiers de ce chiffre pendant la dernière campagne.

Sucre. — L'industrie sucrière, autrefois si florissante en Louisiane, a été complétement anéantie par la guerre. Ainsi la production du sucre de canne, qui avait atteint 459,000 boucauts en 1861-1862, est tombée à 7,000 boucauts en 1864-1865. Les résultats des deux dernières années permettent, toutefois, d'espérer que cette industrie se relèvera assez promptement. En effet, la récolte a doublé en 1865-1866, et celle de 1866-1867 atteint 40,000 boucauts. On s'attend à faire 60,000 boucauts en 1867-1868.

Le tableau ci-dessous indique la production du sucre en Louisiane de 1827-1828 à 1861-1862, ainsi que le prix moyen de cet article et la valeur totale de chaque récolte :

ANNÉES.	NOMBRE de BOUCAUTS PRODUITS.	PRIX MOYEN PAR BOUCAUT en piastres, espèces.	VALEUR TOTALE en PIASTRES, ESPÈCES.
1827–1828 à 1833–1834...................	281,000	....	....
1834–1835.............................	100,000	60	6,000,000
1835–1836.............................	30,000	90	2,700,000
1836–1837.............................	70,000	60	4,200,000
1837–1838.............................	65,000	62,50	5,062,500
1838–1839.............................	70,000	62,50	4,375,000
1839–1840.............................	115,000	50	5,750,000
1840–1841.............................	87,000	55	4,787,000
1841–1842.............................	90,000	40	3,600,000
1842–1843.............................	140,000	42,50	4,750,000
1843–1844.............................	100,000	60	6,000,000
1844–1845.............................	200,000	45	9,000,000
1845–1846.............................	186,650	55	10,265,750
1846–1847.............................	140,000	70	9,800,000
1847–1848.............................	240,000	40	9,600,000
1848–1849.............................	220,000	40	8,800,000
1849–1850.............................	247,923	50	12,396,150
1850–1851.............................	211,303	60	12,678,180
1851–1852.............................	236,547	50	11,827,350
1852–1853.............................	321,931	48	15,452,688
1853–1854.............................	449,324	35	15,726,340
1854–1855.............................	346,635	52	18,025,020
1855–1856.............................	231,427	70	16,199,890
1856–1857.............................	73,976	110	8,137,360
1857–1858.............................	279,697	64	17,900,608
1858–1859.............................	362,296	69	24,998,424
1859–1860.............................	221,840	82	18,190,880
1860–1861.............................	228,753	63,25	14,468,627
1861–1862.............................	459,410	54,62	25,095,271

La production de la mélasse, subordonnée à la richesse de la canne, est en moyenne de 65 gallons [1] par boucaut. Ces mélasses ne sont généralement pas distillées, et la production des alcools est peu importante.

42 à 45. — La vigne n'est pas cultivée en Louisiane.

Vignes.

46. — Les nombreux cours d'eau qui sillonnent la Louisiane offrent aux produits agricoles des moyens de transport faciles et économiques, mais ces avantages naturels auraient cependant besoin d'être complétés par des chemins de fer et des routes.

Circulation des produits agricoles.

[1] Le gallon = 3 litres 785.

LOUISIANE.

Sous ce rapport la Louisiane a de grands progrès à faire. La viabilité artificielle y est extrêmement arriérée et le réseau des voies ferrées notamment y est très-peu considérable.

La circulation des produits agricoles n'est pas gênée par les obstacles fiscaux. Il n'existe pas d'octrois.

Débouchés.

47. — Les débouchés offerts au coton sont, comme on le sait, les marchés d'Europe et ceux du nord de l'Union américaine. Les sucres se consomment exclusivement aux États-Unis, et, quant au maïs, la production locale ne suffit pas aux besoins de la consommation.

Viabilité.

48 à 50. — La viabilité n'a fait aucun progrès en ce qui concerne les routes. Il n'existe aucun système de chemins vicinaux organisé. Ces chemins, faits et entretenus par les particuliers, sont généralement dans le plus mauvais état.

En ce qui regarde les chemins de fer, les lignes en exploitation sont les suivantes :

Chemins de fer.

1° Ligne de la Nouvelle-Orléans à Jackson, Mississipi (83 milles sur le territoire louisianais), reliant la Louisiane aux chemins qui se dirigent vers le nord et vers l'ouest, achevée depuis 1859 ;

2° Ligne de la Nouvelle-Orléans à la baie de Berwick, devant se relier plus tard au Texas par Saint-Martin et les Opelousas, actuellement 84 milles en exploitation ;

3° Ligne de Vicksburg, Mississipi, à Tyler, Texas, par Sherveport, traversant le nord de la Louisiane sur une étendue de 202 milles, récemment livrée à la circulation ;

4° Ligne de la Nouvelle-Orléans au lac Pontchartrain (5 milles);

5° Ligne de la Nouvelle-Orléans au lac Borgne, golfe du Mexique (22 milles).

La Louisiane ne possède donc, comme on le voit, que 396 milles de chemins de fer.

Navigation.

51. — Aucun travail sérieux n'a été fait pour l'amélioration des cours d'eau, ni pour la création de canaux. Le Mississipi surtout, dont la barre obstruée par les alluvions ne permet guère le passage, en tout temps, qu'aux navires dont le tirant d'eau n'excède pas 14 pieds anglais, demanderait des travaux considérables, mais jusqu'ici on se borne à des opérations de dragage qui n'améliorent que momentanément l'embouchure du fleuve.

Direction donnée aux produits agricoles.

52. — La direction donnée aux produits agricoles est invariablement celle de la Nouvelle-Orléans, grâce au Mississipi qui fait communiquer cette ville d'une part avec l'intérieur, soit directement, soit par d'autres cours d'eau; d'autre part avec la mer.

53. — Les transports faciles et rapides qui ont lieu par bateaux à vapeur sur les nombreux cours d'eau de la Louisiane ont naturellement contribué au développement

des produits agricoles; mais il serait à désirer, comme on l'a déjà dit, que la viabilité artificielle vînt se joindre aux moyens de communication naturels que le pays possède.

55 et 56. — Le seul produit étranger qui puisse faire concurrence à l'agriculture de la Louisiane est le sucre, qui acquitte les droits de douane suivants :

Sucre de la couleur du type n° 12 hollandais et au-dessous... 3 cents par livre.
Du n° 12 au n° 15................................. 3 1/2
Du n° 15 au n° 20................................. 4
Mélasse... 8 cents par gallon.

D'un autre côté, les sucres de canne indigènes ne sont soumis qu'aux droits d'accise qui suivent :

Sucre ne dépassant pas en couleur le type n° 12 hollandais... 1 cent par livre.
Du n° 12 au n° 18................................. 1 1/2
Au-dessus du n° 18 2
Mélasse... 3 cents par gallon.

Les sucres indigènes jouissent donc, en définitive, d'un traitement privilégié; mais les planteurs déclarent néanmoins que, par suite de l'abolition de l'esclavage, ils se trouvent dans une position d'infériorité vis-à-vis des planteurs de l'île de Cuba, et ils désireraient, en conséquence, ou que la taxe d'accise fût supprimée, ou que les droits de douane fussent augmentés de manière à leur créer une protection suffisante.

En ce qui concerne tous les autres produits, on désire évidemment en Louisiane, comme dans tout le Sud, le libre échange le plus complet.

57. — Il n'existe pas de traité de commerce entre les États-Unis et les pays étrangers. Traités de commerce.

58. — Aucun produit de l'agriculture de la Louisiane ne peut faire concurrence aux produits de l'agriculture française. Produits pouvant faire concurrence aux produits français.

59. — Les vins et les spiritueux sont à peu près les seuls produits de notre agriculture qui s'importent en Louisiane, et l'on verra par les tableaux ci-dessous que cette importation ne s'élevait pas, avant la guerre, à moins de 8 à 9 millions de francs. L'absence de documents officiels ne permet pas de constater quel en est le chiffre aujourd'hui.

IMPORTATION DES VINS DE FRANCE A LA NOUVELLE-ORLÉANS PENDANT L'ANNÉE 1859-1860.

1ᵉ Vins en futailles.

Claret (hectolitres).................... 109,522   3,515,263 ᶠ

Report.............. 3,515,263^f

2° Vins en bouteilles.

Claret (douzaines de bouteilles)..........	126,238	·1,046,395
Champagne.......................	22,208	631,785
Bourgogne.........................	339	9,927
TOTAL.................	148,785	1,688,107
TOTAL GÉNÉRAL.....................		5,203,270 [1]

IMPORTATION À LA NOUVELLE-ORLÉANS DES SPIRITUEUX DE TOUTE PROVENANCE
PENDANT L'ANNÉE 1859-1860.

Eau-de-vie de vin (brandy).................	16,943^h	2,508,492^f
Eau-de-vie de grains.....................	2,720	137,586
Autres que de vin ou de grains	1,639	60,249
Liqueurs..............................	2,221	354,721
TOTAL.....................	23,523	3,061,048 [2]

Le seul moyen d'augmenter l'importation en Louisiane, comme dans tous les États-Unis, des vins et spiritueux français, serait d'obtenir la réduction des droits de douane considérables qui leur sont imposés.

60. — Il y a lieu de distinguer, aux États-Unis, deux sortes de législation fiscale : celle qui s'étend à l'ensemble des États, et celle applicable à chaque État en particulier.

I. LÉGISLATION FISCALE DES ÉTATS-UNIS. — Les dépenses occasionnées par la guerre, en imposant aux États-Unis une dette considérable, ont mis le Gouvernement de Washington dans l'obligation de recourir à une législation fiscale d'autant plus onéreuse que les charges multiples qu'elle fait peser sur la population lui avaient été pour ainsi dire jusqu'alors inconnues. L'agriculture de la Louisiane subit, comme toutes les industries, l'influence de l'ensemble de cette législation; mais les seules taxes qui la frappent spécialement sont celles qui s'appliquent à ses deux principaux produits, le coton et le sucre.

1° *Impôt sur le coton.* — Cet impôt est de 3 cents par livre, soit 12 piastres par

---

[1] Sans compter la part, sans doute importante, qui peut nous revenir dans l'importation des vins dont l'espèce n'est pas mentionnée, et dont il n'est pas possible, dès lors, d'indiquer positivement la provenance, importation qui, en 1859-1860, a représenté un million de francs.

[2] Il est probable que les neuf dixièmes de ces importations reviennent à la France.

balle de 400 livres. En se basant sur le prix du middling, qui est actuellement de 26 cents la livre, soit 104 piastres la balle de 400 livres, on voit que l'impôt dont il s'agit est de 12 p. o/o environ. Il donne lieu à des plaintes très-vives, et est représenté comme une prime offerte à la production du coton dans les pays étrangers.

2° *Impôt sur le sucre de canne.* — On a déjà eu occasion de dire, en répondant à la Question n° 55, que cet impôt suit la progression suivante :

Sucre ne dépassant pas en couleur le type n° 12 hollandais... 1 cent par livre.
Du n° 12 au n° 18.. 1 1/2
Au-dessus du n° 18...................................... 2
Mélasse.. 3 cents par gallon.

On a dit également que ce droit était vivement attaqué par les planteurs qui, par suite de l'abolition de l'esclavage, se considèrent comme étant dans l'impossibilité de lutter contre les sucres de l'île de Cuba.

Parmi les impôts qui ont un caractère général, on signalera comme atteignant plus spécialement l'agriculture : l'impôt sur le revenu, l'impôt sur les transmissions de propriété par héritage, par donation testamentaire ou par vente, les droits sur les baux et les droits d'hypothèque.

L'impôt sur les revenus est de 5 p. o/o sur tout revenu, quel qu'il soit, excédant 1,000 piastres et ne dépassant pas 5,000, et de 10 p. o/o sur les sommes au-dessus de 5,000 piastres.

L'impôt sur les transmissions de propriété par voie de succession ou de donation testamentaire est de 1 à 6 p. o/o suivant le degré de parenté. Celui qui s'applique aux ventes d'immeubles faites aux enchères publiques est de 1/10 p. o/o sur le produit de la vente.

Les droits sur les baux sont les suivants :

Lorsque le montant du bail n'excède pas 300 piastres par an............ 50 cents.
Par 200 piastres ou fraction de 200 piastres en plus................. 50

Enfin, voici quels sont les droits sur les contrats d'hypothèque :

Lorsque le montant de l'hypothèque dépasse 100 piastres et n'excède pas 500. 50 cents.
De 500 à 1,000 piastres....................................... 1 piastre.
Par 500 piastres ou fraction de 500 piastres au-dessus de 1,000........ 50 cents.

Telles sont les taxes fédérales qui frappent exclusivement ou plus spécialement l'agriculture en Louisiane.

II. Législation fiscale de l'État de la Louisiane. — La législation fiscale de l'État n'impose aucune charge particulière à l'agriculture. Parmi les impôts qui l'atteignent

25.

plus spécialement, on citera la taxe dite taxe d'État, et la taxe sur les ventes ou recettes brutes.

La taxe d'État est de 1/4 p. o/o sur la valeur des propriétés dont la nomenclature suit :

1° Terrains, y compris les maisons, machinerie, bétail, chevaux et mules servant sur les plantations;

2° Bestiaux, chevaux et mules non compris dans l'exploitation agricole;

3° Voitures et chariots à deux ou quatre roues;

4° Actions ou intérêts dans des opérations maritimes, soit à l'intérieur, soit au dehors;

5° Argent prêté à intérêt;

6° Capital employé dans des entreprises commerciales quelconques;

7° Capital des banques ou corporations fonctionnant dans l'État;

8° Propriété de toute corporation en dehors de son capital, et fonds déposés entre les mains de cette corporation et employés dans des opérations commerciales.

La taxe sur les ventes et les recettes brutes est également de 1/4 p. o/o, et s'applique à toutes les ventes ou à toutes les recettes effectuées annuellement par des personnes se livrant au commerce, à une profession ou à une occupation quelconque dans les limites de l'État.

Il y a lieu de citer également une taxe de 1/10 p. o/o, assise de la même façon que la taxe d'État, et qui est perçue pour l'entretien des écoles publiques.

Ainsi qu'on a déjà eu occasion de le dire, il n'y a pas d'octrois en Louisiane.

Il n'existe non plus dans cet État aucun régime de corvées.

63 et 64. — Ainsi qu'on l'a vu, l'agriculture se plaint vivement des droits qui frappent ses deux principaux produits, le coton et le sucre; c'est donc surtout l'abolition de ces impôts qu'elle réclame. Elle demande aussi des bras et des capitaux, et l'exécution de travaux sérieux qui mettent les campagnes à l'abri des inondations du Mississipi.

AMÉRIQUE CENTRALE.

CONSULAT GÉNÉRAL DE FRANCE A GUATEMALA.

M. TALLIEN DE CABARRUS, Consul général.

RÉPONSES AU QUESTIONNAIRE.

1. — La propriété territoriale de la République de Guatemala peut être divisée en six catégories, dont le classement par ordre d'importance serait, d'après un travail inédit qui a été communiqué au Gouvernement : Division de la propriété.

1° Terres vagues ou du domaine public;
2° Terres possédées en communauté par les Indiens;
3° Terres de propriété individuelle;
4° Terres communales appartenant aux municipalités des villages;
5° Terres indivises entre héritiers communs;
6° Terres des associations religieuses ou établissements publics.

Cette division, qui est strictement vraie si on ne considère que l'étendue superficielle de la République, est illusoire quant à la valeur agricole des terrains, et on ne peut guère accorder d'attention qu'à la troisième catégorie, terres de propriété individuelle, et à la quatrième, terres communales appartenant aux municipalités des villages.

La première catégorie est la plus cultivée et supporte la plus grande partie des charges du fisc, car elle est susceptible de division, vente ou partage, et reste très-rarement indivise entre héritiers; c'est celle-là qui peut fournir les points de comparaison les plus utiles pour l'Enquête.

La quatrième catégorie, terres à *censo* pouvant être réparties par parcelles plus ou moins considérables variant généralement entre 10 et 300 hectares, au moyen de baux emphytéotiques de quatre-vingt-dix-neuf ans transférables par vente ou succession avec autorisation de la municipalité, est aussi d'une grande importance agricole, d'autant que, formant l'enclave des villages, c'est pour elle que les bras sont toujours les plus abondants.

Les petites propriétés varient de 1 à 25 hectares;

La moyenne, de 25 à 300;

La grande propriété individuelle, de 300 à 1,500 hectares.

C'est la culture du nopal et l'éducation de la cochenille qui ont créé la petite et la moyenne propriété, et les lieux propres à cette culture étant plus bornés, la valeur de la propriété a atteint, de 1848 à 1860, de 3,000 à 5,000 francs l'hectare; depuis 1860, la culture du nopal ayant été poussée à l'excès et la cochenille rendue plus délicate par des conditions climatériques différentes, cette culture tend à sortir de la spéculation, qui pendant quinze ans avait fait monter les dépenses à un taux hors de proportion avec les prix de vente, et ces mêmes terres ne sont plus estimées que 1,000 à 2,500 francs l'hectare.

Il est difficile de donner les proportions relatives des différentes catégories de terres à cause du manque complet de statistique et de documents dans les archives du Gouvernement; mais si on prend pour base le chiffre de la population estimé à environ 1 million, on pourrait à peine trouver 1,500,000 hectares cultivés en blé, maïs, canne à sucre, café, nopal, ou prairies artificielles pour le pâturage des bestiaux, contre une étendue totale d'environ 38 millions d'hectares.

2. — Les grandes propriétés sont travaillées par portions très-restreintes, en cannes à sucre, café ou pâturages, par les propriétaires.

3 et 4. — Le système des fermages est presque complétement inconnu, et il n'y a location de terres que pour les nopals généralement, pour neuf ans, durée approximative des cactus, et affermage de grands parcours pour l'élevage et l'engraissement des bêtes à cornes. Il est à remarquer que les baux ne peuvent être consentis que pour neuf ans, sauf à renouveler, parce qu'une disposition de la loi force à payer un droit égal au droit de vente, si on voulait passer cette limite de neuf ans.

Le prix des terres varie dans des proportions énormes, sans que la qualité du sol soit comptée comme aussi importante qu'en France; dans les trois vallées de la Antigua, d'Amatitlan et Villanueva, où s'élève la cochenille, les terres ont valu à l'apogée de cette culture de 2,500 à 5,000 francs l'hectare; aujourd'hui que la plantation du café tend à se substituer au nopal, au moins en grande partie, les terres ne baisseront jamais de 1,000 à 2,000 francs l'hectare, à cause de la proximité des centres de population anciens, de la facilité des chemins, de la sécurité personnelle et du moindre risque des récoltes.

Dans des conditions de culture autres que les nopals et pour le café, la canne à sucre, les prairies artificielles (sacaton, herbe de Guinée) comme pâturages, le prix des terres varie de 1,000 à 10,000 francs la *caballeria* (55 hectares environ). En dehors des parties peuplées et où il est établi un certain transit, les terres n'ont qu'une valeur nominale de 50 à 500 francs la *caballeria*, qui n'est pas suffisante pour payer les droits de mutation ou les arpentages qui sont exigés par la loi pour la mise en possession régulière.

6. — Voir la note.

7. — Ni les propriétaires des biens ruraux ni ceux qui les exploitent ne possèdent les capitaux suffisants pour les besoins de la culture, et il est difficile de se les procurer parce qu'ils sont entre les mains de spéculateurs escompteurs qui trouvent toujours à employer leur argent, dans les besoins du commerce ou du Gouvernement, depuis 1 p. o/o par mois jusqu'à 2 p. o/o avec des facilités de recouvrement plus grandes en cas de non-payement aux échéances.

8. — Les propriétaires de biens ruraux n'ayant pas la facilité d'emprunter par hypothèques sur leurs biens à longue échéance et au taux légal du pays à 6 p. o/o, ne peuvent créer leurs caféières ou sucreries que dans un temps comparativement long et en recourant à des associations onéreuses ou des ventes anticipées de récoltes, plus onéreuses encore.

9. — Le crédit agricole n'existe encore sous aucune forme, et l'argent fourni aux agriculteurs en avance de récoltes, avec une anticipation qui varie de trois à six mois, équivaut à un rabais sur les prix de vente du comptant, de 10 à 20 p. o/o.

10 et 11. — La main-d'œuvre est abondante, et de longtemps encore il n'y aura pas manque de bras, car la population se compose de travailleurs pour les quatre cinquièmes au moins, et les voies de communication sont tellement difficiles, qu'un nombre considérable d'indigènes n'est employé qu'aux transports. Les salaires des ouvriers manœuvres varient de 60 centimes à 2 francs par jour, selon l'espèce de travaux et l'éloignement des centres de population indigènes; ceux des femmes, de 0 fr. 30 cent. à 1 fr. 25 cent. pour les mêmes causes. Les salaires des artisans, maçons, charpentiers, etc. varient de 3 fr. 50 à 7 fr. 50 cent. La main-d'œuvre est incomparablement plus facile à rencontrer aujourd'hui qu'il y a dix ans, parce que lorsque l'agriculture n'existait pas, ou se réduisait à l'entretien des nopals, des centres énormes d'Indiens de 10 à 30,000 âmes vivaient complétement en dehors du mouvement social, ne travaillant que pour eux sur leurs terrains et ne cherchant pas à gagner des salaires. L'établissement de caféières et de sucreries sur toute l'étendue habitée de la République a porté l'habitude du travail au milieu de populations jusque-là oisives, sans utilité et sans besoins; d'ailleurs, selon les quelques données statistiques qui se publient, la population augmente par elle-même considérablement.

12. — Il n'y a pas de mouvement d'émigration des populations rurales vers les villes, parce que les villes ne sont pas industrielles et qu'au contraire le tissage des laines et des cotons, qui se fait sur une échelle proportionnellement considérable, est répandu dans un grand nombre de villages d'indigènes. Quant aux manœuvres proprements dits, ils se transportent avec la plus grande facilité sur les points de travail de 10, 20 et même 30 lieues; ils viennent généralement pour trente jours, apportant la partie de leur nourriture la plus nécessaire, comme la galette de maïs pouvant se conserver (*totoposté*), le piment, etc., et s'en retournent avec la presque totalité de leur salaire, lorsque les provisions s'achèvent.

D'ailleurs, chaque propriété qui se crée devient un nouveau village; dans les premières années, la population reste nomade et très-variable; mais dans un laps de vingt-cinq ans, on peut dire qu'elle se fixe et que chaque propriété nourrit une population stable et presque définitive, qui varie, selon l'importance, de 40 à 150 familles. Il n'est pas rare de trouver d'anciennes propriétés, placées près des grands chemins, sur lesquelles avec le temps il s'est formé une population de 800 à 1,500 âmes, qu'on peut assimiler à nos anciens usagers.

13. — L'emploi des machines n'a eu jusqu'à ce jour d'autre résultat que de former une génération d'ouvriers plus adroits, plus intelligents et plus ponctuels; mais ces machines ne s'entendent que de moulins à sucre perfectionnés, moulins à blé et machines à nettoyer le café, marchant presque tous par force hydraulique. Les machines agricoles mobiles sont encore inappliquées.

14. — Le travail à la tâche, par des ouvriers se nourrissant eux-mêmes, tendant à se substituer partout au travail à la journée fait par des ouvriers nourris et payés au mois, la somme de travail obtenue par les mêmes bras est plus considérable que par le passé.

15. — Les conditions d'existence des manœuvres tendent à s'améliorer tous les jours; on suit ce progrès facilement en voyant l'augmentation dans la fabrication des étoffes communes de laine du pays, dans le chiffre des importations et du nombre croissant des bœufs abattus pour la consommation.

16. — Les engrais, se réduisant au fumier de chevaux et de bœufs, ne sont employés que dans les quelques prairies artificielles des alentours de Guatemala, destinées à être coupées en vert pour la nourriture des chevaux de la ville.

17. — Il est difficile de préciser les modes d'assolement usités; les terres à blé et à céréales des hauteurs sont cultivées depuis au moins deux cents ans et toujours d'une manière primitive et incomplète, des labourages superficiels et jamais de fumures suffisantes. Il n'y a que l'engrais laissé par les quelques moutons et bêtes à cornes pendant

l'époque des pacages; aussi ces populations se plaignent-elles d'un malaise croissant et émigrent-elles vers les cultures tropicales de la côte avec facilité.

Pour les plantations de maïs, il en est de même dans les terres froides où on cultive à peu près les mêmes endroits; dans les terres chaudes au contraire, on abat chaque année et on brûle sur de nouveaux terrains, soit futaies, soit taillis, en ayant soin de laisser la terre se reposer pendant plusieurs années; ce mode est employé, non parce que la terre se fatigue d'une récolte, mais parce que, lorsque le terrain a vu le soleil, il se couvre instantanément d'une quantité si innombrable de mauvaises herbes et d'insectes, que la réussite de la semaille est moins certaine que dans un terrain nouvellement brûlé. Il y a là un préjudice, une méthode déplorable et une mauvaise culture, car le déboisement anticipé d'un pays qui doit sa végétation à l'humidité entretenue par les couverts est la ruine des forêts de bois précieux, et de plus ce système de culture nomade empêche les centres de population d'augmenter et les terres environnantes de prendre la valeur qu'elles devraient avoir.

18. — Les améliorations réalisées dans la culture du sol depuis quinze ans d'une tranquillité non interrompue sont évidentes, mais elles ne sont pas ce qu'elles devraient être. C'est dans la culture du café et de la canne à sucre qu'ont été accomplis les plus grands progrès. Le reste est encore stationnaire.

19. — Il n'y a jamais eu de travaux de desséchement ni de drainage; à peine quelques cents hectares de marécages ont été assainis pour augmenter les plantations de nopals dans la vallée d'Amatitlan.

20. — Les ruisseaux et rivières pouvant servir à l'irrigation sont généralement abondants, mais peu de propriétaires ont fait les frais nécessaires pour en jouir; cependant toute terre facilement arrosable obtient une valeur plus considérable.

21. — La prairie naturelle n'existe pas comme en Europe, sur les plateaux élevés et secs; la végétation arborescente étant fort pauvre et les bestiaux continuellement dans les pâturages, il se forme d'immenses pelouses d'une herbe courte et dure, fournissant abondamment dans la saison des pluies, et brûlées et desséchées pendant la saison des vents et de la sécheresse.

22. — Il n'y a que deux espèces de prairies artificielles, la luzerne et l'herbe de Guinée (sacaton). La luzerne se cultive dans les environs de Guatemala et des deux ou trois grandes villes de la République; on la coupe en vert pour la donner aux chevaux, et comme elle ne se sème que dans les terres irrigables, elle donne une coupe toutes les six semaines environ; c'est une des cultures qui laissent le plus de bénéfices, mais elle ne peut être faite que sur une petite échelle, jusqu'à ce qu'on arrive à la sécher et rentrer ou mettre en meules et à la faire manger en sec.

L'herbe de Guinée, dont l'introduction ne remonte pas à plus d'une vingtaine d'années, est la prairie artificielle la plus commune; elle a été semée sur une très-grande étendue dans les terres chaudes où les pelouses naturelles n'existent pas et elle sert à l'engrais des bestiaux en pâture; il n'est pas rare de voir des *haciendas* avec 2,000 ou 3,000 *cuerdas* de *sacaton* ou herbe de Guinée, soit de 3oo à 5oo hectares.

Le nombre des animaux entretenus à l'écurie ou à l'étable étant excessivement restreint, comparé à la quantité totale, on n'a jamais cherché à leur créer une nourriture spéciale; en plus des fourrages qu'on leur donne toujours en vert et qui sont la luzerne, l'herbe de Guinée et la feuille de maïs, on ajoute dans les pays froids ou tempérés la paille de blé, puis une certaine quantité de maïs ou de son pour ceux qui sont le mieux soignés; il se cultive aussi en pays chauds une sorte de courge, appelée dans le pays *ayaté*, qui produit un très-bon effet.

24 à 26. — Voir n°ˢ 2 1, 2 2, 2 3.

27. — Il est impossible de répondre à cette question autrement que par le prix de vente des animaux au sortir des pâturages de l'éleveur.

Les chevaux hongres non dressés de 4 à 6 ans, selon la taille et les haciendas

d'élevage { par parties, de... 10 à 60ᶠ
{ par tête.. 100 à 150
Juments dans les mêmes conditions............................. 50 à 100
Mules et mulets, *idem*... 150
Bœufs engraissés pour la boucherie, selon la taille et le plus ou moins de suif qui varie de 50 à 100 livres par tête......................... 90 à 125
Bœufs de travail, la paire.. 150 à 225
Vaches pour l'élevage et en parties............................. 40 à 60
Vaches laitières à frais lait...................................... 100 à 150
Veaux pour la boucherie ne se tuent point.
Veaux de 1 1/2 à 2 ans, châtrés, se vendent par parties dans les foires pour être conduits dans les départements où il n'y a pas d'élevage........... 25 à 35
Moutons ordinaires ou métis abâtardis, par parties................. 4 à 10
Porcs engraissés, selon le poids................................. 40 à 90

28. — Les races d'animaux introduites par les Espagnols sont restées stationnaires, et se sont plutôt appauvries par manque de croisements intelligents et de bons choix dans les étalons reproducteurs.

29. — Voir n°ˢ 2 1, 2 2, 2 3.

30. — Les laines, le beurre, le lait et le fromage se vendent parfaitement; les

quantités augmentent chaque année sans que les prix de vente baissent, et la consommation de ces produits s'accroît d'une manière considérable.

31. — Il est difficile de répondre à cette question par faute de statistique entre les mains du public; le Gouvernement guatémalien, en compulsant les rapports annuels des corrégidors, pourrait seul fournir quelques données exactes; mais le froment, le maïs, le sarrasin et l'avoine sont tous cultivés dans les terres froides et susceptibles de devenir d'excellents produits entre les mains d'agriculteurs intelligents.

32 à 40. — Voir la note.

41. — Il n'y a pas plus de statistique pour les sucres que pour les autres productions non complétement d'exportation; mais la culture de la canne prend de très-grandes proportions et les moulins à sucre se multiplient; on ne peut pas estimer la production à moins de 60 à 70,000 quintaux, et en plus l'élaboration des tafias, qui représente une valeur de vente pour le pays de 3 à 4 millions de francs.

42 à 44. — Les seules vignes qui aient été plantées ne l'ont jamais été qu'à titre d'essai et jusqu'à présent comme raisin de table; les espèces proviennent d'Espagne ou du Pérou. La vigne vient fort bien dans plusieurs endroits et donne de belles grappes et d'un excellent goût. C'est pour l'avenir une culture riche, et le jour où de véritables vignerons s'occuperont de ce produit, ils en feront une source de richesses, soit pour la consommation de vins locale qui est assez importante, soit pour l'exportation dans des pays moins favorisés.

45. — Les vins qui sont tous étrangers et surchargés de droits ne peuvent pas être estimés pour les qualités inférieures à moins de 2 francs et 2 fr. 50 cent. la bouteille et depuis dix ans la consommation a plus que quadruplé.

46. — Les obstacles que rencontre l'écoulement des produits agricoles sont dus entièrement au manque ou au mauvais état des chemins, qui ne permettent presque partout que des transports à mules, coûteux et difficiles. Il n'est pas rare de voir le prix d'une charge de maïs (*fanega*) différer de 2 à 3 piastres à des distances de 30 ou 40 lieues, et cependant cet écart est à peine suffisant pour compenser le fret.

47. — Les débouchés ouverts sont les marchés d'Europe et d'Amérique pour les produits d'exportation, comme cochenille, café, indigo, caoutchouc, sucre, cuirs, etc. et les républiques voisines du Centre-Amérique, pour les étoffes de laine, tissées dans le pays.

48. — Depuis quelques années seulement on a été forcé de comprendre la néces-

sité des chemins à cause des nouveaux produits d'exportation qui ont été créés; tant qu'on s'est tenu à la cochenille, dont les prix étaient encore très-élevés en Europe, l'exportation par mules ne faisait qu'une différence de 3 à 4 piastres par suron de 150 livres, supportée facilement par la marchandise; mais depuis qu'on exporte des cafés et des sucres, une différence de 1 ou 2 piastres par quintal est énorme, et on cherche à ouvrir autant de chemins carrossables que le permettent les finances du pays. On peut estimer à 150 lieues au moins le parcours des chemins carrossables servant au trafic de l'intérieur du pays et venant aboutir au port d'embarquement, et entretenus par le consulat de commerce.

Chemins de fer. 49. — Il n'y a pas encore eu d'essai de chemin de fer, mais on commence cependant à en parler.

Routes. 50. — Le tracé des routes se fait maintenant, comme en Europe, avec des pentes ménagées et en cherchant de préférence à suivre les sinuosités des vallées.

Navigation. 51. — Le pays est trop accidenté, et l'intervalle d'une mer à l'autre trop peu considérable pour qu'il y ait de grandes rivières navigables ou susceptibles d'être canalisées; les chemins de fer existeront avant qu'on ait pensé sérieusement à faire des canaux.

Direction donnée aux produits agricoles. 52 et 53. — Les produits agricoles d'exportation n'avaient autrefois pour débouché que l'Angleterre. Aujourd'hui que la Compagnie transatlantique française a ouvert une communication directe avec Saint-Nazaire, un grand mouvement tend à s'établir avec ce nouveau marché et, lorsque le service sera bimensuel, on peut dire sans hésiter que l'exportation pour l'Europe se divisera par moitié entre l'Angleterre et la France. Le marché californien prend chaque jour plus d'importance et doit devenir en grande partie le point de consommation de tous les produits qui servent à l'alimentation, comme sucre, riz, café et fruits de toute espèce.

Frais de transport. 54. — Les frais de transport des produits agricoles sont très-considérables, d'abord à cause du mauvais état des routes, puis de la difficulté de l'embarquement qui se fait en traversant de forts brisants sur des embarcations spéciales, ensuite parce qu'il n'y a peut-être pas de pays aussi peu desservi par la navigation à voiles; plus des trois quarts des produits partent jusqu'à présent par vapeur; on peut estimer la moyenne des frais pour les marchandises jusqu'au moment de la réalisation de la manière suivante :

Cochenille, le suron de 150 livres espagnoles, par vapeur....... 110^f
Café, le quintal..................................... 25
Caoutchouc, idem.................................... 16
Sucre, idem, par navires à voiles........................ 15
Cuirs, idem... 10

55 à 57. — Voir la note.

58. — Il ne peut y avoir d'assimilation entre les produits agricoles français et les produits agricoles guatémaliens, puisque tout ici est à l'état d'essai ou de projet; mais il est cependant facile de prévoir que, dans un temps plus ou moins éloigné et au fur et à mesure de l'augmentation de la population, beaucoup de cultures feront des progrès assez sensibles pour repousser l'introduction des produits similaires venant aujourd'hui des autres pays. Il ne faudrait qu'un léger progrès dans la culture du blé et dans la mouture de la farine pour qu'il devînt impossible d'en importer du Chili ou de la Californie, à cause du droit d'importation. Il y a quinze ans le peu de café qui se consommait venait de Costa-Rica; aujourd'hui l'usage s'en est répandu, et cette année on en exporte de 60,000 à 80,000 quintaux espagnols (46 kilogr. le quintal). Depuis trente ans que les tissus anglais entraient facilement dans le pays, la culture du coton avait presque entièrement disparu; mais il y a trois ans des efforts considérables ont été faits pour la rétablir; et même à cause de la cherté des tissus pendant ces trois dernières années, une maison a dépensé plus de 750,000 francs pour établir une filature de coton et des machines à tisser des calicots ordinaires, qui emploient 500 livres de coton filé par jour; cet essai n'a pas été heureux et ne semble pas appelé à un grand avenir. Enfin les laines de ce pays sont d'une qualité suffisamment bonne pour permettre le tissage des draps et casimirs demi-fins, et c'est une industrie assez florissante.

On peut dire avec certitude que l'introduction des produits européens en Amérique tend à diminuer, ou au moins que dans un temps encore éloigné ce ne seront plus des échanges de même nature que ceux que nous voyons aujourd'hui; l'importation de capitaux, de machines et l'émigration d'hommes spéciaux d'Europe amèneront davantage à fabriquer la matière brute sur place, au moins pour tout ce qui est consommation ordinaire, puisque entre les droits de douane, fret, commission d'achat, etc. il y a toujours une marge de 50 p. o/o en faveur de la fabrication locale comme compensation de l'intérêt plus élevé des capitaux et des traitements plus chers des employés.

59. — Les produits agricoles français qui entrent dans la consommation du pays sont les vins, les eaux-de-vie, les liqueurs fines et les huiles; il y aurait deux moyens d'en augmenter l'introduction :

1° Obtenir du Gouvernement de Guatemala une diminution sur les droits d'importation assez forte pour amener une baisse sur les prix de vente, et ce serait possible sans préjudice considérable pour le fisc, puisqu'une caisse de vin de 12 bouteilles coûtant à Bordeaux de 6 à 9 francs paye 11 francs de droits; une caisse de Champagne de 12 bouteilles, 20 francs; une caisse d'anisette, 15 fr. 25 cent; une caisse d'eau-de-vie, 15 fr. 25 cent.;

2° Donner des renseignements aux négociants en vins par les chambres de commerce, pour qu'ils modifient leur fabrication; chercher à les convaincre que leur plus mauvaise spéculation est de vouloir faire, par toute espèce de coupages et de moyens, de mauvais vins soi-disant de Bordeaux, lesquels sont partout connus et décriés. La fabrication de Hambourg avec nos vins du Midi est beaucoup plus intelligente et adaptée au goût des pays d'importation.

60 à 63. — Voir la note.

64. — Le moyen connu comme le plus sûr pour l'amélioration de l'agriculture est l'introduction de capitaux à intérêts raisonnables et avec des termes suffisamment longs pour attendre les produits. Voilà pourquoi on s'occupe activement de l'établissement d'une banque hypothécaire, car pour plusieurs années encore la main-d'œuvre et les machines agricoles ne seront qu'une question secondaire.

NOTE.

Les informations que j'ai pu réunir jusqu'à ce jour pour répondre aux questions relatives aux céréales, aux plantes alimentaires et industrielles; à la législation en vigueur en ce qui concerne l'importation et l'exportation de ces produits, ainsi qu'à l'état de la législation fiscale par rapport aux impôts et aux charges, etc. qu'elle fait porter sur la propriété rurale, sont encore trop incomplètes pour être jointes à ce travail. — Le manque de statistique, et surtout d'hommes spéciaux et intelligents, me rend cette tâche longue et difficile, cependant je ne désespère pas de transmettre promptement au Département les réponses qui me manquent, et qui seront de nature, je l'espère, à achever de remplir les désirs de M. le Ministre du commerce et de l'agriculture.

AMÉRIQUE DU SUD.

CONSULAT DE FRANCE A SAINTE-MARTHE.

M. Alphonse GARRUS, Gérant du Consulat.

RENSEIGNEMENTS RECUEILLIS SUR LA COLOMBIE.

La portion de territoire cultivée en Colombie ne dépasse pas la proportion d'un centième, selon les calculs approximatifs; mais la trentième partie du sol est constituée en propriétés.

On considère généralement comme petites propriétés celles qui n'embrassent que de 1 à 5 hectares de terrain, et comme grandes celles qui peuvent mesurer de 1 à 4 lieues carrées (la lieue du pays équivaut à 5 kilomètres). En moyenne, il n'y a que le tiers environ de ces propriétés qui soit mis en culture.

La valeur de la terre déjà défrichée varie considérablement selon la situation, l'éloignement ou la proximité des lieux habités et des grandes villes. Près de Sainte-Marthe, une propriété close d'un hectare, défrichée, plantée d'arbres fruitiers et cultivée, peut valoir de 200 à 250 francs. Sur le plateau où s'élève Bogota (7,900 pieds au-dessus du niveau de la mer) et où l'on peut cultiver les produits de l'Europe dans de certaines proportions, la terre a beaucoup plus de valeur et arrive au prix de 500 à 1,000 francs par hectare. En revanche, il y a une foule de propriétés qui ne se vendraient pas à raison de plus de 20 à 25 francs l'hectare, car tout le monde a la faculté d'acheter au Gouvernement un hectare de terrain libre pour 2 francs, en prenant à sa charge les frais d'arpentage et de limitation, etc.

LOI DE LA RÉPUBLIQUE, DU 2 JUIN 1847, CONCERNANT L'IMMIGRATION.

Tout individu qui viendrait en Colombie, en qualité d'émigrant, recevra du Gouvernement la concession, à vie et gratuitement, de 10 hectares de terre et ne sera sujet à payer aucun impôt fiscal pendant les cinq premières années de sa résidence.

Le seul impôt qui pèse directement sur les propriétés, sur les maisons et sur tout ce qui est immeuble aussi bien que sur le sol, est un tant pour cent qui se perçoit sur la valeur approximative de tous les immeubles que possède chaque individu. Cet impôt varie selon chacun des neuf États qui composent la Fédération colombienne : il est de 2 pour 1,000 dans le Cundinamarca et de 1 p. o/o dans le Magdalena. Au premier abord, cet impôt de 1 p. o/o sur la valeur estimable d'un terrain peut paraître considérable, mais si l'on considère que ce terrain peut produire annuellement plus de dix fois sa valeur, on reconnaîtra que ce n'est, en réalité, qu'une charge bien minime. Cet impôt peut varier, chaque année, et dans chaque État, si l'Assemblée législative de chacun de ces États le juge nécessaire ou convenable; il peut même varier dans les districts ou provinces des États.

Dans le cas d'achat, de vente ou de transmission de propriétés par héritage, les seuls frais à payer sont ceux occasionnés par la rédaction des divers actes que le notaire public doit dresser en cette circontance, et pour lesquels il perçoit, conformément à un tarif fixé par la loi, un droit de 5 francs pour la première feuille de tout document, et de 2 francs pour les autres feuilles.

Le droit ordinaire d'enregistrement est de 1 franc pour n'importe quel acte, excepté quand il s'agit d'une inscription hypothécaire : le droit est alors de 2 francs. Ces taxes ne varient jamais, quelle que soit la valeur de l'immeuble qui occasionne l'acte de vente ou l'enregistrement.

Dans l'État du Magdalena, la distillation des liqueurs provenant de la canne est soumise à un droit de 600 à 1,500 francs par an, suivant l'importance de cette distillation, et l'on perçoit aussi sur les animaux de boucherie une taxe qui est de 15 fr. par tête de gros bétail et de 7 fr. 50 cent. pour tout le reste.

Dans les autres États, on perçoit 5 francs par tête de bête à cornes et 2 fr. 50 cent. pour les autres bestiaux.

Dans l'État d'Antioquia il n'existe aucune contribution directe : on y paye un droit de 50 francs par charge de 10 arrobes (115 kilogrammes) de marchandises étrangères, et il y existe aussi certaines taxes sur les ventes, etc.

Vu le peu de valeur de la terre et la facilité d'en acquérir à des prix excessivement minimes, elle ne se loue pas. Pour qu'une terre rapporte quelque chose à son propriétaire, il faut donc qu'il l'exploite lui-même.

Il n'est pas besoin presque de capitaux pour entreprendre l'exploitation d'un terrain quelconque et y introduire telle ou telle culture, car la terre n'a pas besoin d'engrais et ne demande pas grand travail pour produire. Il n'y a donc que la main-d'œuvre à payer. Cependant les grandes entreprises agricoles n'en sont pas moins impossibles, faute de bras et aussi faute de garanties individuelles, si nécessaires dans un pays comme celui-ci, sans cesse troublé par des révolutions. Depuis l'abolition de l'esclavage l'état de l'agriculture, en Colombie, surtout dans les États de la côte, a considérablement décliné, et c'est la culture de la canne et la fabrication des rhums qui en ont le plus souffert. Dès que le travail a cessé d'être obligatoire, les classes inférieures, qui peuvent avec le salaire d'un jour vivre toute une semaine, se sont habituées à l'oisiveté et rien ne peut les en faire sortir. Le sol produit abondamment et presque sans culture tout ce dont elles se nourrissent : bananes, manioc, ignames, maïs, etc.

Le coût de la main-d'œuvre varie suivant les divers États de la Fédération; elle se paye selon le travail fait. Un homme peut gagner par jour 2 francs ou 2 fr. 50 cent. pour ce qui concerne les États de la côte. Dans l'intérieur, un journalier se paye de 20 à 32 francs par mois selon l'endroit, mais on doit le nourrir, ce qui coûte, il est vrai, fort peu de chose. On paye rarement les travailleurs au mois, car, dans ce cas, on court le risque de les voir partir après deux ou trois jours de travail, emportant avec eux la moitié de leur salaire mensuel, qu'on leur paye à l'avance. Il serait inutile d'avoir recours à la justice en cette circonstance, car elle est impuissante et ne peut point changer cet état de choses.

Il arrive souvent, quand des troubles politiques surviennent, que tous les hommes soient pris, par la force, pour être faits soldats, et alors le planteur, qui avait entrepris des travaux agricoles plus ou moins importants et qui ne peut pas les terminer, se ruine ou perd, du moins, beaucoup d'argent. Voilà une des principales causes de l'état de décadence où se trouve actuellement l'agriculture en Colombie.

Presque toutes les propriétés se trouvent situées sur les cours d'eau ou à proximité, afin de pouvoir, en temps de sécheresse, et par des canaux d'irrigation, amener l'eau et la répandre sur les terrains plantés ou semés.

La manière d'élever les bestiaux est très-peu coûteuse. On les laisse errer toute la journée par la campagne, où ils trouvent leur nourriture, et le soir, on les ramène et on les fait entrer dans un parc carré entouré de hautes palissades et découvert. Cet endroit leur sert d'écurie. Les éleveurs feraient des bénéfices énormes si on ne leur volait pas, sans qu'on puisse y mettre obstacle, le tiers au moins de leurs animaux en temps ordinaire et quelquefois la totalité en temps de troubles. Dans ce pays, on vole impunément.

Les Indiens de la presqu'île de la Goajira, qui fait partie de l'État du Magdalena, s'adonnent à l'élevage des chevaux, des mulets et des ânes, qui pullulent dans leurs plaines. Ils les échangent, avec les négociants de Rio-Hacha, pour du rhum, du tafia, des colliers de corail et des étoffes de peu de valeur. Naturellement ces derniers ne perdent pas au change; ils les revendent, avec grand bénéfice, dans les autres villes de la côte, à Sainte-Marthe, à Carthagène, etc.

Il y a très-peu de brebis dans les États de la côte, mais on y élève des chèvres et·des porcs, ces derniers surtout y pullulent. Les bêtes à cornes et les porcs alimentent à eux seuls la population, car le mouton ne paraît jamais dans les boucheries. On n'y tue pas non plus de veaux.

Les chevaux valent de 200 à 500 francs; les vaches, 150 francs en moyenne; les ânes, de 40 à 60 francs; les mulets, de 200 à 400 francs; les porcs, de 10 à 150 francs suivant leur taille, et les chèvres, de 12 à 20 francs.

Les procédés agricoles n'ont pas suivi, dans ce pays, les développements et perfectionnements qu'on leur a donnés en Europe. Les instruments aratoires sont la houe et la bêche. Mais la richesse et la fécondité du sol suppléent à l'imperfection des procédés.

Pour les États de la côte, les seules céréales que l'on cultive sont celles propres aux climats chauds, telles que le riz et le maïs; la production du riz ne suffit pas à la consommation locale, car on est obligé d'en importer; quant au maïs on le consomme sur les lieux de production. On en fait une sorte de pain qui remplace celui d'Europe sur presque toutes les tables; on en consomme encore une certaine quantité pour les chevaux et les basses-cours. Les autres cultures sont celles du coton que l'on exporte pour le Havre; celle du tabac, dont une partie est consommée dans le pays et l'autre exportée pour l'Allemagne; celle de la canne à sucre, qui est insuffisante aux besoins du pays, car, outre le sucre brut que l'on en tire, il se consomme une certaine quantité de sucre raffiné importé; quant au rhum et autres liqueurs alcooliques qui en proviennent, on n'en exporte que dans une proportion à peine digne d'être mentionnée; presque tout ce que l'on distille reste dans le pays et même on y importe une assez grande quantité d'eaux-de-vie et cognacs français et anglais. L'état du Cauca est celui qui produit la plus grande quantité de quinquina. Presque tout le cacao que produit le pays sert à ses propres besoins; il n'en est exporté que très-peu.

Les autres produits du pays, tels que l'ivoire végétal, le dividivi, le caoutchouc, etc., ne demandent pas de culture; il suffit d'exploiter les forêts qui les produisent.

Le seul légume d'Europe qui soit cultivé, dans l'État du Magdalena, est la ciboule. Carthagène et Barranquilla sont les seules villes de la côte qui possèdent, dans leurs alentours, des enclos où l'on cultive des légumes, et cela est dû à la présence des étrangers qui résident en ces villes, surtout dans la dernière.

Dans les régions élevées de la Colombie, c'est-à-dire les États d'Antioquia, de Santander, de Boyaca, et surtout le plateau de Bogata, on cultive le blé, qui y vient assez bien. Il se consomme, ainsi que tout le reste, sur les lieux qui le produisent, à cause de la difficulté, ou plutôt de l'impossibilité du transport, faute de voies de communications. Ce blé produit seul tout le pain que l'on mange dans l'intérieur. Il est vrai que la pomme de terre abonde tellement qu'elle remplace le pain, pour la grande partie de la population. Dans les localités qui la produisent, 115 kilogrammes de pommes de terre ne valent pas plus de 6 à 10 francs. On y cultive aussi tous les autres légumes d'Europe, qui y sont excellents grâce au climat tempéré de l'endroit. L'intérieur possède aussi de nombreux troupeaux de vaches, avec le lait desquelles on fait du beurre, pour la consommation locale, et des fromages que l'on expédie jusqu'à Sainte-Marthe; c'est la seule chose qui ait trouvé des débouchés par toute la Colombie.

On n'expédie de France, et des États-Unis surtout, pour les États de la côte, seulement qu'un peu de farine, car il n'y a que quelques personnes qui mangent du pain; des pommes de terre, des aulx et quelques autres provisions, en très-petite quantité.

La boisson ordinaire du pays est l'eau, et il y a même des personnes très-riches qui ne boivent pas autre chose pendant les repas. Aussi n'importe-t-on qu'une quantité de vin insignifiante relativement à la population de ce pays.

Dans l'intérieur, on ne fait pas de rhum, mais on fait usage de quelques boissons fermentées, qu'on obtient avec le maïs.

Les seules voies de communication, dans ce pays, hors la Madeleine, que les vapeurs de rivière remontent et descendent, sont des sentiers impraticables aux véhicules de quelque genre qu'ils soient. En conséquence, le seul moyen de transport est donc le cheval, la mule ou le dos de l'Indien. Avec de pareils moyens on ne peut pas arriver à de grands résultats. Il n'y a que les environs des villes et des grands villages des plaines qui possèdent quelques routes praticables aux charrettes.

Les mines de n'importe quelle espèce qui se trouvent dans des terrains appartenant à quelque particulier, sont sa propriété particulière et il peut en faire ce que bon lui semble.

Celles qui se trouvent dans les terres du Gouvernement sont adjugées gratuitement à celui qui en a déclaré la découverte le premier, à condition qu'il ne laissera pas passer un an sans la travailler, car, au bout de ce terme, s'il n'en a pas commencé l'exploitation, il perd tous ses droits, et on peut alors adjuger ces mines à tout autre individu.

BRÉSIL.

CONSULAT DE FRANCE A BAHIA.

M. IZARIÉ, Consul.

RENSEIGNEMENTS SUR L'AGRICULTURE DANS LA PROVINCE DE BAHIA.

RÉPONSES AU QUESTIONNAIRE.

Bahia, 16 juillet 1867.

Monsieur le Ministre,

J'ai l'honneur de vous adresser les quelques informations qu'il m'a été donné, non sans difficulté, de réunir sur l'état de l'agriculture dans la province de Bahia; mais, ainsi que l'a parfaitement prévu la circulaire jointe à la dépêche de Votre Excellence, malgré tous mes efforts et mon désir de le faire, il ne m'est pas possible de répondre catégoriquement, ni même de répondre à toutes les demandes que contient le Questionnaire qui m'a été adressé. C'est qu'en effet au Brésil, plus que partout ailleurs, l'industrie agricole, surtout à cause de l'institution de l'esclavage, est en dehors et en arrière des conditions où elle s'exerce de nos jours dans les autres pays.

Je vais néanmoins essayer de donner un aperçu de sa situation dans cette contrée, et dans ce travail je ferai en sorte de m'astreindre à l'ordre du Questionnaire et à la forme où les demandes sont posées.

1. — La lieue carrée est de celles de 18 au degré. On considère comme grandes propriétés celles d'environ 3 lieues carrées. Celles d'une demi-lieue carrée peuvent être classées comme de grandeur moyenne, et enfin les petites propriétés sont celles dont la superficie est de quelques mille mètres carrés.

Division de la propriété.

La mesure agraire habituelle est la *tarefa*, qui comprend 900 brasses carrées, de 2ᵐ, 21 chaque brasse. La tarefa est donc une superficie carrée de 30 brasses de côté, et représente 1,980 mètres carrés.

Une partie seulement de chaque propriété est réellement cultivée; la plus grande partie de chacune est abandonnée à la nature et forme les pâturages, bois de coupe, etc.

Les petites propriétés sont beaucoup plus nombreuses que les grandes, et souvent même ces dernières sont louées par petites parcelles, la plus grande portion restant toujours inculte comme il a été déjà dit. Dans le territoire de la *ville*, qui est fort étendu, la moitié environ de la propriété territoriale appartient à l'État et l'autre moitié se trouve divisée entre les particuliers ou des ordres religieux qui eux-mêmes concèdent la jouissance perpétuelle de leurs biens à des particuliers moyennant une très-légère redevance annuelle.

Mode d'exploitation. 2. — En général les terres sont exploitées par le propriétaire lui-même sur une superficie proportionnée aux ressources en argent ou en esclaves dont il peut disposer; le reste demeure inculte ou l'exploitation en est cédée à des locataires quand on est assez heureux pour en rencontrer pour quelques parties de la propriété.

3. — Les locations se font par *tarefa*, et habituellement elles reposent sur une simple convention verbale; cependant il y a quelquefois contrat écrit, lorsque le locataire a l'intention de se fixer pour un long temps dans le pays. Quand c'est l'État qui est propriétaire, il y a toujours bail écrit.

Prix de location des terres. 4. — Les prix de location varient à l'infini et par mille causes naturelles, telles que, par exemple, la bonté du terrain, la facilité des communications, et le plus ou moins d'argent et d'esclaves qui se trouvent dans le canton, etc. Ces variations sont si considérables, qu'il existe des terrains loués à raison de 25 francs la brasse, tandis que le loyer de la même superficie dans d'autres localités ne dépasse pas 2 centimes et demi.

Une location, soit verbale, soit écrite, est définitive et ne cesse que par la volonté du preneur, ou faute par lui de remplir les conditions convenues.

Prix de vente. 5. — Le prix des terrains depuis environ trente ans a quadruplé dans la ville et ses plus proches environs. Il varie entre 25 et 1,000 francs la brasse (2ᵐ, 21 de côté). Du reste, les constructions augmentent naturellement et dans une très-importante proportion la valeur de ce genre de propriété. Dans l'intérieur de la province la valeur du terrain par lui-même est presque nulle. Ainsi une lieue carrée des meilleures terres, de celles propres à la culture du café ou de la canne à sucre, ne vaut guère que 4 à 5,000 francs à l'état brut, et si elle est louée le loyer n'en dépassera probablement pas 100 francs par an.

C'est qu'il faut le répéter, dans tout le Brésil ce sont les capitaux et les bras qui manquent, aujourd'hui plus que jamais, et qui seuls cependant pourraient faciliter et améliorer l'agriculture. Les communications avec l'Europe, en augmentant singulièrement durant ces trente dernières années ont, il est vrai, ouvert à l'agriculture de nouveaux et faciles débouchés qui auraient dû donner à la propriété une grande augmentation de valeur; mais malheureusement la facilité des communications dans le pays lui-même n'a pas progressé dans la même proportion. Les dépenses sont encore énormes pour le transport des denrées depuis les lieux de production jusqu'au point de vente et d'embarquement, et, d'autre part, la suppression de la traite des noirs, qui dans un délai assez court sera suivie de l'abolition de l'esclavage, a donné un coup mortel à l'agriculture en supprimant toute introduction sérieuse de bras nouveaux dans cet immense pays qui en aurait tant besoin et où les ardeurs d'un climat dévorant empêchent le travailleur européen de se naturaliser et de supporter les fatigues dangereuses de la vie rurale.

De là dans l'agriculture un premier et terrible malaise qui avait fait déjà s'endetter au delà de leurs ressources presque tous les propriétaires, lorsque la guerre que l'empire soutient depuis plus de deux ans contre le Paraguay, est venue achever leur ruine en rendant toutes les transactions beaucoup plus difficiles et en faisant enfin accepter par le Gouvernement, qui a besoin de soldats, l'idée de l'émancipation des esclaves par une mesure législative. L'exécution de cette mesure d'humanité demandera un certain temps, si aucun événement imprévu n'en vient hâter la réalisation légale; mais dès qu'elle sera régulièrement adoptée et que le terme sera fixé, l'agriculture dans ce pays (je parle de la province de Bahia et des autres plus voisines de l'équateur) entrera dans une période d'agonie dont, suivant moi, tous les symptômes se laissent déjà clairement apercevoir. Par tout ce qui précède, on s'explique que la propriété, bien qu'ayant dans la ville augmenté de valeur depuis trente ans en proportion de l'immigration et du mouvement commercial rendu plus facile par de nouveaux moyens de communication avec l'Europe, non-seulement n'ait pas, dans l'intérieur, gagné en valeur, mais y soit au contraire menacée d'une dépréciation complète par le manque croissant de capitaux et de bras.

6. — Il n'existe dans la législation aucune disposition expresse pour la transmission des héritages territoriaux. De la nature même de la propriété il résulte que très-souvent elle reste indivise entre les héritiers. Il n'y a guère partage que quand la succession, comme cela arrive seulement dans quelques riches et rares familles, comprend plusieurs *ingenhios* ou établissements sucriers, auquel cas chaque héritier, après estimation, ordinairemennt amiable, en prend un et y consacre ainsi plus facilement sa surveillance et ses soins.

Une autre cause assez fréquente au maintien de l'indivision, c'est l'absence de titres de propriété; mais on comprend quelles entraves cet état de choses apporte à toutes les améliorations souhaitables et combien il y a nécessité qu'il se modifie.

7. — Par ce qui a été dit plus haut on a vu combien les propriétaires ou ceux qui exploi-tent les biens ruraux manquent de capitaux pour les besoins de la culture, le perfec-tionnement des procédés agricoles et l'amélioration des terres.

8 et 9. — Ruinés déjà, et ayant presque tous leurs propriétés grevées de très-fortes hypothèques, ils ne trouvent les fonds dont ils ont besoin que dans les prêts que leur consentent quelques établissements de banque, et pour lesquels on exige, avec une caution, un intérêt qui varie de 8 à 10 et même à 12 p. o/o, ce qui est une nou-velle cause de ruine.

10. — Les propriétés agricoles sont habituellement exploitées au moyen d'esclaves, les petits propriétaires ou locataires emploient cependant quelquefois des travailleurs libres très-difficiles à trouver, et ordinairement d'origine indienne, dont le salaire jour-nalier varie entre 2 fr. 50 et 3 francs.

11. — Le personnel agricole, déjà si insuffisant, diminue chaque jour par la mort des esclaves qui ne sont pas remplacés et dont les enfants, peu nombreux d'ailleurs, sont souvent dans leur bas âge, ou libérés par la générosité des propriétaires, ou rachetés par les économies des parents pour une somme peu considérable, et dès lors deviennent des *messieurs*, des *citadins* et ordinairement d'assez mauvais sujets.

12. — La population rurale libre est cependant si peu nombreuse, eu égard à l'im-mensité du territoire, que son émigration vers les villes et le travail industriel est à peine sensible, si elle existe.

13. — Quelques introductions de machines nouvelles ont eu lieu; mais l'emploi en étant mal fait, on en a laissé là l'usage. Ainsi, avec leur légèreté habituelle, les Brési-liens étaient persuadés que les charrues pouvaient être employées dans tous les terrains sans aucune préparation du sol; en outre, lorsqu'un instrument s'abîmait, avec la négli-gence naturelle dans ce pays on le jetait de côté et on renonçait à son usage sans essayer de le faire réparer.

On est ainsi revenu aux vieilles traditions de la culture, et les procédés de main-d'œuvre sont restés les mêmes que par le passé, sans modification dans les salaires.

Les seuls perfectionnements résultant d'introduction de machines ont eu lieu dans quelques sucreries et ont été appliqués, non pas à la culture de la canne, mais à la préparation première du produit. On peut cependant noter aussi l'introduction de quelques machines à battre le coton, mais, comme toujours dans ce pays, avec le plus grand manque de soins et d'esprit de suite, en sorte qu'un certain nombre est hors d'usage, sans qu'il soit question de les remplacer.

14. — La somme de travail obtenue des ouvriers agricoles est la même que par le passé.

15. — Les conditions d'existence de cette partie de la population ne se sont pas améliorées.

16. — Dans les grandes propriétés la terre n'est généralement aidée par aucun engrais. A peine profite-t-elle de la *bagasse* ou résidu des cannes à sucre produites par la propriété elle-même.

Les petites cultures seules reçoivent un peu de fumier. Il n'y a aucune proportion entre l'étendue du terrain cultivé et la quantité des animaux; le bétail ici, ce sont les *esclaves*. D'ailleurs le climat s'oppose à l'élève sérieux du bétail. Les rares animaux qu'on trouve à la campagne et qui viennent en ville pour l'alimentation sont des plus misérables.

17. — Nuls.

18. — La culture, nous l'avons déjà dit, reste pour le moins stationnaire.

19. — Il n'en existe pas.

20. — C'est la seule nature qui est chargée des irrigations.

21. — L'immensité du territoire et le manque de renseignements officiels sont un obstacle à toute donnée de ce genre.

22. — Il en est de même en ce qui a rapport à l'étendue et aux frais de culture des terres cultivées en prairies artificielles, si tant est qu'il en existe une seule parcelle dans cette province, ce dont il y a lieu de douter.

23. — Pour la nourriture des animaux on ne cultive d'autre plante que le maïs, dont relativement une grande partie sert à l'alimentation des individus. Les portions de terre qui dans les grandes propriétés sont employées à cette culture et qui donnent un rendement de 5 p. o/o, doivent être considérées comme d'un excellent rapport.

24. — Non.

25. — Il n'en existe pour ainsi dire pas.

26. — Il n'en existe pour ainsi dire pas.

27. — Dans les bons districts un cheval vaut de 75 à 100 francs. Un bœuf, de 75 à 150 francs; un porc engraissé, environ 80 francs, mais tout cela est de très-médiocre

BAHIA. qualité. Le prix de ces animaux peut être considéré comme double quand ils sont rendus en ville, un grand nombre mourant dans le trajet avant d'y arriver.

D'ailleurs, à part celui du porc, leur élevage est confié à la seule nature, et l'animal reste constamment en plein air..

Qualité. 28. — Il n'y a aucune amélioration à noter dans la quantité ou la qualité des animaux, si ce n'est peut-être l'introduction de quelques béliers de races de la Plata, mais les résultats n'en sont pas encore sensibles.

29. — Nulles.

Produits des animaux. 30. — Il n'existe rien de comparable à ce que nous entendons par le mot de ferme. On ne profite pas des laines. Le lait se consomme sur place, en nature, pour les besoins de la famille. Il n'y a pas de beurre, qu'on ne saurait pas faire et dont l'élévation de la température ne permettrait d'ailleurs pas la conservation assez longue pour qu'on pût en profiter, et c'est à peine si l'on fait, dans certains districts, un peu de fromage dit *requeijaó*, dont la fabrication est trop minime pour qu'on la puisse considérer comme une industrie. — Quant à la volaille, qui constitue une espèce de petit revenu pour quelques habitants des divers villages situés sur les bords de la baie, c'est fort peu de chose, et l'élève s'en fait de la manière la plus simple en s'en remettant à la nature.

Céréales. 31. — Nous avons déjà dit qu'il n'y a d'autre céréale que le maïs, sans qu'on puisse apprécier l'étendue des terres, d'ailleurs bien peu considérables, qui sont consacrées à cette culture.

Frais de culture. 32. — On ne saurait davantage apprécier les opérations qu'entraine cette culture et qui se bornent à l'achat de la graine auquel il faut seulement ajouter le salaire journalier des ouvriers, dans les cas excessivement rares où l'on emploie à ce travail des gens libres.

33. — La production est stationnaire, faute de bras.

Prix de vente. 34. — Et comme les besoins croissent avec la population, le sac de 30 kilogrammes qui, il y a dix ans, valait environ 5 francs, vaut aujourd'hui 7 fr. 50 cent., en sorte qu'on est obligé de faire venir de l'étranger du maïs, comme toutes les autres céréales. Ce maïs importé est même, en gros, un peu meilleur marché que celui produit par le pays même.

Qualité. 35. — Bien que la qualité de ce dernier ne se soit cependant pas améliorée.

36. — On ne saurait évaluer non plus l'étendue de terre consacrée à la culture des légumes, qui ne représente pas du tout une industrie. C'est à peine du jardinage, soit dans la ville et ses faubourgs, soit autour des habitations de quelques grands propriétaires. La seule plante dont la production ait une importance réelle, mais toute locale, c'est le manioc, qui fournit le tapioca et qui, sous la forme de farine, fait, surtout pour les nègres, la base de l'alimentation brésilienne. Là non plus on ne saurait cependant apprécier cette production, ni la superficie qui lui est consacrée.

37. — L'évaluation n'est pas possible davantage pour les frais de culture.

38 et 39. — Les seules plantes industrielles en rapport ici sont le tabac, le coton et la *piassava*. Cette dernière est une sorte de jonc produit par des palmiers; elle sert à faire des balais, des cordages, et même, en Angleterre, des tissus grossiers. C'est une production sauvage. Quant au tabac, on ne peut indiquer ni l'étendue de terrain qui lui est consacrée, ni les frais de culture. Il en est de même pour le coton.

40. — La culture du tabac cependant augmente très-sensiblement. Ce sont en général de pauvres planteurs qui s'y adonnent et qui envoient leurs produits sur les marchés où la vente est possible. Il existe toutefois quelques plantations plus considérables dans les districts de San-Amaro et San-Felix, et l'on y emploie des bras d'esclaves.

41. — La fabrication du sucre augmente fort peu, le sucre de Bahia ayant d'ailleurs subi une petite dépréciation sur les marchés européens, malgré l'introduction de machines qui ont produit quelque amélioration dans la qualité. Mais cette amélioration entraîne des frais qui ne sont pas compensés par une augmentation relative des prix obtenus.

Les alcools (depuis 20 jusqu'à 35 degrés) sont bons et forment une grande branche de commerce, mais au moins la moitié se consomme sur place.

Pendant l'année commerciale 1865-1866, la production du sucre a été dans la province de Bahia d'environ 35 millions de kilogrammes.

42. — La vigne est une production de pur agrément.

43, 44 et 45. — Il n'y a que quelques pieds de raisin noir ou de raisin muscat, et bien entendu on ne fait pas de vin.

46 et 47. — Les produits agricoles du pays, frappés de droits énormes d'exportation (en moyenne 13 p. 0/0), s'écoulent sur les divers marchés de l'Europe, de l'Amérique du Nord et de la Plata. La côte d'Afrique elle-même est un important débouché et consomme une grande quantité de tafia de Bahia.

BAHIA.
Plantes alimentaires autres que les céréales.

Frais de culture.

Plantes industrielles.

Production.

Sucres.

Alcools.

Vignes.

Circulation des produits agricoles.

28.

BAHIA.
Navigation.

48. — Des lignes régulières de paquebots à vapeur appartenant à l'État relient les divers ports du Brésil et de la Plata et font escale à Bahia. Il existe également trois lignes de vapeurs française, anglaise et américaine faisant un service mensuel. Elles sont subventionnées chacune par son Gouvernement, et la dernière touche, en outre, une subvention brésilienne. Deux autres lignes, l'une de Liverpool et l'autre, toute récente, de Marseille, viennent de s'établir avec chance de prospérité. Il existe enfin entre le Havre et notre port une ligne à peu près régulière de paquebots à voiles.

Ici la compagnie à vapeur dite *Bahiana* a plusieurs fois par semaine des voyages réguliers, soit dans notre immense baie, soit à l'entrée des fleuves, soit même pour les villes les plus voisines sur la côte extérieure; mais l'élévation des tarifs ne permet guère d'employer ces différentes voies pour le transport des produits agricoles, qui continue à se faire presque complétement, de l'intérieur jusqu'ici, sur de grandes barques à voiles.

Chemins de fer.

49. — Deux lignes de chemins de fer sont décrétées dans cette province. La première, d'un parcours de 90 lieues environ, doit relier la ville au Rio San-Francisco, et traverse des districts assez riches en productions agricoles. L'ouverture de cette ligne, dont le premier tronçon, d'environ 20 lieues, est seul en exploitation, remonte à une dizaine d'années, mais elle ne vit que grâce à l'énorme intérêt de 7 p. 0/0 qui lui a été assuré par le Gouvernement. Cela tient peut-être à ce que son point d'arrivée n'est pour ainsi dire qu'un village sans importance, ce qui annule toute l'utilité de la ligne qui ne sera pas continuée avant bien du temps.

La seconde ligne n'est pas encore commencée; les travaux doivent en être inaugurés le 28 de ce mois.

Elle doit partir de Cachoeira, petite ville sur le Rio Paraguassù à 12 lieues de Bahia, à laquelle elle est reliée par un service de bateaux à vapeur. Cette ligne, d'un parcours de 100 lieues environ, avec quelques petits embranchements, traverse des cantons où la production du coton est assez abondante et aboutit aux districts diamantifères de la Chapada. Les travaux doivent s'achever dans un laps de dix années..... mais d'ici là?

Routes.

50. — Il a été fait ou refait çà et là sur différents points de la province quelques tronçons de routes. Mais on ne saurait estimer le total des travaux de ce genre depuis dix ans à plus de 50 ou 60 kilomètres en tout.

Encore faut-il ne pas oublier que dans l'intérieur de cet immense et sauvage pays le peu de routes qui existe est à peine praticable pour de grosses charrettes. Les transports se font d'habitude à dos d'animaux.

Amélioration des fleuves et rivières. Canaux.

51. — Il n'a rien été fait absolument pour l'amélioration des fleuves ou rivières, ou pour la création de canaux. La seule entreprise à noter qui se rapporte à la navigation intérieure est l'établissement de divers vapeurs de différentes dimensions, destinés à

remonter aussi haut que possible le Rio San-Francisco, c'est-à-dire un parcours de
20 lieues au plus, depuis l'embouchure.

52. — Le café, le sucre, le coton vont en Europe, le tabac également; cependant
une assez grande quantité de ce produit se consomme sur place, où une maison suisse
a depuis longues années établi, ainsi qu'à Rio-Janeiro et Fernambouc, une importante
usine pour la préparation du tabac à priser.

Le manioc, le maïs, le haricot restent dans le pays, où ils ne suffisent même pas à la
consommation et où l'on est obligé d'en importer.

53. — Il va sans dire que la facilité et la rapidité des communications extérieures
ont donné une grande extension aux expéditions à des distances éloignées, comme
l'Europe, de certains produits tels que sucre, café, coton, piassava, etc. Mais cette
extension ne saurait augmenter maintenant sans une culture plus étendue et sans une
préparation première plus soignée des produits, ce qui, faute de bras et d'argent, ne
saurait s'espérer.

54. — Des lieux de production jusqu'aux marchés qui expédient en Europe, les
frais de transport se peuvent évaluer à 20 p. o/o environ. Ainsi pour 2 lieues 1/2,
50 arrobes (750 kilogrammes) de sucre coûtent 10 francs de fret par barques à voiles
et 20 francs par vapeurs.

55. — Les droits d'exportation sont si lourds que, forcément, l'acheteur doit les
déduire du prix qu'il paye au producteur, et par conséquent c'est ce dernier qui en
supporte le poids et qui en souffre d'autant. Il n'y aurait d'autre remède à cet état de
choses que l'abolition des droits de sortie, quand bien même, pour diverses marchandises, on devrait élever encore les droits déjà si forts de l'importation.

Législation
sur l'importation
et l'exportation
des produits agricoles.

57 à 59. — Les produits agricoles français, vins, farines, légumes et fruits frais,
secs ou en conserves, s'écoulent très-facilement, mais ceux de Portugal encore mieux,
les frais de transport étant bien moindres.

60 à 63. — Il n'existe aucune charge pesant sous la forme d'impôt foncier sur le
propriétaire. Il n'existe pas davantage de taxes locales; prestations en nature ou corvées.

Toute vente est frappée d'un droit de 5 p. o/o de la valeur de la propriété vendue. L'enregistrement qui se fait par l'escrivaó ou notaire entraîne un droit fixe de
2,000 reis (de 4 à 5 francs environ.)

Dans le cas de transmission par héritage, il y a pour l'héritier à acquitter un droit
qui, selon son degré de parenté avec le défunt, varie entre 5 et 20 p. o/o. S'il n'y a
aucune parenté entre ces deux individus, le droit s'élève jusqu'à 50 p. o/o. Ce droit est
applicable à tout héritage ou legs, qu'il soit immobilier ou mobilier.

Il n'existe rien d'analogue à nos droits d'octroi; mais cependant la patente des marchands de spiritueux est plus élevée que celle des autres négociants.

Les propriétaires d'alambics payent aussi une sorte de patente.

Enfin, il ne faut pas oublier que nous sommes au Brésil, c'est-à-dire que les esclaves, dans les cas de vente ou de succession, sont évalués comme tout le reste dans le total des droits à payer.

64. — En résumé, au Brésil, ou du moins dans la province de Bahia, malgré la végétation si splendide dans ce pays, l'agriculture se trouve dans un déplorable état, et quoiqu'il soit difficile d'obtenir un aveu aussi humiliant de l'amour-propre des indigènes, ceux qui ont un patriotisme un peu éclairé se préoccupent de cette situation et se flattent qu'elle pourra se modifier si on parvient à attirer l'émigration. Mais, selon moi, il faudra bien du temps, en admettant d'abord que le climat la permette, pour que la colonisation puisse donner de bons résultats. Il faudra pour cela que la disparition complète de l'esclavage ait ruiné entièrement les Brésiliens et les ait forcés envers les colons à la concession bien positive dans la pratique de toutes les conditions libérales dont le caractère de la nation est si prodigue en paroles, mais en paroles seulement, et qui en réalité sont singulièrement restreintes, pour ne pas dire annulées complétement, par des tracasseries de tout genre et par la jalousie constante des gains de l'étranger laborieux et industrieux.

Ce sont, surtout, les autorités de la campagne, si peu éclairées, pour ne pas dire plus, qui auront besoin de modifier leurs procédés pleins de vexations et de rapacité, pour que l'agriculteur étranger reste dans ce pays dont tout l'avenir est là, bien plus que dans les fondations prétentieuses qui, sous des noms pompeux, ne sont d'aucune utilité sérieuse; comme, par exemple, le prétendu Institut impérial Bahiano d'agriculture, sorte d'école d'application dont la création, décrétée en 1859, a déjà entraîné des dépenses énormes et qui n'est pas encore en activité. Il est destiné à élever des agriculteurs, mais, en voyant les choses de la façon même la plus favorable, on doit rester bien convaincu qu'à la rigueur il pourra fournir des propriétaires orgueilleux de leurs demi-lumières, mais non point des travailleurs, dont les bras sont demandés avec tant d'urgence par le sol immense du Brésil.

RÉPUBLIQUE ORIENTALE
DE L'URUGUAY.

CONSULAT GÉNÉRAL DE FRANCE A MONTEVIDEO.

M. Martin MAILLEFER, Consul général.

RÉPONSES AU QUESTIONNAIRE.

---

1. — Dans un rayon de 8 kilomètres de Montevideo et des autres villes importantes de la République, la propriété est divisée en parcelles de 2 à 10 hectares. Ces terrains constituent la propriété d'agrément, étant garnis de maisons de campagne avec jardins que l'on nomme *quintas*.

Division de la propriété.

Passé ce rayon, les quintas diminuent et font place aux *chacras*, établissements de culture. Les terrains sont alors divisés depuis 20 jusqu'à 500 hectares et dans un rayon de 8 à 60 kilomètres.

Passé le rayon de 60 kilomètres, les chacras font place aux *estancias*, établissements où l'on s'occupe en grand de l'élevage du bétail; chaque établissement possède de 2 à 20 lieues carrées; il y en a même de plus importants encore.

Les petits établissements d'élevage d'animaux sont de 1 à 3 lieues carrées; les moyens de 3 à 8 lieues carrées, et les grands de 8 à 20 lieues carrées et plus.

Les proportions relatives sont calculées et divisées ainsi :

La lieue carrée est de 60 cuadres carrées, on.............. 5,154^{mq} 00
La cuadre carrée est de 100 vares carrées................. 85 90
La vare carrée est de 0^{mq},859........................... 0 859

2. — Les terrains en quinta, étant des propriétés de plaisance, sont exploités par les propriétaires.

Les terrains en culture ou pour l'élevage des animaux sont indifféremment occupés par les propriétaires ou par des locataires.

Location des terres.

3. — Les locations de terrains se font par contrat sur papier timbré, sans recourir au notaire ni à l'enregistrement.

Prix de location.

4. — Les prix de location des terrains pour la culture varient de 10 francs à 30 francs l'hectare, selon l'éloignement ou le rapprochement de la ville. Le prix de la location des terrains pour les établissements d'élevage est de 300 à 600 piastres nationales par lieue carrée, soit 1,666 fr. 65 cent. à 3,333 fr. 30 cent., la piastre valant 5 fr. 5555.

Prix de vente.

5. — Le prix de vente des terrains peut s'établir ainsi :

Terrains pour quinta............... 500 à 1,000 piastres la cuadre carrée.
————— chacra............... 12 100
————— estancia............. 8,000 16,000 piastres la lieue carrée.

Transmission
de la propriété.

6. — La transmission des héritages se fait en égales parts aux héritiers du même rang, n'importe le sexe, et chacun dispose de son lot à sa volonté, ce qui fait que la propriété est déjà bien divisée et tend à se diviser de plus en plus.

Capitaux. — Crédit.

7. — A quelques petites exceptions près, depuis peu d'années seulement, quelques propriétaires font de la culture et obtiennent de bon résultats. Autrement la culture est entre les mains d'Espagnols des îles Canaries, gens pauvres et peu intelligents, ne comprenant pas le progrès et ne dépensant rien à l'achat d'instruments aratoires qui leur permettraient de mieux cultiver et d'obtenir des récoltes plus abondantes. Néanmoins, malgré leur mauvaise manière de cultiver, ces gens gagnent et finissent par amasser la somme nécessaire à l'achat du terrain qu'il labourent depuis longtemps et dans lequel ils ont construit leur *rancho*, maison de terre couverte de paille.

8. — Lorsque les propriétaires veulent fonder de bons établissements dans leurs propriétés et qu'ils n'ont pas les fonds suffisants, ils les trouvent assez facilement dans les banques ou sur hypothèque ; mais il en est peu qui veuillent faire de bons établissements de culture. On en compte deux seulement aux environs de Montevideo, et on ne saurait trop reconnaître le bien qu'ils produisent, car les cultivateurs rétrogrades et sans intelligence, comme le sont même ceux des environs de Montevideo, voient néanmoins ce qu'on peut obtenir au moyen de bons instruments aratoires et de bonnes machines. Aussi commencent-ils à acheter des charrues et des herses, quand, avant d'avoir

vu d'aussi bons résultats, ils grattaient la terre avec 2 bœufs attelés à un morceau de bois ferré, et leur herse était quelques branches de coignassiers enlacées et traînées sur le sol.

9. — Le taux légal de l'intérêt de l'argent est de 9 à 15 p. o/o à l'année.

10. — La culture au point de vue des salaires est fort entravée, car les ouvriers sont rares et chers. Un ouvrier gagne de 90 à 125 francs par mois, nourri et logé, et même à ce prix il est souvent difficile de s'en procurer : aussi l'emploi des machines devient obligatoire.

La main-d'œuvre augmente toujours et devient de plus en plus difficile.

L'émigration arrive assez abondamment; mais la culture n'améliorant pas son mode de travailler, en ne se servant pas de machines et se faisant sur une plus grande échelle, demande toujours des bras. De plus, bien des industries nouvelles emploient beaucoup de bras, ainsi que l'amélioration des chemins de grande communication, voies ferrées, etc. etc.

11. — Le personnel agricole a augmenté; mais les besoins ont augmenté encore davantage, et les ouvriers ruraux manquent : la cause est aux immenses travaux qui s'ouvrent de tous côtés depuis plusieurs années.

12. — Toute l'émigration arrive à la ville, et elle y reste ou part pour la campagne suivant que de plus forts salaires lui sont offerts.

13. — Les machines, n'étant pas employées en agriculture, n'ont pu modifier ni l'importance du personnel ni le taux des salaires. Cependant chacun s'émeut en voyant la quantité et le bon travail obtenus dans un établissement au moyen des machines agricoles les plus perfectionnées, charrues, herses, rouleaux, semoirs, machines à faucher et à moissonner, à râteler, à faner, à battre, etc. etc., le tout marchant très-bien et donnant des résultats incroyables pour tous ceux qui n'avaient jamais vu. Aussi l'opinion publique, et les propriétaires regardent et touchent, et se disent qu'en effet, par ces moyens, on peut vaincre beaucoup de difficultés; mais il faut du temps aux gens qui ne comprennent pas le progrès pour sortir de l'ornière. Pourtant le jour se fait et la vulgarisation des machines ne tardera pas, car ce même établissement, devant faire bientôt ses travaux des champs à la vapeur, finira par convaincre les gens et les faire entrer dans la voie des améliorations.

14. — La somme de travail est la même que par le passé, mais les ouvriers deviennent de plus en plus exigeants à mesure que les salaires augmentent et que la main-d'œuvre devient plus rare.

MONTEVIDEO.

15. — Les conditions d'existence de la population agricole n'ont subi aucun changement : la viande étant à bas prix, forme la base de la nourriture; elle est donnée à discrétion aux travailleurs; le pain et les légumes sont les accessoires.

Engrais.
Amendement des terres.

16. — Les engrais sont très-abondants par la raison même qu'on ne les utilise pas; cependant ils produisent des effets admirables lorsqu'on les emploie; mais les charger, les charrier, et les épandre, c'est un travail que le cultivateur ne se donne pas; il préfère se servir de la terre jusqu'à épuisement, alors il la laisse quelques années en friche et comme pâturage pour les animaux.

La quantité d'animaux est toujours suffisante pour l'exploitation; on ne leur donne jamais de nourriture à l'attache, et, lorsqu'ils ne sont pas au travail, ils doivent chercher leur pâture.

Assolements.

17. — Dans la petite, la moyenne et la grande culture, les assolements sont les mêmes : première année, sur défriche on sème du maïs, deuxième année, blé; troisième année, maïs; quatrième année, blé, et ainsi indéfiniment jusqu'à épuisement des terrains, alors on défriche ceux qui servaient de pâturage, et les terrains de culture redeviennent pâture quelques années pour se reposer.

Progrès agricoles.

18. — La culture a commencé à améliorer son système de labourage; c'est le seul progrès qu'elle a réalisé.

Desséchements.
Défrichements.
Drainage.

19. — Les terrains, étant en prairies naturelles, sont donc disposés à recevoir la charrue quand on le désire. Quant aux desséchements et aux drainages, le sol étant perméable et accidenté, il ne les réclame pas. Et si en quelque endroit ces travaux sont nécessaires, on ne s'en occupe pas, car les terrains étant à bas prix et les frais de main-d'œuvre très-élevés, il convient de labourer ceux qui s'y prêtent sans dépense, et de laisser les autres ou abandonnés ou comme pâturage.

Irrigations.

20. — L'état des irrigations est nul; le besoin s'en fait bien sentir fréquemment, mais les résultats qu'on pourrait obtenir ne payeraient pas les dépenses. Les terrains étant à bas prix, il convient d'employer ceux de bonne qualité et bien situés, et de laisser improductifs ou pour le pâturage ceux qui ne doivent pas donner d'abondantes récoltes.

Prairies naturelles.

21. — Le pays étant (passé un rayon de 60 kilomètres de Montevideo et un moindre des autres villes de la République) essentiellement pastoral, tous les terrains qui ne sont pas employés à la culture du blé et du maïs se trouvent en prairies naturelles, excepté les forêts (*montes*) qui se trouvent généralement sur le bord des rivières.

Prairies artificielles.

22. — Les cultivateurs ne s'occupent pas de semer des prairies artificielles,

Il y a cependant des champs ensemencés en luzerne autour de Montevideo, par parcelles de 10 à 15 hectares, mais ils appartiennent à des gens qui en font leur commerce en coupant et attachant la luzerne verte en petits paquets de 2 livres environ et les vendant à la ville aux propriétaires de chevaux. Seulement, par ce système le prix de vente est augmenté des quatre cinquièmes de la valeur.

Les frais de culture des prairies artificielles se trouvent élevés, la main-d'œuvre étant chère. Aussi, tout en reconnaissant les avantages de cette culture, beaucoup reculent devant la dépense, que l'on peut évaluer à 500 francs à l'hectare pour culture, transport des engrais et ensemencement.

23. — On ne cultive aucune de ces plantes pour les animaux.

24. — La culture de la luzerne n'a pas pris un grand développement ; il y a vingt années que l'on a commencé à ensemencer, et il ne s'en trouve encore que de petites quantités.

25. — Le rendement moyen des terres cultivées en luzerne est de 10 à 12,000 kilogrammes à l'hectare en fourrages secs.

26. — Le prix moyen de vente des luzernes est de 9 à 12 francs les 100 kilogrammes.

27. — La dépense des animaux de culture est insignifiante et incalculable, car pendant qu'une partie des animaux est au travail, l'autre est au pâturage, et *vice versa*. Si l'année est abondante en foin, les animaux sont gras ; si elle est mauvaise, ils se trouvent maigres, car on ne prend jamais la peine de couper du foin pour le leur donner à l'attache.

La culture se fait au moyen de bœufs. Un animal de cinq ans, lorsqu'il n'est pas dressé, vaut 60 à 80 francs, s'il est grand ; et deux ans après, on peut le vendre 125 francs.

Une mule non domptée vaut 40 à 60 francs et se vend de 125 à 150 francs lorsqu'elle est faite au travail.

Un cheval de cinq ans non dompté vaut de 60 à 100 francs, s'il est joli, et une fois dompté pour la selle ou pour la voiture, il vaut 300 à 500 francs.

28. — La culture ne fait pas de luzerne pour la vente et encore moins pour ses animaux. Deux établissements font des prairies artificielles pour leurs animaux importés d'Europe. Ces établissements français, qui ont importé les races chevaline, bovine, ovine, porcine, etc. etc., font des fourrages et des grains pour leurs animaux. C'est là que viennent les propriétaires (*estancieros*) de troupeaux acheter des reproducteurs pour l'amélioration de leurs races d'animaux et, de là, ils emportent des graines et des

Marginal notes:
MONTEVIDEO.

Autres plantes fourragères.

Rendement.

Prix de vente.

Animaux.

Amélioration des races.

29.

machines, afin de suivre ce qui leur est recommandé pour le bon entretien de leurs troupeaux types. Mais tel qui se promettait d'entrer dans la voie progressive l'a abandonnée aussitôt. Néanmoins les premiers pas sont faits, et avant peu l'agriculture ainsi que les établissements d'élevage auront fait de grands progrès.

29. — Les ensemencements de luzerne dans les établissements d'élevage ont facilité le bon entretien des troupeaux types en procurant une nourriture verte pendant les sécheresses (la terre cultivée ne se desséchant pas aussi facilement que celle qui est durcie et tassée par le temps) et un bon fourrage sec pour l'hiver.

30. — Le cultivateur se borne à produire du blé et du maïs. L'élève des animaux est entre les mains des estancieros, car les animaux étant à peu près abandonnés à eux-mêmes et en grands troupeaux, il en résulte que, où se fait l'élevage, il ne peut se faire de culture : autrement tout serait ravagé par les animaux, qui sont à demi sauvages.

Les laines sont expédiées en Europe.

Les produits de la ferme ont des débouchés assurés et à bons prix ; mais les communications étant encore difficiles et lentes, ce n'est que dans un rayon de 12 à 15 kilomètres de la ville que l'on peut les transporter tous les jours.

Le beurre se vend à la ville de 5 à 8 francs le kilogramme.

Le lait se vend à la ville de 30 à 60 centimes le litre.

La volaille est toujours chère. Un poulet vaut de 2 à 3 francs et une poule de 3 à 5 francs.

Enfin, tous ces produits, qui réussissent admirablement sous ce climat, sont d'un écoulement facile et offrent de grands bénéfices.

31. — Dans le rayon de 60 kilomètres de Montevideo on cultive le froment et le maïs par milliers et milliers d'hectares, la culture ne s'occupant pas d'autre production.

32. — La culture est faite presque en totalité par les familles espagnoles des îles Canaries, gens vivant pauvrement dans leurs cabanes (ranchos) et n'employant pas d'ouvriers ; aussi elle leur revient à bon compte et ne peut servir de base. Cependant, pour les étrangers, la terre étant à bon marché, ainsi que l'entretien des animaux, on peut calculer, pour la culture d'un hectare : 180 francs pour le blé et 125 francs pour le maïs.

33. — La culture du blé et du maïs a doublé depuis quelques années et tend à augmenter tous les jours. La raison en est que, dans les années antérieures, il y avait peu de consommation pour les grains et ils étaient toujours à bon compte : 15 à 18 francs l'hectolitre de blé ; 6 à 7 francs l'hectolitre de maïs. Aussi il n'y avait que les pauvres gens chargés de famille qui s'occupassent de cultiver. Les produits ayant

monté de 25 à 30 francs par hectolitre de blé, de 12 à 18 francs par hectolitre de maïs et de 15 à 20 francs par hectolitre d'orge, beaucoup de personnes commencent à s'occuper d'agriculture; les cultivateurs sont encouragés à travailler sur une plus grande échelle, et quoiqu'ils n'améliorent pas leur mode de culture, ils font cependant d'honnêtes bénéfices,

L'augmentation des produits est due à l'augmentation des consommateurs, l'émigration européenne étant assez importante. De plus, bien des gens qui ne vivaient que de viande, il y a quelques années, mangent du pain maintenant, et cela tend à se généraliser de plus en plus dans la campagne.

34. — Avant ces six dernières années :

Blé... 15 à 18^f l'hectol.
Maïs... 6   7
Orge... 7   8

Depuis ces six dernières années :

Blé... 25 à 30^f l'hectol.
Maïs... 12 18
Orge... 15 20

35. — La qualité des grains ne s'améliore pas, car les cultivateurs ne font pas choix de leur semence.

36. — La culture des légumes frais se fait tout près de Montevideo, dans les quintas, au milieu des arbres. Les légumes viennent et se vendent bien; les pommes de terre manquent quelquefois par la sécheresse, et le prix en est toujours assez élevé.

37. — Le prix de la culture d'un hectare de pommes de terre, y compris fumure, binage et arrachage, peut s'élever à 320 francs.

38, 39, 40. — Les plantes industrielles sont nulles.

41. — On ne s'occupe pas de la production du sucre.

Il n'existe pas non plus de fabriques d'alcool, quoiqu'il en ait été établi une il y a huit années par le système Leplay. Cette fabrique a été abandonnée, non pas que la distillation soit impraticable, mais parce que du manque de crédit des propriétaires ont résulté le manque de fonds et l'abandon de l'usine.

La fabrication devait se faire avec du sorgho; mais la végétation ne s'arrêtant pas, le sorgho ne se trouvait jamais dans de bonnes conditions de maturité, car, quoiqu'il parût mûr, la première pluie d'automne le remettait en végétation.

MONTEVIDEO.

Les betteraves furent semées sur une assez grande échelle et donnèrent un rendement de 40,000 kilogrammes à l'hectare.

Le topinambour fut aussi introduit et acclimaté: les essais donnèrent 28,000 kilogrammes à l'hectare.

Cette distillerie pour des causes particulières n'a pas réussi; mais il est néanmoins prouvé que la fabrication de l'alcool peut se faire ici avec avantage, les prix en étant élevés, puisqu'il vient de l'étranger et que le prix en est augmenté par les transport, fûts, commission, coulage, droits d'entrée, etc. etc. Aussi l'alcool de mauvais goût vaut-il de 100 à 125 francs l'hectolitre.

Vigne.

42. — La vigne est cultivée en petit dans les jardins; le climat lui est favorable; elle donne avec abondance des raisins excellents. Mais il est un ennemi terrible qui s'oppose à sa plantation en grand : c'est la fourmi, qui fait de grands ravages dans toutes les plantations et gêne le développement.

43, 44. — Toutes les espèces de vigne paraissent se plaire sous ce climat.

Prix de vente.

45. — Les vins venant de Bordeaux ou d'Espagne, les prix en sont réglés sur le prix de vente de ces marchés, quoique parfois les besoins ou l'abondance de la place provoquent la hausse ou la baisse.

Circulation des produits agricoles.

46. — Les produits agricoles ont un débouché assuré dans le pays, et l'on trouve toujours acheteur le jour que l'on désire vendre.

La question des transports est quelquefois un obstacle dans la mauvaise saison; cependant il est toujours possible d'arriver à la ville.

Débouchés.

47. — Le pays, comme on vient de le voir, offre des débouchés assurés aux produits agricoles; mais on a en outre les marchés de Buenos-Ayres et du Brésil qui nous prendront toujours notre surplus.

Viabilité.

48. — On ne doit remonter qu'à trois ou quatre années pour parler de l'amélioration des routes, presque rien n'ayant été fait auparavant; mais dans ces dernières années on a fait des travaux importants et presque inattendus pour l'amélioration des routes et l'établissement de ponts dans divers endroits difficiles, ce qui facilite les transports et augmente la valeur de la propriété.

Chemins de fer.

49. — Une ligne a été commencée l'an dernier, sous le nom de chemin de fer central de l'Uruguay. Elle part de Montevideo pour aller à la ville de Durasno; le parcours est de 40 lieues du pays, 206 kilomètres 160 mètres. Les travaux se suivent et la compagnie espère livrer à la circulation 18 à 20 kilomètres dans quelques mois.

50. — Depuis deux ans de grands travaux ont été faits pour l'amélioration des routes.

Avant ces améliorations il était souvent impossible pendant l'hiver de faire arriver à la ville, par charrettes, les produits de la culture ou des estancias, laine, cuirs, crins, etc. Ces chemins de terre resserrés dans leur largeur à l'entrée de la ville, avec le passage de milliers de charrettes par jour, devenaient par les temps pluvieux des fondrières épouvantables où l'on refusait de s'aventurer jusqu'au retour de la belle saison.

Mais cet état de choses à bien changé depuis deux années, toutes les routes conduisant à la ville ont été macadamisées sur un parcours de 8 kilomètres de long et sur une largeur de 18 à 20 mètres. Plus loin de la capitale, on a réparé les mauvais passages et les fondrières, et des ponts ont été établis sur quelques petites rivières dont le passage était impraticable et dangereux dans la saison des pluies.

51. — La nature a favorisé le pays en le dotant de rivières navigables à tous tonnages, et sans que la main de l'homme ait besoin d'intervenir. Il y a bien quelques travaux à faire dans les petites rivières de l'intérieur, mais le besoin s'en fait peu sentir, le pays étant peu peuplé et ne réclamant pas encore ces améliorations.

52. — Les produits agricoles sont tous expédiés à la ville. Les blés y sont transformés en farine par des moulins à vapeur. Une partie est consommée au dedans, l'autre est expédiée pour les points de la campagne, où l'on ne s'occupe que de l'élevage des animaux et où l'on ne cultive pas encore.

En outre, lorsque les marchés voisins offrent des avantages à l'exportation, les grains y sont dirigés.

53. — L'amélioration des chemins, ne remontant qu'à deux ou trois années, n'a pas encore amené un changement sensible dans le prix des produits agricoles, quoique les transports soient devenus plus faciles. Mais ces travaux se poursuivant sur les voies ordinaires et sur les voies ferrées, il sera alors facile d'étendre de plus en plus le rayon de l'agriculture; et l'immigration continuant, ce pays pourra être en mesure d'exporter beaucoup de produits.

54. — Les frais de transport qu'ont à subir les grains pour arriver à la ville sont : par hectolitre et par kilomètre, de 4 centimes pour le blé et de 8 centimes pour le maïs. Le maïs se vendant en épis fait le double de volume, et pour cette raison le transport se trouve double.

Avant l'amélioration des chemins, le transport était d'un tiers en plus dans la mauvaise saison et souvent aussi il était impossible.

Les charrois se font par des gens qui possèdent des charrettes et qui en font leur

MONTEVIDEO.

industrie, car il est rare qu'un cultivateur ait une charrette à lui, ne pouvant ou ne voulant faire cette dépense.

Législation
sur l'importation
et l'exportation
des produits agricoles.

55. — Les droits d'entrée pour l'importation des grains sont de : 1 piastre 60 centièmes par fanègue de blé de 137 litres 272 : 1 piastre par fanègue de maïs et orge de 137 litres 272, soit 6 fr. 46 cent. par hectolitre de blé et 4 fr. 04 cent. par hectolitre de maïs et d'orge. Et à ce prix on doit ajouter encore les 5 p. o/o additionnels établis pour l'extinction d'une partie de la dette publique.

Les droits d'entrée des farines sont mobiles : d'autant plus élevés que les grains du pays sont à bas prix, et très-réduits lorsque les grains du pays sont d'un prix plus élevé.

Les droits de sortie sont de 5 p. o/o.

La valeur des vins, des spiritueux et des sucres est réglée d'après un tarif des douanes. Les droits d'entrée sont de 22 p. o/o, plus 5 p. o/o additionnels sur les vins et les spiritueux; et de 20 p. o/o, plus 5 p. o/o additionnels sur les sucres.

Les graines fourragères et les machines agricoles sont exemptes de droit d'entrée; mais elles payent le droit de 5 p. o/o additionnel.

Les animaux de races quelconques introduits dans le pays sont exempts de tout droit.

56. — La législation actuelle garantit suffisamment les intérêts de l'agriculture, quoique l'on puisse demander avec justice la suppression des 5 p. o/o additionnels sur les graines fourragères et les machines.

Traités de commerce.

57. — Les ports sont libres à tout pavillon, et les produits agricoles, comme toute autre marchandise, n'importe la provenance, sont soumis aux tarifs généraux des douanes pour les droits d'entrée.

Produits pouvant faire
concurrence
aux produits français.

58. — Aucun produit de l'agriculture ne peut faire concurrence, quant à présent, aux produits de l'agriculture française, les prix étant ici plus élevés.

Les produits accessoires de l'agriculture, tels que laines, cuirs, suifs, etc. etc., s'obtiennent ici par millions de kilogrammes et s'expédient par navires entiers sur les marchés d'Europe. Cette immense production, n'ayant pas de débouchés ici, va s'accumuler sur ces marchés lointains, où elle amène l'abondance, la concurrence et la baisse des prix. Cet état de choses ira toujours croissant, car en même temps que le nombre des animaux augmente rapidement par la multiplication, la quantité et la qualité des laines s'accroissent triplement par l'amélioration des races.

59. — La France expédie de grandes quantités de vins pour ce pays. Ce commerce se fait avec Bordeaux principalement, et il tend à s'accroître non-seulement parce que la population augmente considérablement, mais encore parce que les vins espagnols

sont moins appréciés qu'ils ne l'étaient par le passé, changement tout au profit des vins français.

Il nous est expédié aussi des pommes de terre de France, qui se vendent à un prix élevé de 50 à 65 francs les 100 kilogrammes. Ces pommes de terre servent à la table des gens qui peuvent en faire la dépense, mais elles sont principalement destinées à renouveler les semences qui s'abâtardissent promptement, car la pomme de terre donnant sous ce climat deux récoltes à l'année, a peu de temps pour former sa fécule ; après deux ans de séjour dans le pays, elle devient aqueuse et donne des produits moins abondants.

60. — Les charges du cultivateur sont : 10 centimes par hectolitre de blé, orge, ou maïs qu'il récolte, et par année 4 1/2 pour 1,000 sur la valeur de ses animaux, 8 piastres ou 44 fr. 40 cent. par charrette servant à son usage personnel pour le transport de ses produits, et 12 piastres ou 66 fr. 60 cent. s'il s'occupe aussi de transporter des produits autres que les siens.

Les charges des propriétaires sont également par année :

Propriétés d'agrément ou les maisons................	300 p. 0/00
Terrains de labour.............................	400
Terrains servant à l'élevage du bétail................	450
Animaux servant à la reproduction..................	450

Pour les établissements de culture ou d'élevage qui sont assez éloignés de la ville, la perception se fait un peu par transaction et sur les déclarations des propriétaires, l'autorité n'ayant pas des moyens de contrôle suffisants. Trop vouloir inspecter demanderait beaucoup d'employés, qui gêneraient les producteurs sans profit pour le Trésor.

61. — Le cultivateur paye ses impôts en argent, et n'est assujetti ni à prestation en nature ni à corvées. L'amélioration des chemins, quels qu'ils soient, appartient à l'administration des ponts et chaussées, qui s'en occupe plus ou moins.

62. — La contribution foncière est indiquée au n° 60.

Les contrats ou baux pour location ne sont pas soumis à l'enregistrement.

Dans le cas de vente, de transmission ou de mutation d'une propriété, il faut recourir à l'enregistrement et quel que soit le cas, comme quelle que soit la valeur de la propriété, le droit d'enregistrement est le même : 3 piastres 24 ou 17 fr. 98 cent.

Il n'existe pas de droits d'octroi; tout ce qui entre dans le pays peut voyager librement d'un point à l'autre. C'est seulement à la douane que les produits étrangers payent l'entrée, qui est réglée par les tarifs d'évaluation.

C'est aussi à la douane que l'on paye pour les produits sortant du pays, et ces droits se bornent aux 5 p. 0/0 additionnels.

Les bœufs ou vaches qui sont tués pour les besoins de la capitale payent un droit de 1 piastre 20 c. par tête ou 6 fr. 66 cent. Ceux qui sont tués pour les *saladeros*, établissements où l'on tue en grand pour faire sécher la viande, fondre le suif et saler les cuirs, etc., payent un droit de o piastre 40 c. ou 2 fr. 22 cent. par tête. La direction que prennent les animaux s'établit par des permis que donne l'administration chargée de vérifier si les certificats de vente qui accompagnent les animaux sont de bon aloi et s'ils n'ont pas été volés.

63. — Les charges fiscales que l'agriculteur a à supporter ne lui paraissent pas trop lourdes et lui permettent de travailler librement en faisant d'honnêtes bénéfices.

Moyens d'améliorer la condition de l'agriculture.

64. — Les moyens les plus propres à améliorer la condition de l'agriculture seraient l'établissement des chemins (voies de terre) à de longues distances, ainsi que l'établissement de ponts sur plusieurs rivières et dans les endroits les plus fréquentés ; mais le pays n'étant pas encore peuplé, ces améliorations ne pourront se faire que lentement.

Le manque de stabilité des gouvernements est ce qui entrave le plus l'agriculture et toutes les autres industries. La propriété n'étant pas toujours garantie, cela empêche beaucoup de personnes d'employer des capitaux en dehors des villes. Quelques particuliers possèdent cependant de magnifiques établissements, soit pour l'agriculture et l'amélioration des races, soit spécialement pour la multiplication des animaux, et ces établissements représentent des capitaux considérables. L'existence de pareilles entreprises est sans doute indispensable au progrès; mais pour s'y hasarder il faut une certaine dose de hardiesse; dans la situation précaire de la République, c'est presque de la témérité.

Le dégrèvement des 5 p. o/o additionnels sur l'entrée des machines agricoles et les graines fourragères est aussi réclamé comme un allégement salutaire.

La voie ferrée qui est en construction, ainsi qu'une autre ligne encore à l'étude, devront opérer d'heureux changements et produire de grands résultats pour l'agriculture et pour la richesse générale du pays.

RÉPUBLIQUE ARGENTINE.

CONSULAT DE FRANCE A BUENOS-AYRES.

M. Jules DOAZAN, Consul.

RÉPONSES AU QUESTIONNAIRE.

31 décembre 1867.

1. — La province de Buenos-Ayres s'étendant de la ligne qui la sépare des provinces de Santa-Fé, Entre-Rios et le Rio de la Plata au nord, jusqu'au Rio Negro au sud, et de l'océan Atlantique à l'est, jusqu'aux Pampas, occupées par les Indiens insoumis à l'ouest, représente approximativement une superficie de 7,000 lieues carrées. Cette superficie se divise comme suit :

Division
de la propriété.

Terres appartenant aux particuliers................ 4,295 lieues carrées.
Terres appartenant à l'État 2,705

Les terres appartenant aux particuliers sont en général celles qui s'étendent en partant de Buenos-Ayres vers la frontière des Indiens et les districts éloignés, ou près des centres de population de ces districts.

Les terres appartenant à l'État se trouvent en deçà de la ligne des forts destinés à repousser l'invasion des Indiens et confondues avec celles étant déjà propriété privée dont la contenance est de......................... 763 lieues carrées et celles en dehors de la ligne de ces forts et dont l'étendue est de 1,942

TOTAL............ 2,705

30.

Les terres des particuliers doivent être encore divisées suivant leur nature :

En terres à pâturages (*pastoreo*) mesurant . . . . 3,188 lieues carrées.
En terres à céréales (*de pan llevar*) 1,007

TOTAL 4,195

Les premières se subdivisent encore (chiffres approximatifs) :

En pâturages doux pour les brebis . . . . 2,333 lieues carrées.
En pâturages durs pour les races bovine et chevaline. . 1,773

TOTAL 4,116

Les terres publiques affermées représentent les 926 lieues en sus.

Les terres de *pastoreo* forment 8,251 *estancias* ou grands domaines à élevage d'animaux, dont l'étendue varie de 1 lieue à 30 lieues, et les terres de *pan llevar*, 11,741 *chacras* ou petites fermes en culture, des contenances suivantes :

4,521 au-dessus de 1 hect. 68 ares; celles-ci prennent le nom de *quintas*, parce que c'est ordinairement une maison avec verger et jardin.

2,606 au-dessus de 8 hect. 40 ares.

4,614 au-dessus de 16 hect. 80 ares.

Sur ces *estancias*, *chacras* ou *quintas* on compte 55,769 habitations à classer comme suit :

8,253 maisons à terrasses; celles-ci se trouvent, sauf quelques exceptions, dans les centres de population ou sur les *estancias*.

1,195 maisons couvertes de tuiles à canal.

317 maisons à étages.

46,004 maisons construites en roseaux ou pieux recouverts d'un enduit de terre, désignées sous le nom de *ranchos*.

Ces *ranchos* sont disséminés dans la campagne ou dans les faubourgs des centres de population en voie de se former.

Sous le point de vue de leur acquisition, les terres sont soumises aux régimes suivants :

La propriété de celles appartenant aux particuliers s'acquiert par tous les moyens que la loi civile prescrit : vente, donation entre-vifs, testament, succession légale, prescription, accession et par l'effet des obligations.

Sauf quelques modifications nécessaires introduites par le Gouvernement de Buenos-Ayres depuis l'indépendance, c'est toujours l'ancien droit espagnol qui sert de base à leur transmission.

Ainsi, pour bien établir les limites de la propriété dans ces immenses plaines qui n'ont que quelques rares courants d'eau et pas d'accidents de terrain, le Gouvernement a-t-il fait dresser une grande carte ou plan cadastral où sont tracées les propriétés avec leur contenance, tandis que sur le sol même ces lignes sont représentées par des bornes ou *mojones*.

Dans les environs des villes, il est prescrit de clore les propriétés avec des fils de fer étendus sur des poteaux ou avec des haies. Sans ces précautions, il serait presque impossible d'arriver à reconnaître là où commencent et finissent les propriétés ; malgré cela, beaucoup de procès surgissent.

Les terres, avant l'indépendance, étaient constituées en majorats ou biens de main-morte ; depuis cette époque, la propriété particulière a pris un très-grand développement en traversant les divers modes d'acquérir, qui lui ont donné naissance et qui peuvent se résumer comme suit :

1° De 1813 à 1822, donations à titre de récompenses et concessions gratuites ;
2° De 1822 à 1836, bail emphytéotique ;
3° De 1836 à 1840, vente ;
4° De 1840 à 1857, les trois modes précédents réunis ;
5° De 1857 à 1864, les fermages à long terme ;
6° De 1864 jusqu'à ce jour, vente irrévocable à titre onéreux.

Chacun de ces systèmes fut dicté par les besoins du moment ; s'agissait-il, comme en 1816, de refouler les Indiens, le Congrès faisait don des terres conquises ; c'est alors que fut donnée cette forte impulsion qui fit étendre la colonisation jusqu'à la chaîne de montagnes du Tandil.

En 1822, le Gouvernement ayant besoin de se créer des ressources, hypothéqua ses terres pour garantir un emprunt contracté à Londres ; alors les terres cessant d'être aliénables, le législateur introduisit le bail emphytéotique qui concédait l'usufruit à l'emphytéote pour vingt ans, moyennant une redevance de 8 p. o/o sur une valeur fixée, tous les dix ans. En cas de vente ou de renouvellement du bail, l'emphytéote était préféré à tout autre. Cette loi produisit un énorme mouvement de la population et des capitaux vers la campagne ; en quelques jours, on avait concédé 200 lieues carrées.

Mais les baux emphytéotiques ne furent pas respectés ; une loi du 26 février 1828 réduisit leur durée à dix ans, mais abaissa aussi la rente de 8 p. o/o à 2 p. o/o.

Une donation de terres fut faite par la loi du 19 septembre 1829 pour étendre la frontière sur l'*arroyo Azul*, où se trouve un des centres de population les plus florissants du sud de la province.

En 1832, le dernier coup fut porté aux baux emphytéotiques ; la rente fut recouvrée avec une grande rigueur, et le nouveau législateur créa des cas de caducité non déterminés dans la loi de 1820, ni même prévus dans les lois générales.

Le système de l'emphytéose avait duré seize ans pour faire place à celui de la vente

BUENOS-AYRES. qui commence en 1836 par l'aliénation de 1,500 lieues auparavant données en emphytéose.

En 1840, la confusion des trois systèmes eut lieu; on donna 67 lieues de terres aux soldats qui avaient rendu des services spéciaux contre les Indiens, 6 lieues aux généraux, 5 aux colonels et ainsi de suite; on comptait à cette époque sur un point de la province que 5,200 lieues carrées étaient dans les mains de 825 propriétaires.

Le fermage à long terme fut introduit, le Gouvernement se réservant de vendre.

La loi de 1367 proclame la vente, à titre onéreux et irrévocable, de toutes les terres publiques; elle porte seulement que les fermiers et sous-fermiers seront préférés aux nouveaux acquéreurs, s'ils se présentent pour acheter dans les délais fixés.

Les lots seront d'une lieue carrée. La vente s'effectuera aux enchères ou à l'amiable.

Ces diverses phases qu'a traversées la propriété indiquent le peu de sécurité qu'ont offert les contrats faits par des particuliers avec le Gouvernement, et, par conséquent, toutes les entraves que ces procédés ont portées au développement de l'agriculture.

Aujourd'hui, le Gouvernement a compris que la confiance était le seul moyen de ramener à la campagne les colons qui désertaient et revenaient à Buenos-Ayres chercher fortune après avoir été ruinés dans les exploitations agricoles.

Mode d'exploitation. 2 à 4. — La propriété territoriale de la province étant entre les mains de Français, d'Anglais, d'Allemands, d'Italiens, de fils du pays, etc. etc., et ceux-ci ayant à traiter tantôt avec leurs compatriotes, tantôt avec les émigrés d'autres pays, l'exploitation de ces propriétés revêt toutes les formes. Aussi trouve-t-on le bail à prix d'argent, le colonat partiaire ou métayage, le forfait ou culture avec des domestiques.

Les propriétaires qui exploitent par eux-mêmes, ou sont personnellement à la tête de leur exploitation, ou sont représentés par un régisseur (*capataz*) qui les remplace; ce mode exige une grande surveillance et, comme en Europe, donne rarement des bénéfices.

Location des terres. Le bail à prix d'argent est assez répandu sur un rayon de 8 à 9 lieues autour de Buenos-Ayres; les terres de *pan llevar* sont louées de 35 à 40 francs l'hectare. Les baux sont de trois ou cinq et jusqu'à neuf ans, à l'Azul, ou à l'année. Dans le premier cas, ils sont écrits sur papier timbré en présence du juge de paix et de deux témoins. Dans le second, qui fait la règle générale, le bail court du 1er juin au 1er juin de l'année suivante; alors il n'y a pas de contrat et le locataire n'a d'autre obligation que de payer la rente au propriétaire et de lui remettre la terre à l'époque fixée.

Les Canariens et les Espagnols préfèrent ce genre de fermage. Ils ne cultivent que du blé, du maïs et quelquefois du lin pour la graine, des citrouilles, des fèves, des melons, des pastèques.

L'année finie, si la terre ne leur convient pas ou pour quelque autre motif, ils démontent leur *rancho*, chargent sur une charrette les dix ou quinze poteaux qui le composent, ainsi que le toit de roseaux et de joncs et le cuir de bœuf qui sert de porte, et se rendent dans le lieu qu'ils ont choisi. Leur mobilier se compose ordinairement, pour les plus aisés, d'un vieux coffre peint, de trois ou quatre chaises en paille, de deux ou trois pliants, d'une broche ou barre de fer plate avec laquelle on fait le rôti, d'une bouilloire pour le maté (thé du pays) et de deux marmites. Quelques vieux propriétaires donnent encore leurs terres sous la condition d'une redevance annuelle de 1 à 2 hectolitres par hectare; si l'année a été mauvaise, le locataire en est quitte pour dire au propriétaire que Dieu ne l'a pas aidé, ce que celui-ci accepte en lui disant : Dieu vous aide une autre fois.

Dans les campagnes en dehors de ce rayon, le prix du fermage varie suivant les localités; à un rayon de 50 lieues en dehors du précédent et sur les points non exposés aux invasions des Indiens, il est ordinairement de 1,200 francs par an pour les 16 hectares de terre à pâturage.

En dépassant Chivilcoy et suivant ainsi cette ligne de la frontière dans la direction de l'ouest, le prix est de 400 francs, les améliorations faites au terrain restent au propriétaire.

A l'Azul, à 60 lieues au sud de Buenos-Ayres, le prix de fermage d'une lieue carrée est de 10,000 à 30,000 piastres papier par an, soit de 2,000 à 6,000 francs.

On fait aussi ce qu'on appelle *medianerias* ou métayage. Le propriétaire ou fermier du sol donne la terre, la semence et paye la moitié des frais de récolte, fournit les instruments aratoires et les animaux nécessaires à l'exploitation. Le *medianero* ou métayer prépare le sol, le sème, donne les soins d'entretien, surveille la récolte dont il paye la moitié des frais soit en argent, soit en main-d'œuvre. Ce genre d'exploitation est assez commun et a les mêmes inconvénients que le métayage en France. Car le *medianero* est, en général, peu actif et cherche ses bénéfices dans quelques infidélités faites au propriétaire ou au fermier.

Le propriétaire d'*estancia* quelquefois aussi prend des *medianeros* ou associés; ceux-ci apportent mille têtes de brebis, par exemple, ou davantage, pour représenter le capital du champ; ces associés s'engagent à garder le troupeau et à payer la main-d'œuvre; si l'épizootie survient, le propriétaire du champ n'a pas compromis son capital; ce contrat est très-vicieux, et cependant il est assez commun.

Les grands *estancieros* ne font pas, sauf rares exceptions, cultiver; ils ne s'adonnent qu'à l'élevage des animaux, et cette exclusion de la culture est telle que dans les plus grandes exploitations, qui possèdent jusqu'à 400,000 brebis, on ne trouve pas la plupart du temps un jardin.

8 à 9. — Les grands *estancieros* ont ordinairement les capitaux nécessaires pour leurs exploitations, qui, d'ailleurs, n'entraînent pas de grandes dépenses relativement, c'est-à-dire si on les compare à celles qu'exige la culture.

Il en est de même des moyens propriétaires dans le rayon des zones cultivées, et à Chivilcoy où il ne reste pas de terres publiques à vendre, tant ce district s'est peuplé à cause de la qualité supérieure de son sol pour les céréales, les moyens propriétaires, c'est-à-dire ceux qui possèdent de 135 à 425 hectares, ont également les capitaux dont ils ont besoin.

Ils améliorent peu. Cette négligence s'explique par le peu d'affection que le propriétaire porte à son domaine; il le possède d'hier, il n'y rattache aucun souvenir.

Les petits propriétaires, c'est-à-dire ceux qui possèdent de 50 à 100 hectares, ont rarement l'argent suffisant à leur exploitation; ils sont alors obligés d'emprunter avant la récolte du blé, et voici à quelles conditions : ils s'adressent à un courtier en blé auquel ils donnent pouvoir de vendre, sur l'aire à la fin du dépiquage, le grain au prix du marché du jour, jusqu'à concurrence de l'argent prêté. Ce traité est onéreux pour le cultivateur, parce que le remboursement est toujours fixé à une époque où le blé est à vil prix. Ces emprunts sont faits d'habitude à des magasiniers, à des épiciers, à tous les prêteurs à la petite semaine, au taux de 2 à 10 p. o/o par mois, ceci au moment de la récolte; car dans d'autres temps, ils ne trouveraient que sur hypothèque à 1 et 2 1/2 p. o/o par mois, ce qui équivaut à une ruine. Le fermier n'obtiendrait ce prêt à aucune condition, s'il ne donnait en gage sa charrette, ses bœufs, ses titres s'il en possède. Tout prêt à la campagne se fait sur un gage, et à un taux tellement usuraire que six mois suffisent pour absorber le capital.

5. — Le prix de vente des terres varie suivant leur situation. Il est, en effet, facile de comprendre que dans un pays où les communications sont difficiles, longues en tout temps et impossibles pendant l'hiver, la dépréciation des produits amène une dépréciation dans la valeur des terres. Plus les terres sont rapprochées de Buenos-Ayres, plus elles ont de la valeur; c'est d'ailleurs sur ce principe qu'est basée l'estimation portée dans la loi du 10 janvier dernier, qui divise les terres en quatre catégories :

Elles sont cotées à 74,000 francs la lieue carrée dans les parties de Tapalquen, Neuf-Juillet, les sections extérieures du Saladillo et Vingt-Cinq-de-Mai;

A 30,000 francs la lieue carrée, pour les sections intérieures du Saladillo et du Vingt-Cinq-de-Mai et les parties de Lincoln, Azul, Castelli, Dolores, Tordillo, Ajo, Montsalvo, Arenales, Ayacucho, Ranchos, Pilar, Tandil, Loberia, Balcarce, Mar-Chiquita, Vecino, las Flores, Tuyu;

A 40,000 francs pour les parties de Pergamino, Roja et Chacabuco;

Et à 80,000 francs pour les terres non comprises dans les divisions antérieures et les terrains dits de *Rosas*, qui se trouvent dans les environs de Buenos-Ayres.

Les terres appartenant à des particuliers se vendent toujours plus cher, parce qu'elles offrent plus de sécurité aux acheteurs, les vendeurs étant tenus de les garantir contre toute éviction; leur plus-value, comparée aux terres publiques, est de 30 p. o/o environ sur les prix précédents.

Il y a trente ans, une lieue de terrain évaluée aujourd'hui 300,000 et 400,000 piastres papier (60,000 ou 80,000 francs) valait de 5,000 à 6,000 piastres papier (1,000 à

1,200 francs), et, il y a quinze ans, de 25,000 à 40,000 piastres papier (5,000 à 8,000 francs) au choix de l'acquéreur. C'est cette hausse de prix qui a fait la fortune des grands propriétaires territoriaux de Buenos-Ayres. A l'Azul, la lieue se vendait, il y a quinze ans, 5,000 francs; aujourd'hui, elle vaut de 20,000 à 70,000 francs.

Cette augmentation provient de l'immigration des bras et des capitaux qui, quoique encore insuffisants, ont donné une plus-value considérable aux terres de la province.

6. — La transmission des héritages est réglée par la loi. Ils sont tantôt conservés entiers, tantôt morcelés suivant la volonté des personnes appelées par la loi à en devenir propriétaires.

Les immeubles ruraux n'étant pas en faveur, on transige facilement et chacun leur préfère, en général, l'argent.

Le morcellement des propriétés est cependant assez fréquent et amène même de grands inconvénients pour l'agriculture. Les terrains ont été divisés primitivement en *suertes* ou lots d'une demi-lieue, c'est-à-dire 3,000 varas de front, et d'une lieue et demie, ou 9,000 varas de fond. Ces *suertes* se subdivisent, et sur la rive droite du Rio Lujan, on trouve des parcelles de 50, 76, 88, 91, 100, 126, 140, 147, etc. varas de front sur les 9,000 varas de fond. Peut-il y avoir une division offrant plus d'inconvénients? Ces parcelles ne peuvent servir ni pour l'élevage des animaux ni pour la culture.

10. — La culture est encore à l'état d'essai; quelques propriétaires font de louables efforts pour arriver à une amélioration de ce qui existe; mais ils rencontrent les plus grands obstacles dans la résistance des ouvriers à cause de leurs vices, de leur paresse, de leur peu de fixité au travail et surtout de leurs exigences au moment de la récolte. Les machines ont fait quelque bien, mais il faut toujours quelqu'un pour les conduire, c'est ce quelqu'un qu'il s'agit de trouver.

On peut donc dire que la culture n'a pas fait un grand pas.

La récolte du blé est très-pénible surtout pour des ouvriers étrangers. La chaleur très-forte et les débris de paille que soulèvent les juments, la grande quantité d'eau-de-vie de canne absorbée par eux occasionnent souvent des morts subites. Les fils du pays ou *gauchos* sont seuls aptes à bien faire la moisson, et aujourd'hui ils manquent, parce qu'on les prend, en tout temps et à tout âge, mariés ou célibataires, pour la guerre du Paraguay ou la défense des lignes de la frontière. Aussi ne peuvent-ils se fixer à aucun coin de terre.

La vie des champs est si dure que les travailleurs la désertent. Toute l'année, ils sont nourris avec de la viande et du *maté;* le paysan est un être malheureux, nul n'est plus maltraité que le gaucho ou l'étranger obligés de subir cette position. Aussi beaucoup ont profité de la guerre pour se soustraire à ce mode de vie insupportable, et cependant l'homme valide qui n'a pas d'état, pas d'amis pour l'aider, que doit-il faire?

Marginal notes:
BUENOS-AYRES.

Transmission de la propriété.

Salaires. Main-d'œuvre.

11 à 14. — Le personnel agricole étranger a augmenté, malgré la mauvaise situation faite à l'ouvrier des champs; mais les fils du pays ont beaucoup diminué. Il y a eu
même des époques d'émigration sur une vaste échelle à la campagne; aujourd'hui les
mauvais résultats que donne l'élevage des animaux ont amené un grand découragement;
ceux qui ont leurs capitaux engagés dans une opération impossible à liquider ou des
ouvriers ne pouvant pas se livrer à d'autre travail, seuls y restent.

La population agricole est complétement insuffisante, sauf à l'époque des semailles
et des menus travaux; mais dans les mois de novembre, décembre et janvier, temps de
binage du maïs de la récolte du foin et du blé, les bras font complétement défaut; les
plus belles récoltes se perdent ou souffrent beaucoup, quoique l'on paye 8 et 10 francs
la journée; sur cinq ouvriers qui viennent à la campagne à cette époque, deux n'ont
jamais travaillé aux champs.

Aussi l'agriculture ne peut-elle pas prendre l'essor qui lui semblerait réservé en présence des immenses plaines qui n'attendent que la charrue pour les fouiller.

L'agriculture est donc en ce moment très-abandonnée, et il faudra des efforts bien
grands pour lui donner une nouvelle animation.

L'ouvrier qui peut trouver du travail dans les centres de population abandonne la
vie abrutissante des champs; mais la ville ne peut pas offrir des ressources à tous les
bras.

Les salaires sont trop élevés; ils absorbent les bénéfices et quelquefois au delà; les
ouvriers sont en général mauvais, surtout depuis cinq ou six ans; on en accuse l'émigration italienne qui serait soumise, à son débarquement, aux inspirations de quelques
donneurs de mauvais conseils. Les nouveaux venus reçoivent le mot d'ordre; ils font
juste ce qu'ils peuvent pour couvrir les frais de production; si on leur donne un travail à forfait, ils font vite et mal, les Basques sont bien préférables.

Un ouvrier étranger gagne de 60 à 100 francs par mois et la nourriture; seulement
cette nourriture consiste en viande et biscuit, *sans pain ni vin*, et dans la campagne,
loin de Buenos-Ayres, la farine de manioc remplace le biscuit; mais il faut compter
qu'un tiers des salaires est nécessaire pour les habits et le blanchissage; malgré cette
rémunération, les deux cinquièmes des ouvriers sont misérables et meurent jeunes par
suite de l'abus des boissons.

Les ouvriers indigènes ne gagnent ordinairement que 40 francs par mois.

13. — L'emploi des machines est très-réduit et se borne à la faucheuse et à la mois-
sonneuse des États-Unis; néanmoins on en retire une notable économie de bras et de
dépenses, mais sans influence aucune sur les salaires.

16. — Les engrais et amendements sont complétement inconnus, les gens du pays
étant persuadés que leurs terres n'en ont pas besoin; aussi ne prend-on aucun soin de
ramasser du fumier.

Il serait difficile d'établir la proportion, sur une propriété cultivée, de chevaux, d'animaux de race bovine, ovine, porcine. Chaque cultivateur agit, dans ce cas, plutôt suivant les habitudes de son pays et de ses idées que d'après ses intérêts réels. Il faut d'ailleurs ne pas omettre de mentionner ici que cette proportion n'existe pas dans les mêmes conditions qu'en France où la culture et l'élève du bétail se font simultanément sur la même propriété, tandis que dans la province de Buenos-Ayres les propriétés se divisent d'habitude en *estancias* et *chacras*.

Les étrangers n'ont, en général, en bêtes de travail que les animaux strictement nécessaires, tandis que les fils du pays en ont le plus possible, sans s'inquiéter s'ils pourront les nourrir; avec 24 bœufs de travail, M. Duhamel exploite 70 hectares de bois (on coupe tous les trois ans, c'est donc 23 hect. 66 ares par an), 27 hectares de terre à blé, 27 hectares de terre à maïs, autant de luzerne, 10 à 12 hectares de prairies naturelles pour nourrir les bœufs, 10 à 15 chevaux de voiture et de service, 12 à 15 vaches ou jeunes bœufs de remplacement et une prairie de 30 hectares. Tous ces animaux sont sous la garde d'un bouvier payé 40 francs par mois et la nourriture, qui peut valoir 30 francs.

Pendant l'hiver, on donne, la nuit, aux bœufs, du foin ou des tiges de maïs. Tous ces animaux vivent en plein air dans un *corral* (parc fermé avec des pieux). Les brebis sont rares dans les *chacras* ainsi que les animaux à l'engrais; les porcs ne donnent aucun bénéfice, on les élève dans des *corrales* ou ils vivent dans les lagunes des *estancias*.

Les *chacreros* ou cultivateurs en engraissent seulement quelques-uns pour l'usage de leur maison.

Il a été déjà dit que les engrais ou amendements étaient inconnus : par conséquent la production du fumier n'est d'aucun poids dans l'économie agricole du pays.

17. — Le système d'assolements n'existe pas en général, le propriétaire ayant toujours un sol nouveau à sa disposition; cependant dans le rayon de Buenos-Ayres où la terre est plus chère, on sème du maïs après le défrichement et puis du blé pendant plusieurs années de suite; les légumes, tels que pastèques, melons, fèves, haricots remplacent quelquefois le maïs; à Chivilcoy, on sème deux années de suite du blé sur le même terrain et on le laisse reposer pendant sept ou huit ans. Quelques propriétaires ont essayé de semer trois années, mais le résultat a été mauvais. Le blé est envahi par les mauvaises herbes et le grain est très-maigre et rachitique.

A mesure que la culture s'étend, les cultivateurs introduisent quelques améliorations dans leur système; mais ces améliorations se font timidement à cause de la cherté de la main-d'œuvre et de l'incertitude des récoltes. Car on engage un grand capital qui amène une ruine si la récolte manque, puisqu'il y a des années où un champ ne rend pas la semence.

31.

BUENOS-AYRES.

18. — Ces améliorations obtenues consistent principalement dans une plus grande profondeur du labour, dans le hersage et le roulage par des instruments plus énergiques et aussi dans le nettoyage des mauvaises herbes quelquefois.

Le défrichement dans l'acception du mot de notre dictionnaire agricole n'existe pas; la province n'est qu'une immense plaine où le cultivateur conduit la charrue sur le sol pour la première fois comme s'il avait cultivé auparavant; il doit seulement le faire après une forte pluie; il donne ensuite quelques hersages, pratique un second labour croisé, répète les hersages, et la terre est défrichée.

Les travaux de desséchement sont à peu près inconnus et d'ailleurs la Pampa platéenne souffre plutôt de la sécheresse que de l'eau; cependant dans les parties humides on les dessèche en y pratiquant quelques saignées ou rigoles d'écoulement; à défaut de la déclivité nécessaire, on creuse un puits qui absorbe l'eau promptement, quelle qu'en soit la quantité. Le drainage est inconnu et semble inutile si ce n'est dans quelques jardins près de la rivière.

Irrigations.

20. — Les irrigations sont inconnues dans la contrée, qu'elles soient naturelles ou artificielles; pour l'arrosage des jardins ou des plantes maraîchères comme pour l'abreuvage des animaux, on puise l'eau dans un puits soit avec des seaux en cuir, ou des *norias* tournées par des chevaux, ou des pompes mises en mouvement par des moulins à vent.

Prairies naturelles.

21. — Presque toute la province est en pâturages permanents, les terres cultivées et la prairie artificielle sont l'exception. Les prairies naturelles sont, en général, composées de chiendent, de quelques graminées telles qu'ivraie, festuque; les bas-fonds sont couverts de carex, de joncs, de petits roseaux. Les plaines sont aussi couvertes de chardons (de *cardus marianus*, de *cardus cynara*); ces deux plantes forment de décembre en janvier d'immenses et impénétrables forêts; s'il vient en janvier ou février une forte pluie ou un grand vent, tout tombe par terre et les champs offrent l'aspect d'une jeune forêt dévastée et séchée; pendant les sécheresses quasi annuelles de février, mars, avril et quelquefois mai, les animaux n'ont d'autre nourriture que ces débris, de sorte que les plantes qui seraient un fléau partout ailleurs sont ici un bienfait; elles nourrissent les animaux.

Prairies artificielles.
Plantes fourragères.

22, 23, 24. — Les seules prairies artificielles sont les luzernières. On peut évaluer leur produit comme suffisant pour nourrir 30,000 ou 40,000 chevaux de travail. Les autres plantes fourragères n'ont pas réussi.

La luzerne donne deux coupes que l'on convertit en foin, les suivantes viennent trop vite en fleurs et en graines, si toutefois la sécheresse les laisse pousser.

Les luzernières, depuis la guerre contre le Paraguay, ont donné des résultats très-lucratifs; aussi ne faudrait-il pas prendre les prix actuels pour ceux du temps normal.

La création de la prairie ne coûte que les façons ordinaires que donne le métayer ou colon partiaire. Cette luzerne dure d'ordinaire cinq ans; elle se coupe à la faux et on la ramasse au râteau. Les frais sont par hectare de 65 à 80 francs, tandis que la fenaison à la machine revient seulement à 40 ou 60 francs; seulement avec le premier système, vu la lenteur du travail, on perd la plus grande partie des feuilles. Les faucheuses sont d'ailleurs très-répandues.

On fait plus de luzerne que de maïs; les tentatives de betteraves, carottes n'ont pas réussi, et cependant ces plantes viendraient bien semées en automne, mais leur prix de revient les exclura toujours de la culture.

On peut compter que sur 100 lieues de prairies naturelles, on ne trouve pas un quart de lieue de prairies artificielles.

25. — Le rendement d'un hectare de luzerne est très-variable; on peut prendre les moyennes suivantes : Rendement en plantes fourragères.

La première coupe produit de 3,300 à 4,000 kilogrammes.
La seconde de 2,700 à 3,300 kilogrammes.

Ceci n'est qu'une moyenne et non un chiffre fixe; il y a de la marge en plus ou en moins.

26. — Le prix de la luzerne rendue en ville et en balles varie de 80 à 280 francs les 1,000 kilogrammes. Prix de vente.

Les luzernières donnent de beaux résultats, puisque les deux coupes d'une année qui coûtent en frais de récolte de 100 à 120 francs se vendent à Buenos-Ayres de 400 à 420 francs. Il est vrai que les 120 francs doivent être chargés des frais de mise en balle, de transport à la ville, du payement des droits et autres frais, de l'intérêt du capital que représente le sol.

Les frais de transport augmentent à mesure que l'on s'éloigne de Buenos-Ayres et deviennent si onéreux qu'il serait difficile de faire venir du foin des districts du sud de la province. L'évaluation du revenu d'une luzernière est donc très-relative.

27. — Les pâturages doux, c'est-à-dire qui servent depuis longtemps, qui ont été nettoyés par la race bovine et chevaline, sont destinés à la race ovine. Il y a donc des *estancias* où l'on n'élève que des vaches et des chevaux, d'autres où l'on élève des moutons, enfin quelquefois tous ces animaux. C'est dans ces exploitations que nous prendrons les prix de revient et de vente suivants : Animaux.

Une lieue de terrain (2,690 hectares) peut nourrir soit 2,000 vaches seulement, soit 1,000 vaches, 500 chevaux et juments et 5,000 brebis; nous prendrons une lieue carrée dans les circonstances suivantes avec 2,000 animaux.

1° Achat des vaches sans choix à 12 francs..................... 24,000[f]

2° Un parc avec 400 vares de fossé, 220 francs.............. 880

3° Porte du parc...................................... 200

4° Une cabane (rancho) et cuisine pour le capataz et les bergers.. 1,400

5° Un bassin de 12 vares de long, les champs ne conservant pas
l'eau d'une façon permanente....................... 1,600

6° Diverses autres dépenses............................ 1,800

7° 30 chevaux...................................... 1,800

Total.................... 31,580

Le capital sera donc de 31,580 francs, non compris le prix du sol.
Les frais seront les suivants :

1° Un capataz à 100 francs............................ 1,200[f]

2° Deux bergers à 60 francs........................... 1,440

3° Remplacement annuel de 10 chevaux à 60 francs.......... 600

4° Herbe, sel, manioc pour le capataz et les bergers.......... 370

5° Marque, séparation, castration des taureaux.............. 500

6° Réparations diverses............................... 560

7° Outils divers..................................... 500

Total.................... 5,170

Les produits, en temps ordinaire, sont de 25 p. o/o, soit la quatrième partie du capital ou 500 têtes.

190 taureaux à 28 francs.............................. 5,320[f]

250 têtes sans choix à 12 francs........................ 3,000

45 cuirs d'animaux tués parce que cinq se dépensent pour les
besoins de l'exploitation............................ 405

Total.................... 8,725

Les dépenses et les produits se balanceront comme suit :

Frais.. 5,170[f]

Recettes de vente.................................. 8,725

Reste net.............. 3,555

Soit en chiffres nets un revenu de 11 p. o/o.

Ce capital produirait dans le commerce à 1 p. o/o par mois 12 p. o/o ou 3,780 francs. Encore faut-il retirer de ce produit net le loyer du terrain qui peut être calculé à 1,200 francs et, en outre, tenir compte des circonstances contraires que peut avoir traversées le troupeau, l'invasion des Indiens, les grandes sécheresses, les épidémies, les vols, les maladies et tant d'autres accidents imprévus.

Il faut encore se rappeler que les troupeaux formés il y a quelques années ont subi la dépréciation du capital représenté par les animaux, qui est évaluée à 30 p. o/o.

L'élevage de la bête à cornes est donc dans une mauvaise situation et conduit à la faillite si de meilleures conditions ne viennent améliorer la position actuelle. Aussi les éleveurs cherchent-ils les moyens d'augmenter les prix de vente de leurs animaux , dans le procédé qui leur permettrait de conserver leurs viandes, pour les porter sur les marchés étrangers.

Beaucoup d'essais ont été faits jusqu'à présent, mais sans succès, ce qui s'explique par le peu de fermeté de la viande d'animaux nourris toujours d'herbe et sans farineux.

On compte dans la province 6,216,328 bêtes à cornes.

Il en a été abattu, en 1865, 303,508 têtes dans les *saladeros* de Barracas. Ce travail, qui dure ordinairement six mois, a occupé, en 1865, 900 ouvriers, la plupart Basques, gagnant de 30 à 150 piastres par jour. La main-d'œuvre a absorbé un capital de 11,206,829 piastres papier, ou 2,241,366 francs.

La race chevaline ne prend pas un grand développement; elle est petite comme celle des Navarrenx en France. On a introduit quelques gros étalons qui n'ont produit aucun bon résultat. La majeure partie des juments a succombé à la métrite et si, par exception, on a obtenu quelque produit, ce n'a été qu'un animal chétif, mal formé et impropre au service. Le cheval du pays, malgré sa petite taille, est, au contraire, fort, vigoureux, apte aux grandes courses; seulement, comme on ne le ménage point, il dure peu.

L'éleveur ne cherche donc dans l'étalon que la qualité de bon gardien; il le choisit autant que possible parmi les animaux nés sur les lieux, confie à sa garde une trentaine de juments; on l'enferme dans le *corral* pendant trois ou quatre jours avec les juments , afin qu'il les connaisse et on le lâche ensuite avec son troupeau. Il choisit son endroit et y reste. Il devient un gardien vigilant ; si un autre étalon paraît à l'horizon, il marche sur lui et va le chasser de même qu'il ramène toute jument qui voudrait s'éloigner. Quand deux étalons se rencontrent, une lutte acharnée s'engage entre eux et les deux combattants se séparent couverts de blessures.

Les juments ne servent que pour la reproduction; on n'exige d'elles aucun travail absolument, et ce serait un déshonneur pour celui qui s'en servirait pour la selle ou le trait. Quand elles sont vieilles ou que leur nombre dépasse le chiffre nécessaire à l'exploitation, le propriétaire les envoie à l'abattoir, où elles se vendent 20 francs.

Les poulains sont dressés; ce dressage coûte 10 francs et alors ils valent ordinairement 80 francs.

L'élève du cheval est d'ailleurs un accessoire. On compte 1,436,827 chevaux ou juments dans la province. Il en a été abattu en 1865, à Buenos-Ayres, 37,844 têtes.

Les ânes et les mulets sont très-délaissés; leur nombre ne s'élève qu'à 25,187 environ. Le mulet vaut, prix moyen, 40 francs sauvage, et 100 francs dompté. Les ânes n'ont pas de valeur.

L'élève du porc est assez important; on peut le diviser en deux espèces : le porc qui se nourrit avec les détritus de saladeros (déchets de viande, sang, entrailles, etc.), et celui de la campagne, qui ne vit que de racines et de grain. La qualité du premier est mauvaise, celle du second est préférée. La race porcine compte 111,849 têtes.

L'élève de la race ovine est, en ce moment le point capital de l'agriculture de la province de Buenos-Ayres.

Les animaux élevés se divisent en trois races :

Indigène ou créole se composant de....................	2,633,031 têtes.
Mérinos pur	627,607
Métis...	28,821,964
TOTAL........	31,081,602

La brebis importée à Buenos-Ayres dès le principe s'est reproduite depuis 1820 sur une vaste échelle, ainsi que l'indiquent les chiffres ci-dessus et le relevé suivant de la production.

Ainsi il a été exporté :

En 1832...	944 balles.
1840...	3,577
1850...	17,069
1855...	33,273
1860...	61,792
1862...	82,197
1863...	89,881
1864...	129,038
1865...	141,698

En trente ans, la production de la laine s'est donc élevée de 944 balles ou 63,248 kilogrammes à 141,698 balles ou 9,293,766 kilogrammes.

Ce rapprochement n'a pas besoin de commentaires.

Le bon accueil fait sur les places d'Europe aux laines de la Plata, et aussi la concurrence que ces produits y ont trouvée, ont obligé les éleveurs platéens à améliorer leurs qualités. Dans ce but, ils ont dû rechercher quelles étaient les races préférables pour le pays. Ils se sont, en général, arrêtés au type Negretti et à celui de Rambouillet. Mais lequel des deux préférer? L'éleveur devait, dans le principe, choisir une race produisant plus de laine que de chair; 2° une race donnant des laines fines, sans nuire aux conditions de vigueur indispensables aux animaux destinés à vivre agrestement, c'est-à-dire sans trop réclamer des soins assidus.

La laine, en Angleterre et en France, est le produit accessoire, la chair est le but de l'éleveur; dans la Plata, les laines ayant un débit facile et avantageux, la laine est le principal, et la chair, ici à vil prix, est l'accessoire. En effet, l'industrie peut demander la laine fine aux pays lointains, tandis que la viande sur pied doit être à la portée des consommateurs.

Les éleveurs sont donc divisés dans le choix des races: ceux-ci préfèrent les Rambouillet, les autres les Negretti; mais la dépréciation des laines et le développement que prend l'exportation du suif pourront bien changer les théories actuelles en faveur des premiers.

Pour l'amélioration de la race, on réunit un groupe de belles brebis; on leur donne un bélier de choix. Les agneaux qui proviennent de ce groupe sont destinés à servir de béliers dans les grands troupeaux.

Les bons éleveurs de la Plata prennent de préférence l'étalon parmi les mérinos purs; mais beaucoup, pour éviter les frais, choisissent des métis qui ont toutes les apparences de la race pure; mais dans ce cas, le résultat recherché n'est pas obtenu, le sang inférieur domine toujours le troupeau, au lieu de se rapprocher de la race pure, s'en éloigne.

Les béliers sont, pendant six mois de l'année, séparés des brebis, afin qu'ils reprennent leurs forces et pour éviter la saillie à des époques inopportunes; car il faut faire en sorte que les agneaux naissent au beau temps. Si l'agnèlement arrivait à une saison inopportune, ce serait un désastre; on a vu, en effet, des brebis agneler sous l'influence d'un orage et les agneaux emportés par la pluie torrentielle qui l'a suivi, les troupeaux vivant en plein air et sans abri.

On achète ordinairement les troupeaux *al corte*, c'est-à-dire comme ils se présentent, sans distinction d'âge, de race et de condition, ou bien à la *pata*, c'est-à-dire au choix. Ce dernier système est le meilleur pour faire un bon troupeau, mais c'est trop cher.

La tonte est la principale opération pour l'éleveur, qui doit faire en sorte que les brebis soient propres et dépouillées de *carretilla* ou chardon. Elle a lieu à partir du 15 octobre.

La tonte précoce est dangereuse dans la province de Buenos-Ayres, à cause des froids tardifs qui y sont très-fréquents; d'un autre côté, la tonte tardive expose l'animal à la *carretilla*, qui est une grande cause de dépréciation de la laine.

La plupart des estancieros (éleveurs) n'ont pas de parcs à moutons couverts.

Ces parcs (*corrales*) étant sans toiture pour défendre les animaux contre les pluies de l'hiver, et sans arbres pour les protéger contre les rayons du soleil d'été, ces deux éléments nuisent à la santé de l'animal.

Le *corral* est simplement formé de balustrades de bois, espacées de 4 ou 5 mètres et hautes de 1^m,25, reliées par des traverses ou des liteaux. Cet appareil est transportable; il doit reposer sur un sol solide, en pente, pavé et même être garanti contre les vents, avec des chardons ou des herbes en fagots. L'espace doit en être calculé à raison de 3ᵐ,5o par brebis.

Le fléau le plus cruel du troupeau est la sécheresse; il détruit les pâturages et les troupeaux meurent de faim, surtout depuis que la cherté des champs pousse l'éleveur à les couvrir d'un nombre trop considérable d'animaux, puisque, calcul fait de 200 cuadres pour 2,000 brebis, il faudrait, au lieu de la superficie de 1,773 lieues qu'occupent actuellement les 40 millions de brebis, au moins 2,494 lieues.

Dans la province de Buenos-Ayres, les éleveurs suivent deux systèmes pour combattre la sécheresse.

L'un, le plus ancien, compte sur les pâturages naturels et exige le déplacement des troupeaux et précisément à une époque où ce déplacement est le plus difficile. Ainsi, en 1829 et 1831, des troupeaux entiers ont été perdus parce qu'ils ne trouvaient pas d'eau dans le parcours à faire pour arriver à une oasis.

Le second système consiste à préparer, sur place, les ressources nécessaires pour les temps de sécheresse, en faisant des prairies artificielles. Au nord et à l'est de la province, le manque de pâturages et d'eau se fait sentir de novembre à février, et les animaux sont exposés aux rayons du soleil, ce qui leur donne une laine grosse, rude, cassante, sèche et sans séve. Cela influe encore sur la reproduction.

L'époque de la disette est précisément celle de la gestation ; dans ces années, il y a une diminution notable dans la reproduction. En effet, les brebis sont obligées de prendre soin de leur propre conservation, alimenter la pousse de la laine qui est toujours plus forte dans le premier mois qui suit la tonte, et de pourvoir à la nourriture du fœtus.

Ces améliorations seraient-elles une charge? Peut-être non, si on les comparait aux résultats qu'elles amèneraient.

D'après M. Maxwell, le niveau des eaux dans les puits a diminué. ce qui prouve l'abaissement du niveau des nappes environnantes.

Les pâturages qui donnent la meilleure laine dans la Plata sont les chiendents et les trèfles, de toute espèce, qui poussent en abondance dans les champs. Ainsi on trouve des pâturages qui donnent à la laine un moelleux et une élasticité particulière; d'autres, beaucoup de force; d'autres ne servent qu'aux engrais, tandis qu'il en est qui ne font ni laine ni engrais.

Les brebis sont sujettes, comme en Europe, à un grand nombre de maladies, surtout à une espèce d'éléphantiasis qui est très-commune, et provient des eaux malsaines dont on abreuve les animaux.

Les toisons des brebis, dans la Plata, pèsent en moyenne 3 livres 1/2 du pays, ou 1 kilog. 61.

On tue ordinairement les brebis âgées de six ans, ce qui veut dire que le troupeau se renouvelle, chaque année, d'un sixième. Alors elle donne sa peau en laine, qui se vend ordinairement à raison de 28 francs la douzaine, et elle produit environ 9 kilogrammes de suif.

Le compte ci-après indiquera le produit net que peut donner un troupeau de 24,000 moutons, nombre le plus haut qu'un éleveur puisse nourrir sur une lieue carrée de pâturages doux.

CAPITAL.

Valeur d'une lieue carrée de pâturage doux	120,000^f
Achat de 24,000 brebis, à 25 piastres au choix..............	120,000
Établissement de 16 bergeries avec parcs, etc. à 1,400 francs chaque...	22,400
Abreuvoirs...	2,800
Réservoirs centraux pour 8 bergeries, les 8 autres prenant l'eau dans des puits, à 400 francs l'un......................	640
Autres frais d'installation................'.....................	1,000
48 chevaux pour les bergers, à 50 francs l'un.................	2,400
Béliers reproducteurs pour les troupeaux, 24 à 60 francs......	14,400
TOTAL	283,640

FRAIS.

Intérêt du capital du terrain, 10 p. o/o, ou fermages..........	12,000
16 bergers à 90 francs, *herbe* et sel compris.................	1,440
Remplacement de chevaux hors de service.................	800
Réparation des parcs, abreuvoirs, etc. etc	1,200
Manches et autres ustensiles..............................	1,200
Remplacement des béliers reproducteurs, 24 à 60 francs	1,440
TOTAL..........	18.080

PRODUITS.

25,200 têtes tondues donnant 2,528 arrobes à 50 piastres (ou 10 fr. les 11 kilog. 50)....................................	25,280

À DÉDUIRE.

Frais de tonte, 10 réaux par tête.................	6,300^f 00^c	
Transport de la laine au marché................	Mémoire.	7,805
Commission de vente, 2 p. o/o	505^f 60^c	
Frais divers..............................	1,000 00	
		17,475
Peaux de mouton, 13 1/3 douzaines par mois: pendant neuf mois, 120 douzaines....................................		432
1,000 moutons vendus pour l'abattoir à....................		5,000
5,000 têtes, grandes et petites, à		15,000
TOTAL..........		37,907

BALANCE.

Frais... 18,080^f
Produits.. 37.907

TOTAL NET...... 19,827

Ce serait l'intérêt du capital employé en dehors de la valeur du terrain, soit à 10 p. o/o, 16,360 francs.

Ce revenu net est dans un temps normal et hors des fléaux qui peuvent atteindre le troupeau.

On a déjà divisé les *estancias* en *pâturages durs* et *pâturages doux*; les deux comptes simulés qui précèdent ne s'appliquent qu'aux estancias faisant séparément l'élevage des bœufs et des moutons. Il arrive quelquefois que ces deux races se reproduisent en même temps dans la même exploitation. Voici alors le produit que donne ordinairement cet élevage à l'Azul, l'un des districts les plus riches de la province de Buenos-Ayres.

CAPITAL.

Valeur du terrain, 2,690 hectares...................... 40,000^f
1,500 vaches à 10 francs............................. 15,000
6,000 moutons à 3 francs............................ 18,000
40 chevaux à 60 francs.............................. 2,400
200 juments à 50 francs............................. 1,000
Installation du *rancho* et accessoires.................... 4,000

TOTAL.......... 80,400

DÉPENSES.

Intérêt du capital, 10 p. o/o par an..................... 8,040
Six *puesteros* (gardiens de troupeau), 80 francs par mois....... 5,760
Frais éventuels..................................... 1,000

TOTAL.......... 14,800

PRODUITS.

180 bœufs à 30 francs, pour *saladero*..................... 5,400
200 vaches d'augmentation à 10 francs................... 2,000
10 arrobes (115 kilog. 51) crin à 20 francs les 11 kilog. 50.... 100
15 poulains à 20 francs par tête........................ 300
40 juments d'augmentation à 10 francs.................. 400
600 arrobes laine, à 6 francs les 11 kilog. 50.............. 3,600
" douzaines peaux de mouton......................... 480
2,000 brebis d'augmentation.......................... 6,000

TOTAL.......... 18,280

BALANCE.

Dépenses....................................... 14,800ᶠ
Produit....................................... 18,280

BÉNÉFICE NET.......... 3,480

Il ne faut pas oublier que ce compte simulé est une moyenne qu'il faudrait diminuer de beaucoup dans l'actualité, les animaux ayant baissé de prix dans les proportions suivantes :

Les bœufs, de.................................... 30 p. o/o.
Les moutons..................................... 50

Il ne faut pas oublier non plus que ce compte ne prévoit aucun des nombreux fléaux qui s'opposent au succès de l'éleveur, ainsi que cela a été expliqué plus haut. A l'Azul, par exemple, la sécheresse dure depuis trois ans.

30. — La laine n'est pas, nous l'avons déjà dit, un produit accessoire dans la Plata, puisqu'elle constitue un des éléments les plus importants de l'exportation, ainsi que le démontreront les chiffres portés au tableau ci-joint, qui se sont élevés pour 1866 à 72,521,858 francs, pour les produits des bêtes à laine et chèvres, et à 44,902,829 fr. pour les bêtes à cornes et les chevaux; ces deux sommes sont applicables aux revenus des *estancias*. Produits des animaux.

Les *chacras* produisent le beurre, le lait, le fromage et la volaille, mais en quantité si réduite qu'elle ne suffit pas à la consommation locale.

Dans les environs des villes, on élève un grand nombre de vaches pour le lait et quelquefois pour le beurre et le fromage ; un cultivateur (*chacrero*) a de 10 à 100 vaches qui, pendant quatre ou cinq mois de l'année, lui donnent chacune, en moyenne, de 6 à 8 litres de lait par jour, quantité très-faible à cause de la détestable habitude qu'on a, ici, de faire teter le veau afin de pouvoir traire.

Il vend le lait de 1 fr. 20 cent. à 6 francs les 25 litres, c'est un Basque qui est laitier (car Basque ou laitier sont synonymes pour le monopole de ce commerce); le laitier achète à la *chacra* le lait pur, pour le porter plus ou moins altéré, et le vend au détail avec un petit bénéfice.

Prenons un exemple :

50 vaches laitières à 3 litres 1/2 (6 cuartas de o litre, 57) de lait par jour, pendant six mois, font 513 litres (900 cuartas ou 41 taros), soit 98 fr. 40 cent. par chaque vache ; en traitant à forfait, on paye le lait en moyenne 2 fr. 40 cent. le taro de 12 cuartas (6 litres 84); ajoutez la valeur du veau, 16 francs, vous aurez une moyenne, par vache, de 114 fr. 40 cent., soit, pour 50 vaches, 5,720 francs.

DÉPENSES.

16 hect. 80 ares de prairies; fermage........................	500
Bouvier à 60 francs par mois.............................	720
Deux femmes pour traire................................	720
Parcs, entretien.....................................	240
Cordes, poteaux	120
Pertes, non-valeurs..................................	600
TOTAL.............	2,900

Cette somme déduite du produit de vente qui est de............. 5,720

IL RESTE un bénéfice net de............. 2,820 ·

Dont il faut encore déduire le salaire et l'entretien de l'éleveur.

Lorsque les vaches sont arrivées à ne plus donner de lait, on les engraisse et on en retire le prix d'achat, c'est-à-dire de 50 à 60 francs.

La stabulation sur les *chacras* se fait comme pour les *estancias* dans des parcs (*corrales*) en plein air, on ne donne à manger qu'aux animaux de travail; il est rare que les vaches laitières reçoivent d'autre nourriture que celle qu'elles trouvent dans la prairie.

On commence à fabriquer beaucoup de beurre, dont le prix varie de 1 fr. 50 cent. à 4 francs le demi-kilogramme; l'industrie du beurre et du fromage ne donne pas un bénéfice plus élevé que celle du lait. C'est lorsque l'on ne peut pas l'utiliser ou dans des cas exceptionnels qu'on le convertit en beurre.

L'élevage de la volaille, poules, dindes, canards, donnerait de beaux bénéfices, car les œufs et la volaille sont chers. Quoique très-maigre, la volaille se vend bien; mais élevée à l'air libre, elle est sujette à beaucoup de maladies et de causes de destruction, telles que les éperviers de toutes dimensions, sarigues, la peste qui n'est autre chose que des milliers de parasites. Mais pour obtenir un bon résultat, il faut que la *chacra* produise tout le nécessaire dans de bonnes conditions. Mille poules donnent actuellement un meilleur résultat que mille brebis.

Les pigeons sont aussi d'un bon rapport, ils trouvent à vivre avec les graines de chardon, de navette, de moutarde, le blé perdu, etc. etc.

Les canards sont rares, surtout le canard commun d'Europe; les canards sauvages sont si nombreux que l'on n'a pas besoin d'en élever.

Céréales.

31. — Il serait impossible de déterminer les quantités de terres cultivées en céréales diverses, froment, maïs, les autres espèces étant à peu près inconnues; car le cultivateur étend sa culture suivant les résultats qu'il a obtenus l'année précédente. Les prix ont-ils été élevés et par conséquent laissé des bénéfices, alors d'immenses

champs sont, comme cette année, ouverts par le charrue? Dans le cas contraire, le laboureur se retire.

Il n'existe pas, ainsi que cela a été dit, de système d'assolement qui permette de savoir à un are près les diverses situations des terres; la matrice cadastrale ne contient pas, comme en France, ces divisions en prés, vignes, terres labourables, bois, etc.; cette indication serait d'ailleurs impossible, puisqu'elle n'existe pas et que la destination des terres varie chaque année.

32. — Les frais de culture pour une *cuadra* de froment (1 hect. 68 ares) sont aussi variables que le produit et les points de la province où on le cultive; il n'est donc possible de donner qu'une moyenne approximative.

Une cuadra de terre (1 hect. 68 ares), loyer ou intérêt du capital qu'elle représente................................	50^f
Deux labourages et hersages................................	40
Un fanègue semence (1 hectol. 37 litres).....................	30
(Ce prix est moyen et loin de s'appliquer aux mercuriales du moment.)	
Ensemencement et petites façons...........................	20
Échardonnage, nettoyage...................................	20
Récolte à la manière du pays...............................	260
TOTAL....................	420

On peut espérer de 15 à 20 fanègues ou 20 à 27 hectolitres qui valent, prix moyen d'une année moyenne, de 450 à 600 francs.

Ce résultat est obtenu sur une propriété parfaitement soignée aux environs de Buenos-Ayres, mais est loin de représenter la production moyenne, qui ordinairement n'atteint pas un tel rendement.

On peut donc en conclure que dans les meilleures conditions un hectolitre de blé doit revenir au cultivateur à 20 francs.

Les céréales sont donc très-incertaines quant au prix de vente et au rendement.

Ainsi actuellement le blé de la récolte de 1866 vaut 60 francs l'hectolitre, et il est d'une qualité fort inférieure. Le grain en est ridé, mince et rachitique.

Le maïs est encore plus sujet que le blé aux variations du rendement et de la vente; il est donc impossible d'établir des prix de revient exacts, et de dire s'il donne réellement des bénéfices. On ne le cultive souvent que dans les terres que l'on veut préparer au blé. En effet on choisit des terres vierges de culture, on les sème d'abord de maïs et puis de blé les deux années suivantes.

de novembre, les chaleurs très-fortes accompagnées de vents desséchants, la grêle, toutes ces causes réunies nuisent non-seulement à la qualité, mais à la quantité de la récolte; le grain est maigre et de peu de poids.

En semant en mai ou en juin, trois quarts de fanègue ou un hectolitre sont suffisants; en juillet, il faut une fanègue et plus.

Pour semer, on trace des sillons et on sème à la volée. Les fils du pays couvrent à l'araire et puis hersent.

Toutes les terres, excepté les terres basses, sont propres à la culture des céréales.

Depuis trente ans, la culture des céréales a plus que triplé; le pain et le biscuit deviennent dans les villes et villages l'aliment de tout le monde, excepté dans la plupart des *estancias*, où on ne mange que de la viande. Le pays suffit à peu près à ses besoins et on estime que le parti de Chivilcoy, la Beauce de la Plata, produit actuellement, année commune, un million d'hectolitres.

34. — Les prix des blés ne peuvent se coter que depuis dix ans, ils sont très-peu fixes à cause de l'incertitude des récoltes; ainsi ils ont flotté de 16 francs à 85 francs la fanègue.

Le maïs suit toujours la proportion des mercuriales du blé.

35. — La qualité des céréales n'a pas été améliorée; les tentatives de culture de blés de différentes provenances paraissent ne pas avoir donné de grands résultats. Cela tient-il à la mauvaise culture ou au climat? On cultive le blé dur, le tendre ne réussissant pas.

Le blé, l'orge, le seigle, le maïs, l'alpiste réussissent bien; mais l'avoine et l'orge d'été n'ont jamais donné de bons rendements, malgré de grands soins.

36. — Ce n'est qu'aux environs de Buenos-Ayres que l'on cultive en général les plantes alimentaires, et cette culture augmente chaque année.

Les pommes de terre sont la principale culture des îles du Parana près de Buenos-Ayres; elle donnent jusqu'à quatorze pour un de semence; mais elle sont très-aqueuses et ne se conservent point. Aussi préfère-t-on celles du Havre et de Bordeaux, bien qu'elles coûtent de 4 à 8 francs les 11 kilogrammes.

Tous les légumes réussissent aux environs de Buenos-Ayres et dans les îles du Parana, mais ils sont en général sans saveur et d'une cuisson difficile.

Ces cultures sont d'ailleurs très-secondaires, puisqu'elles ne se font qu'aux environs de Buenos-Ayres.

37. — Il serait difficile de déterminer le prix de revient de ces cultures; cependant dans les îles, on les apprécie comme suit en chiffres ronds.

Les propriétaires de ces îles ont tout à fait abandonné l'exploitation par domestiques, elle était ruineuse, un domestique coûtant par an, nourriture comprise, de 1,000 à 1,400 francs; aujourd'hui les terres sont données au métayage; le propriétaire fournit le sol et les semences et prend en retour un quart brut de la récolte. Ces exploitations sont entre les mains d'immigrants lombards; sur quatorze établissements trois seulement sont Béarnais.

Ces établissements ensemencent pour les deux saisons 6,000 arrobes (69,000 kilogrammes) de pommes de terre dont le rendement peut être évalué à 200,000 arrobes (2,301,315 kilogrammes); il y a dix ans, cette production n'arrivait pas à 50,000 arrobes ou 575,277 kilogrammes.

Le défrichement des terres dans les îles est très-cher, puisqu'il est évalué à 2,000 francs pour 1 hect. 68 ares. Les années qui suivent le défrichement, il suffit d'un fauchage pour enlever, avant le labour, les herbes qui poussent avec une effrayante rapidité entre les deux récoltes. Ceci n'a rien d'étonnant.

Les îles peuvent être divisées en deux zones, celle des plateaux qui n'est exposée qu'aux inondations, et la région basse recouverte à chaque marée ou influence qui augmente un peu la crue des eaux.

Le sol des îles est donc toujours frais, et si la terre ferme est exposée aux inconvénients de la sécheresse, c'est l'humidité qui contrarie le développement de la grande agriculture sur ces terres de récente alluvion.

On sème les pommes de terre plusieurs années sur le même terrain.

Les plantations se font à la charrue; elles sont buttées au buttoir et arrachées à la houe.

Un homme avec une paire de bœufs peut cultiver 2 hectares; il lui faudra 100 arrobes ou 1,150 kilogrammes de semence en septembre (première saison) et autant en décembre (seconde saison).

Le première récolte lui donnera 1,000 arrobes ou 11,500 kilogrammes qu'il vendra 1 fr. 40 cent. les 11 kilogrammes, la deuxième 800 arrobes à 3 francs.

12 cuadras ou 1,536 mètres de façade sur la rivière avec une profondeur indéfinie valent de 20,000 à 30,000 francs.

Les îles ont été la ruine de beaucoup de spéculateurs, la culture de la pomme de terre est la mine découverte pour ces terres qui sont très-exposées à cause des inondations du Rio Parana; quand ces malheurs arrivent, c'est la ruine du propriétaire.

La zone des terres basses est plantée d'arbres, tels que saules, peupliers et surtout des pêchers; ce sont de vraies forêts qui végètent et se reproduisent d'elles-mêmes sans que l'on puisse savoir si la main de l'homme les a plantées.

Le pêcher produit un assez bon résultat en bois et en fruit. Certaines exploitations donnent en pêches un revenu annuel de 6 à 10,000 francs; il faut en déduire la moitié ou le tiers pour les frais de cueillette.

38. — On peut considérer comme nulle la culture des plantes industrielles; quel-

BUENOS-AYRES. ques cultivateurs se sont bornés à des essais, mais sans résultat avantageux, ces cultures exigeant beaucoup de main-d'œuvre, ce qui manque complétement dans le pays; mais ces essais ont été faits avec le même soin qu'en Europe.

On a semé quelques parcelles en colza qui ont donné de beaux résultats; seulement le desséchement rapide de cette graine et le manque d'ouvriers rendent cette culture en grand tout à fait impossible.

Le lin produit de 20 à 25 fanègues.

On en vend la graine aux pharmaciens, ce qui indique une culture restreinte et on laisse perdre la partie textile. On ne fabrique pas même l'huile de graine de lin, bien qu'elle coûte fort cher.

Le chanvre réussit assez bien dans les îles du Parana, ainsi que le carthame des teinturiers; le ricin vient bien aussi et donne beaucoup d'huile.

Frais de culture. 39. — Là se bornent les essais faits; on ne peut donc pas déterminer les frais de ces diverses cultures, qui ne sont qu'exceptionnelles.

40. — La province de Buenos-Ayres ne cultive pas de canne à sucre, le climat n'y est pas assez chaud, puisqu'en août dernier le thermomètre est descendu à 2 degrés au-dessous de zéro.

Il serait peut-être utile en terminant les questions qui touchent à l'agriculture de faire connaître les animaux et les végétaux nuisibles à la culture et dont il est impossible de se défendre.

Animaux. — Caïcer, viscaches, rats, souris, oiseaux, vers blancs, chenilles de toute sorte, sauterelles, les fourmis que rien ne peut détruire, cantharides noires, punaises; des bœufs et des chevaux venus de la Pampa détruisent quelquefois en une nuit toute une récolte; si le propriétaire les surprend, il ne peut réclamer qu'une indemnité insignifiante et dérisoire.

Plantes nuisibles. — Datura stramonium, bonnes-dames, amaranthes, verveines, solanées, ciguë (haute comme un arbre), moutardes noire et blanche, navette, pourpier, thé du Mexique, fenouil, apocinées, ipomées, douce-amère, absinthe, menthe, etc., elles croissent et s'élèvent avec une rapidité telle, quand il pleut et qu'il fait chaud, qu'une belle récolte est étouffée en quelques jours et la terre desséchée.

Éléments nuisibles. — Grands vents, gelées tardives, pluies torrentielles, sécheresses excessives, quelquefois la grêle.

Vigne. 40 à 47. — La province de Buenos-Ayres ne cultive pas à proprement parler la vigne; on n'y trouve que de grandes treilles et des vignes hautes sur échalas toutes destinées à donner des raisins de table et non à faire du vin.

Les provinces riveraines des Andes, Mendoza, San-Juan et la Rioja cultivent la vigne sur une grande échelle; quoique m'écartant des limites de mon arrondissement consulaire, j'ai cru devoir consigner ici, afin de compléter mon travail sur les grandes branches de l'agriculture argentine, les notes qui m'ont été fournies sur la viticulture des provinces précitées, de Mendoza principalement, par M. Damien Hudson.

L'étendue des terres cultivées en vignes dans la province de Mendoza et San-Juan est de 1,800 cuadras ou environ 3,000 hectares.

En 1838, l'enthousiasme des cultivateurs de Mendoza pour la sériciculture leur fit arracher une partie de leurs vignobles pour les remplacer par des mûriers. Mais les résultats de ce changement ne furent pas satisfaisants et on revint à la culture de la vigne qui, en dix ans, augmenta de 20 p. o/o.

Les frais de culture d'une cuadra (1 hect. 68 ares) s'élèvent pour l'arrosage, la taille, l'entretien des échalas, à 120 francs. Il faut y ajouter le coût de la plantation de la vigne qui est de 50 centimes par cep, la cuadra en contenant 5,000, c'est à 2,500 francs que revient la cuadra, sans oublier que les ceps ne commencent à produire qu'à trois ans.

On choisit, pour planter la vigne, un sol d'alluvion pierreux ou sablonneux, légèrement incliné pour l'écoulement des eaux d'irrigation.

On le nettoie de tous les arbustes et herbes qui le couvrent; on le laboure et nivelle; on tire ensuite des lignes droites dans la direction du nord au sud que l'on coupe par d'autres lignes droites allant de l'ouest à l'est.

Entre la haie de clôture et le premier sillon on laisse une allée de 10 mètres de large, tandis que l'on ne donne à celle du milieu que 6 mètres; cette largeur est destinée au passage des charrettes.

Les carrés que forment ces allées se désignent sous le nom de *cuarteles* (quartiers).

On pratique sur les alignements tracés des trous d'un demi-mètre de profondeur et suffisamment grands pour que le jeune plant puisse s'y étendre.

Les plants, longs de 50 centimètres, sont d'égale grosseur et choisis parmi les sarments les plus vigoureux; ils doivent être enterrés une année d'avance, de manière à être transformés en chevelus. On prend de cette pépinière le plant pour en placer un dans chaque trou, après un petit arrosage fait vingt-quatre heures d'avance; on chausse le plant avec de la terre extraite, en la tassant autour afin de bien l'affermir; on fait une autre irrigation pendant le temps nécessaire pour bien humidifier le sol.

On plante les treilles de la même façon.

Les ceps sont généralement élevés dans les deux provinces, mais plus hauts et plus gros à San-Juan qu'à Mendoza.

L'espacement est de 3 mètres, plus ou moins.

L'année qui suit la plantation de la vigne, on donne à chaque plant un tuteur en bois dur d'égale hauteur.

La vigne demande beaucoup de propreté; aussi la dégage-t-on de toutes les mauvaises herbes qui sont nuisibles à son développement; ce nettoyage se fait à l'époque de la pousse et lorsque la maturité commence, à la fin de l'automne, pour la vendange et à l'époque de la taille.

Il est aussi nécessaire de la dépouiller de quelques sarments, ainsi que des feuilles pour que la grappe exposée au soleil mûrisse davantage, quoique le climat soit un peu ardent et sec.

La vigne reçoit trois arrosages de vingt-quatre heures chaque fois, un avant la taille, en juillet; un deuxième à la formation de la grappe, en octobre; le troisième, à l'époque de la maturité, en février. Si l'année est sèche, on en donne autant de six heures; dans tous les cas, il faut que l'eau coule rapidement et ne séjourne pas au pied de la souche.

Après la taille, on s'occupe du provignage qu'on fait avec des sarments poussés au pied du cep, sinon avec du chevelu, on change les échalas brisés et on lie avec de l'orme ceux qui ne le sont pas.

La taille est très-variable, suivant la culture et l'espèce des ceps, on laisse à la vigne trois ou quatre sarments des plus gros et des plus vigoureux, longs de 8 à 10 pouces, destinés à former le cep, qui s'étendra dans diverses directions; ces sarments ont chacun trois, quatre et jusqu'à six bourgeons suivant la force de la plante; on la dépouille de tous les autres.

Pour cette opération, on se servait autrefois d'une serpe à talon tranchant, pareille à celle des vignerons de France; aujourd'hui les ciseaux ont remplacé cet instrument.

Après la taille, on réunit les sarments en javelles, ayant soin de choisir les meilleurs pour faire du chevelu.

La taille est la même pour la vigne que pour la treille.

On ne donne aucun engrais à la vigne.

Les éléments nuisibles à la vigne sont la grêle, en été, qui détruit non-seulement les grappes, mais encore rend la vigne stérile pour l'année suivante;

Les sauterelles qui tombent en nuées sur les vignobles, les dépouillent de leur feuillage et laissent à sec le raisin qui ne peut pas mûrir : ce fléau se présente tous les cinq ou dix ans;

Les fourmis noires qui attaquent jusqu'au cep;

Les vents, lorsque le raisin est en fleur;

Les gelées tardives;

Enfin le fenouil qui étouffe la vigne, si on n'a pas soin de la dépouiller de cette plante vigoureuse.

L'oïdium a attaqué quelques treilles, on le combat par le soufre.

La vigne produit à l'âge de deux ans; elle donne trois ou quatre petites grappes.

La vigne dure un siècle, si elle est soignée.

Les principales espèces de raisin sont les suivantes :

La première qui est le fond des vignobles dont les grains sont noirs ou sombre foncé, de forme sphérique, gros comme une cerise.

La seconde, celle des treilles, le muscat blanc, noir, à grains ronds ou oblongs.

Il y a ensuite les espèces introduites.

1° Le raisin dit d'Italie, dont les grains sont très-serrés, plus petits que ceux de la vigne, blancs et de forme sphérique.

2° Le *torrontez*, introduit de la Rioja, de couleur blanche dorée, grains ronds. Cette espèce est très-répandue dans la province de San-Juan. On en fait du vin blanc qui ressemble beaucoup au xérès.

3° La *rosada*, ainsi appelée parce qu'elle est couleur de rose, grosse comme une noisette; ce plant est rare.

4° Un agriculteur français a introduit trente variétés nouvelles. Celles qui sont le plus en faveur sont le cabernet et le gourdoux, de Bordeaux; on en compte de 15 à 20,000 plants, avec lesquels on fait déjà un vin imitant à peu près le bordeaux.

Il a introduit aussi le *teinturier*, destiné à colorer le vin.

La vigne produit des vins légers qu'on colore avec du moût cuit et qui sont désignés sous le nom de *pichanza*, *chocoli* et *chicha baja*, des vins ordinaires blancs, foncés (carlon) et noirs.

La treille ne donne que des vins blancs.

De ces diverses qualités, on extrait de l'eau-de-vie simple ou à l'anis.

Les vendanges commencent à la fin d'avril pour se terminer aux derniers jours de mai.

Pour les vendanges, on emploie des hommes, des femmes et des enfants; le salaire des premiers est de 1 franc par jour et de 75 centimes pour les seconds, avec la nourriture.

On procède comme suit pour vendanger :

D'abord, pour les treilles, les vendangeurs, au point du jour, se mettent à l'ouvrage, munis d'une corbeille, d'un couteau et de quelques échelles. Ils coupent la grappe avec le plus grand soin et la placent dans la corbeille, qui est remise à d'autres ouvriers qui attachent les grappes deux par deux et les posent à cheval sur une tringle en bois dur suspendue à un mur ou sous des hangars. Elle est ainsi exposée au soleil pendant quinze jours; au bout de ce temps, le raisin est desséché et les grappes sont mises en caisses.

La production du raisin peut être évaluée à 34,500,000 kilogrammes à Mendoza et à 14,500,000 kilogrammes à San-Juan. Le prix actuel est de 4 réaux boliviens les 11 kilog. 50. Il y a cinquante ans, il était de 8 à 12 réaux (de 5 francs à 7 fr. 50 cent.). 1 hect. 68 ares de treille donne en moyenne 1,600 arrobes de raisin sec.

Aujourd'hui une grande partie des raisins de treille est destinée à faire du vin et de l'eau-de-vie.

La vendange des vignes ordinaires se pratique à peu près comme en France. Chaque vendangeur prend un sillon; quand il a rempli le panier, il le vide dans un récipient, appelé *yole*, de forme ronde, fait avec un cuir de bœuf monté sur un châssis en bois, pour soutenir la peau. Deux *yoles* sont placées sur un cheval, et dès qu'elles sont remplies, on les conduit au *lagar*.

Le *lagar* est un bassin carré construit à chaux et sable au fond du cellier et cimenté de manière à conserver le liquide: d'un côté de ce bassin, on place deux solives sur lesquelles repose un cadre en bois, appelé *zaranda*, recouvert de lanières de peau de bœuf formant un crible, les interstices disposés de manière à laisser passer le raisin seulement et non la grappe. Deux hommes sont là, destinés à recevoir les *yoles* et à les vider.

Le *lagar* correspond par un orifice à un autre réservoir plus petit appelé *pilon*.

A mesure que les *yoles* sont vidées sur la *zaranda*, les deux hommes les roulent avec les mains de manière à séparer le grain de la grappe; le grain tombe dans le *lagar* et la grappe est jetée. Cette opération fait essentiellement couler beaucoup de moût, qui va au *pilon*.

Ce moût est extrait au moyen de cruchons en terre et versé dans la vaisselle vinaire disposée à cet effet dans le cellier. C'est là que commencent les divers procédés qui produisent les différentes qualités de vins déjà énoncés.

A la première fermentation, ou on le fait cuire légèrement en y ajoutant du romarin, et c'est ce qui produit la *pichanza;* ou on contient la fermentation par le bouchage du tonneau qui renferme le liquide pour avoir de la *chicha baja;* ou on le laisse fermenter, c'est le *chacoli.*

Dès que les vendanges sont terminées, que tout le moût vierge a coulé, cinq ou six hommes entrent dans le *lagar*, foulent deux fois à trois jours d'intervalle tous les grains qui y restent; après la seconde opération, on aperçoit à la superficie une espèce de dépôt; on jette alors dans le *lagar* une certaine quantité de plâtre bien fin; on donne un léger foulage et, trois jours après, on décuve et on met dans des tonneaux, dont on laisse les bondes ouvertes. On supprime le plâtre pour les vins blancs.

Avec les grappes, mouillées d'eau en quantités uffisante, dans des tonneaux, on obtient après vingt ou trente jours d'excellent vinaigre.

Le résidu resté dans le *lagar* est entassé et surchargé de pierres et de troncs d'arbres; en deux ou trois jours, il rend tout le suc qu'il contient. Cette opération faite, on étend de nouveau ce résidu au fond du *lagar*, on y verse de l'eau et on laisse reposer une semaine. Ces deux liquides servent à faire de l'eau-de-vie.

Après tout ce traitement, le résidu est jeté aux animaux.

Le *lagar*, d'après ce qui précède, remplace nos cuves et doit donc être d'une contenance proportionnée au vignoble qui doit l'alimenter.

Après deux mois, la fermentation est passée; on procède au coulage, qui se pratique comme en France.

Le vin *carlon* est fabriqué d'après le même procédé que le *chacoli;* seulement les raisins, avant de passer au *lagar*, sont exposés quelques jours au soleil.

Tous ces systèmes surannés et coûteux s'en vont, et les nouveaux les remplacent.

La récolte du moût à Mendoza peut être calculée à raison de 500 à 1,200 arrobes par cuadra, et au minimum, dans les mauvaises années, à 300 arrobes. Le produit total est de 1,600,000 arrobes et le minimum de 500,000 arrobes. L'arrobe est de 11 kilog. 50.

Un tiers se consomme en sirops, vins cuits, eau-de-vie; les deux tiers restants en vins ordinaires.

La moitié est consommée dans la province; le reste, soit environ 400,000 arrobes, s'exporte pour Cordova, San-Luis, etc.

Le prix actuel du vin varie suivant les qualités; la bonne qualité rouge de la dernière récolte (1866) vaut de 20 à 24 réaux l'arrobe; il y a dix ans, ce prix n'était que de 12 à 16 réaux. Le vin blanc, dans les mêmes qualités, se vend 8 réaux boliviens.

Le vin façon bordeaux vaut 10 piastres boliviennes l'arrobe. 1 once vaut 22 piastres boliviennes de 8 réaux chacune.

Le vin carlon vaut de 4 à 5 piastres l'arrobe.

Le prix des terres destinées à la vigne varie suivant leur éloignement de la ville et leur facilité d'irrigation; une bonne terre vaut de 125 à 150 piastres fortes la cuadra, c'est-à-dire de 625 à 750 francs l'hectare 68 ares.

L'intérêt de l'argent prêté aux vignerons est au même taux que celui donné aux autres spéculateurs. On leur avance fréquemment des fonds sur la récolte de l'année suivante, sans intérêts, à la condition d'obtenir un prix bas au moment des vendanges, 1 ou 2 réaux boliviens par arrobe de moût. Ceci a lieu avec les petits propriétaires sans capital. Aujourd'hui les Français et les Italiens leur achètent le raisin sur pied et en bloc pour 400, 500 piastres boliviennes, suivant la contenance des vignobles, et tous les travaux de récolte et de fabrication restent à leur charge.

48 à 50. — La voirie n'a jamais existé dans ce pays; elle n'a donc pas fait de progrès depuis l'indépendance. Cette situation s'explique si on réfléchit qu'une population de 310,000 âmes seulement est répandue sur une superficie de 7,000 lieues carrées, que le sol est en général boueux dans la saison des pluies et qu'enfin les matériaux pour macadamiser les routes manquent sur presque tous les points de la province.

Il n'existe pas de routes proprement dites; le charretier passe où il peut. Quand une fondrière s'est formée sur un chemin battu, il se fraye un passage à côté. Les faubourgs de Buenos-Ayres, qui ne sont pas encore pavés, peuvent donner une idée de ce que doivent être les voies de communication dans les campagnes.

L'avenir de la voirie est donc complétement dans l'établissement des chemins de fer. Il en existe déjà quelques lignes, mais leurs avantages s'en font peu sentir, puisque les propriétaires sont obligés de faire un voyage pour arriver à une gare. En outre, les administrations font la condition du chargeur si mauvaise, qu'il est obligé de préférer le roulage à bœufs, car il n'y en a pas d'autres.

En effet, les prix de transport des chemins de fer sont trop élevés; ainsi le fret de Chascomus au marché du 11 septembre à Buenos-Ayres est de 80 centimes les 11 kilog. 50 pour une distance de 114 kilomètres.

De Lujan à la Place du Parque, un wagon portant de 220 à 230 arrobes de laine en grenier coûte 90 francs, c'est-à-dire 40 centimes les 11 kilog. 50 pour 15 lieues, soit 1 réal par livre, sans aucune responsabilité, tandis que les charrettes prennent 1 réal et demi, mais s'obligent à rendre le poids reçu; ensuite le transbordement amène toujours un déchet et des frais; aussi les chemins de fer n'ont-ils pas fait cesser le roulage.

Les marchés du Sud et du 11 septembre sont encombrés de ces énormes charrettes attelées de six bœufs, qui ressemblent à des maisons et portent de 150 à 200 arrobes (de 1,725 à 2,300 kilogrammes). Les voies ferrées ne produiront donc des résultats complets qu'autant que leurs embranchements iront atteindre tous les points principaux de production et abaisseront leurs tarifs. La marche ordinaire des charrettes est de 2 lieues par jour, sauf accident.

Si les routes sont délaissées, à plus forte raison les fleuves; ils sont toujours ce que Dieu les a faits. Il a bien été donné quelques concessions pour l'amélioration du Rio Capitan, mais ces concessions sont restées caduques, les concessionnaires n'ayant pu faire face à leurs engagements.

52, 53. — Tous les produits agricoles de la province sont venus de tout temps à Buenos-Ayres; il n'existe pas d'autre marché, et tout semble indiquer que ce port continuera à avoir le monopole de vente et d'expédition de ces produits.

La facilité ou la rapidité des communications entre Buenos-Ayres et les districts de production de la province n'ont donc pas avancé, puisque rien n'est changé dans les voies qui les alimentent.

54. — Le mauvais état ou plutôt l'absence des voies de communication amène la cherté des transports, qui prend des proportions exorbitantes pour les points éloignés de Buenos-Ayres. Voici quelques exemples qui en donneront une idée. L'arrobe (ou les 11 kilog. 50) est l'unité de poids pour les tarifs ci-après :

De la laguna de los Padres, du Moro et tous les autres districts au sud de Dolores, 3 fr. 60 cent. pour une distance de 98 à 120 lieues.

Du Vingt-Cinq-de-Mai, Neuf-Juillet, le Bragado et autres points de la frontière, 1 fr. 60 cent. pour une distance de 50 à 70 lieues.

De Tandil, 4 francs pour 93 lieues.

En prenant 60 piastres ou 12 francs pour prix des 11 kilog. 50 de laine (et ce prix est élevé, vu la qualité des pâturages de ces pays), on voit que le fret coûte de 27.75 jusqu'à 28.50 p. o/o du produit net de la laine.

Les énormes frais de transport sont donc un grand obstacle au développement de l'agriculture dans les districts de la frontière de la province, où la terre coûte 40,000 fr la lieue carrée, quoique sujette pour les districts de l'ouest à l'invasion des Indiens de la Pampa.

L'Entre-Rios et Santa-Fé font avec avantage concurrence à Buenos-Ayres; ces deux provinces sont traversées par des cours d'eau et riveraines du Parana, cette grande artère de la république Argentine.

L'Entre-Rios a en outre l'avantage d'une grande sécurité : pas d'Indiens à redouter; mais aussi les terres y sont-elles plus chères. La province de Santa-Fé, qui est exposée au nord et au sud aux invasions des Indiens, vend ses terres 1,500 francs la lieue carrée, quoiqu'elles soient de qualité supérieure et ne soient pas, comme celle de Buenos-Ayres, exposées à la sécheresse. Le transport de leurs produits du lieu de production sur le marché de vente ne dépasse pas 7 p. o/o.

Mais il faut dire d'un autre côté que la province de Buenos-Ayres ayant une population étrangère considérable, la sécurité individuelle y est plus garantie relativement, car il ne faut rien comparer à ce qui se passe en France.

De Buenos-Ayres, les produits agricoles, qui seuls alimentent l'exportation, sont expédiés sur les marchés de consommation désignés dans le tableau ci-après.

49. — La République Argentine possède sur tout son territoire sept lignes de chemin de fer en exploitation, représentant ensemble un parcours de 422 kilomètres, dont 310 appartiennent à la province de Buenos-Ayres et se répartissent comme suit :

Ligne de l'Ouest, de Buenos-Ayres à Chivilcoy.............	159 kilóm.
Ligne du Nord, de Buenos-Ayres à las Conchas............	32
Ligne du Sud, de Buenos-Ayres à Chascomus.............	114
Ligne de la Ensenada, de Buenos-Ayres à Barracas.........	5.41
SOMME ÉGALE.............	310.41

Plusieurs voies sont en construction sur divers points de la République, mais la province de Buenos-Ayres n'y figure pas.

Quant aux tracés en projet, on ne saurait les compter. Tous les centres de population de la province en réclament, tant le besoin s'en fait sentir, les populations n'ayant aucun moyen de communication praticable pendant l'hiver; car quelquefois les charrettes emploient trois mois pour faire 50 lieues.

Il est sérieusement question pour le moment d'un embranchement de Merlo à Lobos, qui aurait 68 kilomètres et dont le coût est calculé à 3,875,000 francs. Cet embranchement traverserait les riches territoires de Navarro, serait continué par le Saladillo, las Flores, Azul et s'arrêterait à Tapalquen.

34.

Le projet le plus gigantesque est celui qui a été discuté devant les Chambres provinciales, qui serait la continuation du chemin de fer de l'Ouest de Chivilcoy à Mendoza, à travers les pampas occupées par les Indiens insoumis. Ce projet est d'un grand avenir pour Buenos-Ayres, puisqu'il mettrait en communication directe ce port avec le Chili. Il ferait une concurrence dangereuse à la ligne du Centre partant de Rosario, de Santa-Fé à Cordova et aurait une grande portée politique. Si Buenos-Ayres veut conserver son omnipotence commerciale, surtout cessant d'être capitale, elle doit créer cette grande voie de communication, sinon tout le transit pour le Chili viendra au port de Rosario.

55. — Les tarifs de la douane de la République Argentine se réduisent à deux taxes, 23 p. o/o à l'importation et 8 p. o/o pour l'exportation, perçues sur une évaluation des produits renouvelée tous les six mois et faite par une commission d'agents des finances et de commerçants. C'est donc cette évaluation variable qui est la base du droit perçu; elle est généralement, quelques articles exceptés, au-dessous des valeurs réelles.

56. — D'après la Constitution, les droits sur l'exportation devaient cesser pour les produits du pays le 1er janvier 1867; mais les besoins de la guerre ont rendu indispensable le maintien de cette taxe, et c'est dans ce but qu'une Assemblée constituante se réunit, l'année dernière, à Santa-Fé, et modifia provisoirement cette disposition constitutionnelle.

Les droits ne sont pas considérés comme exorbitants et n'ont pas été jusqu'à ce jour un obstacle au développement des transactions commerciales.

57. — Jusqu'à présent, les produits agricoles de la République Argentine ont eu des débouchés si faciles et si nombreux, que tout traité de commerce semblait inutile; si cependant la situation actuelle persistait, le Gouvernement français comme celui de Buenos-Ayres auraient un grand avantage à stipuler des allégements de droits pour les laines, les suifs, les cuirs à leur entrée en France, et pour les vins à leur importation à Buenos-Ayres. Bien qu'une réduction pût être avantageuse pour nos autres produits de l'agriculture, je ne parle que des vins, qui sont la branche la plus importante de nos échanges avec cette république. En effet, l'introduction des vins augmente toujours et arrivera à 100,000 bordelaises dans peu d'années. Elle dépasserait ce chiffre si une convention nous permettait de continuer contre les vins de Benicarlo la concurrence avantageuse que nous leur faisons, et alors peut-être arriverions-nous au chiffre de 130,000 bordelaises. L'Espagne ne pourra pas demander à la République Argentine un traité égal, parce que l'exportation des produits de ce pays pour l'Espagne est à peu près nulle, si on en excepte les viandes séchées qui sont expédiées à la Havane. Mais l'élevage de la bête à cornes est devenu si peu productif que

cette industrie agricole ne peut vivre plus longtemps dans les conditions ruineuses où elle se trouve.

Il ne faut pas se dissimuler toute la difficulté qu'il y aurait à obtenir de ce gouvernement, auquel les traités répugnent, une réduction de droits, même basée sur une juste réciprocité.

Les produits agricoles de la Plata ont toujours été très-recherchés, et ce serait une rude tâche de faire comprendre, je crois, aux économistes argentins l'utilité d'une convention commerciale. Le moment ne sera propice que lorsque ces produits chercheront péniblement des marchés au lieu d'être demandés.

Cette dépréciation des laines, des cuirs et des suifs semble rendre cette situation plus proche qu'on n'aurait pu le prévoir. La France est d'ailleurs la nation la mieux posée pour faire un traité de commerce avec ce pays.

Les importations d'Angleterre sont considérables, puisqu'elles se sont élevées, en 1866, à la somme de 69,431,170 francs, mais les exportations pour ce pays sont relativement peu importantes. La République Argentine n'a donc aucun intérêt à stipuler avec le Royaume-Uni.

La Belgique, d'un autre côté, ne pourrait pas offrir une réduction des droits d'entrée sur les produits que Buenos-Ayres lui envoie, et qui se sont élevés en 1866 à 38,349,614 francs, tandis que les importations de ce royaume à la même année n'ont été que de 3,040,899 francs.

La France au contraire a fourni à l'importation à Buenos-Ayres un chiffre de 54,061,040 francs et à l'exportation celui de 28,572,693; c'est donc la situation qui balance le plus approximativement les échanges.

58.— Les produits agricoles du pays, dans l'actualité, ne font pas concurrence à notre agriculture sur nos propres marchés; notre production en laine, cuirs, suifs, peaux de mouton, crin, etc., étant insuffisante, nous avons donc intérêt à les attirer sur nos marchés.

Les céréales ne se trouvent pas dans les conditions nécessaires pour faire concurrence à celles que nous produisons; en effet, le prix de revient du blé étant calculé en France à 13 francs l'hectolitre et ici à 20 francs, toute exportation est impossible, surtout si on songe au bas prix des blés de Taganrog, d'Odessa et d'Égypte.

Les vins seraient le seul produit qui pourrait nous faire concurrence dans la Plata, mais ces vins seront toujours trop chers, et, en outre, quoi que l'on fasse, on n'arrivera jamais à produire des vins de qualité égale aux nôtres, à égalité de prix.

On peut donc poser hardiment en principe que, tant sur nos marchés que sur les marchés argentins ou étrangers, nous n'avons pas à redouter la concurrence des produits agricoles de Buenos-Ayres.

59.— Notre agriculture trouve à Buenos-Ayres un débouché considérable pour ses produits, ainsi que l'indiquent les chiffres suivants extraits du rapport commercial de 1866 :

Vins en fût ordinaires	9,015,467ᶠ
Vins en caisse ordinaires	514,137
Vins fins	108,667
Cognac	1,614,717
Vermouth	449,806
Champagne	313,110
Sucre	2,391,124
Huile d'olive	164,853
Sel fin	68,733
Fromage de gruyère	207,629
Béliers reproducteurs	27,700
Total	14,871,943ᶠ

Nos vins sont très en faveur et gagnent le marché au détriment des vins de Benicarlo.

Le cognac comprend aussi l'armagnac que ses consommateurs confondent. Les Allemands introduisent de la contrefaçon de cognac faite avec du grain.

Le sucre du Havre est très-demandé.

Si nos échanges continuent leur mouvement ascendant, le seul moyen à employer est dans les mains des expéditeurs, conscience et loyauté dans les expéditions, choix des bonnes qualités ordinaires dans les produits; mais un traité, s'il était possible, aiderait puissamment ce mouvement sympathique des consommateurs non-seulement pour nos produits agricoles, mais encore pour ceux sortant de nos manufactures.

Buenos-Ayres est le centre commercial de la République Argentine; Rosario est relativement sans importance.

Impôts. 60. — Ces pays étant exclusivement agricoles, tous les impôts, quels qu'ils soient et sous quelque forme qu'ils se présentent, pèsent directement ou indirectement sur l'agriculture.

Ils sont les suivants:

1° L'impôt direct qui grève les immeubles est de 3 p. o/o sur leur valeur et après estimation; cette estimation est ordinairement modérée; 1/10 de cet impôt revient à la municipalité, le reste au Trésor.

2° Toutes les voitures et charrettes à quatre roues payent patente, les premières de 70 francs par an, les secondes de 30 francs.

3° Toute charrette ou voiture qui vient à Buenos-Ayres paye 1 franc; si elle va au marché, 3 francs, sans compter les péages établis en faveur d'entrepreneurs particuliers qui ont soumissionné l'entretien d'un chemin, et ordinairement ce chemin est plus mauvais que tous les autres.

4° Les amendes pour infractions de police commises par les charretiers sont si nombreuses qu'elles peuvent entrer en ligne de compte; elles varient de 4 à 40 francs.

5° Chacun des chargeurs d'une charrette paye 75 centimes.

6° Les bœufs et moutons conduits au saladero sont soumis par tête aux taxes suivantes.

a. Droit municipal. Bœuf..............................	1^f 20^c
—————— Mouton.............................	0 20
b. Ponts et chemins. Bœuf............................	0 40
—————— Mouton.............................	0 20
c. Droit d'exportation, 8 p. 0/0.	

Ainsi, un bœuf valant 28 francs paye 4 fr. 34 cent., savoir:

8 p. 0/0 d'exportation..................................	2^f 24^c
Droit municipal.......................................	1 20
Ponts et chemins......................................	0 40
Marques et passe......................................	0 50
TOTAL.....................	4 34

Soit 15 fr. 50 cent. p. 0/0.

Pour avoir une idée des impôts qui pèsent sur la province de Buenos-Ayres, il suffit de faire le relevé suivant :

1° Budget provincial......................	2,400,000 piastres fortes.
2° Budget national correspondant à Buenos-Ayres..	4,500,000
TOTAL........	6,900,000
ou...........	34,500,000^f

La population étant de 450,000 âmes en chiffres ronds, la cote de chacun est de 76 fr. 66 cent.

Existe-t-il un pays où l'impôt soit plus élevé?

Mais ces impôts sont relativement une charge légère, si on songe aux ruineuses dépenses que l'agriculteur, comme tout autre justiciable d'ailleurs, est obligé de faire pour réclamer son droit; et il est souvent exposé, étant à la merci d'une autorité bien plus absolue que le gouverneur à Buenos-Ayres, le juge de paix.

Il n'existe pas de droit de mutation; l'impôt direct est le seul correspondant à notre contribution foncière.

Il n'est perçu aucun droit d'enregistrement, cette administration n'existant pas.

Nos contributions sur les boissons n'existent pas non plus, ni les droits d'octroi.

Aucune comparaison ne peut d'ailleurs être faite avec notre organisation des contributions directes, indirectes ou d'enregistrement.

61 à 63. — Le droit sur les contrats et obligations se traduit par le chiffre du papier timbré, dont le prix varie de 60 centimes à 250 francs et 375 francs si l'obligation a un caractère de durée de plus de quatre-vingt-dix jours, pour le gouvernement « national » et 100 francs et 150 francs pour le gouvernement de la province. Ce papier donne un revenu considérable.

L'impôt des patentes qui pèse sur le commerce est très-cher, si on songe qu'un introducteur de produits étrangers paye 1,600 francs par an, quel que soit son chiffre d'affaires.

64. — Il faudrait tout faire à nouveau pour améliorer la situation de l'agriculture, d'abord et avant tout, peupler ce pays presque désert; sans accroissement de population, aucun progrès agricole n'est possible. C'est donc l'élément étranger qui a été son levier pour le progrès obtenu et qui doit être son levier pour l'avenir; avec le manque de bras actuel, les efforts des agriculteurs du pays n'arriveront qu'à des résultats incomplets.

Le besoin d'une organisation judiciaire et administrative est également aussi indispensable que la promulgation d'une bonne législation. On pourra bien faire des codes, mais où trouver un personnel pour l'appliquer.

L'établissement d'un crédit agricole est aussi urgent; sans ce secours l'agriculteur mangera *toujours son blé en herbe*, suivant l'expression locale, et se ruinera pour enrichir les usuriers. Le gouvernement de la province l'avait si bien compris, qu'il avait invité la Banque à donner des facilités aux agriculteurs; mais le directoire a décliné cette invitation et déclaré qu'elle ne pourrait prêter des fonds aux agriculteurs qu'autant qu'ils donneraient les garanties réglementaires. C'est ce manque d'argent qui fait que la propriété change souvent de main; car il y a beaucoup de cas d'expropriations forcées qui équivalent à une ruine; dans ce cas, les immeubles se vendent à vil prix. Le vendeur ne retire d'ailleurs jamais d'une propriété ce qu'elle a coûté.

Le développement des voies de communication est insuffisant, des chemins de fer surtout. Sans cette amélioration, le haut prix du transport rendra impossible la culture sur les points extrêmes de la province.

La protection des *estancias* situées près de la ligne qui sépare la province de la Pampa, toujours exposées à l'invasion des Indiens, est aussi un point très-essentiel. Sans cette protection, les éleveurs seront obligés d'entasser des troupeaux outre mesure en dedans des lignes, sur une étendue de terrain insuffisante.

De grandes réformes dans le mode de culture sont aussi nécessaires, telles que l'introduction des machines, la suppression de l'élevage en grand des bœufs et des chevaux à l'état libre dans le voisinage des centres agricoles, etc. etc., l'amélioration des races dans le sens du revenu.

Enfin, il serait également urgent de donner protection aux gens de la campagne, de ne pas les laisser à la merci des autorités, de les garantir de la *leva* qui est une épée de Damoclès, suspendue toujours sur leurs têtes et les empêche de se fixer au sol, étant obligés de se transporter d'un endroit à un autre pour éviter d'être soldats contre leur volonté.

Toutes ces conditions sont difficiles à réaliser; ce n'est qu'avec le temps, un régime de protection et de paix, que l'on pourra les atteindre.

Mais dans tous les cas, jamais dans les circonstances ordinaires actuelles, l'agriculteur de la Plata ne pourra faire concurrence à l'agriculteur européen; parce que la main-d'œuvre ne sera pas possible au même prix pour les deux, le dernier devra toujours calculer le franc à raison de 10 piastres papier, soit 100 p. o/o en plus. Ces proportions devront donc exister pour tous les calculs, même les salaires des travailleurs. Ainsi, les gages de 60 francs par mois, qu'on paye aux ouvriers de la campagne à Buenos-Ayres, n'équivalent même pas à 30 francs en France.

Les notes qui précèdent ont été écrites, autant que possible, dans l'ordre des questions posées au programme. Il est à regretter qu'il n'ait pas pu y être répondu avec toute la précision que comporte une telle matière. Mais les procédés agricoles sont peu avancés et aussi variés que les individus, chacun se livrant à des essais, puisque le pays ne permet pas à l'agriculteur de copier le système de son pays. Il faut tâtonner et choisir ce qui peut s'adapter au climat, au sol et aux ressources de la localité. Dans une telle confusion, il serait difficile de dresser un exposé qui n'eût pas une teinte vague. Il en est de même pour les frais de culture et les rendements qui varient suivant les années, avec des écarts énormes. Il n'était donc pas possible d'être plus précis, bien que les renseignements de ce travail aient été puisés aux meilleures sources.

Exportations de Buenos-Ayres pendant l'année 1866.

PAYS DE DESTINATION.	LAINE en suint.	LAINE lavée.	CRINS.	CUIRS DE BŒUF secs.	CUIRS DE BŒUF salés.	CUIRS DE VEAU secs.	CUIRS DE VEAU salés.	CUIRS DE CHEVAL secs.	CUIRS DE CHEVAL salés.	PEAUX de mouton.	[illegible] d'animaux.
	fr.	fr.	fr.	fr.	fr.	fr.	fr.	fr.	fr.	fr.	fr.
France	15,110,154	210,629	567,148	1,559,370	866,352	17,394	″	28,903	145,251	5,033,500	[illegible]
Belgique	30,974,509	73,504	488,857	1,325,098	3,033,685	7,477	″	7,222	31,500	381,680	[illegible]
États-Unis	10,259,397	2,376,914	565,656	9,938,916	140,088	47,767	″	4,550	″	505,980	[illegible]
Grande-Bretagne	1,683,484	1,620,975	411,554	110,874	3,093,794	″	″	34,455	448,167	1,734,205	[illegible]
Italie	923,382	″	159,302	1,830,738	529,984	104,244	8,164	6,921	33,924	67,054	[illegible]
Espagne (Péninsule)	300	754	″	3,222,611	2,072	114,102	″	92,060	13,920	″	[illegible]
Espagne (Île de Cuba)	″	″	″	14,084	″	″	″	2,256	″	″	[illegible]
Uruguay	″	″	″	2,600	″	″	″	200	″	″	[illegible]
Chili	″	″	″	[illegible]	″	″	″	″	″	″	[illegible]
République Argentine	″	″	″	910	″	″	″	156	″	″	[illegible]
Brésil	″	″	″	34,320	″	″	″	9,224	″	″	[illegible]
Inde	″	″	″	″	″	″	″	″	″	″	[illegible]
Ports non dénommés	15,760	811	″	204,588	″	″	″	″	″	″	[illegible]
TOTAUX par article. Valeurs	58,967,326	4,289,847	2,192,517	18,241,309	8,246,575	291,074	8,164	186,057	672,708	7,722,425	[illegible]
TOTAUX par article. Quantités	kilog. 46,767,562	kilog. 2,160,327	kilog. 1,217,653	nombre. 1,393,853	nombre. 449,808	nombre. 51,930	nombre. 1,570	nombre. 34,316	kilog. 9,495,245	kilog. 67,787	[illegible]
Rappel des valeurs de 1865	fr. 55,298,150	fr. 4,158,125	fr. 2,144,975	fr. 15,531,430	fr. 8,418,710	fr. 590,570	fr. 55,405	fr. 148,980	fr. 1,013,295	fr. 6,043,450	[illegible]
DIFFÉRENCES en plus	3,669,176	131,722	47,542	2,709,879	″	″	″	37,077	″	1,678,975	[illegible]
DIFFÉRENCES en moins	″	″	″	″	172,135	299,496	47,241	″	340,587	″	[illegible]

PAYS DE DESTINATION.	[illegible]	VIANDE de bœuf salé et séchée.	HUILE de pied de bœuf.	PEAUX de loutre, de chevreuil.	PEAUX de chèvre, de chevreau.	PEAUX d'agneaux mort-nés.	PEAUX diverses.	MULES, chevaux et autres animaux vivants.	CORNES et sabots de bœuf.	OS.	CENDRES.	VIEUX CHIFFONS.	PRODUITS divers.	TOTAUX DES VALEURS par pays. — Valeurs réelles.
	fr.	fr.	fr.	fr.	fr.	fr.	fr.	fr.	fr.	fr.	fr.	fr.	fr.	fr.
France	[illegible]	2,633	68,416	11,550	465,065	15,054	″	28,345	50,486	12,942	″	1,783	72,524	28,372,693
Belgique	[illegible]	″	2,730	25,771	4,810	2,121	″	816	37,575	8,819	″	″	130,656	38,349,614
États-Unis	[illegible]	″	″	360,131	376,370	″	39,171	1,402	4,544	13,604	″	327	12,329	24,811,701
Grande-Bretagne	[illegible]	38,833	177,855	170,216	6,510	1,000	1,783	1,570	21,741	200,643	438,027	10,502	49,062	15,034,336
Italie	[illegible]	″	″	1,027	″	33,248	4,076	244	13,140	1,175	″	″	5,725	4,414,601
Espagne (Péninsule)	[illegible]	13,780	″	″	″	16,108	″	″	3,104	″	″	″	7,072	3,492,420
Espagne (Île de Cuba)	[illegible]	2,229,619	″	″	″	″	″	208	″	″	″	″	1,430	2,297,085
Uruguay	[illegible]	416	20,867	″	″	″	447	30,430	″	″	″	″	45,660	131,620
Chili	[illegible]	1,284	″	″	″	″	″	″	″	″	″	″	10,613	114,556
République Argentine	[illegible]	″	″	″	″	″	″	2,012	″	″	″	″	102,486	105,564
Brésil	[illegible]	2,127,476	5,054	″	″	″	343	7,202	202	″	″	″	49,134	2,306,090
Inde	[illegible]	″	″	″	″	″	″	2,028	″	″	″	″	″	2,028
Ports non dénommés	[illegible]	″	″	″	″	″	″	624	2,012	2,048	″	″	″	288,206
TOTAUX par article. Valeurs	[illegible]	4,413,841	275,822	569,304	853,355	67,681	45,820	74,971	132,804	329,231	438,027	12,702	495,697	110,811,128
TOTAUX par article. Quantités	[illegible]	kilog. 333,954	kilog. 121,603	kilog. 265,991	kilog. 53,803	kilog. 21,278	têtes. 2,876	têtes. 2,870	″	tonneaux. 3,000	9,202	″	″	″
Rappel des valeurs de 1865	[illegible]	fr. 3,467,560	fr. 74,890	fr. 97,045	fr. 1,018,615	fr. 39,995	fr. 121,150	fr. 84,805	fr. 375,660	fr. 137,865	fr. 344,140	fr. 354,000	fr. 423,340	100,983,885
DIFFÉRENCES en plus	[illegible]	946,281	200,932	472,259	″	27,686	″	″	″	191,366	93,887	″	72,357	9,827,243
DIFFÉRENCES en moins	[illegible]	″	″	″	165,260	″	75,330	9,834	242,856	″	″	341,298	″	″

S A N T A - F E

E N T R E - R I O S

Rio Parana

RÉPUBLIQUE DE L'URUGUAY

Rio Uruguay

S. Nicolas

V. Pedro

Barradero

DELTA

Martin Garcia

Perganino

Arrecifes

Zarrilla

Rojas

S.A. Bearero

C. Bontera

Salto

Exaltacion

Las Conchas

S. Fernandez

S. Isidro

Pilar

Belgrano

BUENOS-AYRES

R I O   D E   L A   P L A T A

Guies

S. Martin

Lujan

N.d. Flores

Moreno

S. Jose

E.

Barracas

Magdalena

S. Vicente

Quilmes

Cabañas

Matanza

R.I.E.

Cañuelas

Monte

Saladillo

S. P. Vicuña

Los Flores

Ensenada

Chascomus

Nue de Samborombon

O Tordillo

Dolores

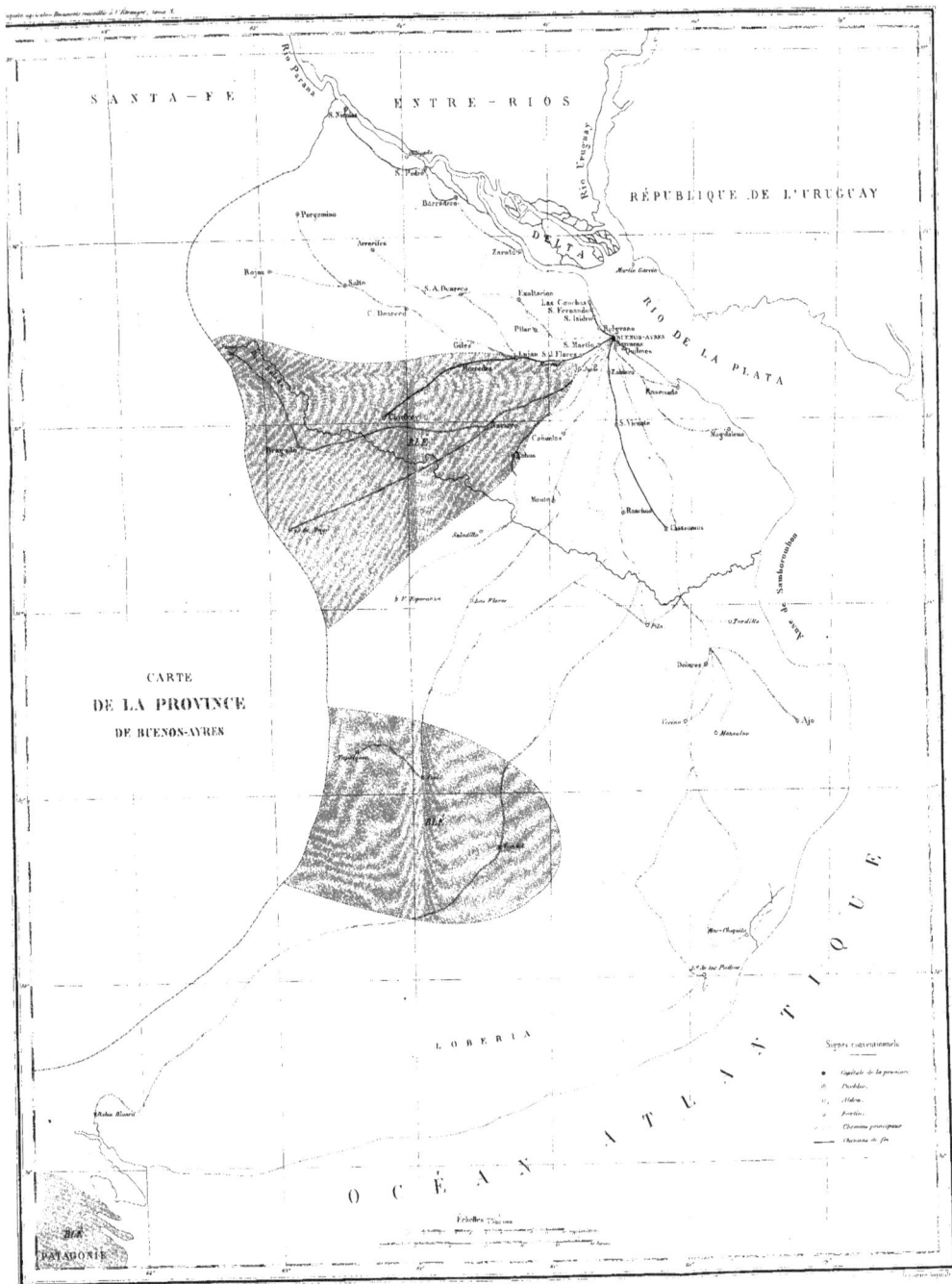

CARTE
DE LA PROVINCE
DE BUENOS-AYRES

R.I.E.

Ajo

Maipu

Macdaleno

Mar Chiquita

N. S. des Perdices

L O B E R I A

O C É A N   A T L A N T I Q U E

Echelles

Bahia Blanca

Isla
PATAGONIE

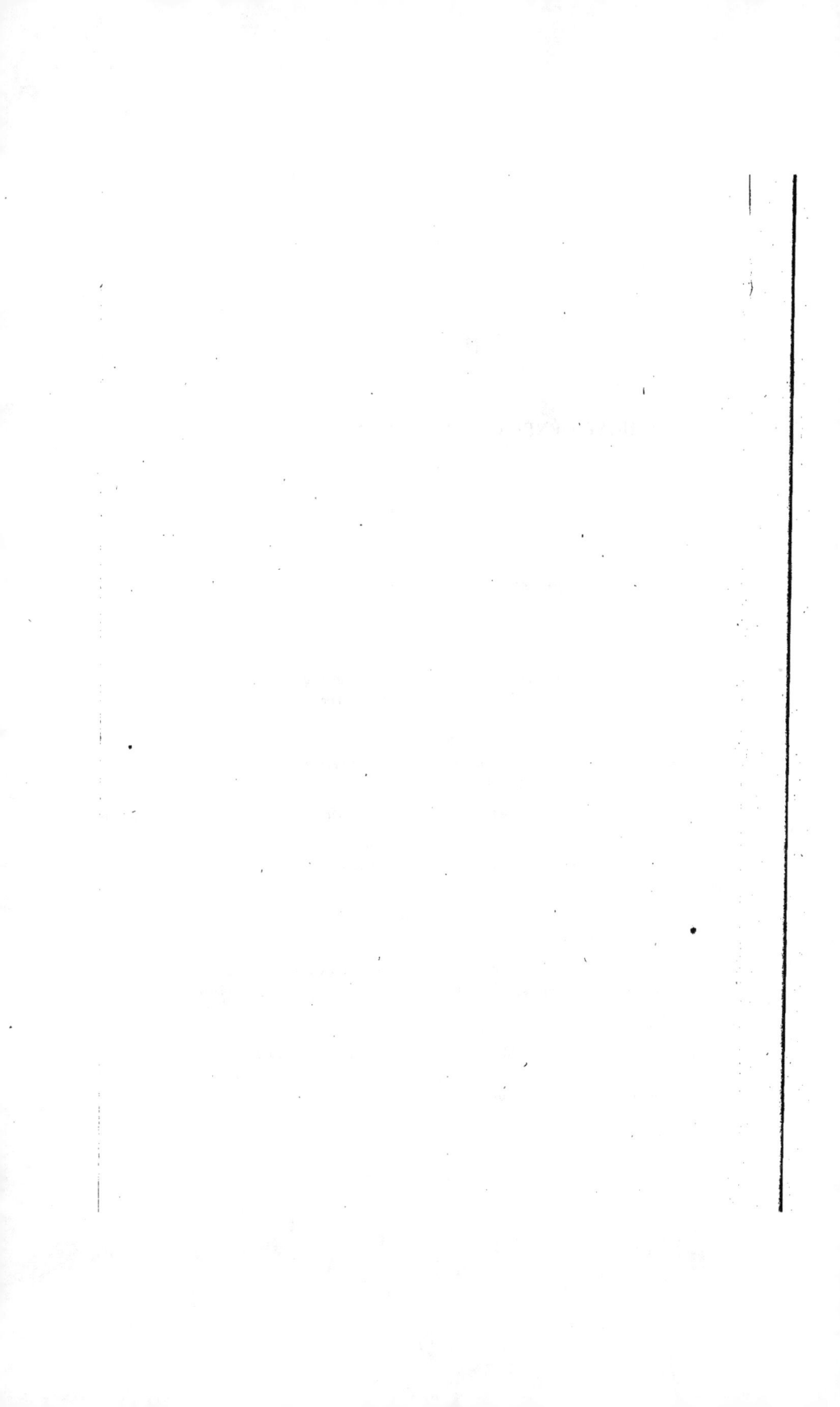

CHILI.

CONSULAT GÉNÉRAL DE FRANCE A SANTIAGO.

M. FLORY, Consul général.

RÉPONSES AU QUESTIONNAIRE.

1. — La propriété territoriale se divise en *haciendas*, *chacras* et *quintas*. **Division de la propriété**
L'étendue des haciendas varie de 1,000 à 30,000 *cuadras* (la cuadra est de 125 mè-
tres environ), celle des chacras de 25 à 500 cuadras, et celle des quintas de 2 à
20 cuadras.
Les haciendas constituent presque toute la propriété territoriale; les chacras et quintas
ne se trouvent qu'aux environs des villes.

2. — Généralement les terres sont exploitées par leurs propriétaires. **Mode d'exploitation**

3. — Quand le propriétaire loue, il le fait par contrat devant notaire. La durée
la plus ordinaire du contrat est de neuf ans onze mois; cependant quelques-uns ont une
durée moindre.

4. — Le prix de location varie, suivant la situation de la propriété, de 10 à **Prix de location des terres.**
40 piastres (50 à 200 francs) la cuadra.

5. — Le prix de la cuadra de terrain, première qualité, aux environs des villes, est **Prix de vente.**
de 250 piastres (1,250 francs). Dans l'intérieur il s'abaisse jusqu'à 100 piastres
(500 francs).
Lors de la découverte des mines de la Californie, et par suite des grandes exportations de céréales dirigées du Chili vers cette contrée, la valeur du terrain s'est élevée
momentanément jusqu'à 500 et même 1,000 piastres (2,500 et 5,000 francs) la cuadra;
mais ces prix ne se sont pas soutenus.

6. — Les règles suivies pour la transmission des héritages résultent de dispositions expresses du Code civil. Il serait superflu de les donner ici, par la raison toute simple que, sauf quelques modifications peu nombreuses et d'ordre secondaire, elles ont toutes été calquées sur notre Code civil.

Ces dispositions du Code civil chilien, empruntées à nos lois françaises, ont eu un but qu'elles ont atteint, celui de la division de la propriété.

L'ancienne loi espagnole, aujourd'hui abolie, du *mayorazgo* (immeuble inaliénable qui revient à l'aîné des héritiers mâles), ainsi que le manque de population, avaient laissé les propriétés territoriales dans un très-petit nombre de mains. Beaucoup d'entre elles ont encore aujourd'hui une étendue superficielle de 10, 20, 30 et même 40,000 cuadras, c'est-à-dire de 1.572, 3,144, 4,716 et 6.288 hectares. Plusieurs haciendas ont une étendue de 12.576 à 18,864 hectares. Or cette extension d'une seule propriété, favorable à une exploitation économique sur une grande échelle, permettant l'emploi de machines et en un mot du matériel perfectionné de l'agriculture, la création des canaux, des routes, etc., présentait de très-graves inconvénients dans un pays comme le Chili, où l'esprit industriel, l'activité et l'initiative font complétement défaut chez les habitants. D'immenses étendues de terrain restaient incultes et ne sont aujourd'hui encore que très-mal cultivées. Le morcellement de la propriété était donc urgent. A cet égard, les dispositions du nouveau Code civil, en vigueur depuis quelques années, ont amené des résultats réellement favorables à l'industrie agricole, quoiqu'il reste encore d'immenses progrès à réaliser.

7. — Les propriétaires ou locataires de biens ruraux ne possèdent pas les capitaux suffisants pour les besoins de la culture. Quant au perfectionnement des procédés agricoles et à l'amélioration des terres, on ne s'en occupe nullement. Quelques propriétaires avaient fait venir des instruments aratoires perfectionnés qu'ils ont été obligés d'abandonner, à cause du manque d'intelligence des hommes appelés à les faire fonctionner.

8. — Il existe au Chili une caisse hypothécaire qui traite de gré à gré avec les propriétaires.

9. — Le taux de l'intérêt varie de 8 à 12 p. o/o l'an; il n'y a pas d'établissement de crédit agricole.

10. — L'Indien, travailleur des champs, est nourri par le propriétaire et gagne de 18 à 31 *centavos* (90 centimes à 1 fr. 55 cent.) par jour. Son salaire n'a pas varié depuis vingt ans, si ce n'est à l'époque des exportations pour la Californie, pendant laquelle il s'est trouvé augmenté momentanément.

11. — Le personnel agricole est insuffisant, la population du Chili n'étant pas en rapport avec l'étendue de son territoire.

CHILI.

12. — Le pays ne possédant pas d'industries, il n'y a pas eu d'émigration des champs à la ville.

13. — Ainsi qu'il a été dit à l'article 7, l'emploi des machines agricoles est presque nul.

14. — La somme de travail obtenue des ouvriers agricoles est toujours la même, faute d'outillage.

15. — Les conditions d'existence de cette partie de la population ne se sont pas améliorées.

16. — A l'exception de quelques Français qui fument pour la culture des légumes, on ne fait usage au Chili d'aucun engrais ou amendement.

Engrais.
Amendement des terres.

Une partie du fumier est employée à la cuisson des briques et des tuiles; tout le reste est jeté à la rivière.

Il y a quelques haciendas qui possèdent jusqu'à 10,000 têtes de bétail, en chevaux, bœufs, vaches et moutons. La race porcine n'entre dans ce nombre que pour un très-petit chiffre.

17. — Les propriétés étant très-grandes, l'assolement dure quelquefois jusqu'à vingt ans. L'état de choses n'a pas varié sous ce rapport.

Assolements.

18. — Les progrès ou améliorations accomplis depuis une vingtaine d'années se bornent à quelques vignes plantées par les Européens pour leur propre compte ou pour le compte de propriétaires chiliens et à quelques grandes plantations de mûriers faites récemment par des Français pour l'éducation des vers à soie.

Progrès agricoles.

19. — Les travaux de défrichement, de desséchement et de drainage sont nuls; on ne s'en doute même pas au Chili.

Défrichement.
Desséchement.
Drainage.

20. — L'irrigation est artificielle.

Irrigations.

21. — Il n'existe pas de prairies naturelles.

Prairies naturelles.

22. — Presque tout le terrain susceptible d'irrigation est en prairies artificielles. Il n'y a pour celles-ci d'autres frais de culture que l'irrigation, qui coûte environ 2 piastres (10 francs) par an l'hectare.

Prairies artificielles.

36.

23. — On ne cultive au Chili presque aucune autre plante que la luzerne. Les animaux ne mangent que de la paille de blé moulue par les pieds des chevaux après le battage, et de la luzerne.

Cultures fourragères.

24. — Il n'a été donné aucun développement aux cultures fourragères, aussi la viande est-elle très-mauvaise. Les animaux destinés à la boucherie sont nourris exclusivement de luzerne verte.

25 et 26. — L'absence de culture fourragère dispense de répondre à ces deux articles.

Animaux.

27. — On n'engraisse guère ici que les bœufs et les vaches. Ces animaux s'achètent maigres, les premiers à 18 piastres (90 francs) et les seconds à 10 piastres (50 francs) environ. Le propriétaire les met à l'engrais dans ses prairies artificielles et les revend gras, les bœufs de 30 à 40 piastres (150 à 200 francs) et les vaches de 18 à 25 piastres (90 à 125 francs). Le veau n'existe pas; on ne mange que de jeunes taureaux. Les moutons valent de 0 piastre 75 à 1 piastre 50 (3 fr. 75 cent. à 7 fr. 50 cent.). Le porc vaut, gras, de 5 à 8 piastres (25 à 40 francs). Les frais d'engraissement consistent uniquement dans les irrigations. Les soins sont nuls.

Qualité.

28. — Il n'y a eu depuis trente ans aucune amélioration dans l'élevage des animaux; quelques rares propriétaires possèdent un très-petit nombre d'animaux de race anglaise, comme chevaux, vaches et moutons mérinos.

29. — On n'achète pour les animaux aucun aliment autre que celui fourni par la propriété.

Produits des animaux.

30. — Les laines se vendent à l'étranger. Les cuirs s'exportent également, moins la quantité nécessaire à la consommation locale. Le beurre, le lait, le fromage et la volaille se consomment dans le pays ou sur la côte du Pérou.

Céréales.

31. — On ne cultive au Chili ni méteil, ni seigle, ni sarrasin, ni avoine. Tout le terrain irrigable est semé en froment, orge, maïs, luzerne, pastèques, melons, potirons, pommes de terre, haricots, oignons, anis, poivre long.

Frais de culture.

32. — Les frais de culture d'une cuadra de terrain varient de 30 à 45 piastres (150 à 225 francs) par an.

Production.

33. — La production des céréales n'a pas augmenté depuis trente ans d'une manière très-sensible, si ce n'est pendant les grandes exportations pour la Californie.

Prix de vente.

34. — Les prix de vente ont peu varié depuis dix ans. Ils se sont tenus généralement

entre 2 piast. 5o et 3 piast. 5o (12 fr. 5o cent. à 17 fr. 5o cent.) l'hectolitre. Cette année 1867, par exception, l'exportation ayant été considérable, l'hectolitre de blé s'est payé jusqu'à 4 piastres (20 francs).

Chili.

35. — Il n'y a pas eu d'amélioration dans le travail, et par conséquent pas dans les produits. On ne peut citer, comme progrès, que l'introduction d'une nouvelle variété de blé de la Nouvelle-Zélande, qui a donné de beaux résultats.

Qualité.

36. — L'étendue des terres cultivées en plantes alimentaires autres que les céréales est très-minime. Le manque de statistique ne permet pas de l'apprécier exactement.

Plantes alimentaires autres que les céréales.

37. — Voir l'article 32.

38. — En fait de plantes industrielles, on ne cultive qu'un peu de chanvre, de lin et de houblon.

Plantes industrielles.

39. — Voir l'article 32.

Frais de culture.

40. — La production des cultures artificielles n'augmente ni ne diminue, faute d'industrie dans le pays.

Production.

41. — Il s'est élevé il y a quelques années à Santiago une fabrique de sucre de betterave qui n'a travaillé qu'un moment, faute de capitaux.
La production des alcools joue au Chili un rôle assez considérable et paraît tendre à augmenter.

Sucres. — Alcools.

42. — Il existe environ 250 cuadras de vignes françaises, plantées par des Européens, et quelques milliers de cuadras de vignes chiliennes plantées par les gens du pays, sans culture autre que la taille et l'irrigation.
Toute la vigne française est plantée depuis quinze ans environ.

Vignes.

43. — Presque toutes les variétés de vignes cultivées en Europe ont été introduites au Chili, sans excepter le raisin de table. On y mange d'excellent raisin de Fontainebleau. La qualité des vins est assez bonne; cependant ils sont loin de posséder le bouquet de nos vins de France, ainsi qu'on en aura pu juger par les échantillons envoyés cette année à l'Exposition universelle.

44. — Les frais de culture d'une cuadra de vignes, selon la méthode française, sont de 60 piastres (300 francs).

Frais de culture.

45. — Le prix de vente des vins de plants français varie de 20 à 5o piastres (100 à 250 francs) la barrique bordelaise.

Prix de vente.

Les vins ordinaires du pays, de vignes non cultivées, se vendent de 9 à 10 piastres (45 à 50 francs) la barrique.

46. — Le principal obstacle que rencontrent l'écoulement et le placement des produits agricoles du Chili provient de la rareté des communications. Dans les provinces du centre, les lignes ferrées qui relient le port de Valparaiso à la capitale et à Curico mettent les agriculteurs en communication avec le haut commerce. Grâce aux facilités de transport qu'offrent ces lignes, la remise des produits agricoles peut suivre de près la demande, en même temps que les prix sont fixés d'après les lois naturelles de la spéculation. Mais, pour les autres provinces du sud, les voies de transport, rares et en mauvais état, isolent les agriculteurs des commerçants, d'où il résulte une variation extrême dans les prix et une paralysation très-marquée dans le mouvement d'exportation. La lenteur et le prix très-variable des transports ont également une influence très-considérable. La location plus ou moins chère des animaux suivant la sécheresse des années, leur rareté quelquefois très-grande dans certaines contrées, le mauvais état des chemins où le transport ne peut s'effectuer qu'à de certaines époques, sont autant de raisons qui amènent des retards dans la livraison et des variations dans les prix, dont ne saurait s'accommoder la spéculation.

Ajoutons enfin comme dernière cause de la paralysation, dans une certaine mesure, du mouvement des produits agricoles, la rareté des navires et conséquemment l'élévation des frets. Quant à l'insuffisance du nombre des navires, il suffit de dire que l'expédition des blés et des farines s'effectue très-fréquemment le long de la côte du Pacifique, jusqu'à Panama, par la voie fort chère des steamers anglais.

Parmi les facilités de placement que rencontrent les produits agricoles du pays, il faut signaler sa position géographique et l'époque des récoltes, qui sont terminées à la fin de février.

Le Chili est mieux placé que tout autre pays pour avoir, en quelque sorte, le monopole des marchés du Pérou. Les demandes de céréales lui viennent d'Australie, dès que dans ce dernier pays on prévoit l'insuffisance des récoltes, comme cela est arrivé cette année notamment. Enfin, il a cet avantage de pouvoir apporter des céréales sur les marchés d'Europe en mai ou en juin, c'est-à-dire au moment où les prix atteignent leur maximum. Toutefois, hâtons-nous d'ajouter que ces avantages sont essentiellement subordonnés à l'état agricole des provinces Argentines, où le manque de bras n'a pas encore permis de mettre en culture d'immenses étendues de terrain extrêmement fertile. Le jour où la République Argentine, dirigeant chez elle une partie du courant de l'immigration européenne, mettra en valeur ses immenses *pampas*, mieux placée que le Chili, sous tous les rapports, pour l'exportation en Europe, et jouissant du même avantage de l'interversion des saisons, elle fermera à ce dernier, ou à peu près, ses débouchés actuels pour l'ancien continent qui, aujourd'hui, tendent à augmenter d'une façon marquée.

47. —Voir, pour les débouchés qui sont déjà ouverts aux produits agricoles du Chili, la réponse à la Question 52.

On n'entrevoit pas précisément de nouveaux débouchés pour les produits agricoles du pays; ce qui est possible, c'est d'augmenter l'étendue des débouchés actuels. La construction de nouvelles routes mettant en communication intime les diverses provinces agricoles avec les ports d'embarquement, l'achèvement de lignes télégraphiques permettant l'envoi de dépêches en Europe, l'établissement d'un service de vapeurs mixtes par le détroit de Magellan et enfin le perfectionnement des procédés de culture contribueraient incontestablement à développer le mouvement d'exportation.

Il convient maintenant de signaler ici une circonstance très-importante et en connexion intime avec l'importance des débouchés intérieurs des produits agricoles de toute nature. Le territoire chilien peut se diviser en deux parties présentant une différence bien tranchée : l'une, exclusivement agricole, qui s'étend depuis le *Rio* (rivière) d'Aconcagua jusqu'à l'archipel de Chiloé; l'autre, essentiellement minière, qui comprend toute la partie nord de la République, depuis la même rivière d'Aconcagua jusqu'aux frontières de Bolivie. La différence des produits de ces deux régions forme la base du système économique du Chili. Les produits agricoles de la première région, qui consistent presque exclusivement en céréales et bestiaux, sont d'une exportation généralement peu avantageuse, vu la situation géographique du pays. Les produits si riches de l'industrie minière sont tout au contraire l'objet de demandes incessantes et constituent la matière avantageusement exportable par excellence. Or, si l'on considère que la région nord consiste en déserts d'une aridité absolue dont rien ne peut encore nous donner une idée en Europe, on concevra facilement que, offrant aux produits agricoles du sud un débouché considérable et très-avantageux, quelle que soit d'ailleurs la nature de ces derniers (céréales, fourrages, bestiaux, viande sèche, produits maraîchers, etc. etc.), elle est, si l'on peut s'exprimer ainsi, le grand laboratoire où les produits agricoles, peu exportables par leur nature, se transforment en matières d'une exportation en quelque sorte illimitée. On conçoit donc de suite que l'état de l'industrie agricole au Chili est en connexion intime avec le degré de prospérité de l'industrie minière. Il est même bon d'ajouter que le développement qu'avait pris cette dernière industrie de 1854 à 1860, nonobstant la législation défectueuse qui la régissait et la régit encore, avait beaucoup contribué, concurremment avec les débouchés californiens, à donner aux travaux de l'agriculture cette impulsion qui a caractérisé les six années précitées. Plus tard, les gîtes argentifères s'appauvrirent, beaucoup d'exploitations furent abandonnées ou considérablement réduites, d'où une diminution très-marquée dans la valeur des produits agricoles que les provinces du nord demandaient, pour leur alimentation, au sol arable du sud. Cette influence fâcheuse commença à se faire sentir presque au même moment où les débouchés de Californie étaient supprimés à l'agriculture chilienne, et a certainement contribué pour sa part, sinon à provoquer, du moins à aggraver beaucoup la crise qui a signalé l'année 1860-1861.

Ainsi donc il est évident, pour celui qui se rend bien compte de la base du système économique du Chili, que le développement de l'industrie minière dans les provinces du nord et la prospérité de l'agriculture sont deux choses connexes. L'écoulement des produits agricoles dans les provinces du nord, qui livrent les minerais de cuivre et d'argent à l'Europe et aux États-Unis, est bien plus avantageux que leur exportation directe. La population actuelle des deux provinces du nord (de Coquimbo et d'Atacama) n'est que de 225,000 habitants. Or, avec une meilleure législation minière qui favoriserait les entreprises collectives et développerait l'esprit d'association qui fait aujourd'hui complétement défaut, et qui seul peut permettre l'exploitation d'une foule de gîtes dont les minerais ont une trop faible teneur pour rémunérer des exploitations partielles, la population doublerait très-vite dans ces contrées où domine l'élément étranger, si surtout on complétait cette première réforme par une transformation de l'impôt qui, au rebours de toutes les règles de la science économique, frappe aujourd'hui indirectement tous les minerais et métaux exportés. Il y a là une réforme radicale à introduire dans le système économique du pays pour développer l'industrie agricole et la prospérité publique. Toutes les autres réformes n'ont qu'une importance secondaire auprès de celle-ci.

48. — Les progrès que la viabilité a fait faire à l'industrie agricole se rapportent aux quinze dernières années tout au plus. Les progrès de la viabilité elle-même se traduisent par la création des lignes ferrées actuelles, qui ont donné une assez vive impulsion à la culture des céréales pour des raisons qui ont été données avec quelque détail dans la réponse à la Question 46. L'exportation des céréales s'est beaucoup accrue dans ces dernières années, relativement à 1860 et 1861, où elle était tombée à son minimum.

D'après quelques relevés faits sur les registres des bureaux de douane, on peut regarder le chiffre de l'exportation des blés comme étant en moyenne de 1,500,000 hectolitres depuis deux ou trois ans. Ce chiffre, comparé à ceux des années antérieures, accuserait une augmentation de plus de 50 p. o/o. Parmi les causes qui ont amené cet heureux résultat, il faut signaler, en premier lieu, la création de la ligne ferrée de Santiago à Valparaiso qui, du même coup, a donné une raison d'être au chemin de fer de Santiago à Curico, qui était précédemment une voie perdue, puis la construction de la route nationale de Chillan au port de Tomé (province de Concepcion), qui est un des principaux ports d'embarquement des céréales. Toutefois, malgré les résultats relativement favorables que nous avons signalés dans la production des céréales, par suite du progrès de la viabilité, il reste encore beaucoup à faire. L'insuffisance des routes actuelles est réelle sous tous les rapports, et leur état est souvent déplorable. Nous n'avons pas d'idée chez nous d'un entretien pareil; aussi n'y a-t-il guère que les véhicules indigènes, primitifs et fort peu avantageux au point de vue du transport, qui puissent résister à l'usure et à toutes les causes de détérioration qui sont la conséquence du mauvais état et de la construction généralement défectueuse des routes ordinaires. Quoiqu'il soit contraire à la manière de voir de bien des personnes qui, se payant, à notre avis, de raisons spécieuses, regardent comme logiques les énormes sacrifices qu'a faits l'État dans ces dernières années pour la construction des chemins de fer de Curico à Santiago, puis de la capitale à Valparaiso, nous n'en persistons pas moins à considérer la création de ces lignes ferrées dans le pays comme prématurée, si l'on considère, d'une part, l'importance des débours, et, d'autre part, tout ce qui reste à faire aujourd'hui pour les progrès de la viabilité auxquels l'État ne peut contribuer que d'une façon tout à fait insuffisante, vu l'état de pénurie du Trésor. Le fisc a déboursé une somme d'environ 20 millions de piastres (100 millions de francs) pour l'établissement des deux lignes précédentes. La moitié d'un pareil capital, consacrée à la construction de nouvelles routes, à la réparation de celles qui existent et à des travaux de canalisation pour rendre navigables plusieurs rivières qui offrent, en différents points, les moyens de transport les plus économiques de l'intérieur vers la côte, eût donné à l'industrie agricole une impulsion autrement énergique que l'ouverture des deux lignes ferrées dont nous avons parlé.

50 et 51. — Les travaux relatifs à la création de nouvelles routes et à l'amélioration de celles qui existent se réduisent à peu de chose. La partie du budget des dépenses y affectée ne s'élève jamais à plus de 1 million de francs, dans un pays où la main-d'œuvre et les matériaux sont extrêmement chers et dont l'étendue superficielle est de plus des trois quarts de celle de la France. Il y a plus, ces travaux de construction ou amélioration des routes sont entrepris par des adjudicataires qui réalisent des bénéfices énormes, ce qui réduit d'autant la somme déjà si modique que l'on consacre annuellement à ces travaux.

Il est du reste impossible de faire connaître la longueur kilométrique des routes construites chaque année, les documents officiels ne donnant que des renseignements tout à fait incomplets à cet égard. Nous ajouterons seulement que l'État donne quelquefois à des particuliers l'autorisation d'ouvrir de nouvelles routes, moyennant un droit de péage, pour une durée très-variable et dont les tarifs sont préalablement débattus. Mais les travaux de cette nature sont très-limités, et c'est en somme l'État qui, avec la modique somme de 1 million de francs, met les entreprises de cette nature en adjudication,

Pour ce qui est de l'amélioration des fleuves et des rivières, l'État ne fait rien. Il laisse tout à l'initiative individuelle. Il en est de même pour la création des canaux. Toutefois, lorsque des autorisations sont demandées pour des travaux de cette nature qui doivent avoir une utilité publique, l'État concède en même temps la faculté de prélever un droit de péage pendant une durée et suivant un tarif préalablement débattus, et seulement après autorisation du Congrès. Il n'y a qu'une entreprise de cette nature à laquelle le Gouvernement ait contribué dans les premiers temps de l'indépendance chilienne ; il s'agit du canal de Maipù, qui réunit diagonalement les rivières du Maipù et du Mapocho près de Santiago ; et permet l'irrigation d'une grande partie de la plaine longitudinale comprise entre le pied des Andes et le méridien de Santiago, d'une part, et, d'autre part, entre les deux rivières en question. Ce canal, qui consiste simplement en une tranchée profonde, sans travaux de maçonnerie, a une longueur d'environ 4o kilomètres. Il a été commencé par le Gouvernement colonial, vingt ans avant la proclamation de l'indépendance, et a été achevé par le Gouvernement chilien. Il est de toute impossibilité de supputer, même approximativement, son prix de revient.

Quant aux autres travaux, il y a à distinguer ce qui est relatif à l'arrosement, puis ce qui a rapport au transport et à l'embarquement des produits agricoles. Les travaux tels que canaux pour les irrigations se construisent journellement, mais grossièrement, sans maçonnerie, d'où résultent la nécessité de réparations constantes et un déchet considérable dans le volume d'eau disponible pour chaque propriétaire, en raison des infiltrations, qui sont considérables dans toute la partie plate du sol chilien formée de bancs épais de sables et de cailloux roulés. Il est impossible de donner une idée même approximative du capital employé dans les travaux de cette nature, de la longueur totale de ces canaux d'irrigation, ainsi que de l'étendue superficielle des terrains arrosés. Le Gouvernement lui-même l'ignore, circonstance d'autant plus inexplicable que l'on pourrait retirer un enseignement très-utile de la connaissance de ces chiffres. La végétation, dans toutes les provinces du centre et une partie de celles du sud, est, au Chili, subordonnée à cette question des irrigations, par suite d'une circonstance climatérique exceptionnelle, à savoir six ou même sept mois de sécheresse dans l'année. Il n'y a donc de cultivable, pour une province donnée, que la fraction de son étendue superficielle où les irrigations sont possibles. Le rapport entre l'étendue totale et celle arrosée donnerait donc, pour chaque province, un coefficient exprimant bien, dans une certaine mesure, son degré d'avancement dans l'industrie agricole. Malheureusement on n'a encore rien fait au Chili pour arriver à la connaissance même approchée de ces chiffres.

Les fleuves et rivières, pour ce qui est relatif aux transports ou aux grandes déviations pour fournir à certaines contrées l'eau et la fertilité, n'ont encore été l'objet d'aucuns travaux de quelque importance, nonobstant tout ce qu'il y a incontestablement à faire.

Ces travaux sont, comme nous l'avons dit, laissés à l'initiative individuelle, qui a reculé jusqu'à ce jour, dans la crainte de n'y pas trouver des conditions rémunératrices, vu l'état arriéré des cultures, leur peu de développement et même le manque de bras dans certaines contrées. Il est réellement regrettable que l'État n'ait pas donné une certaine impulsion dans cette voie, en facilitant, par exemple, l'écoulement vers la côte d'une partie des produits agricoles, ce qui exigeait de rendre navigables quelques-unes de ces rivières, telles que le Maïpù, le Maulé, le Lontué, le Claro, le Bio-Bio, etc. qui courent de l'est à l'ouest et offriraient les voies de transport les plus directes et les plus économiques. Aujourd'hui pourtant l'esprit d'entreprise tend à se porter dans cette direction, et, tout récemment, deux demandes ont été adressées au Gouvernement pour la canalisation de la rivière de Maulé, qui deviendrait facilement navigable en y déversant les eaux des rivières Claro et Lontué. Sans entrer dans des détails inutiles sur les conditions proposées pour ces travaux, et leur exécution plus ou moins probable, nous terminerons en disant que, sous le point de vue des rivières et canaux, tant pour les irrigations que pour les transports, mais surtout pour ces derniers, on n'a presque rien fait d'important au Chili, et que de grandes améliorations pourraient être réalisées.

Un dernier détail, qu'il n'est peut-être pas inutile de signaler au sujet des canaux et rivières, se rapporte à la distribution des eaux, qui donne lieu à une infinité de procès qui paralysent d'une façon notable le développement de l'agriculture. La loi définit d'une façon tout à fait insuffisante ce qu'elle nomme *regador chileno*, unité du volume d'eau pour l'arrosage, et ne donne aucune règle pour construire des prises d'eau. Il en résulte la distribution la plus arbitraire que l'on puisse imaginer, ce qui est l'objet de réclamations incessantes qui finissent par arriver devant les tribunaux. Une loi définissant mieux l'unité de volume d'eau, et surtout donnant des règles fixes et d'une application facile à contrôler en ce qui a rapport à la distribution des eaux, serait au Chili un grand bienfait pour l'agriculture.

52. — Les produits agricoles du Chili trouvent un écoulement facile sur les marchés des Républiques sud-américaines baignées par le Pacifique jusqu'à Panama. Le plus important de ces marchés est celui du Pérou. Ces mêmes produits trouvent accidentellement un débouché en Australie, au cap de Bonne-Espérance, île Maurice, Buenos-Ayres, Montevideo, Rio-Janeiro, et même en Europe dans les années exceptionnelles de très-mauvaises récoltes sur l'ancien continent.

La grande variation qu'a éprouvée, dans les sept dernières années, la direction donnée aux divers produits agricoles du Chili, et à côté de laquelle s'effacent toutes les autres, est venue de la suppression des marchés de la Californie. De 1850 à 1859, la Californie exportait du Chili et à n'importe quel prix toutes les céréales disponibles. Il en était résulté pour l'agriculteur chilien une prospérité en quelque sorte inouïe, qu'il commit la grande faute de considérer comme devant durer indéfiniment. Mais plus tard, les travaux de l'agriculture s'étant développés en Californie d'une façon aussi rapide qu'imprévue, non-seulement les marchés de Californie se fermèrent pour le Chili, mais il y eut concurrence des produits agricoles chiliens et californiens dans les diverses républiques du Pacifique sud, telles que le Pérou, où la production est loin de suffire à la consommation. Ce fut là, soit dit en passant, la cause de la grande crise commerciale et industrielle de 1861, où un grand nombre de propriétaires de biens-fonds, qui n'avaient pas su prévoir la fermeture des marchés californiens et régler en conséquence leurs dépenses, se déclarèrent en faillite.

Une autre variation est à signaler dans la direction des produits agricoles; il s'agit de l'importation sur les marchés d'Europe des blés du Chili. Les demandes deviennent plus fréquentes et plus importantes. L'interversion des époques de récoltes en Europe et dans ces contrées, l'établissement au Chili de lignes ferrées qui relient au port de Valparaiso quatre provinces centrales, les plus fertiles peut-être, et qui, en mettant les maisons de commerce étrangères en relation avec les producteurs, régularisent les prix et offrent une base d'opération plus certaine à la spéculation; enfin, l'établissement tout récent du câble télégraphique sous-marin entre l'Angleterre et les États-Unis, et des lignes télégraphiques terrestres le long du Pacifique sont les principales causes du courant qui tend à s'établir du Chili vers l'Europe dans l'exportation des céréales.

Quant aux autres produits agricoles exportés, il n'y a à signaler que les viandes sèches, les bestiaux, les bois, la cire et les graines. Ces produits s'exportent en très-faible quantité et presque exclusivement le long de la côte du Pacifique, sauf la cire qui va en Europe. Il n'y a pas eu pour ces produits de variation marquée dans la direction qui leur est donnée.

53. — Voir la réponse à la Question 46.

54. — Les frais de transport que les produits agricoles ont à supporter au Chili pour être dirigés des lieux de production sur les lieux de consommation sont extrêmement variables. Il est matériellement impossible de répondre par des chiffres à une pareille question en tant qu'elle se rapporte au Chili. En effet, ces frais de transport dépendent de circonstances très-diverses dont quelques-unes ont été signalées dans la réponse à la Question 46. Les plus importantes sont le manque ou le mauvais état des chemins, puis la rareté ou l'abondance des animaux (mules ou bœufs). Dans plusieurs localités, le transport n'est possible qu'à dos de mule sur une grande partie du parcours. Sur les routes existantes elles-mêmes, la construction primitive des véhicules, le mauvais état des chemins ne permettent pas de transporter plus d'une fanègue (1 hectolitre environ; 1 hectolitre = 1 fanègue o3), en occupant deux bœufs et un conducteur, la distance moyenne parcourue en un jour n'étant pas supérieure à 5 ou 6 lieues tout au plus. Quant aux frais d'entretien et de location des animaux, rien n'est plus variable, suivant les récoltes en fourrages.

Dans les années sèches, qui sont fréquentes, les bestiaux sont envoyés dans la Cordillière, et alors les frais de transport atteignent des chiffres considérables. L'époque des transports a également une influence très-marquée sur les frais. La plupart des chemins, après les premières pluies, deviennent d'un parcours très-pénible, quelquefois même dangereux ou impossible. Cette circonstance, qui se présente surtout dans les provinces du sud (Maulé, Nublé, Concepcion, Arauco et Valdivia), a eu pour consé-

· quence de favoriser la spéculation au détriment de l'agriculture, et voici pourquoi : vu le manque de capitaux dans l'industrie agricole, dans les provinces du sud surtout, l'agriculteur ne peut retarder la vente de ses produits, de quatre, cinq, six mois, par exemple. D'autre part, la nécessité de profiter de la viabilité des chemins en février et mars l'oblige d'envoyer ses produits à la côte et de les livrer aux spéculateurs aux prix courants qui, à cette époque, sont généralement bas, en raison de l'excès des offres sur les demandes. Ces derniers gardent donc en magasin les produits agricoles qu'ils livrent plus tard, un ou deux mois après quelquefois, à des prix doubles de ceux qui ont été imposés à l'agriculteur. On voit donc que l'agriculteur souffre doublement de l'insuffisance ou du mauvais état des chemins en raison du prix élevé des transports, d'une part, et, d'autre part, à cause de l'impossibilité qu'il y a pour lui de participer aux bénéfices de la hausse qui ne tarde pas à se produire dans les prix de vente.

Ces considérations préalables étant présentées, voici quelques chiffres relatifs aux prix de transport, mais qu'il ne faut prendre que comme moyennes locales et non comme se rapportant à tout le pays. Le prix de transport moyen de l'hectolitre de céréales à la côte, dans les provinces du sud (Maulé, Nublé, Chillan et Concepcion), est de o piastre 5o (2 fr. 5o cent.), la distance moyenne parcourue étant de 20 lieues, ce qui porte à 3 centimes le prix de transport de l'hectolitre par kilomètre; ce prix s'est élevé quelquefois à 5 centimes,

Dans une partie des provinces d'Aconcagua et de Valparaiso, le prix de transport s'élève à 13 centimes par hectolitre et par kilomètre, la distance moyenne parcourue étant ordinairement de 8 lieues. Les frais de transport des produits agricoles dans les provinces du nord s'élèvent en raison des frais d'embarquement et de débarquement, et du fret (3 piastres, soit 15 francs, par tonne ou mètre cube) qui viennent s'ajouter aux frais du transport de l'intérieur au port d'embarquement; on peut admettre une moyenne et tout compris de 4 piastres à 4 piastres 4o (20 à 22 francs) par tonne ou mètre cube.

55. — L'exportation des produits agricoles au Chili est complétement libre. Ces produits ne sont frappés d'aucun droit à leur sortie. Quant à l'importation, les produits tels que les vins, spiritueux, viandes salées, riz, fruits secs, cuirs, etc. etc. sont frappés de droits d'entrée assez lourds, qui varient de 6 à 25 p. o/o et dont le détail est donné par le tarif des douanes.

Législation
sur l'importation
et l'exportation
des produits agricoles.

56. — La législation actuelle sur l'importation et l'exportation des produits est en définitive favorable au développement de l'industrie agricole. La libre exportation de ces produits est du reste une nécessité, car, si d'une part les terrains sont fertiles en général, du moins dans les provinces du centre, d'un autre côté, l'agriculteur se trouve, sous bien des rapports, dans des conditions très-onéreuses. L'intérêt des capitaux que l'agriculture demande aux capitalistes est élevé de 10 à 12 p. o/o. La viabilité laisse

CHILI. beaucoup à désirer, et, enfin, les travaux de drainage ou d'irrigation sont très-coûteux. Toutes ces circonstances réunies, y compris la cherté de la main-d'œuvre, font que généralement les capitaux invertis dans l'industrie agricole sont peu productifs. Les moindres droits d'exportation paralyseraient d'une façon très-marquée le développement des cultures. Il faut ajouter à ces considérations les frais élevés qu'occasionnent les travaux de défrichement. Dans le sud, par exemple, et dans les meilleures conditions, ces frais ne s'élèvent pas à moins de 100 à 150 piastres (500 à 750 francs) par cuadre carrée, c'est-à-dire par 150 ares.

Quant aux droits d'importation, il y aurait au contraire une réforme utile à introduire au point de vue des intérêts agricoles; ce serait la suppression des droits qui pèsent sur les matériaux et outils de toute nature que l'agriculture est obligée de demander au commerce étranger. Le fisc trouverait aisément dans la perception d'un impôt proportionnel sur le revenu net de l'industrie agricole plus que l'équivalent des produits de douane sur les matériaux de provenance étrangère qu'emploient les agriculteurs. Malheureusement une pareille réforme n'est guère à attendre, vu l'état de pénurie du Trésor, le manque total de données pour asseoir équitablement un pareil impôt et l'extrême résistance qu'offre en général le pays à toute nouvelle contribution.

Traités de commerce. 57. — Les traités de commerce qui existent entre le Chili et les autres puissances européennes et américaines ont, à très-peu de chose près, la même teneur. Les différences portent bien plutôt sur la forme que sur le fond des diverses dispositions desdits traités. La lecture du traité du commerce passé entre le Chili et la France peut donc suppléer à la connaissance des autres.

Il est excessivement difficile de préciser l'influence de ces traités de commerce sur les productions agricoles, qui se bornent à quelques céréales et aux bestiaux. Cette influence est très-peu marquée et bien difficile à saisir. D'abord, ces traités par eux-mêmes ne contiennent aucune disposition, ayant précisément pour but de faciliter au pays l'écoulement de ses produits agricoles, en retirant à des conditions avantageuses des lieux d'importation ce qu'il ne produit pas. En un mot, tout ce qui se rapporte au libre échange des produits des cultures se borne à un seul article, le même pour tous les traités et portant que, dans aucun cas, les droits d'importation imposés, au Chili, aux produits agricoles et des cultures industrielles de France, par exemple, et en France aux produits similaires du Chili, ne pourront être différents ou plus élevés que ceux qui affectent ou affecteront les mêmes produits importés par la nation la plus favorisée. Quant au montant des droits sur les produits dont la valeur sert de base, il sera fixé conformément aux droits et usages du pays où seront débarquées les marchandises.

D'après la généralité même de ces dispositions des traités de commerce et l'état primitif de l'industrie agricole, dont les produits ne peuvent faire concurrence à ceux des puissances européennes, il est permis de dire que l'influence desdits traités sur l'agriculture est presque nulle. Le régime douanier, en frappant de droits très-élevés divers produits agricoles et industriels de provenance étrangère, ne favorise nullement les progrès des cultures industrielles, par la raison que le pays est encore impropre à la production de tout ce qui n'est pas céréales ou bestiaux. Même à conditions égales, c'est-à-dire étant favorisées par les droits des douanes, l'impéritie radicale des habitants a paralysé le succès de toutes les entreprises qui ont eu pour but de rendre le pays un peu plus apte à satisfaire à ses besoins.

C'est ainsi que, malgré les droits protecteurs dont sont grevés les sucres d'Europe à leur entrée, la production de cette denrée, malgré des tentatives sur une grande échelle, n'a pu réussir dans le pays, quoique l'on se trouvât dans les meilleures conditions de succès. Cela posé, voilà, selon nous, tout ce qu'il y a à dire sur l'influence des divers traités de commerce.

Les droits de douane ne tendent nullement à élargir le champ des cultures agricoles et industrielles. Ils limitent la consommation de ces produits de provenance étrangère et à la production desquels le pays est impropre en général. Il s'ensuit que ces droits sont opposés au libre échange, qu'ils limitent plutôt qu'ils n'élargissent les débouchés des produits agricoles du pays et que, conséquemment, les traités de commerce qui les laissent subsister ont une influence plutôt nuisible qu'utile sur le pays.

58. — Il y a très-peu de produits de l'agriculture chilienne qui puissent faire concurrence à ceux de l'agriculture française sur les marchés des autres pays et surtout sur les marchés français.

Produits pouvant faire concurrence aux produits français.

Dans les Républiques sud-américaines on entrevoit une concurrence possible pour les vins, les viandes salées, les conserves et le sucre. En France même, il faut signaler la cire et les cuirs, peut-être même les viandes salées.

59. — Il suffit, pour se rendre compte de l'étendue des débouchés de notre agriculture au Chili, de jeter un coup d'œil sur les tables de la statistique commerciale, qui résument parfaitement l'importance du mouvement d'exportation, en distinguant les puissances d'où le Chili a importé les produits, la nature, le poids et la valeur de ces produits. On voit, en étudiant ces tableaux, que la France occupe, parmi les vingt puissances qui exportent, le cinquième rang quant à l'importance de l'exportation au Chili des matières alimentaires en général, et en y comprenant ses colonies. Elle ne vient qu'après le Brésil, la République Argentine, les États-Unis et l'Angleterre. Elle occupe également le cinquième rang sous le rapport des matières premières, dont une partie seulement se rapporte aux produits de l'agriculture.

De ces produits agricoles importés de France, les sucres, vins, eaux-de-vie et huiles figurent pour la plus grande valeur. Tous les autres produits agricoles français ne sont l'objet que d'une importation presque insignifiante. Or il convient de remarquer à cet égard que le commerce d'exportation français va peut-être se ressentir des dis-

CHILI.

positions d'un traité qui s'élabore maintenant même entre le Chili et le Pérou, et en vertu desquelles les sucres du Pérou seront exemptés de tous droits d'entrée. En 1861, par exemple, la France a exporté au Chili 868,749 kilog. 32 de sucre raffiné, valant 944,255 francs, et ayant payé un droit de 25 p. o/o, soit 278,127 francs. Or l'importation totale du sucre raffiné au Chili s'élevait cette année à 4,974,745 kilogrammes, ce qui revient à dire que la France en avait fourni les 17.46 p. o/o, chiffre qui fait bien ressortir l'importance de cet article d'exportation au Chili, pour le commerce français. Or, le Pérou produisant la canne à sucre et possédant déjà des raffineries, il est de toute évidence qu'il ne s'en tiendra plus, comme il l'a fait jusqu'à ce jour, à l'exportation du sucre brut, et que, grâce à cet avantage du quart de la valeur que lui assure le Chili sur les autres puissances, il va être à même de faire à ces dernières une concurrence peut-être inquiétante et dont la France se ressentira plus que toute autre. (Ce projet de traité est considéré par le haut commerce en général comme une faute de la part du Chili, en raison des avantages très-inégaux qu'il procure aux deux républiques du Pérou et du Chili. Ce dernier, en effet, assure la franchise de tous droits aux sucres du Pérou dont il peut se passer, contre la franchise de l'entrée de ses blés au Pérou qui ne saurait s'en passer.)

Nous terminerons en signalant quelques produits agricoles que le Chili importe d'Europe et des États-Unis, et où la France ne figure que par des chiffres infimes. Ce sont les graisses, fromages, beurre, viandes sèches ou salées, le riz, le sel commun ou raffiné et le miel.

Voici, pour la même année 1861, par exemple (la production est depuis restée à peu près la même), la valeur totale de ces produits exportés par les autres puissances et la France :

Diverses puissances, la France exceptée.................. 1,133,360^f

France 25,795

VALEUR TOTALE............... 1,159,155

Parmi les puissances qui figurent dans le chiffre de 1,133,360 francs, il n'y a que l'Angleterre, la Belgique, l'Allemagne, les États-Unis, la Hollande et le Pérou.

Quant aux autres produits agricoles, les républiques sud-américaines contribuent presque exclusivement à leur importation au Chili. Voici, du reste, un tableau où sont consignées les valeurs totales des produits alimentaires de toute nature exportés au Chili et avec la désignation des nations :

NATIONS QUI IMPORTENT AU CHILI.	VALEUR des MATIÈRES ALIMENTAIRES importées au Chili.	OBSERVATIONS.
	fr.	
France et colonies.............	1,572,605	
Angleterre et colonies...........	2,012,120	Le sucre raffiné figure pour une valeur de plus de 1 million de francs.
Allemagne...................	565,070	
Hollande...................	583,635	
Belgique....................	810,835	
Italie......................	173,705	
Espagne....................	1,106,715	Sucre brut, huiles, raisins secs, vins.
Chine.....................	808,370	
Polynésie...................	4,240	Provient surtout de l'importation du sucre raffiné
Nord-Amérique...............	2,304,640	(1,552,240 francs), puis du miel, riz, graines,
Californie...................	"	viandes salées, vinaigre, huile.
Mexique....................	"	
Centre-Amérique..............	207,010	
Nouvelle-Grenade.............	"	
Équateur...................	127,740	
Pérou.....................	1,390,535	Provient surtout du sucre et du sel brut.
Bolivie....................	2,310	
Brésil.....................	2,709,705	Le maté seul figure pour 1,396,730 francs.
République Argentine..........	4,072,545	Provient surtout de l'importation des bestiaux.

Parmi les moyens qui pourraient augmenter au Chili les débouchés de nos produits agricoles, il en est un dont l'importance efface celle des autres : ce serait l'établissement, sur le littoral de la France et à proximité d'un bassin houiller, d'usines pouvant traiter les minerais de cuivre du Chili. Il y a entre ces deux questions, qui paraissent tout d'abord n'avoir aucun rapport entre elles, la liaison la plus étroite et qui ressort du reste nettement de l'étude des tableaux de la statistique commerciale. L'Angleterre d'abord, puis les États-Unis et même depuis quelques années l'Allemagne du Nord, qui traitent les minerais de cuivre du Chili, envoient des navires qui sont assurés plus ou moins d'un excellent chargement de retour, consistant en minerais ou métaux, et peuvent conséquemment importer dans ces pays des matières d'une moindre valeur que celles qui font l'objet du commerce d'exportation de la France, et qui ont souvent à supporter des frets se rapportant à l'aller et au retour. On remarque en effet, dans les tableaux de la statitisque, que les chargements français ont une grande valeur, tandis que les navires anglais arrivent souvent avec des chargements de charbon, ciment, pierres à paver, sel, viandes sèches. fromages, beurre, etc., dont la vente est possible et avantageuse pour les maisons consignataires dont les correspondants assurent le chargement en minerai pour le retour. Ces observations s'appliquent également aux État-Unis dont la richesse minérale de ces pays attire chaque jour davantage l'attention. Enfin, l'Alle-

magne du Nord elle-même, ainsi qu'on le remarque depuis quelques années, prend
une importance croissante dans le commerce d'importation au Chili, qui coïncide d'une
façon remarquable avec le développement de son commerce d'exportation des minerais.

On ne peut douter que l'industrie agricole française trouverait dans les républiques
du Pacifique sud des débouchés autrement importants que ceux qu'elle a actuellement,
s'il n'y avait pas cette disproportion si tranchée dans son commerce d'exportation et
d'importation, en ce qui touche du moins les républiques baignées par le Pacifique.
L'élévation des frais de transport, et conséquemment la rareté relative de ses navires,
sont un obstacle à l'écoulement de nos produits agricoles, qui ne peut être entièrement
surmonté que par l'importation en France des minerais.

Les résultats pour nous du commerce des minerais seraient d'une immense importance, quand on pense que le chiffre de notre commerce d'exportation du Chili
en général est de moins d'un douzième de celui de l'Angleterre, et que notre commerce d'importation, qui porte sur des matières d'une grande valeur, arrive à en être
les 50 p. o/o. Quels résultats n'atteindrions-nous pas si, assurés d'excellents chargements de retour pour nos navires, nous pouvions, comme les Anglais, déverser avec
profit sur les marchés du Chili, du Pérou et de la Bolivie, une partie de nos produits
agricoles similaires à ceux que l'Angleterre trouve aujourd'hui avantage à exporter !

Tel est le moyen, effaçant tous les autres par son importance, qui seul pourrait
ouvrir aux produits de notre industrie agricole de nouveaux et importants débouchés
au Chili.

60. — Voir les réponses aux questions suivantes.

61. — Il n'y a qu'un seul impôt qui pèse sur le sol au Chili, c'est la contribution
territoriale qui au début, c'est-à-dire en 1854, a été fixée à 9 p. o/o environ de la valeur des produits. Cette contribution territoriale n'a été qu'une transformation et une
redevance d'un dixième ou dîme qui était perçue par l'État, qui avait continué, depuis
la proclamation de l'indépendance, à appliquer plusieurs lois fiscales promulguées au
temps de la domination espagnole.

62. — Il n'y a au Chili qu'une contribution directe : c'est l'impôt territorial, qui correspond à notre impôt foncier, en ce qui concerne la propriété territoriale. Les droits
d'enregistrement, quant aux actes de vente, transmission de propriété par héritage,
donations, etc., sont fixés par les dispositions de la loi (art. 695 du Code civil) complé-
tées par un règlement qui a été édicté le 24 juin 1857. Aux termes de la loi, il doit y
avoir dans chaque département un conservateur des registres dits des propriétés, des
hypothèques et des aliénations; ces conservateurs perçoivent les droits suivants :

1° 1 piastre 50 cent., soit 7 fr. 50 pour chaque inscription et la certification sur le titre, si ce titre n'a pas plus de deux feuilles; dans le cas contraire, le conservateur perçoit 75 centimes pour chaque feuille en plus;

2° o. piastre 80 cent., soit 4 francs pour chaque cancellation ou subinscription ordonnée par sentence judiciaire;

3° o piastre 80 cent., soit 4 francs, pour chaque certificat qu'ils délivrent à l'intéressé. Enfin, l'achat du papier timbré est à la charge de celui qui sollicite l'inscription.

Quant aux droits que perçoivent les conservateurs pour les copies des inscriptions qu'ils délivrent, ils sont réglés conformément aux tarifs des écrivains publics en ce qui est relatif aux copies des actes de leurs registres.

Tels sont les seuls droits perçus au Chili pour l'enregistrement des actes.

Quant aux droits proprement dits de mutation dans le cas de transmission de propriété par vente, héritage, donation, tout se réduit à un droit dit de *aleabala* ou de *hijuelas*, de 4 p. o/o, qui est perçu par l'État. Le produit annuel du recouvrement de cette contribution est d'environ 215,000 piastres (1,075,000 francs).

Il n'y a pas au Chili de contributions indirectes correspondant à nos impôts sur les boissons, les sels, les sucres, etc., du moins en ce qui concerne les produits indigènes, car les lois de douane frappent ces produits de droits assez lourds lorsqu'ils sont de provenance étrangère.

Il n'existe pas non plus de droits analogues à nos droits d'octroi. Les municipalités alimentent leurs budgets avec les produits de la perception de droits qui, généralement, ne portent pas sur les objets de consommation, mais bien sur les frais d'éclairage, de police, de pavage, etc. etc.

Voici le détail des droits et contributions imposés par les cinquante et une municipalités de la République :

1° Intérêts des biens et capitaux des municipalités (*propios de ciudad*).

2° Contribution de police et d'éclairage.

3° Droits d'abattoir.

4° Contributions sur les boucheries.

5° Contributions sur les marchés (location des places sur les marchés publics).

6° Contributions sur les affiches publiques.

7° Contributions imposées aux établissements qui vendent les glaces et rafraîchissements.

8° Censos (redevances perpétuelles et non rachetables de certains immeubles).

9° Droits de pontonnage.

10° Vente des eaux nécessaires aux usages domestiques.

11° Contributions qu'ont à payer dans les ports les navires qui veulent faire ou renouveler leur provision d'eau.

12° Droit d'exportation de 1/2 p. o/o sur les minerais embarqués.

13° Droits sur les voitures.

14° Droits sur l'extraction du sel, non des eaux de mer, mais des gîtes là où ils existent.

15° Droits sur les chaloupes et canots des ports et rivières.

16° Contributions sur les débits de liqueurs.

17° Produits des amendes et commutations.

18° Contributions sur les divertissements publics.

19° Droits de sépulture.

20° Vente publique d'animaux perdus.

21° Droits sur les legs.

22° Droits de péage.

Hâtons-nous d'ajouter qu'il n'y a aucune municipalité qui ait recours à la perception de tous ces droits ou contributions. Presque toutes, au contraire, se bornent à un très-petit nombre de ces impôts.

Les contributions de police, d'éclairage, d'abattoir, les droits sur les marchés publics, les censos, les droits d'exportation des minerais, les amendes et les contributions sur les divertissements publics figurent presque exclusivement dans les budgets des municipalités avec les donations de l'État. On peut, du reste, s'en convaincre en jetant un coup d'œil sur le tableau suivant, où figurent, pour l'ensemble des cinquante et une municipalités, les recettes totales, puis celles qui proviennent de perception des divers impôts ou contributions, ainsi que leurs équivalents en centièmes de la recette totale :

Recette totale des cinquante et une municipalités : 7,318,920 francs.

Intérêts des biens et capitaux des municipalités....	909,131^f 25^c	12.4 p. o/o
Donations du Gouvernement et des particuliers...	1,221,056 00	16.6
Propriétés des villes......................	426,328 575	5.8
Contributions de police et d'éclairage..........	1,343,287 90	18.3
Abattoirs..............................	3,500 00	0.04
Boucheries............................	428,641 55	5.8
Marchés...............................	873,590 00	11.9
Droits sur les affiches, marchands de glace......	38,285 00	0.51
Produit des censos........................	81,444 00	1.1
Droits de pontonnage, vente des eaux et contributions payées par les navires qui prennent de l'eau...	46,145 00	0.6
Droits d'exportation des minerais.............	318,604 475	7.0
Extraction du sel, contribution sur les chaloupes de mer et de rivières....................	24,012 00	0.3
Impôt sur les voitures.....................	219,435 00	2.09
Impôt sur les débits de liqueurs et entrées éventuelles..............................	327,772 15	4.4
Amendes..............................	141,419 20	1.9
Divertissements publics....................	217,480 00	2.9

Droits de sépulture.........................	18,795ᶠ 00ᶜ	0.2 p. o/o		Chili.
Vente publique d'animaux perdus.............	77,390 00	1.0		
Droits municipaux sur les legs...............	2,935 00	0.03		
Droits de péage...........................	147,830 95	2.0		

Il existe au Chili des droits de péage pour un certain nombre de routes nationales et vicinales, qui sont les seuls impôts grevant indirectement la propriété agricole et n'ayant pas, du moins aujourd'hui, de similaires en France.

Ces droits de péage sont perçus, les uns par le fisc, les autres par les municipalités ; ils ne sont appliqués qu'aux voitures publiques ou particulières, aux charrettes et aux cavaliers, et quelle que soit d'ailleurs la distance parcourue. Le produit de la perception de ces droits est généralement insuffisant pour subvenir aux frais d'entretien des routes. Quant au montant de ces droits, ils peuvent être considérés en moyenne comme étant de 2 francs à 2 fr. 50 cent. par chaque voiture publique, 1 franc à 1 fr. 50 cent. par voiture particulière, 50 centimes par charrette et 5 centimes à 25 centimes pour chaque cavalier. Ces droits de péage ne subsistent aujourd'hui que pour un nombre très-limité de chemins publics et tendent à disparaître.

Il n'existe aucun régime spécial de corvées au Chili.

63. — Les différentes charges fiscales qui pèsent au Chili sur l'agriculture se réduisent, comme nous l'avons dit, à l'impôt agricole, à quelques droits de péage sur un nombre très-limité de chemins et aux droits de douane. De ces diverses charges, les impôts de douane exercent une influence marquée sur la prospérité de l'agriculture. Toutefois, les conséquences de cette influence sont amoindries par la libre introduction des machines en général. Les droits élevés portent particulièrement sur les outils, tuyaux, ciments, etc.

Quant aux droits de péage, leur influence mérite à peine d'être signalée : ces droits n'existent que pour un très-petit nombre de routes qui, par suite de la création de lignes de chemins de fer, ont cessé d'être la voie naturelle d'écoulement des produits agricoles. C'est ainsi, par exemple, que le trafic des produits agricoles par l'ancienne route de Santiago à Valparaiso, où existe un droit de péage, est devenu à peu près nul depuis l'ouverture de la voie ferrée entre la capitale et le principal port de mer. Du reste, tout sera dit en accusant le chiffre approximatif des recettes totales et annuelles de la perception de ces droits, et qui ne dépasse pas 300 à 400,000 francs. Or, la production totale et annuelle des produits agricoles s'élevant à environ 12 millions de piastres (60 millions de francs), ces droits de péage ne représentent pas plus de 5 p. o/o de la valeur des produits agricoles.

Enfin, il reste à considérer l'impôt territorial qui, quoique très-minime, grève très-lourdement certaines provinces, par suite d'une mauvaise répartition dont on se rend parfaitement compte en remontant à l'origine de cet impôt. En 1854, on résolut, ainsi

CHILI.

que nous l'avons déjà dit, de convertir la dîme en un impôt direct. On prit pour base de ce que devait rapporter annuellement au fisc la perception de cet impôt, le revenu moyen de la dîme pendant la période quinquennale, antérieure qui était de 666,189 piastres 64 (3,330,948 fr. 20 cent.) et qui est encore, d'après la loi, le produit liquide pour l'état de l'impôt agricole. Des commissions furent nommées pour répartir dans chaque district sa part d'impôt qui était fixée d'avance. Or, d'autre part, cet impôt devait être les 9 p. o/o des produits agricoles, condition qui pouvait être incompatible avec la fixation préalable du produit de la perception de cet impôt dans chacun de ces districts. Cette première circonstance devait nécessairement amener une mauvaise répartition de la contribution agricole. Mais il y a plus encore : les diverses commissions elles-mêmes ne pouvaient même pas imposer équitablement les biens-fonds de leurs districts respectifs. Elles ne l'ont pas fait, car l'expérience a aujourd'hui démontré qu'elles ont injustement exempté de cette imposition un grand nombre de propriétaires aisés, riches, au détriment des autres dont l'évaluation des biens a été exagérée. En second lieu, ces commissions ne pouvaient arriver au but que l'on se proposait, car, privées de plan cadastral d'une part, elles n'avaient pas non plus été chargées de l'ensemble des opérations par lesquelles elles pouvaient connaître la contenance des biens-fonds des districts, leurs divers genres de culture, les frais qu'ils occasionnaient, les revenus qu'ils produisaient, toutes choses indispensables pour asseoir équitablement l'impôt.

Les conséquences de cette mauvaise répartition sont nombreuses. Beaucoup de départements, surtout dans les provinces du sud qui sont très-pauvres (provinces de Valdivia, de Lhanquihue et surtout de Chiloé), se sont trouvés dans l'impossibilité matérielle de s'acquitter envers l'État qui a fini par les décharger de l'impôt pour une période de cinq ans. Cette mesure a été reconnue indispensable pour aider l'industrie agricole à prendre un certain développement et la préserver d'une ruine qui paraissait imminente.

Le recouvrement de l'impôt présente également d'assez grands embarras dans tout le reste de la République. Il donne constamment lieu à des redevances dont le payement n'est obtenu que par la voie judiciaire, d'où viennent mille réclamations que, dans une certaine mesure, le fisc doit toujours prendre en considération, pour ne pas ruiner les agriculteurs. Le fisc en général n'a recours à ce moyen extrême que lorsque, par voie d'affermage, il ne peut obtenir du fermier le payement des arriérés. Il a même dû édicter certaines mesures de prudence, tellement il est évident aujourd'hui que les petits propriétaires ont été imposés d'une façon excessive, quelquefois même exorbitante. A côté de cela, au contraire, ainsi que le signalait le Ministre des finances dans son mémoire au Congrès, un grand nombre de propriétés importantes sont exemptes, on ne sait comment, de toute contribution, ou ne payent qu'un impôt dérisoire. Ainsi, par exemple, l'hacienda de la Compagnie, dans la province de Santiago, la plus grande et la plus riche de tout le pays, paye au fisc un impôt annuel de 40,000 francs qui devrait représenter les 9 p. o/o des produits bruts. Or ces derniers s'élèvent cette année à plus de 300,000 piastres (1,500,000 francs).

En résumé, la contribution agricole, la seule qui pèse sur l'agriculture au Chili, met en souffrance la petite industrie agricole en raison d'une répartition qui n'est ni équitable ni judicieuse.

Le besoin d'une nouvelle évaluation de la propriété territoriale, de ses produits et de ses charges, ainsi que de l'étude des conditions si diverses qui influent sur son exploitation, se fait impérieusement sentir aujourd'hui, afin d'asseoir l'impôt d'une façon plus logique et plus équitable. Malheureusement cette mesure n'a encore été prise que dans les provinces de Chiloé et de Lhanquihue où le recouvrement de l'impôt, d'après les évaluations des commissions de district, avait soulevé des réclamations générales. Sans changer le chiffre des sommes que devait rapporter au fisc le payement de cette contribution par les provinces en question, on en a simplement changé la répartition d'une façon plus équitable, et on est arrivé de la sorte à imposer certains départements, non pas de 9 p. o/o des produits, mais bien de 28, 39 et 40 p. o/o.

D'après des données nombreuses que le Gouvernement a fait recueillir dans les diverses provinces pendant les quelques années qui viennent de s'écouler, quelques calculs fort simples montrent que, avec une nouvelle évaluation des produits agricoles et une répartition plus juste de la contribution, l'impôt territorial pourrait être réduit à 7 p. o/o, de 9 p. o/o qu'il est aujourd'hui, et rapporter au fisc, non pas 666,189 piastres (3,330,945 francs), mais bien environ 900,000 piastres (4,500,000 francs), tout en exemptant les propriétés dont le revenu annuel ne dépasse pas 500 francs.

64. — Les moyens les plus propres à améliorer les conditions de l'agriculture au Chili seraient : 1° la division de la propriété; 2° un fort courant d'immigration européenne agricole pouvant suppléer le travailleur indigène inintelligent et paresseux.

DOCUMENTS SUPPLÉMENTAIRES[1].

ANGLETERRE.

CONSULAT GÉNÉRAL DE FRANCE A LONDRES.

M. FLEURY, Consul général.

RÉPONSES AU QUESTIONNAIRE.

1. — La propriété territoriale en Angleterre est surtout caractérisée par sa constitu- Division
de la propriété.
tion en grandes parcelles que les lois et les coutumes qui en régissent la transmission de
génération en génération conservent dans leur intégrité avec le soin le plus jaloux. Le
droit d'aînesse, les majorats et la liberté illimitée de tester sont des sauvegardes iné-
branlables qui assurent à la propriété territoriale ces larges proportions d'où elle tire
sa puissance et sa prospérité.

Les grandes propriétés territoriales ont naturellement créé les grandes fermes qui
absorbent une bonne moitié des propriétés rurales. L'étendue des grandes fermes varie
de 200 à 1,000 hectares, la majorité est de 300 à 400 hectares. Les fermes qui ont
une étendue de moins de 100 hectares sont abandonnées aux petits cultivateurs n'ayant
qu'un mince capital ; les agriculteurs sérieux, possédant un capital suffisant et embrassant l'agriculture comme une carrière industrielle et commerciale, ne prennent jamais
de fermes d'une étendue moindre de 200 hectares, car il n'y a qu'avec cette étendue

[1] Ces documents auraient dû être placés dans le premier volume de la série contenant les documents recueillis à l'étranger; mais lorsqu'ils sont parvenus à l'Administration, ce volume était déjà
publié.

LONDRES.

que l'on puisse se permettre l'emploi des grands moyens mécaniques, qui, en présence de la rareté et de la cherté du travail manuel, sont devenus aujourd'hui pour l'agriculture une impérieuse nécessité.

Ainsi, on peut affirmer qu'en Angleterre les grandes exploitations de 200 à 1,000 hectares occupent la moitié du territoire; les moyennes de 80 à 200 hectares occupent les trois huitièmes, et le reste comprend les petites exploitations et les jardins maraîchers.

Mode d'exploitation.

2. — L'exploitation par les propriétaires est la grande exception. Presque tous les grands propriétaires, il est vrai, exploitent dans le voisinage immédiat de leurs châteaux ce qu'on appelle *home farm*, c'est-à-dire la retenue ou ferme de la maison. C'est, pour les propriétaires, un passe-temps, car tous aiment l'agriculture et s'en occupent sérieusement; mais c'est aussi pour le pays une ferme modèle où l'on expérimente toutes les nouvelles découvertes, soit dans l'art mécanique, soit dans les modes de culture, soit dans des plantes nouvelles, soit dans la fabrication des engrais artificiels, etc. C'est encore dans ces *home farms* que l'on trouve les constructions rurales les plus complètes et les mieux tenues. C'est encore là que les riches propriétaires élèvent les meilleures races d'animaux. C'est là surtout que rayonne, comme d'un foyer puissant, l'enseignement par l'exemple. C'est là que les agriculteurs des environs viennent puiser les éléments de l'amélioration de leurs races, et constater les résultats de toutes les plus fécondes innovations et des plus éclatants progrès que l'initiative éclairée des riches propriétaires met si généreusement à la portée de tous. Les habitudes et le mode d'existence des grandes familles de la noblesse anglaise favorisent singulièrement cet engouement pour l'art agricole, auquel l'agriculture anglaise est certainement redevable de l'immense progrès qui s'est accompli dans son économie depuis la fin du siècle dernier.

Autrefois, il existait une classe de petits propriétaires connus sous le nom de *yeomen*. Ces petits propriétaires, dont le nombre a sensiblement diminué depuis cinquante ans, cultivaient eux-mêmes le petit domaine qui leur appartenait; ces domaines étaient transmis de génération en génération à l'aîné de la famille ou à l'un des fils, soit par l'action de la loi du droit d'aînesse, soit par testament, soit par un arrangement à l'amiable entre les héritiers, de manière à en empêcher la division. Mais aujourd'hui ces domaines sont, en grande partie, absorbés par la grande propriété, car les *yeomen* ont préféré devenir riches fermiers que de rester petits propriétaires sans capital. En effet, le maintien de l'intégrité du domaine dans les mains d'un seul, afin d'éviter la division, exigeait souvent, de la part de celui qui restait propriétaire, des sacrifices pécuniaires ruineux pour dédommager les cohéritiers, et ne possédant plus, par suite de ces sacrifices, le capital nécessaire à son exploitation, le *yeoman* est forcé de vendre son domaine et de se faire fermier.

Ce changement de position a toujours été suivi de résultats si favorables qu'un grand nombre de *yeomen*, par toute l'Angleterre, ont réalisé leurs biens patrimoniaux et sont devenus fermiers.

3. — Comme règle générale on peut affirmer que les baux à jouissance d'une durée fixe et déterminée n'existent en Angleterre qu'à l'état d'exceptions. Ceci tient exclusivement aux exigences de la politique, qui peut considérer comme un précieux privilége le pouvoir d'influencer le vote du tenancier en faveur du parti auquel le propriétaire appartient. Ainsi les tenanciers des grands propriétaires sont presque tous *tenants at will*, fermiers à volonté, et ils peuvent quitter leur ferme de leur plein gré ou en être renvoyés par le propriétaire, en donnant ou en recevant un avertissement de six mois. Mais le recours à ces extrémités est très-rare en Angleterre. Les fermiers restent presque toujours dans les mêmes familles depuis un temps immémorial, et il existe entre les propriétaires et les fermiers un arrangement tacite, réglé sur les usages du pays, qui tient lieu du bail.

Partout où les baux écrits interviennent entre les propriétaires et les tenanciers, même lorsque la durée du bail n'est point déterminée, ces baux renferment des conditions restrictives fort sévères au sujet de l'assolement des terres, de l'espèce de culture que le fermier doit suivre, du nombre de bestiaux qu'il doit élever, nourrir et engraisser, de la quantité de fourrages qu'il doit récolter et consommer sur son exploitation, etc. Ces baux contiennent en outre des conditions rigoureuses au sujet du maintien des pâturages et des prairies, etc. Les plaisirs de la chasse étant fort goûtés de la noblesse anglaise, les restrictions les plus sévères sont encore insérées dans les baux pour la conservation du gibier, et c'est là une des circonstances les plus défavorables au succès du cultivateur, dont les récoltes souffrent toujours beaucoup des déprédations du gibier.

Les engagements verbaux n'ont force de loi que pour trois ans. Le tenancier n'a pas le droit de sous-louer en Angleterre sans l'assentiment du propriétaire; toutefois, en cas de mort du locataire avant l'expiration de son bail, s'il est à terme, ou bien par suite d'incapacité ou manque du capital nécessaire, si le tenancier est forcé de quitter sa ferme, la coutume est de lui permettre de disposer de son bail en faveur d'un autre tenancier, lorsqu'il est constaté que le fermier sortant a effectué à ses frais des améliorations dont il n'a pu jouir; mais, dans ce cas, le nouvel occupant doit être expressément agréé du propriétaire.

Il existe encore un autre mode de fermage : c'est celui qui a pour limite la vie de plusieurs individus ordinairement au nombre de trois; à la mort du dernier survivant, le bail est terminé. Mais ce mode de louer les terres, très en vogue autrefois, tend à disparaître complètement.

Dans le cas où les bons rapports entre le propriétaire et le tenancier sont les seules bases du contrat moral qui les lie, l'obligation de la part du tenancier de cultiver ses terres avec soin, et d'après les usages reconnus dans la contrée où elles sont situées, est reconnue par la loi, bien qu'il n'y ait aucune condition expresse de stipulée à ce sujet entre le propriétaire et le tenancier. Toutefois, excepté dans le cas ci-dessus, les coutumes n'ont point force de loi, et leur puissance ne dépend absolument que de la bonne volonté du propriétaire. Mais, dans l'absence de conditions écrites, c'est la coutume qui décide toutes les contestations qui peuvent s'élever entre le propriétaire et le tenancier.

Le tenancier ne peut vendre son fumier, ni même disposer de sa paille ou de ses fourrages sans la permission du propriétaire, à moins que, pour chaque charge de fourrages ou de paille qu'il vend au dehors, il ne rapporte une charge équivalente de fumier, ce qui a lieu dans les environs des grandes villes. Le fermier ne peut convertir les pâturages en terres arables, ni celles-ci en prairies permanentes. Il ne peut abattre ni enlever les bâtiments qu'il a construits sur son exploitation lorsqu'ils sont bâtis en briques et chaux, ou lorsque les bâtiments ont des fondations enfoncées dans le sol, et à la fin de son bail le fermier ne peut réclamer aucune indemnité pour ces bâtiments.

Lorsqu'il n'existe aucune condition stipulée dans les baux à ce sujet, les récoltes non moissonnées à la fin du bail appartiennent au propriétaire. Mais sur ce point les coutumes diffèrent beaucoup dans les différents comtés de l'Angleterre. Dans quelques comtés le fermier sortant a droit aux moissons; dans d'autres, à une partie seulement; dans d'autres, le propriétaire a le droit de garder les moissons en en payant la valeur au fermier; et dans d'autres, enfin, le fermier sortant peut non-seulement jouir de la récolte, mais il a le droit de se servir de la grange pour battre son grain pendant un temps déterminé après son départ de la ferme.

La loi des majorats vient encore influer sur la teneur des baux. Par exemple, le titulaire d'un majorat, ne jouissant de la propriété que sa vie durant, ne peut souscrire à aucun engagement qui pourrait lier son successeur. Ainsi il lui est expressément défendu de s'engager à payer des dommages-intérêts à un tenancier à la fin de son bail, pour les améliorations que celui-ci pourrait créer sur la ferme à ses frais, car, à la fin du bail, il pourrait se faire que ce fût un autre titulaire qui serait le propriétaire. Seulement, dans le cas où le titulaire d'un majorat qui s'est engagé à donner une compensation à son tenancier à la fin de son bail mourrait avant la fin de ce bail, cette compensation devrait être prise sur sa fortune personnelle et non sur les revenus de la propriété, à moins que la coutume du pays ne sanctionne cet engagement. Ainsi, dans le comté de Lincoln, le titulaire d'un majorat peut engager la responsabilité de ses successeurs en ce qui regarde le droit des tenanciers à une compensation équitable pour les améliorations créées par eux et à leurs frais qui ne seraient pas épuisées à la fin de leur bail. La loi exige toutefois que cette coutume soit clairement établie, comme elle l'est dans le Lincolnshire.

Ainsi, quant à ce qui touche à la nature des baux en Angleterre, rien ne saurait être plus déplorable pour le tenancier que l'habitude de renouveler les baux d'année en année. Les propriétaires étant excessivement jaloux de leur indépendance à l'égard de leurs tenanciers refusent obstinément d'accorder des baux à long terme; et, bien qu'il arrive rarement qu'un propriétaire abuse de cet état de choses, surtout quand il a un bon tenancier, cependant on ne saurait s'empêcher de reconnaître que cette incertitude de la durée des baux ne soit un obstacle sérieux aux améliorations que le tenancier pourrait faire lui-même, s'il était assuré d'en jouir par la teneur de son bail. Malgré cette durée indéfinie et incertaine des baux en Angleterre, on voit souvent des familles en possession de leurs fermes depuis plusieurs générations, et, comme je l'ai dit, il est rare de voir les propriétaires abuser de leur pouvoir sur leurs tenanciers. Quant aux conditions le plus en usage en Angleterre, elles varient selon les districts ; dans les pays de culture, il est d'usage de régler l'assolement, le fermier s'engageant à ne point ensemencer en céréales plus des trois cinquièmes de la surface arable, à ne point semer deux récoltes de céréales successivement, à cultiver au moins les deux cinquièmes de la ferme en racines et en fourrages artificiels, et à fumer tous les ans au moins un cinquième de la surface avec du fumier d'étable. Dans certains districts on défend strictement au fermier de vendre le foin, la paille, les racines et autres fourrages, qui doivent être consommés sur place. Au reste, ces conditions diffèrent peu de celles des autres pays, excepté pour ce qui concerne la durée des baux. Dans le Norfolk et dans les autres comtés où la science agricole a fait le plus de progrès, les terres ont acquis une si grande fertilité par la culture qu'on est obligé maintenant de faire produire au sol deux céréales de suite pour empêcher la rouille et la chute des blés. Cette modification dans les conditions des anciens baux est devenue, pour certaines propriétés, une nécessité indispensable.

4. — Le prix de la location des terres varie naturellement selon leur plus ou moins de fertilité et selon leur proximité ou leur éloignement des grands centres de consommation. Mais, en thèse générale, on peut établir que la rente des terres arables atteint en Angleterre une moyenne de 100 francs l'hectare. Autrefois la rente se payait partie en argent, partie en nature ; mais aujourd'hui la rente se paye exclusivement en argent, sans aucune autre redevance, de quelque nature que ce soit.

5. — Le prix de vente des terres s'établit à un taux qui représente un certain nombre de fois la rente annuelle. Ce taux varie de vingt à trente années du revenu, selon les avantages de la position. Ce principe est immuable, mais la rente de la terre a, depuis trente ans, subi une hausse remarquable, et naturellement le prix de vente a suivi cette proportion ascendante. La cause de cette augmentation dans la valeur de la rente du sol vient directement et exclusivement du progrès accompli dans l'art agricole. Le drainage, les engrais artificiels, les machines nouvelles, l'amélioration des races animales, l'introduction des cultures fourragères et l'abolition de la jachère morte ont tellement augmenté la production économique du sol, que partout la rente de la terre s'est accrue dans des proportions importantes.

Non-seulement la rente s'est élevée pour les exploitations sur lesquelles les propriétaires ont accompli des améliorations par le drainage, etc., les fermiers consentant volontiers à payer l'intérêt à 5 p. o/o sur le montant de ces améliorations ; mais , toutes les fois qu'une ferme devient vacante, il se présente toujours un grand nombre de soumissionnaires offrant, pour la plupart, les meilleures garanties de science et de capital, pour l'exploiter à des conditions de revenu bien plus avantageuses pour les propriétaires que du temps de la protection. Partout les tenanciers ont été les premiers à offrir à leurs propriétaires d'ajouter à leur bail l'intérêt des améliorations qui leur semblaient nécessaires. Lorsque le prix des céréales, du blé surtout, s'avilit, il est douteux que le même empressement vienne à se manifester dans de semblables circonstances ; mais, comme question de fait, il est certain que le taux de la rente s'est élevé depuis dix ans d'une manière notable.

Comme on l'a dit, rien n'est plus difficile que de donner des chiffres exacts lorsqu'il s'agit de la statistique agricole de l'Angleterre, mais il existe heureusement des données d'une exactitude suffisante pour répondre d'une manière absolue à la question des vicissitudes de la rente, et ce sont les comptes rendus de la taxe sur les revenus provenant de la propriété immobilière qui nous fournissent le moyen le plus authentique de déterminer les changements qui se sont opérés depuis le rappel des lois sur les céréales.

En 1848, la rente de la propriété territoriale en Angleterre était calculée par le fisc, comme base de la taxe, au chiffre de 1,167,969,975 francs ; en 1857, ce chiffre s'est élevé à 1,177,737,825 francs, ce qui donne une augmentation de 9,767,850 francs. Mais ce chiffre est bien loin de représenter l'augmentation réelle de la rente pendant cette période de neuf années ; car il ne faut pas oublier que la surface du territoire livrée à la culture a subi de notables transformations par la construction des chemins de fer, et l'extension des bâtiments pour habitations et pour établissements industriels. Par exemple, aux environs de Londres, dans un rayon de 20 à 25 kilomètres, la culture a presque complétement disparu. Ainsi, en 1848, la rente de la propriété bâtie, maisons, usines, etc. fut évaluée par les assesseurs de la taxe à 1,057,850,000 francs ; en 1857, cette évaluation s'est montée à 1,233,814,300 francs, ce qui donne une augmentation de 175,964,300 francs pour la seule rente des constructions. La proportion de cette somme revenant à la terre sur laquelle ces bâtiments sont construits peut être calculée au moins à 10 p. o/o, soit 17,596,430 francs à ajouter à l'augmentation sur la rente de la propriété cultivée, ce qui donne une augmentation réelle de 27,364,280 francs dans la rente de la propriété territoriale.

Mais il ne faut pas omettre non plus l'absorption de la terre par les chemins de fer. En 1848, le revenu net des voies ferrées a été de 148,361,500 francs ; en 1857, ce revenu s'est monté à 254,150,000 francs. Sur les 7 milliards et demi de francs qui ont été absorbés par la construction des chemins de fer, la moitié au moins a servi à payer le terrain nécessaire à cette construction.

En supposant que, de 1848 à 1857, une somme de 625 millions de francs ait été dépensée en achats de terrains, ce capital, à 4 p. o/o, donne une rente annuelle de 25 millions.

Il résulte donc de ces calculs que, depuis 1848, on a enlevé à l'agriculture une surface de terre représentée, d'un côté, par une rente venant des constructions de.. 17,594,430^f
et, de l'autre, par celle venant des chemins de fer et qui est de..... 25,000,000

$\qquad$ Ce qui donne un total de................. 42,594,430

Ainsi, en tenant compte de cette abstraction du sol à l'agriculture, et en présence de l'augmentation de la rente de la propriété cultivée, estimée par les assesseurs officiels à 9,767,850 francs, il est permis de conclure que le libre échange, en donnant une impulsion féconde à tous les intérêts de la société anglaise a été, pour la propriété territoriale, un immense bienfait.

Mais la propriété foncière a dû augmenter ses revenus de bien d'autres manières. Par exemple, les mines qui, en 1848, donnaient un revenu net de 54,350,000 francs ont donné, en 1857, 67,350,000 francs. En un mot, il résulte, d'après le rapport des assesseurs de la taxe sur la propriété foncière, que le revenu général du sol soumis à la taxe ait en 1848 de 2,279,300,000 francs, et en 1857, de 2,590,075,000 francs, ce qui représente une augmentation de 310,775,000 francs.

6. — Le droit d'aînesse existe en Angleterre pour la transmission des héritages lorsqu'il s'agit de majorats. Presque toutes les grandes propriétés sont érigées en majorats. A défaut de majorat, le droit de tester comme bon lui semble permet à un père de famille de disposer de ses biens comme il l'entend. A défaut de testament ou de majorat, les biens sont partagés également entre tous les enfants. Mais ce cas est excessivement rare. La transmission intégrale de la propriété foncière est reconnue comme tellement avantageuse au point de vue social, et tellement entrée dans les mœurs du pays, que tous les propriétaires ne manquent jamais de régler cette importante affaire aussitôt qu'ils entrent en jouissance de leurs propriétés. Il résulte de ces dispositions que la propriété foncière reste complétement à l'abri de cette division continuelle qui en France la morcelle et en amoindrit la valeur agricole.

7. — Comme on l'a vu dans ma réponse à la 2e Question, les propriétaires cultivent rarement leurs terres, et quand ils le font, ce n'est que sur une étendue fort restreinte de leurs propriétés. Comme les propriétaires qui cultivent sont tous riches, ils peuvent facilement employer à leurs exploitations tous les capitaux nécessaires aux exigences de la culture intensive, telle qu'ils la pratiquent presque toujours. Quant aux tenanciers, on peut dire que c'est le capital d'exploitation que tout fermier anglais possède, qui est la cause la plus directe et la plus puissante du progrès immense qui s'est réalisé dans l'agriculture en Angleterre. Aucun propriétaire ne voudrait louer les terres à un fermier qui n'aurait pas le capital nécessaire. Dans aucun pays, l'agriculture n'a été plus complétement considérée comme une industrie exigeant un capital

d'exploitation comme toutes les autres, et c'est l'application de ce capital qui fait la force et la prospérité de l'agriculture en Angleterre.

Ce capital, considéré comme nécessaire à une exploitation agricole, est en moyenne de 750 francs à l'hectare, un peu moins pour les grandes fermes, et relativement un peu plus pour les petites. En ce qui touche aux améliorations du sol, telles que le drainage, la clôture des terres et la mise en culture des terrains en friche, la construction des bâtiments, etc. etc., travaux qui demandent une mise de fonds considérable, ce sont les propriétaires eux-mêmes qui se chargent de ces opérations, le fermier payant en sus de son bail primitif l'intérêt de l'argent dépensé. Les capitaux nécessaires à ces opérations sont fournis soit par les propriétaires eux-mêmes, soit par l'entremise de deux compagnies dont la formation a été autorisée par le Parlement. Ces compagnies n'embrassent dans leurs opérations que les améliorations de la propriété *rurale*, et diffèrent en cela du Crédit foncier de France, qui opère sur la propriété urbaine principalement. Elles diffèrent encore en ce que le Crédit foncier ne prête qu'aux propriétés libres d'hypothèques et jusqu'à concurrence de la moitié de la valeur de ces propriétés, tandis que les deux sociétés anglaises prêtent jusqu'à concurrence de la valeur des améliorations à accomplir, et, lorsque la propriété est grevée, les obligations souscrites par le propriétaire pour couvrir l'intérêt et l'amortissement de la somme avancée, ont la priorité sur toutes les autres créances, et ce n'est que justice, car les améliorations accomplies créent pour ainsi dire une nouvelle propriété en donnant à la terre une plus grande valeur, dont le chiffre est toujours en rapport avec la somme dépensée. Seulement le consentement préalable des créanciers détenteurs des titres de la propriété doit être obtenu ; mais cette formalité n'offre que bien rarement quelque difficulté, car les créanciers ont presque toujours le bon esprit de considérer ces améliorations comme une nouvelle garantie de leur créance. Lorsque les propriétés dépendent de majorats, le titulaire peut engager la responsabilité de ses successeurs pour le payement des annuités dues à la compagnie qui a baillé les fonds nécessaires aux améliorations accomplies. En un mot, c'est le sol lui-même qui est responsable du capital employé à l'améliorer, c'est-à-dire à le rendre plus productif.

Spackman, dans son ouvrage intitulé les *Occupations du peuple*, estime la valeur des terres et le capital des fermiers qui les cultivent à 50 milliards de francs. Sur cette somme, le chiffre représentant le capital des cultivateurs ne peut être évalué à moins de 7 milliards de francs.

8. — Les cultivateurs en Angleterre sont considérés comme de simples industriels et, comme tels, ils participent ni plus ni moins que tout le monde aux avantages du crédit. On s'est longtemps figuré en France qu'il existe en Angleterre des banques spécialement agricoles ; c'est une grande erreur. Il est possible que, dans les districts exclusivement agricoles, les opérations d'une banque aient surtout pour objet l'industrie des fermiers, mais le crédit qu'elle accorde est absolument soumis aux mêmes principes

financiers que ceux qui régissent toutes les autres institutions de crédit, dans quelque milieu commercial et industriel qu'elles puissent se trouver. Seulement ces institutions se sont beaucoup plus développées en Angleterre, et surtout en Écosse, que partout ailleurs, et tous les fermiers se servent de ces banques absolument comme tous les autres commerçants, industriels ou manufacturiers. C'est une affaire de crédit personnel, et pas autre chose; chaque cultivateur a son compte courant à la banque la plus voisine, qui est généralement celle de la ville où se tient le marché qui absorbe ses produits, et les avances que le banquier lui fait dépendent entièrement du crédit dont il jouit.

9. — Le taux de l'intérêt de l'argent avancé aux fermiers par les banquiers varie selon celui de la Banque d'Angleterre; celui des sommes avancées par les compagnies pour l'amélioration des terres est fixe, car il comprend l'intérêt et l'amortissement. Il est ordinairement de 6 à 7 p. o/o pendant une période de vingt années.

10. — L'introduction des machines et des instruments perfectionnés a profondément modifié la question des salaires et de la main-d'œuvre. Le travail agricole, en perdant de son caractère pénible et en exerçant plutôt l'intelligence que les muscles de l'ouvrier, a acquis une plus grande valeur relative, et partant il est mieux rétribué. Depuis quelques années aussi, l'attention des propriétaires s'est dirigée tout spécialement sur la question du bien-être et de l'éducation de l'ouvrier des campagnes. D'un côté, on a construit et établi des écoles dans tous les villages, et de l'autre, on s'est mis à construire des habitations plus saines, mieux distribuées et plus spacieuses que celles où croupissaient autrefois dans la saleté, la promiscuité et l'insalubrité, les familles des ouvriers ruraux. Aujourd'hui le mouvement devenu nécessaire pour retenir les ouvriers dans les campagnes s'est étendu par toute l'Angleterre, et on commence déjà à adopter aussi le système dit *allotment*, qui consiste à donner à chaque famille un lot de terrain que l'ouvrier cultive à ses heures de loisir. On lui donne encore le privilége de nourrir un porc et d'élever des volailles. Tous ces progrès ont considérablement amélioré la condition des ouvriers des campagnes. Mais c'est surtout depuis l'introduction des appareils de culture à vapeur dans les grandes exploitations que l'ouvrier rural est sorti de son ancien abrutissement. L'emploi des machines améliorées et des grands moyens mécaniques l'ont pour ainsi dire élevé à la dignité de mécanicien. Car, avec une aptitude et une intelligence surprenantes, les ouvriers ordinaires de la ferme réussissent en peu de temps à acquérir les connaissances et l'habileté nécessaires pour diriger même les machines à vapeur, soit qu'elles travaillent dans les champs pour labourer, soit qu'elles soient employées dans l'intérieur de la ferme pour les travaux de grange. Aussi, partout les salaires ont haussé, et le nombre des ouvriers nécessaires à l'exploitation des fermes où la vapeur a été introduite comme moteur général, le nombre des ouvriers, loin de diminuer, a dû s'accroître dans une proportion notable.

Salaires.
Main-d'œuvre.

Ainsi, d'un côté, l'émancipation du travail des ouvriers des campagnes de ce que ce travail avait de pénible et d'abrutissant, par l'introduction des machines agricoles, et surtout par l'application de la vapeur aux travaux des champs; de l'autre, la construction des cottages, les *allotments* et les écoles, ont profondément modifié le travail agricole dans le sens le plus favorable au *master* comme à l'ouvrier.

11. — Malgré l'émigration, je ne pense pas que le personnel agricole ait diminué en Angleterre; seulement, depuis l'introduction des machines et de la vapeur qui ont permis d'abolir l'expédient des jachères mortes en y substituant d'énergiques cultures fourragères, les produits s'étant considérablement augmentés, on a besoin d'un plus grand nombre de bras qu'autrefois, et l'on peut dire qu'en Angleterre le nombre des ouvriers ruraux est devenu insuffisant. Cet état de choses n'est point amené par la désertion ni par l'émigration, qui n'enlèvent, chaque année, qu'une proportion insignifiante de la population des campagnes, proportion qui est plus que compensée par l'accroissement de la population; il résulte directement de l'augmentation que l'introduction des machines a déterminée dans les travaux de la ferme, non-seulement en ce qui regarde les cultures, mais encore et surtout à cause du plus grand nombre d'animaux de rente que la culture des fourrages permet d'élever et d'engraisser sur la ferme.

12. — Le mouvement des populations rurales vers les villes et les centres industriels est resté jusqu'à présent très-insignifiant.

13. — La première partie de cette question a reçu sa réponse dans les paragraphes précédents. Quant à l'emploi des machines, on peut dire qu'il tend à s'étendre de plus en plus, et c'est cette demande incessante de l'agriculture qui a donné l'essor à ces gigantesques fabriques de machines et d'instruments agricoles qui, depuis trente ans seulement, se sont développées d'une manière si surprenante et qui forment aujourd'hui une des branches les plus importantes de l'industrie manufacturière de l'Angleterre.

14. — Les ouvriers étant devenus plus intelligents, plus adroits, par cela même que leur travail exerce plus leur intelligence que leurs muscles, et les moyens d'action avec lesquels ils accomplissent leur travail étant plus puissants et plus efficaces, il est naturel de conclure que la somme de travail qu'on en obtient est bien plus considérable que par le passé.

15. — La réponse faite à la Question 10 s'applique à celle-ci. J'ajouterai cependant qu'à part même l'amélioration qui s'est accomplie dans les conditions matérielles et morales de l'ouvrier des campagnes, par la construction de cottages modèles, par l'*allotment* et surtout par les écoles, les salaires se sont sensiblement élevés depuis quelques

annéees. Il ressort de calculs publiés dans la *Revue agricole de l'Angleterre* [1] que, depuis 1850, la moyenne des salaires s'est élevée de plus de 30 p. o/o.

16.—L'économie de l'agriculture anglaise comporte l'élevage, l'entretien et l'engraissement d'un bien plus grand nombre d'animaux de boucherie que partout ailleurs. Il y a en Angleterre plus de moutons qu'en France et la moitié autant de bestiaux. On entretient en outre plus d'animaux de trait à l'hectare. Cette immense production de viande résulte directement de cette large place que les agriculteurs anglais font aux cultures fourragères dans leurs assolements. Aussi la production du fumier de ferme est très-considérable, mais elle ne suffit pas. L'abandon de la jachère morte et les exigences de la culture intensive nécessitent l'emploi d'une immense quantité d'engrais artificiels ou d'importation tels que le guano et les os dissous à l'acide sulfurique. L'emploi de ces engrais auxiliaires ne résulte point d'un déficit quelconque dans la production du fumier de ferme, qui a presque atteint son maximum de quantité; mais ce sont les récoltes fourragères dérobées, les exigences d'un climat humide qui demandent la végétation rapide des racines à la première période de leur croissance, ce qu'on obtient par l'application immédiate de fertilisants énergiques, qui nécessitent l'emploi des engrais artificiels.

On peut évaluer le nombre d'animaux de trait employés par l'agriculture de l'Angleterre proprement dite, c'est-à-dire pour une étendue de 7,600,000 hectares de terres arables et de 7,500,000 hectares de pâturages, à 800,000 chevaux sur 1,500,000 que l'Angleterre possède. C'est donc une moyenne énorme de 50 chevaux par 1,000 hectares, en faisant entrer dans ce calcul les quelques attelages de bœufs que l'on emploie encore dans quelques comtés. Le nombre des ouvriers agricoles employés par l'agriculture anglaise pour la main-d'œuvre des cultures et le soin des animaux consiste en : 950,000 hommes, 120,000 femmes, 300,000 jeunes garçons et 70,000 filles, soit un total de 1,440,000. Ce nombre d'ouvriers de tout âge et des deux sexes peut être réduit à une force moyenne de 1,150,000 hommes, ce qui donne la proportion de 1 homme par 5 hectares et demi de terres arables et à peu près autant de terres en pâturages, soit une moyenne de 1 homme par 11 hectares. Outre cette force vivante, l'agriculture anglaise emploie celle de la vapeur dans une proportion énorme; on peut évaluer l'accroissement annuel de l'emploi de la vapeur dans la grange et dans les champs à près de 15,000 chevaux de force. La culture à vapeur seule, qui est d'adoption comparativement récente, emploie aujourd'hui une force d'au moins 20,000 chevaux vapeur.

Quant au cheptel des fermes, il me suffira de dire que l'Angleterre a plus de moutons que la France tout entière. Dans l'absence de toute statistique agricole, il est difficile de poser des chiffres exacts; mais on peut fixer le nombre des moutons, par

[1] Vol. II, p. 45, par M. de la Tréhonnais.

exemple, à 32 millions, et celui des autres animaux dans la même proportion. Cette masse d'animaux, je le répète, fournit une immense quantité de fumier, qui cependant doit être supplémentée par les engrais artificiels, ainsi que je l'ai indiqué plus haut.

Assolements. 17. — L'assolement le plus généralement répandu en Angleterre, c'est la rotation quatriennale dite du Norfolk, et qui consiste en : 1° racines; 2° céréales de printemps, orge ou avoine semée de trèfle; 3° trèfle; 4° blé, le tout entremêlé de récoltes fourragères dérobées. Mais cet assolement se modifie aujourd'hui à l'infini. La culture intensive par les labours profonds, l'application plus abondante de fumier d'étable, l'emploi des engrais artificiels, etc. etc., ont tellement fertilisé les terres, qu'on est souvent obligé de faire entrer deux récoltes de blé au lieu d'une dans l'assolement, qui devient alors quinquennal. Comme je vais l'indiquer plus loin, l'agriculture de l'Angleterre ne comporte, en fait de cultures industrielles, que celle du houblon, et encore cette culture est-elle localisée dans les comtés du sud-est; le seul objet de l'industrie des cultivateurs, c'est donc la production de la nourriture de l'homme et de celle des animaux qu'il emploie comme force de traction, et qu'il élève et engraisse pour les marchés. C'est donc le blé qui doit naturellement profiter de l'augmentation dans la fertilité du sol, car c'est la seule culture épuisante qui entre dans les assolements, et qui profite le plus au cultivateur assez habile pour améliorer sa terre tout en lui faisant produire d'abondantes récoltes.

Progrès dans les procédés agricoles. 18. — L'invention de nouvelles machines agricoles et le perfectionnement des anciennes, l'emploi sur une vaste échelle des engrais artificiels, l'amélioration des races agricoles stimulée par les concours, les découvertes de la science mises à portée des agriculteurs par de nombreuses et influentes sociétés d'agriculteurs, ont, depuis une vingtaine d'années, imprimé à l'essor du progrès agricole une impulsion des plus énergiques et des plus fécondes. La culture du navet et de la betterave a surtout profité de l'application des engrais artificiels tels que le guano et le superphosphate de chaux, la première de ces racines dans les terres légères, et la seconde dans les terres fortes que des instruments énergiques menés par la vapeur peuvent aujourd'hui défoncer à une profondeur de 40 à 50 centimètres. Les cultures sarclées, aidées de l'emploi fréquent de la houe à cheval, ont puissamment contribué à nettoyer les terres qui aujourd'hui, dans la plupart des exploitations, sont entièrement débarrassées de la plaie des plantes parasites. D'un autre côté, le labourage à vapeur, en permettant au cultivateur de préparer ses terres en temps opportun, et surtout de pratiquer les labours immédiatement après la récolte, a déterminé, partout où ce puissant système est employé, un rendement bien plus considérable dans les récoltes, et surtout dans celle des céréales. Cet excédant a même atteint, dans un grand nombre d'exploitations, 7 hectolitres à l'hectare, et jusqu'à 10,000 kilogrammes dans les récoltes de racines.

19. — Depuis une vingtaine d'années, on a exécuté en Angleterre d'immenses travaux de drainage qui ont rendu possible la culture des terres fortes sur toute l'étendue de l'Angleterre, et surtout dans les comtés du nord où, avant cette opération indispensable, d'immenses étendues de terre restaient improductives, faute de pouvoir être labourées. A l'aide du prêt de 100 millions dont j'ai déjà parlé, et surtout à l'aide de celui des deux compagnies créées à cet effet par acte du Parlement, la mise en culture des terres vagues, des biens communaux et des anciennes forêts, par le desséchement des parties marécageuses, par le défrichement direct et par le drainage, a pris des proportions considérables, de sorte qu'aujourd'hui on peut dire qu'il n'existe pas d'espace inculte en Angleterre, à l'exception des montagnes, des districts sablonneux et des communes dont la clôture n'a pas encore eu lieu.

20. — Dans un climat aussi humide que celui de l'Angleterre, l'irrigation est loin d'avoir la même importance que dans les pays plus secs. Toutefois, les prairies d'eau (*water meadows*) du Hampshire et du Wiltshire, les irrigations des versants de collines (*hill side irrigations*) du Devonshire, offrent tout ce qu'il y a de plus parfait comme exemples d'irrigation. Ces irrigations se font au moyen des nombreux cours d'eau qui sillonnent la surface accidentée de ces comtés. Les eaux sont déversées sur les surfaces irrigables au moyen de vannes disposées à cet effet de la manière la plus habile, et l'écoulement des eaux est réglé par des rigoles à niveau de manière à les distribuer sur les surfaces les plus accidentées d'une manière uniforme. Dans le Devonshire, au moyen de l'irrigation, on parvient à faire pousser d'épaisses récoltes d'herbe sur les versants des collines les plus abruptes où aucune autre culture ne serait possible.

21. — Les prairies naturelles occupent une très-grande portion de la surface de l'Angleterre, mais cette proportion varie beaucoup selon les comtés. Dans l'est, l'ouest et le sud, il n'y a guère que le fond des vallées qui soit maintenu en prairies, mais dans le centre et le nord où l'on élève un grand nombre de bestiaux et où la production du fromage forme une importante industrie agricole, presque toute l'étendue des terres consiste en pâturages naturels. En moyenne, on peut avancer que la surface des prairies et pâturages naturels en Angleterre occupe un tiers de la superficie générale.

22. — La culture des prairies artificielles rentre presque exclusivement dans l'économie des assolements. Ces cultures ne comportent que le trèfle, le sainfoin et le *raygrass* d'Italie. Ces diverses cultures précèdent ordinairement le blé dans l'assolement quatriennal; mais outre ces cultures fourragères occupant régulièrement le sol pendant près de dix-huit mois dans l'assolement, on pratique encore de fréquentes cultures dérobées, c'est-à-dire entre deux récoltes régulières, telles que la moutarde, le lupin, le colza, etc. etc. En général, on peut dire que les cultures fourragères autres que celles des racines occupent un quart de la surface cultivée. Quant aux frais que comportent

ces cultures, il est fort difficile, sinon impossible de les préciser, enclavées comme elles sont dans l'économie générale de l'assolement. On sème les trèfles, par exemple, avec les céréales de printemps, telles que orge et avoine, et la récolte de blé qui suit ce trèfle profite dans une large mesure de l'engrais laissé dans le sol par les racines de cette plante.

23. — Outre les trèfles et les autres fourrages cultivés indiqués ci-dessus, on cultive, en Angleterre, une immense quantité de racines, telles que navets, betteraves, carottes, ainsi que des choux. Au moins le quart de la surface arable est occupé par ces récoltes. Le produit des navets (*turneps*) est, en moyenne, pour les terres bien cultivées, de 60,000 kilogrammes à l'hectare. Les betteraves donnent, en moyenne, 120,000 kilogrammes.

L'espèce de chou la plus généralement cultivée comme fourrage, en Angleterre, c'est le chou dit tête de tambour (*drumhead*). Dans les terres bien préparées, et avec une culture convenable, les récoltes de ce fourrage donnent jusqu'à 100,000 kilogrammes à l'hectare. Les carottes sont moins généralement cultivées que les autres racines, car cette culture demande une terre profondément labourée et complétement ameublie, ce qui exige des façons assez coûteuses, et des soins que les cultivateurs peuvent rarement donner. Cette récolte produit, en moyenne 60,000 kilogrammes à l'hectare. Quant aux frais de la culture, il n'est guère possible de les déterminer, car ils varient extrêmement selon la nature du sol et la quantité d'engrais qu'on emploie.

24. — Le développement des cultures fourragères a suivi celui de l'amélioration des races. Plus les races sont devenues précoces, plus la production de la viande est devenue lucrative, et plus on s'est mis à cultiver la nourriture des animaux. La culture à vapeur, en permettant une culture plus profonde et plus opportune, et en éliminant complétement la jachère morte de l'économie des assolements, a aussi fortement contribué à donner une grande impulsion aux cultures fourragères. Toutefois, il est bon de remarquer que plus cette culture s'est perfectionnée, et plus les plantes ont acquis des développements anomaux, plus celles-ci se sont, pour ainsi dire, affaiblies dans leur constitution, qui est devenue beaucoup plus délicate à mesure que la culture s'est perfectionnée. Aujourd'hui, presque toutes les racines fourragères sont sujettes à des maladies inconnues autrefois, qui en rendent la récolte beaucoup plus précaire.

25. — Il est difficile d'évaluer le rendement des cultures de trèfle, luzerne et sainfoin, car ces récoltes sont généralement consommées sur place ou coupées en vert pour être consommées à l'étable. Il n'y a guère que la dernière coupe que l'on convertisse en foin. La luzerne et le sainfoin occupent le sol beaucoup plus longtemps que le trèfle, qui est fort peu cultivé en Angleterre.

26. — Ces produits ne sont jamais vendus qu'aux environs des villes; les clauses des

baux et l'usage s'opposent formellement à ce que les récoltes fourragères soient consommées ailleurs que dans la ferme, à moins qu'on ne puisse, comme dans les environs
des villes, rapporter du fumier.

Animaux.
Frais d'élevage, etc.
Prix de revient
et prix de vente.

27. — Cette question est trop complexe pour qu'on puisse y répondre. Le prix des
animaux varie tellement selon leur âge, leur poids et leur qualité, qu'il est impossible
d'en déterminer le chiffre. On peut en dire autant de l'entretien. Tout ce qu'on peut
avancer, c'est qu'en moyenne la moitié des produits de la ferme est absorbée par la
nourriture des animaux de trait, de vente et d'engrais que comporte une exploitation
bien organisée.

28. — L'histoire de l'amélioration si remarquable et si extraordinaire qui s'est
accomplie dans les races agricoles de l'Angleterre depuis Bakewell et les frères Collings
jusqu'à Jonas Wæbbs et les éleveurs contemporains entraînerait des développements
trop volumineux. Qu'il me suffise de dire que, depuis trente ans, toutes les races ont
été singulièrement améliorées aux points de vue de l'aptitude à l'engraissement, de la
symétrie des formes, de la précocité et de la fécondité.

29. — L'extension des cultures fourragères a été plutôt le résultat que la cause de
l'amélioration des races. On achète, pour des sommes considérables, des tourteaux de
lin, des farineux et autres aliments non produits sur la ferme. Cette nourriture auxiliaire
est considérée comme indispensable à l'élevage des jeunes animaux surtout, et à l'engraissement de ceux qui sont destinés à la boucherie. Il en résulte plus de viande et plus
d'engrais hautement fertilisant, et cette dépense est largement compensée par les
résultats.

30. — Les laines se vendent toujours au prix du commerce et forment un produit
fort important. Le beurre et le lait ne se vendent guère qu'aux environs des villes; dans
les campagnes, le lait qui ne sert point à la fabrication du fromage est consommé par
les jeunes animaux. L'extension des chemins de fer a toutefois généralisé beaucoup plus
le commerce de lait pour les grands centres de population. Ainsi, les lignes qui abou-
tissent à Londres recueillent le lait à des distances qui vont jusqu'à 400 kilomètres, le
tarif ayant été sensiblement abaissé depuis que la peste bovine a vidé toutes les étables
de vaches laitières qui approvisionnaient la métropole.

31. — Parmi les céréales indiquées dans cette question, il n'y en a que trois qui
soient cultivées comme céréales : le froment, l'orge et l'avoine. Le méteil est inconnu,
le seigle n'est cultivé que comme fourrage dérobé, le maïs et le sarrasin sont inconnus.
Le froment occupe le cinquième des terres arables, soit environ 1,780,946 hectares.
L'orge et l'avoine occupent ensemble environ la même étendue.

Voici du reste le relevé authentique des statistiques agricoles de l'Angleterre pour l'année 1867.

Sur les 22,785,700 hectares qui constituent la superficie totale de la Grande-Bretagne, c'est-à-dire sans compter l'Irlande, il y a eu, en 1867, 11,932,431 hectares de cultivés. En 1866, cette superficie était de 11,471,908 hectares. Sur cette surface cultivée, il y a eu, en 1867, 31.1 p. o/o en céréales contre 32.3 en 1866. — Cultures de racines 11.7 p. o/o, en 1867, et 12.4 en 1866. — Jachères mortes, 3.3 en 1867, même proportion en 1866. — Cultures de fourrages artificiels, trèfles, vesces, sainfoin, etc. etc., rentrant dans les assolements réguliers, 13.4 en 1867 et 12.9 en 1866. — Prairies naturelles (les landes et montagnes non comprises), 40.5 en 1867 et 38.9 en 1866. — Cette augmentation que l'on remarque dans les cultures fourragères, et la diminution correspondante dans celle des céréales pendant les deux dernières années, n'est point un fait accidentel, mais la manifestation frappante de la tendance, qui s'est déjà signalée dans l'économie agricole de l'Angleterre, à restreindre la production du blé, que d'autres contrées peuvent fournir à la consommation à meilleur marché, pour augmenter celle de la viande pour laquelle les agriculteurs anglais ont moins à craindre la concurrence étrangère. Aussi, malgré la terrible épizootie qui a si cruellement sévi sur l'espèce bovine, le nombre des bestiaux tend à augmenter considérablement.

L'espèce bovine comptait en 1866, 4,785,836 têtes et 4,993,034 en 1867, ce qui donne une augmentation de 207,198. — En 1866, le nombre des moutons était de 22,048,281; en 1867, il était de 28,919,101, ce qui donne une augmentation de 6,870,820. Les porcs, en 1866, comptaient 2,477,619 têtes, et, en 1867, 2,966,670, ce qui donne une augmentation de près de 500,000.

En Irlande, la proportion des pâturages permanents a aussi augmenté, et le nombre des moutons s'est considérablement accru, bien que les statistiques aient constaté une certaine diminution dans les espèces bovine et porcine. Un autre fait important ressort de ces statistiques, c'est la faible proportion des jachères mortes, 3.3 p. o/o seulement!

32. — Il n'est pas possible de répondre à cette question.

33. — La production des céréales a plutôt diminué qu'augmenté en Angleterre depuis le rappel du droit d'entrée sur les céréales étrangères. Les cultivateurs anglais, ne pouvant lutter avec les producteurs d'autres pays, ont diminué leurs cultures de céréales et se sont appliqués à faire de la viande, denrée pour laquelle ils sont plus à l'abri de la concurrence étrangère.

34. — Voir les mercuriales officielles publiées par le *Board of trade*.

35. — Non-seulement la qualité, mais la quantité se sont grandement améliorées à

LONDRES.

mesure que les cultures se sont perfectionnées, en ce qui concerne surtout la profondeur des labours, la préparation du sol et la production ou l'acquisition des engrais.

Autres plantes
alimentaires.

36. — Les pommes de terre ne sont guère cultivées que dans l'Écosse et le nord de l'Angleterre comme produit d'exportation, et aux environs des villes pour l'approvisionnement des marchés. Dans les comtés du sud-ouest et surtout dans le Cornwall, où l'hiver est peu rigoureux, on cultive beaucoup de pommes de terre comme primeurs, qui trouvent sur les marchés des grandes villes des prix hautement rémunérateurs. Dans l'économie générale des cultures, la pomme de terre n'entre que comme récolte de jachère et le produit sert à l'alimentation de la population rurale, et, en grande partie, à celle des porcs. En Irlande, cette culture forme la base de l'alimentation des habitants. Les légumes secs cultivés en Angleterre ne comprennent que les féverolles et les pois, qui entrent dans une grande proportion dans l'alimentation des animaux à l'engrais. Les légumes frais ne se cultivent qu'en petit dans les jardins pour la table des familles, et en grand dans les jardins maraîchers aux environs des villes pour l'approvisionnement des marchés.

Frais de culture.

37. — Impossible de répondre à cette question.

Plantes industrielles.

38. — Ce n'est que dans le nord de l'Irlande que l'on cultive le lin comme plante industrielle. En Angleterre, les cultures industrielles ne sont pas connues. Les betteraves elles-mêmes ne sont cultivées que comme fourrage. Le houblon, toutefois, est cultivé en grand dans les comtés du sud-est.

Frais de culture.

39. — Impossible de répondre à cette question.

Production.

40. — La production du lin en Irlande, où il existe de grandes filatures, tend à augmenter. L'essor donné à l'industrie linière par la cherté des cotons pendant la guerre civile aux États-Unis s'est à peine ralenti. La culture du houblon reste à peu près stationnaire.

41. — Les fabriques de sucre de betterave et les distilleries agricoles sont inconnues en Angleterre.

Viabilité.
Chemins de fer.

48 et 49. — Depuis trente ans, les progrès de la viabilité ne se sont portés que sur les chemins de fer, qui aujourd'hui couvrent l'Angleterre d'un épais réseau.

50. — Les travaux pour les routes ordinaires ne se sont portés que sur leur entretien; on n'en a créé aucune nouvelle.

Direction donnée
aux produits agricoles.

52 et 53. — L'Angleterre ne produisant pas à beaucoup près la nourriture qu'elle consomme, tous les produits agricoles, à l'exception du fromage des animaux repro-

ducteurs et des viandes salées, sont consommés sur place ou dans les grands centres de population.

Prix des transports.　54. — Ces frais varient naturellement selon la distance du lieu de production au lieu de consommation. En général, les tarifs des chemins de fer anglais sont moins élevés qu'ailleurs pour le transport des denrées agricoles.

C'est surtout pour le transport des denrées agricoles que les tarifs des chemins de fer anglais ont été réduits. La puissante et féconde concurrence qui existe entre les diverses compagnies les forcent à créer sans cesse de nouvelles sources de trafic en stimulant, par l'appât du bon marché, le mouvement des denrées. Ainsi, le lait, le beurre, les volailles, les légumes, la viande sur pied, le poisson, le gibier, en un mot toutes les denrées alimentaires qui entrent dans la consommation journalière des grands centres de population, arrivent de distances énormes par les chemins de fer d'après des tarifs dont le chiffre varie en proportion directe de la distance. On expédie du lait frais à Londres d'un rayon de 300 kilomètres. C'est en suivant cette politique intelligente et libérale que les compagnies anglaises réussissent à augmenter leurs revenus, tout en facilitant le transport des denrées agricoles, dont le mouvement est entravé en France au delà d'un certain rayon, et quand on se plaint que les lignes qui traversent les pays exclusivement agricoles ne sont pas productives, c'est aux tarifs trop élevés et mal gradués qu'il faut s'en prendre, et non au défaut des denrées à transporter.

Législation sur l'importation et l'exportation des produits agricoles.　55. — Les céréales étrangères arrivent sur les marchés anglais au droit nominal d'un shilling par quarter, soit environ 43 centimes l'hectolitre. L'exportation est libre. Les vins étrangers payent un droit de 25 centimes le litre pour les vins de France et d'Allemagne, et de 60 centimes pour les vins d'Espagne et de Portugal, à cause de leur qualité fortement alcoolique. Les spiritueux étrangers payent un droit d'environ 3 fr. 50 cent. le litre. L'entrée du bétail est libre.

56. — Cette législation libérale n'a eu d'autre effet que de stimuler l'énergie des agriculteurs, et a fortement contribué aux progrès de l'agriculture en Angleterre.

57. — Le commerce des denrées agricoles étant, pour ainsi dire, libre en Angleterre, et le commerce n'ayant que l'importation pour objet, les divers traités de commerce qui peuvent exister n'exercent que peu ou point d'influence sur les marchés anglais.

Débouchés pour les produits français.　59. — Le marché anglais, à cause de la proximité des frontières de France, est certainement le plus avantageux pour ses produits agricoles. Malheureusement notre production est trop restreinte, et les besoins de nos propres marchés trop exigeants, pour que nous puissions profiter de cette heureuse circonstance de la proximité. Les œufs, les pommes de terre, quelques bestiaux, et, dans les années d'abondance, des céréales et des farines constituent, avec les vins et les eaux-de-vie, dont rien n'entrave le mouvement, les principaux produits agricoles que la France exporte en Angleterre.

60 à 62. — Les impôts et charges qui pèsent sur la propriété foncière en Angleterre diffèrent essentiellement de ceux qui existent en France. Ces impôts et charges sont tous directs, car les frais d'enregistrement pour les ventes, les mutations et les héritages sont pour ainsi dire insignifiants en Angleterre.

Un des éléments les plus énergiques de l'impulsion remarquable que le progrès agricole a reçue en Angleterre depuis trente ans, c'est l'application du capital de négociants enrichis à l'acquisition de propriétés foncières. Ces négociants, en s'adonnant à l'agriculture, ont apporté à leur exploitation toute leur sagacité, toute leur intelligence des affaires, ainsi que l'ordre et le calcul dans les dépenses, l'économie dans les détails, et une comptabilité scrupuleuse. Ces précieux éléments de succès, une fois introduits dans un district, ont porté les fruits les plus salutaires, par le puissant enseignement de l'exemple de résultats heureux. Une fois cet exemple constaté et compris, la terre est devenue la dépositaire des épargnes du commerce et de l'industrie, qui ont trouvé dans ce placement la sécurité et le profit pour le capital, la santé pour le corps et le délassement pour l'esprit. Aujourd'hui, les meilleurs éleveurs, les agriculteurs les plus éminents, ceux dont les fermes sont le mieux tenues et les plus prospères, sont des hommes retirés des affaires, ou bien qui y tiennent encore, mais qui vivent à la campagne. Il ne faut pas conclure de ce qui précède que la terre n'est pas lourdement grevée de charges et d'impôts en Angleterre; mais, au moins, l'échange en est libre comme celui de ses produits, et ce n'est que justice, et, à l'exception de la dîme et d'une taxe insignifiante nommée *land tax*, dont je parlerai tout à l'heure, les charges qui grèvent la propriété foncière sont communes à tous les revenus, qu'ils résultent, soit du sol, soit du commerce, soit de l'industrie, soit des fonds sur l'État, soit enfin de placements quelconques. La taxe sur la terre, *land tax*, est un impôt fixé sur la propriété foncière il y a plusieurs siècles. Chaque paroisse, selon l'étendue de son territoire, était obligée de payer une certaine somme qui se trouvait naturellement répartie sur le nombre d'hectares de sa surface. Cette taxe est fixe et n'a point changé; seulement, chaque propriétaire possédait et possède encore la faculté de racheter la taxe par le payement immédiat du capital représenté par le montant de la taxe qu'il a à payer. Ce privilége a été largement mis en usage, et aujourd'hui presque toutes les propriétés foncières sont entièrement libres de cet impôt. Je ne le cite donc que pour mémoire.

La dîme est une redevance prélevée sur la propriété foncière pour subvenir à la *stipend* du ministre de la paroisse. Cette dîme étant prélevée en argent sur le produit de la terre, l'assiette doit nécessairement varier selon le prix de ces produits; mais pour éviter les difficultés innombrables qui résulteraient d'un pareil calcul, on prend la moyenne du prix du blé pendant sept ans, de sorte que l'assiette de cette taxe est remaniée tous les sept ans.

Après ces deux charges exclusivement attachées à la propriété foncière, il y en a d'autres qui, bien que communes à tous les citoyens, n'en pèsent pas moins lourdement sur le fermier.

Il y a d'abord la taxe des pauvres, qui sert à entretenir dans un grand hospice, qu'on appelle *Union*, parce qu'il est construit en commun par plusieurs paroisses qui s'unissent à cet effet, tous les vieillards, les infirmes et les orphelins.

Ensuite il y a la taxe du comté, qui sert à défrayer l'entretien des routes, l'éclairage des villes et villages, la police, etc. etc. Il y a encore, dans certains districts, ce qu'on appelle la taxe de l'église, *church rate*, qui sert à défrayer les dépenses du culte et le maintien et la réparation des églises paroissiales.

Vient ensuite l'*income tax*, qui frappe tous les revenus supérieurs à 100 livres sterling, de quelque source qu'ils proviennent.

Il ne faut pas oublier aussi le péage des routes (*turnpike trusts*). Autrefois toutes les routes étaient construites, non par l'autorité locale ou gouvernementale, mais par des spéculateurs auxquels le Parlement donnait le privilége de percevoir sur plusieurs points du parcours un péage pour chaque cheval, mulet, âne et voiture passant sur la route. En échange de ce privilége, la compagnie qui entreprenait la construction à ses frais exclusifs s'engageait en outre à la maintenir en bon état. Le point où le péage se perçoit est fermé par une barrière qui ne s'ouvre au voyageur monté que contre payement de la taxe qui varie selon la monture ou le nombre de chevaux attelés. Cette taxe pèse d'une façon toute spéciale sur le fermier, dont les attelages ont souvent à passer la barrière plusieurs fois dans la journée en allant et revenant sur son exploitation. Ce système vexatoire est devenu tellement odieux que, bien qu'il soit encore général, l'opinion publique l'a condamné, et, aux abords des grandes villes surtout, ces barrières ont été enlevées et les péages rachetés. Mais dans les campagnes ce mal existe encore. On se rappelle les attentats commis dans le pays de Galles il y a quelques années par une troupe d'hommes masqués qui portaient le nom de Rébecca et de ses filles. Ces hommes, déguisés en femmes, parcouraient les routes pendant la nuit et détruisaient toutes les barrières.

Pour me résumer, je vais donner en chiffres les différentes taxes qui pèsent sur la terre, en prenant pour moyenne une ferme du comté d'Hereford, dont le prix de location se monte à 121 francs l'hectare.

Dîme...	22^f 00^c par hectare.
Taxe des pauvres (*poor rate*)......................	12 00
Taxe du comté (*county rate*)......................	0 70
Taxe de l'église (*church rate*)....................	1 00
Taxe de prestation pour chemins vicinaux............	2 25
TOTAL................	37 95

Pour donner une idée de l'importance du péage sur les routes, péage qui a naturellement bien diminué depuis l'extension des chemins de fer, je dirai que la somme perçue aux barrières atteint le chiffre annuel de 27 millions de francs, et la taxe de prestation pour l'entretien des routes vicinales, qui est exclusivement à la charge des communes, car l'administration des ponts et chaussées n'existe point en Angleterre, se monte annuellement à 32,366,150 francs. Il n'y a pas de corvées, les prestations se font en argent.

Outre ces taxes pesant directement sur la terre, il y en a une autre dont les agriculteurs anglais se plaignent fort amèrement, bien qu'elle ne soit pas directement levée sur la production, mais bien sur le consommateur. Je veux dire le *malt tax*, c'est-à-dire la taxe sur l'orge tansformée en malt et destinée à la fabrication de la bière. Cette taxe pour l'Angleterre proprement dite seulement, c'est-à-dire sans comprendre l'Irlande, ne produit pas moins de 152,364,945 francs ; je donne ici le chiffre de l'année 1865. Cette taxe est, pour ainsi dire, un impôt d'octroi perçu au lieu de fabrication. Les agriculteurs anglais se plaignent beaucoup de cette taxe indirecte, qui restreint l'emploi de leurs orges de qualité supérieure. Mais je ne pense pas que leurs plaintes soient fondées. Que diraient-ils donc si non-seulement leurs orges mais tous leurs produits, sans exception aucune, étaient grevés comme en France, à l'entrée des marchés, par un droit d'octroi presque toujours fort élevé. Au moins, l'agriculture anglaise a cet immense avantage sur l'agriculture française, c'est que cette taxe, l'octroi, n'existe pas et ne vient point, en pesant sur la masse des consommateurs, restreindre le débouché des produits agricoles.

Ainsi, le seul impôt établi sur les denrées agricoles, c'est le *malt tax*, qui lui-même ne tardera pas à disparaître tout à fait comme celui qui, il y a quelques années, existait sur le houblon, et qui aujourd'hui est aboli.

Les sels, si précieux en agriculture, ne sont sujets à aucune taxe, à aucun monopole ; et ceci n'est pas un mince avantage, le sel étant largement employé dans presque toutes les cultures fourragères.

J'arrive maintenant aux droits perçus par le Gouvernement sur l'échange de la terre, soit par vente, soit par mutation, soit par don, etc.

L'administration de l'enregistrement n'existe pas en Angleterre. Il y a bien un bureau central d'enregistrement de titres de propriétés foncières récemment institué, mais c'est tout simplement un mécanisme administratif fort simple et peu coûteux, au moyen duquel les propriétaires, acquéreurs récents de biens-fonds, font connaître irrévocablement et à l'abri de toute contestation leur titre de propriétaires par la vérification de ces titres. Le seul droit perçu par le Gouvernement consiste en un timbre apposé sur l'acte d'après le tarif suivant :

LONDRES.

VALEUR DE LA VENTE.	ACTES D'HYPOTHÈQUE.	ACTES DE VENTE, de mutation, etc.	BAUX.
De 125f..............................	1f 60c	0f 60c	0f 60c
125 à 250f.............................	1 60	1 25	1 25
250 à 375.............................	1 60	1 25	1 25
375 à 500.............................	1 60	2 50	2 50
500 à 625.............................	1 60	3 00	3 00
625 à 1,250.............................	1 60	6 00	6 00
1,250 à 1,875.............................	3 00	9 50	9 50
1,875 à 2,500.............................	3 00	12 50	12 50
2,500 à 3,125.............................	4 75	15 65	18 80
3,125 à 3,750.............................	4 75	18 80	18 80
3,750 à 5,000.............................	6 00	25 00	25 00
5,000 à 5,625.............................	7 70	28 00	31 00
5,625 à 6,250.............................	7 70	31 00	31 00
6,250 à 6,875.............................	9 00	34 00	37 30
6,875 à 7,500.............................	9 00	37 50	37 50
7,500 à 8,750.............................	12 50	43 50	43 50
8,750 à 10,000.............................	12 50	50 00	50 00
10,000 à 11,250.............................	15 00	56 00	56 00
11,250 à 12,500.............................	16 00	62 50	62 50
12,500 à 13,250.............................	18 00	68 00	68 00
13,250 à 15,000.............................	18 00	75 00	75 00

Au delà de 15,000 francs, les actes d'hypothèque sont grevés d'un droit de timbre de 3 francs par chaque 2,500 francs additionnels ou fraction de cette somme; pour les actes de vente et les baux, cette augmentation est du double, soit 6 francs. Ainsi, une propriété vendue 100,000 francs ne paye qu'un droit de 279 francs. C'est cette facilité dans l'échange de la propriété qui amène les capitalistes à l'agriculture, et ce sont eux qui donnent l'essor au progrès par l'application de moyens pécuniaires que les anciens propriétaires ne possèdent que rarement. Ceux-ci prennent tout à leurs terres pour le dépenser dans le luxe des villes, tandis que les capitalistes qui placent leurs épargnes dans la terre y apportent toutes les ressources nécessaires.

Moyens d'améliorer la condition de l'agriculture.

64. — Comme dans toutes les autres industries les avis sont assez partagés sur les mesures à prendre pour améliorer la condition de l'agriculture. En Angleterre, toutefois, les agriculteurs sont assez unanimes pour demander l'abolition de la taxe sur le malt, et la création d'un ministère de l'agriculture. Il n'y a pas bien longtemps encore, une section influente de propriétaires et de fermiers demandait encore une augmentation dans le droit nominal sur l'entrée des céréales étrangères; mais aujourd'hui personne n'ose plus exprimer ce vœu, tant les principes du libre échange sont profondé-

ment enracinés dans l'opinion publique. L'abolition du péage sur les routes est aussi une mesure fortement sollicitée par les agriculteurs.

Ainsi, voilà en peu de mots à quoi se réduisent les réformes demandées par l'agriculture anglaise, voilà les seules entraves dont elle demande sa délivrance pour consolider sa merveilleuse prospérité. Voilà enfin ce à quoi se réduisent ses griefs.

PAYS-BAS.

CONSULAT DE FRANCE A ROTTERDAM.

M. BÉGUIN, Gérant du Consulat.

RENSEIGNEMENTS SUR DIVERS SYSTÈMES DE CULTURE
EN USAGE DANS LES PAYS-BAS.

Rotterdam, le 20 janvier 1868.

En Hollande, on désigne sous le nom de terrains incultes les terrains qui, jusqu'à ce jour, n'ont jamais subi aucune culture et ne rapportent absolument rien. Tels sont, par exemple, les terrains sablonneux des provinces de Drenthe, d'Over-Yssel, de Gueldre, du Nord-Brabant, du Limbourg, et la plus grande partie des dunes des îles du Zuyderzée, des côtes de la Hollande et de la Zélande. On pourrait encore classer parmi les terres stériles les terrains tourbeux de la province de Drenthe si, par intervalles de vingt années, ils n'étaient employés pendant six années consécutives à la culture du sarrasin, et les terrains élevés de même nature, ainsi que les bruyères des provinces de Frise, de Groningue, d'Over-Yssel, du Nord-Brabant et d'Utrecht. Il faut d'ailleurs dire ici que la plus grande partie des terrains incultes sont la propriété des communes, tandis que ceux qui appartiennent à des particuliers ne tardent pas à être défrichés, afin d'en retirer au plus tôt quelque profit.

Comme première subdivision des terrains cultivés, on doit citer les bois et ce que l'on désigne ici sous le nom de plantations, c'est-à-dire les terrains couverts de taillis.

En Hollande, les bois ont, en général, une physionomie différente de ceux des autres pays, parce qu'ils sont presque tous d'origine artificielle. Le cultivateur qui s'adonne à cette culture, plante et fiche les arbres après les avoir préalablement élevés dans des pépinières; il ne procède à l'ensemencement que pour les bois de pins. Quant aux arbres d'une autre essence, ils sont tous plantés dans des terrains préparés, c'est-à-dire béchés à une profondeur plus ou moins grande et pourvus de rigoles. Les plantations qui existent dans presque toutes les provinces de la Néerlande produisent une grande quantité de bois de construction et de bois de chauffage.

En adoptant le *système Royer*, qui divise l'histoire de l'agriculture en six époques différentes, savoir :

1° Époque des bois;
2° Élevage des bestiaux;
3° Culture des graines fourragères;
4° Culture des grains par l'engraissement du sol;
5° Culture des articles de commerce,
6° Et culture des légumes,

on peut dire que l'agriculture en Hollande a dépassé les deux premières époques, qui ne sont plus, pour ainsi dire, que le développement des autres branches de l'agriculture. Il reste bien encore quelques rares districts où l'élevage du bétail est exercé comme premier développement agricultural, mais la situation exceptionnelle de ces districts ne permet guère d'y apporter de changement. C'est ainsi que, depuis un temps immémorial, les terrains élevés des îles de Texel et de Wieringen servent à l'élevage des moutons de la race dite de *Texel*, dont on expédie chaque année des milliers d'agneaux pour les bas pâturages de la Hollande.

Dans les districts où l'on s'occupe uniquement de l'élevage des bestiaux, en excluant toute culture, ce système d'industrie agricole ne doit pas être considéré, quoiqu'il le paraisse tout d'abord, d'une nature primitive et arriérée, mais au contraire tellement perfectionné qu'à l'exception de quelques pâturages qui rapporteraient davantage s'ils étaient exploités comme terres labourables, il n'y a aucune amélioration à apporter dans ce genre d'industrie. Pour l'élevage des bestiaux, tous les terrains indistinctement servent à produire de l'herbe et des foins, et sont tenus en bon état au moyen du travail et de l'engrais des bestiaux.

Les bestiaux parquent pendant sept mois environ, nuit et jour, dans les pâturages, tandis que les moutons ne reviennent jamais à l'étable. Les principaux éleveurs sont dans le district de Westergoo (province de Groningue), aux embouchures de l'Yssel, où l'on s'occupe presque exclusivement de la fabrication du beurre, et dans la Nord et Sud-Hollande, où les fromages sont le produit principal de l'industrie rurale; mais c'est surtout dans les provinces de Groningue et Nord-Hollande que l'on trouve le plus grand nombre d'éleveurs de bestiaux. Dans ces dernières années, par suite des hauts prix du bétail, les fermiers de la Hollande et de la Frise ont aussi commencé l'élevage des bestiaux sur une plus grande échelle. Les pâturages, situés hors des digues des îles de la Sud-Hollande et de la Zélande, servent également à l'élevage des bestiaux, mais dans ces îles ce système d'agriculture ne vient qu'en second rang et comme complément de l'exploitation des terres de labour.

On s'occupe de l'engraissement des bestiaux dans le Groningue, en Frislande et en Hollande, partout où l'on fait du beurre et du fromage. Dans le district de Beturve et tout le long des grandes rivières, l'engraissement est l'objet d'une industrie à part, et des pâturages spéciaux sont affectés à cette industrie, mais en général les bestiaux à engraisser restent l'hiver à l'étable, afin qu'on puisse profiter du fumier pour les terres en labour. Dans les fermes situées dans le voisinage des villes industrielles, où il y a des brasseries et des distilleries, on engraisse les bestiaux avec de la drêche. Aux environs de Bréda et de Nimègue, on engraisse les veaux en leur donnant du lait, ce qui produit de beaux bénéfices pour les fermiers.

Les terrains à foins sont destinés de temps en temps au labour et à l'élevage des bestiaux. Ils produisent le fourrage pour les bestiaux pendant l'hiver, tandis que ces derniers donnent le fumier pour les terres mises en culture. Cependant il y a des districts où tous les terrains ne servent qu'à produire des foins pour le commerce. Ainsi, une partie des terres basses en Groningue et des tourbières en Frislande, les terrains bas hors des digues du Zuyderzée, le district de Langstraat dans le Nord-Brabant et les terres tourbeuses du Biesbosch sont exclusivement consacrés aux foins. Dans quelques districts, on transforme aussi de temps en temps les pâturages en culture, mais nulle part ces changements ne se font d'après une méthode fixe. Aux environs de Delft, dans les polders conquis sur les eaux de la Meuse, dans le pays nommé Entre-Meuse-et-Wahal et dans les prairies situées le long des rivières, les pâturages sont quelquefois employés à la culture de l'avoine. En Frise, dans le Drechterland, la culture des graines de moutarde et de carvi se fait presque exclusivement dans les terres qui ont servi comme pâturages pendant plusieurs années. On cultive alternativement les graines de moutarde et les pois, puis des pommes de terre, et après cette dernière culture ces terres redeviennent de nouveau, et pour longtemps, des pâturages, sans recevoir d'autre engrais que la vase que l'on retire des fossés.

On retrouve encore des vestiges de l'ancienne culture germanique dans le Drenthe, dans la Velurve et dans les hauts terrains sablonneux de la province d'Utrecht, où les terres labourables, isolées et éloignées, servent tous les cinq ou six ans à la culture du seigle. Dans les intervalles, ces terres restent en jachère ou servent de fourragères aux moutons. On applique le même genre de culture aux dunes de la Hollande. Lorsque, après plusieurs années, il s'est formé sur ces terrains une légère couche de gazon, on en profite pour y faire une ou deux récoltes de pommes de terre, mais ce sont principalement les terrains situés à proximité des villes et des villages qui servent à cette culture.

Pour la culture temporaire des hauts terrains tourbeux de la province de Drenthe, voici comment on procède : pendant six années consécutives, on brûle, après l'avoir préalablement découpée en mottes, la couche de tourbe. Quand les mottes sont converties en cendres, on égalise le terrain et on y sème le sarrasin et quelquefois le colza d'été. Après ces six années, il faut ensuite environ vingt ans pour que la surface des tourbières se recouvre d'une nouvelle couche qu'on puisse exploiter encore.

Le système d'agriculture qui consistait à semer pendant deux années consécutives du seigle et à laisser pendant la troisième année les terres en jachère est encore en usage dans quelques districts, mais avec cette différence que, la troisième année, les terres ne restent plus en jachère, et qu'on y plante du sarrasin, de l'avoine et des pommes de terre. Les autres grains sont cultivés dans des terres plus soignées et bien fumées. Après deux années de culture, on y sème de la luzerne. Ce système d'agriculture se pratique dans les terres à grandes bruyères, qui sont d'ordinaire la propriété des communes ; ces bruyères servent à l'élevage des moutons et à fournir des litières pour les étables.

L'assolement triennal existe encore dans les terrains sablonneux du district de Zutphen, dans la Velurve, aux environs de Nimègue, et dans les pays de Cuyk et de Kessel.

En Gueldre, dans la partie occidentale du district de la Velurve, et dans le Gooïlland, le sarrasin a partiellement pris la place du seigle. On y cultive alternativement du seigle et du sarrasin, mais ce dernier grain occupe quelquefois les deux tiers des terrains mis en culture.

Dans les terrains sablonneux du Nord-Brabant, dans la mairie de Bois-le-Duc, dans la baronnie de Bréda, le système de culture triennale a tout à fait changé, pour être remplacé par divers systèmes d'agriculture flamande. Ainsi les litières de bruyère ont fait place à la terre dans les étables, l'élevage des moutons dans les bruyères et dans les chaumes et pâtis n'existe pour ainsi dire plus, et la culture triennale de deux grains d'hiver et un grain d'été a été remplacée par une autre culture dont voici la rotation :

Première année, seigle ;
Deuxième année, trèfle ;
Troisième année, avoine ou luzerne ;
Quatrième année, seigle ;
Cinquième année, seigle d'été,
Et sixième année, sarrasin ou pommes de terre.

Les carottes, les navets ou la luzerne viennent après l'orge d'été. En fumant et en soignant bien ses terres, le paysan du Nord-Brabant obtient de bonnes récoltes ; mais ce système de culture est très-épuisant. Les bestiaux sont nourris à l'étable ou on les laisse paître dans les pâturages, attachés à des pieux.

La culture appliquée sur les terrains d'alluvion est, pour la plus grande partie, la culture exclusive des grains et des articles de commerce, tels que colza, lin, garance et pommes de terre. Un huitième de ces terrains environ est mis en trèfle pour la nourriture des chevaux. On y cultive aussi des légumineuses et des fourrages.

La culture alternante comprend une culture régulière de grains, de légumineuses et de fourrages.

Les fourrages occupent presque la moitié des terrains et permettent d'élever un nombre de bestiaux beaucoup plus grand que par tout autre système d'agriculture. Beaucoup de cultivateurs se rapprochent de ce système, en remplaçant de temps en temps la culture des grains par celle d'autres plantes; mais, en général, on ne récolte pas assez de fourrages, et l'usage qui se maintient de laisser les terres en jachère prouve que, même sur les terres les plus fertiles, on est encore bien loin d'un bon système de culture alternante, qui produirait du fumier et de l'argent en abondance. Cette situation arriérée de l'agriculture sur la plus grande partie des terres argileuses doit être attribuée à l'influence directe et indirecte des dîmes qui existent encore en Hollande.

La culture des grains sans jachère est exercée sur les terres argileuses qui longent l'Yssel, de Hattem à Doesburg. Les grains sont cultivés d'après la rotation suivante :

Première année, seigle;
Deuxième année, fèves;
Troisième année, froment;
Quatrième année, avoine ;
Cinquième année, trèfle;
Sixième année, froment ou, de temps en temps, des pommes de terre, orge et pois.

On ne fume les terres qu'une fois tous les six ans, avec le fumier des bestiaux qui restent à l'étable en hiver. Dans le Limbourg, aux environs de Ruhrmonde, où l'on se sert toujours des anciens instruments aratoires, il y a une méthode de culture d'après laquelle on sème :

La première année, des pommes de terre, des fèves, des pois, des carottes, des betteraves ou de la chicorée;
La deuxième année, du froment ou de l'orge;
La troisième année, du seigle ou de l'avoine;
Et la quatrième année, du seigle d'hiver, avoine et avoine d'hiver, blé, sarrasin ou vesces.

Ce système est aussi en usage sur les hauts terrains diluviens argileux du pays d'outre-Meuse. La grande fertilité du sol qui contient beaucoup de chaux est ici, comme dans d'autres districts, la cause de l'insouciance et du peu d'essais que font les cultivateurs pour obtenir de plus abondantes récoltes par une plus grande quantité d'engrais et par des soins mieux entendus. On cultive encore dans le Limbourg des cardères à foulons (chardons).

Dans les polders nouvellement endigués ou desséchés, il n'y a pas encore de système de culture fixe. En semant du colza et des grains, on se hâte trop d'épuiser ces terrains pour se couvrir des premiers frais d'établissement; il paraît en être ainsi dans les polders d'*Anne Paulorona*, de *l'ancien lac d'Harlem* et dans les polders du *Zuidplas*. Dans le polder de l'ancien lac d'Harlem, un tiers des terres sont devenues des pâturages. La moitié des terres de ce polder est consacrée à la culture de l'avoine, du seigle, du froment ou de l'orge. En 1859, il y avait environ 1,000 hectares en fèves et pommes de terre. On y cultive aussi des pois, du colza, des graines de moutarde, de carvi, de lin, de la garance et de l'alpiste.

La culture des grains avec le colza se fait sur les terres argileuses situées le long de la mer, dans le Hunsingo et dans le quartier ouest de Groningue. Les cultures dans ces parages se succèdent comme il suit :

Première année, jachère;
Deuxième année, colza;
Troisième année, orge d'hiver;
Quatrième année, avoine;
Cinquième année, froment ou fèves, mais avec beaucoup de déviations.

Ainsi, il arrive aussi que, dans le Hunsingo, on ne laisse pas les terres en jachère. Les cultures se succèdent alors de la manière suivante :

Première année, trèfle;
Deuxième année, colza;
Troisième année, orge d'hiver;
Quatrième année, froment ou avoine, et quelquefois des fèves, pois, pommes de terre ou carottes.

En Frise, surtout dans les Biltlanden, il existe un système régulier de culture pour neuf années. Pendant une année, les terres sont exploitées comme pâturages, puis les cultures se succèdent comme il suit :

Première année, jachère;
Deuxième année, orge d'hiver ou froment;
Troisième année, pommes de terre nouvelles;
Quatrième année, colza;
Cinquième année, pommes de terre;
Sixième année, fèves;

Septième année, avoine;
Huitième année, trèfle;
Neuvième année, pâturages.

On cultive aussi en grande quantité le lin pour le commerce. Dans les Biltlanden, plus de 1,000 hectares sont plantés de chicorée, c'est-à-dire plus des trois quarts des terres qui sont affectées à cette culture dans les Pays-Bas.

Dans les lacs desséchés de la Sud-Hollande, aux environs de Hazerswoude et ailleurs, on cultive d'après la rotation suivante :

Première année, jachère;
Deuxième année, colza ou orge d'hiver ;
Troisième année, fèves;
Quatrième année, froment, avoine ou orge d'été;
Cinquième année, trèfle;
Sixième année, pâturages.

Ce système de culture ressemble beaucoup à celui qui existe en Frise.

Un autre système de culture en usage dans les Lymers, dans les terres argileuses entre le haut Rhin, la Meuse et le Wahal, et aussi dans la province d'Utrecht, et dont le froment est le principal produit, est le suivant :

Première année, jachère ;
Deuxième année, colza ;
Troisième année, froment;
Quatrième année, fèves, avoine ou orge d'été;
Cinquième année, froment ;
Sixième année, orge ou avoine ;
Septième année, trèfle ;
Huitième année, froment.

Quelquefois on cultive aussi d'après la rotation ci-après :

Première année, jachère;
Deuxième année, colza ;
Troisième année, froment ou orge;
Quatrième année, trèfle, pois ou fèves;
Cinquième année, froment, avoine ou fèves.

Cependant le premier système est le plus généralement appliqué. Dans l'Outre-Be-turve où les fermages élevés et les dîmes exigent que l'on tire le plus grand profit possible des terres sans frais de fumure, la succession des cultures n'est pas fixe et le plus souvent on laisse les terres en jachère. Dans la province d'Utrecht, on trouve aussi :

Première année, jachère;
Deuxième année, froment;
Troisième année, froment;
Quatrième année, seigle.

Puis, comme dans le Bommelerwaard, où l'on fait de grandes récoltes de pommes de terre, ainsi que dans le pays entre Wahal et Meuse et dans celui appelé Heusden, on ajoute aux articles de culture celle du chanvre. Presque partout l'abondance des mauvaises herbes et la diminution des récoltes prouvent que les cultivateurs sont très-avares d'engrais et de soins.

L'assolement zélandais, également en usage dans les îles de la Sud-Hollande et dans les polders longeant l'Escaut (province de Brabant), se distingue principalement par la culture du lin et de la garance qui occupe les trois quarts des terres cultivées. On adopte pour base de ce système de culture la rotation suivante :

Première année, jachère;
Deuxième année, colza ou orge d'hiver;
Troisième année, froment;
Quatrième, cinquième et sixième année, garance (quelquefois pendant deux années seulement);
Septième année, lin;
Huitième année, trèfle;
Neuvième année, fèves.

Ou bien lorsqu'on ne fait ni lin, ni garance :

Première année, jachère;
Deuxième année, colza;
Troisième année, froment;
Quatrième année, orge;
Cinquième année, trèfle;
Sixième année, froment;
Septième année, froment;
Huitième année, carottes ou pommes de terre.

Ou bien encore lorsqu'on exclut tout article de commerce :

Première année, jachère;
Deuxième année, orge d'hiver;
Troisième année, fèves;

Quatrième année, froment;
Cinquième année, trèfle;
Sixième année, froment;
Septième année, carottes ou pommes de terre;
Huitième année, avoine.

Ces divers systèmes de culture se rapprochent beaucoup du système alternant, mais ils ont le défaut de ne pas produire assez de fourrages et par conséquent pas assez de fumier.

Dans l'île du Zuid-Boveland, l'agriculture, par son sarclage soigné, se rapproche beaucoup de la culture sur rangs.

Le vrai système de culture alternante des divers produits ne se voit pas dans les Pays-Bas, si ce n'est, par exception, que dans quelques fermes. Sur 3,000 hectares de terres défrichées dans les colonies de bienfaisance, on a appliqué au début le système de Norfolk, c'est-à-dire :

Première année, pommes de terre;
Deuxième année, orge;
Troisième année, trèfle;
Quatrième année, seigle.

Plus tard, on a semé les pommes de terre parmi des genêts couverts de terre; mais comme depuis longtemps ces terres sont trop épuisées pour y faire de l'orge ou du trèfle et aussi des genêts, on a remplacé l'orge par le seigle et le trèfle par l'ivraie. Ce mode de culture est défectueux. Les soins qu'on donne aux terres sont insuffisants et peu entendus, et malgré le petit nombre de bestiaux, il faut encore acheter du fourrage et du fumier.

Une culture régulièrement alternante, et suivant laquelle une partie oes terres de labour sont ensemencées de graines fourragères et restent en pâturages pendant quelques années, se rencontre seulement dans le district d'Oldampt (province de Groningue). Les cultures se succèdent à peu près comme il suit :

Première année, fèves semées en lignes très-espacées;
Deuxième année, colza ensemencé une année avant, et entre les fèves;
Troisième année, orge;
Quatrième année, trèfle;
Cinquième année, orge;
Sixième année, avoine, froment ou seigle;
Septième année, trèfle;
Huitième et neuvième année, pâturages, ou bien avant les pâturages un des grains de la sixième année.

Les terres mises en pâturages restent dans cet état de sept à dix années. La jachère a presque disparu et a été remplacée par la culture des fèves plantées sur rangs.

On trouve dans les colonies des tourbières, en Groningue, un système de culture de semailles sur rangs très entendu, et qui se pratique comme il suit :

Première année, colza;
Deuxième année, seigle;
Troisième année, pommes de terre;
Quatrième année, fèves;
Cinquième année, seigle;
Sixième année, trèfle;
Septième année, pâturages.

Ou bien, d'après une autre rotation :

Première année, orge;
Deuxième année, fèves;
Troisième année, seigle avec navets;
Quatrième année, pommes de terre;
Cinquième année, fèves;
Sixième année, seigle;
Septième année, sarrasin.

On fait la semaille des grains sur rangs avec des instruments très-simples.

Le sarclage et la coupe des grains se font aussi au moyen de ces instruments.

Nulle part on ne trouve les systèmes originaux observés dans toute leur pureté et simplicité primitives; partout il y a des déviations plus ou moins grandes.

Ainsi, sur les terres argileuses, on voit peu de fèves blanches ou brunes, tandis qu'en Zélande cette culture est très-répandue. Sur les terres argileuses de la Frise et du Groningue, la culture des fèves à chevaux a été généralement remplacée par celle des grosses fèves.

Le froment, dans les provinces de la Sud-Hollande, du Nord-Brabant et du Limbourg, a été remplacé par l'épeautre sur une superficie d'environ 300 hectares. Les champs de pommes de terre augmentent partout dans les environs des villes, et dans de telles proportions qu'en Frise et dans la Gueldre ils occupent un quart des terres labourées, c'est-à-dire un dixième environ de toutes les terres arables du royaume. On cultive la chicorée dans les districts de Biltlanden en Groningue, dans la province d'Utrecht, dans les environs de Bergen-op-Zoom, dans le Limbourg et dans le pays d'outre-Meuse. Presque partout les cultivateurs sèment en petite quantité du lin, du chanvre et du colza pour leur usage domestique.

Dans la Nord et Sud-Hollande et dans le Nord-Brabant, il y a environ 500 hectares plantés d'alpistes. On cultive beaucoup de vesces sur les terres argileuses de la Gueldre, dans la province d'Utrecht et en Zélande; des lentilles dans le Beturve en Gueldre, des panais sur les terres argileuses de la province d'Utrecht, et les autres tubercules, tels que carottes, betteraves, choux et navets aux environs des villes et auprès des fermes. Les navets en automne, comme second légume, après l'orge et le seigle, et la luzerne d'automne, sur les terres où l'on pratique le système de culture triennale, occupent la moitié des terrains.

En dehors de ces systèmes généraux de culture, il y a dans les Pays-Bas environ 4,000 hectares destinés à la culture de quelques articles spéciaux de commerce; mais cette culture ne se fait pas d'une manière régulière. Il en est ainsi de la culture si productive des tabacs sur les terrains sablonneux, affectés spécialement à cette culture aux environs de Nimègue, Amersfoort, Rhenen, Wageningen et Dieren, et sur les terres argileuses aux environs de Valburg, dans l'Outre-Beturve et dans le pays entre Meuse et Wahal.

Dans le Krimpenerwaard et dans l'Alblasserwaard, on cultive le chanvre dans le voisinage des habitations sur une superficie de 1,000 hectares. Le fumier des étables, en hiver, est entièrement destiné à engraisser les terres à chanvre au préjudice des pâturages.

Autrefois on cultivait le houblon près de Peize, en Groningue; mais cette culture a presque disparu. Cependant on trouve encore des houblonnières près d'Ammerzoden et de Hedel, dans le Bommelerwaard, et près de Vlymen et du Langstraat, dans le Nord-Brabant, où cette culture occupe environ 150 hectares.

Les potagers, c'est-à-dire les terres consacrées à la culture des premières pommes de terre, légumes et fruits destinés à alimenter les marchés du pays et en partie ceux de Londres et d'Anvers, occupent une grande superficie de terrain.

En général, ces jardins sont situés à proximité des villes. Cependant il y en a qui sont aussi situés à une grande distance des centres de population; mais on profite alors des communications par eau et quelquefois aussi du chemin de fer pour le transport des légumes. Les jardins potagers qui approvisionnent Amsterdam sont situés en partie au nord d'Alkmaar, à Broek, Nord et Sud-Scharwoude et Oud-Carspel. Le village de Groote-Broek fournit au printemps une très-grande quantité de navets qui sont expédiés dans toutes les provinces du pays. On se sert comme engrais de la boue mélangée avec le fumier des vaches. On récolte beaucoup de cornichons dans le polder du lac desséché de Beemster. Dans les environs d'Utrecht, les maraîchers emploient généralement pour engrais les matières fécales qu'ils achètent dans les villes.

A Aalsmeer et environs, on trouve des terres tourbeuses qui, par une fumure continuelle de boue et de plantes aquatiques, sont rendues très-fertiles, et où l'on sème et récolte avec succès les primeurs, les fraises et les cornichons.

Dans les environs de Rynsburg, où les choux-fleurs sont le principal produit de l'industrie maraîchère, on engraisse les terres avec les résidus de poisson. Dans le district nommé le Westland, qui fournit principalement au marché de Londres des lé-

43.

gumes et des fruits frais, on engraisse les terres par le mélange des terres argileuses avec le sable des dunes et par l'emploi très-répété du fumier des étables. Dans les environs de Bréda, on cultive en partie les légumes et les fruits frais destinés au marché d'Anvers.

La culture si remarquable des oignons de fleurs dans les environs de Haarlem et de Lisse, et celle des roses et des plantes médicinales près de Nordwyk et de Wassenaar mérite également de fixer l'attention. La bonne réussite de cette culture doit être attribuée à la qualité des terres, qui sont sablonneuses et qui sont pour ainsi dire drainées et humectées par une couche de tourbe qui se trouve immédiatement au-dessous du sable, et à l'abondance du fumier des étables provenant des nombreuses laiteries des environs. On évalue que dans les environs de Haarlem il y a annuellement 50 hectares plantés de hyacinthes qui peuvent donner un revenu annuel d'environ 740,000 francs. En 1838, on a exporté pour 423,000 francs d'oignons de fleurs. En 1859, ces expéditions représentaient une valeur de 317,000 francs. D'ordinaire la culture des hyacinthes se fait d'après la rotation suivante :

Première année, on défonce et bêche la terre jusqu'à une profondeur de 12 à 15 décimètres; puis on répand une très-grande quantité de fumier de vache pour une récolte de pommes de terre; en automne, on plante les oignons, et jusqu'au commencement de mars, les couches restent couvertes de roseaux;

Deuxième année, vers la Saint-Jean, on récolte les oignons et l'on sème en attendant, dans les sentiers et entre les couches, de la verdure, sur laquelle on place, en automne, les oignons des crocus, des tulipes, des narcisses et quelquefois des renoncules;

Troisième année, on plante des choux lorsque les oignons ont été enlevés.

Les plantes médicinales sont cultivées sur une très-grande échelle dans les environs de Noordroyk et de Vassenaar. On cultive aussi de très-grandes quantités de roses pour l'exportation des feuilles ou des boutons de roses séchés. Cette exportation se fait surtout vers la France et le Levant.

On expédie par de grandes quantités les feuilles de fleurs de soucis, qui, dit-on ici, sont employées pour la falsification du safran. Il y a quelques années, deux fleuristes à eux seuls en ont expédié 2,000 kilogrammes. On exporte également des milliers de kilogrammes de fleurs de violettes, ainsi que de grandes quantités de plantes et d'herbes pour les pharmacies et herboristeries.

Les vergers qui produisent les fruits pour le commerce, et qui occupent une superficie d'environ 20,000 hectares, sont situés pour la plus grande partie sur les terres argileuses qui longent les grandes rivières et dans la Sud-Hollande et la Zélande. Les enclos fruitiers de la Gueldre fournissent la plus grande partie des fruits pour le commerce, et notamment des cerises et des pommes. La quantité des cerises exportées, dans des paniers en osier blanc, vers l'Angleterre est très-importante.

On fait de continuelles améliorations dans les vergers. Les terres qui ont servi à la culture des fruits peuvent avec succès, pendant des années consécutives et sans leur donner aucun engrais, être employées à la culture du colza, du froment et des autres produits de l'agriculture.

D'après la statistique publiée en 1862 par un savant agronome hollandais, M. Staring, la superficie des terrains de la Néerlande se répartissait de la manière suivante :

NOMS DES PROVINCES des Pays-Bas.	SUPERFICIE		TERRAINS VAGUES.	TERRAINS BÂTIS.	ROUTES ET CANAUX.	TERRES EN LABOUR et jardinage.	PRAIRIES.	BOIS ET TAILLIS.
	EN LIEUES géographiques carrées.	EN HECTARES.						
Nord-Brabant.....	93,382	512,376	152,547	3,106	393,68	140,000	118,000	62,388
Gueldre.........	92,760	508,960	132,537	2,893	21,036	113,000	148,000	68,515
Sud-Hollande.....	55,321	303,541	10,265	3,067	42,006	83,000	160,000	15,153
Nord-Hollande....	49,715	273,104	29,888	2,502	25,023	28,000	176,000	7,058
Zélande.........	30,200	165,707	3,534	1,723	3,248	78,000	81,000	3,743
Utrecht.........	25,011	137,232	11,893	1,103	8,686	26,000	72,000	15,371
Frise...........	59,608	327,065	24,848	2,184	27,061	60,000	196,000	7,835
Over-Yssel.......	60,493	332,013	133,790	1,532	8,208	55,000	137,000	14,576
Groningue.......	42,797	234,889	29,673	1,860	11,704	98,000	82,000	1,354
Drenthe.........	58,419	265,669	101,074	603	2,112	26,000	105,000	4,918
Limbourg.......	40,196	220,551	74,000	1,700	2,009	84,000	35,000	118,124
TOTAUX...	607,902	3,281,113	704,049	22,273	190,461	791,000	1,310,000	319,035

Tels sont, Monsieur le Ministre, les divers systèmes de culture en usage dans les Pays-Bas. Il ressort d'ailleurs de ce résumé, que j'aurais voulu restreindre dans un cadre plus étroit, mais pour lequel j'ai cru devoir, au risque d'être un peu long, respecter littéralement, autant que possible, les notes qui m'ont été remises, que, sans être précisément arriérée, l'agriculture en Hollande, par tous ces systèmes de culture appliqués d'une manière si différente et si variée sur les terres argileuses et sur les terrains sablonneux, est susceptible de grandes améliorations, tant sous le rapport des assolements et perfectionnements à introduire que dans les amendements et les soins entendus à donner aux terres, pour lesquelles, dans certaines contrées, on semble trop avare d'engrais. La région verte, la zone des herbages, est sans doute d'une extrême fertilité, mais cet avantage est dû tout entier à la nature du sol. Dans les régions hautes, l'engrais est moins soigné; mais dans cette zone, si maigre et si rebelle, c'est l'assolement qui est vicieux.

On abuse trop des céréales et l'on ne fait pas assez de prairies artificielles et de

ROTTERDAM. trèfles. Enfin, un meilleur assolement dans la région des sables, plus de soin à recueillir dans des fosses le précieux engrais liquide (le purin des étables) dans la région de l'argile, plus de plantations de bois de pins dans les landes et la suppression complète des dîmes, voilà les améliorations qu'il serait nécessaire d'apporter dans l'économie rurale de la Néerlande.

DANEMARK.

CONSULAT DE FRANCE A ELSENEUR.

M. VESSILLIER, Consul.

RÉPONSE A LA QUESTION N° 33 DU QUESTIONNAIRE SPÉCIAL [1].

33ᵉ Question. — Quels sont, dans les principaux districts qui produisent du froment, les frais de production de cette céréale ?

Donner pour chacun de ces districts le compte complet des dépenses et des recettes d'un hectare ou d'une tonne de terre cultivée en froment, savoir :

> Valeur des travaux de labours, hersage, roulage, etc. ;
> Quantité de semence et prix ;
> Frais d'ensemencement ;
> Travaux divers ;
> Frais de moisson ;
> Frais de transport de la récolte et d'emmagasinage ;
> Frais de battage et de nettoyage ;
> Frais de transport et de vente ;
> Loyer de la terre (valeur locative) ; part d'impôts ;
> Part des frais généraux de la ferme ;
> Part de le dépense ou de la valeur des fumiers donnés à la terre.

Dire (en note) combien de 1,000 kilogrammes de fumier on emploie et quelles

---

[1] Cette réponse n'avait pas pu être fournie en même temps que les autres renseignements publiés dans le premier volume des Documents étrangers (p. 487 à 581). Elle doit se placer à la page 558.

ELSENEUR.
sont les cultures prises dans l'intervalle de temps qui s'écoule entre deux fumures.

En recette, indiquer le rendement d'un hectare en grain et en paille.

FRAIS DE CULTURE DU FROMENT EN DANEMARK.

Comme le froment n'est cultivé en grand que dans les terres fertiles et en général après une jachère pure, ces circonstances ont servi de base pour les calculs suivants. qui, leur nature l'indique, ne peuvent être qu'approximatifs.

Le bénéfice de la jachère qui a reçu une fumure s'étendant aux récoltes qui suivent, on n'a compté pour le froment que la moitié des dépenses occasionnées par l'engrais.

Toutes les dépenses s'appliquent à la tonne de terre de 56,000 aunes carrées (1 aune = 0^m,627), en supposant la terre de bonne qualité, convenablement cultivée pour le froment et taxée 16 dans le nouveau cadastre. Il faut 8 tonnes de cette terre ainsi taxée pour former une tonne de hartkorn ou d'imposition.

Le calcul se divise en deux parties :

1° Dépenses pour la jachère pure;
2° Dépenses pour la récolte du froment.

1° JACHÈRE PURE.

	Rdl.	Marks.	Skill.
Trois labours à 2 rigsdalers [1] 3 marks (7 francs)...............	7	3	"
Trois hersages avec la longue herse à 3 marks (1 fr. 50 cent.)........	1	3	"
Cinq hersages avec la herse légère à 1 mark et 8 skillings (75 cent.)	1	1	8
Deux préparations avec le rouleau à 2 marks (1 franc).............	"	4	"
Transport de terre, entretien des haies.........................	5	"	"
Frais d'administration, intérêt du capital d'exploitation, etc..........	6	"	"
Impôts au profit de l'État et des communes....................	3	"	"
Fermage..	12	"	"
30,000 livres (15,000 kilogrammes) de fumier d'étable et frais de transport et de main-d'œuvre pour le répartir également [sur le sol, à raison de 3 marks (1 fr. 50 cent.) par 1,000 livres (500 kilogrammes).	45	"	"
TOTAL...............	81	5	8
Dont la moitié est de...................................	40	5	12

2° RÉCOLTE DU FROMENT.

	Rdl.	Marks.	Skill.
Labour pour la semence...................................	2	3	"
Hersage..	"	3	"
A reporter...............	3	"	"

[1] 1 rigsdaler = 3 francs.

	Rdl.	Marks.	Skill.
Report.................	3	"	"
7/8 de tonne de semence ou 185 livres (92 kilogrammes et demi).....	7	"	"
Ensemencement avec la machine à semer........................	"	1	"
Hersage pour recouvrir la semence...........................	"	3	"
Enlèvement des mauvaises plantes au printemps.................	1	3	"
Récolte..	2	3	"
Transport à la ferme....................................	2	3	"
Conservation en grange, huit chars à 4 marks (2 francs)...........	5	2	"
Battage à l'aide de machines mues par des chevaux et nettoyage de 12 tonnes (16 hectol. 80) à 37 skillings (1 fr. 10 cent.)..........	4	3	12
Transport du grain jusqu'au lieu de l'embarquement..............	3	"	"
Administration, intérêts du capital d'exploitation.................	6	"	"
Impôts..	3	"	"
Droit de fermage.......................................	12	"	"
Total..............	51	"	12
Si on ajoute la moitié des frais de la jachère....................	40	5	12
On voit que le total des frais d'exploitation d'une tonne de terre de froment s'élève à......................................	92	"	8

Soit 276 fr. 45 cent.

On évalue le produit à 2,550 livres (1,275 kilogrammes) de grains, et à 6,000 livres (3,000 kilogrammes) de paille.

Dans l'ancien système, on ne fumait la terre qu'une seule fois dans la rotation, c'est-à-dire tous les sept ou huit ans, et après la jachère on prenait : semence d'hiver, orge, avoine, trèfle et herbage pendant trois ou quatre ans, quelquefois une récolte de grain en plus.

D'après le nouveau système, on fume deux fois durant la rotation, savoir quand la terre est en jachère et pour la semence du trèfle ou pour les racines et les pois qui viennent après le froment et l'orge, c'est-à-dire trois ans après la jachère. Ensuite on prend en général l'avoine ou l'orge, qu'on cultive en même temps que le trèfle.

Lorsqu'on fume deux fois, le fumier d'étable ne suffit généralement pas, mais on emploie conjointement du fumier artificiel, du noir animal, du guano ou du phosphate de chaux.

AMÉRIQUE DU NORD

(ÉTATS-UNIS).

VICE-CONSULAT DE FRANCE A LOS ANGELES (CALIFORNIE).

M. MARENHOUT, Agent Vice-Consul.

SITUATION DE L'AGRICULTURE EN CALIFORNIE.

Une chose vraiment remarquable et digne d'être signalée, ce sont les progrès que Progrès de l'agriculture en Californie.
l'agriculture a faits depuis quelques années dans la Californie, malgré les désastres si
souvent répétés d'inondations et de sécheresses prolongées.

Cette singularité, que beaucoup d'étrangers n'expliquent ou n'attribuent qu'à cette
persévérance tenace de la race anglo-américaine, qu'aucun obstacle n'arrête, qu'aucun
revers ne rebute ni ne décourage, est due aussi, je crois, à plusieurs autres causes qu'il
ne sera pas inutile ni hors de propos peut-être d'indiquer et d'expliquer, avant d'entrer
dans d'autres détails sur les produits et l'état actuel de l'agriculture dans la Californie.

Pendant tout le temps de l'occupation de la Californie par les Espagnols et les
Mexicains, et même jusqu'à neuf ou dix années après l'occupation de ce pays par les
Américains, l'opinion générale était qu'à l'exception des terres basses dans le voisinage
des cours d'eau (*bottom lands*) ou de celles qui ont un sous-sol humide ou qui peuvent
s'arroser à volonté, il n'y avait dans la Californie que très-peu de terres propres à la
culture des plantes utiles, surtout des céréales, telles que froment, orge, avoine, etc.

Les Américains eux-mêmes croyaient que la plupart des terres des plaines n'étaient
que des terres à pâturage (*pasture grounds*) et que la Californie était *a grazing country*,
un pays bien plus propre à l'élève du bétail qu'au labour.

Dans toutes les missions, depuis le principe de leur établissement jusque longtemps
après leur sécularisation, les missionnaires, et les administrateurs après eux, ne culti-

vaient les céréales, froment, orge et avoine, que dans des localités qui avaient des sous-sols humides ou dans des terrains qu'ils pouvaient arroser au besoin; la mission de San-Francisco de Asis, située près du port de San-Francisco, possédait une immense étendue de terres au sud de la mission; mais d'après une opinion généralement adoptée alors, et comme le dit même M. de Mofras, « quoique cette mission possède de bons pâturages, ses terres sont généralement impropres au labour; » elle faisait ses semailles de l'autre côté de la baie, à la punta de San-Pablo, c'est-à-dire à 10 lieues au moins de l'église et des habitations de la mission, ou à San-Mateo, à 6 lieues au sud de la même église ou centre de la mission.

Les missionnaires croyaient que toutes les terres de la plaine qui s'étendent de cette mission à la mission de Santa-Clara, excepté quelques centaines d'acres situés le long d'un ruisseau à San-Mateo, étaient des terres impropres au labour, tandis qu'aujourd'hui cette même plaine, longue de 17 à 18 lieues et large de 2 à 4 lieues, est une continuation non interrompue de champs enclos et cultivés, de fermes, de maisons de campagne, et où les céréales, froment, orge, avoine, etc. etc., sont cultivées depuis le bord de la baie jusqu'à une grande hauteur sur la pente des collines, et donnent des récoltes qui, sous le rapport de la qualité et même de la quantité, sont rarement surpassées, même dans les districts agricoles les plus renommés de la Californie.

Cette idée, adoptée par les missionnaires et par les premiers habitants espagnols et mexicains, que la plupart des terres des plaines de ce pays étaient incapables de produire des céréales, fut malheureusement confirmée par l'insuccès de quelques cultures très-imparfaites qu'entreprirent les Américains dans les plaines, sur différents points du littoral, pendant les premières années de l'occupation de la Californie par les États-Unis.

La cause de cet insuccès, qui est très-bien connue aujourd'hui, était l'imperfection des labours ou le labourage de la terre à une trop faible profondeur; ses conséquences furent presque les mêmes pour les deux peuples. N'obtenant nulle part de bons résultats suivis, de leurs cultures dans les plaines, les Américains, de même que les missionnaires et les premiers pobladores, recherchaient les terres à sous-sol humide et les terres des bas-fonds (*bottom lands*) pour faire les semailles, avec cette différence que les premiers ne cultivaient que le maïs, les haricots et autres plantes tardives dans les terres des bas-fonds et n'y construisaient jamais leurs demeures, tandis que les derniers, les Américains, y formèrent des fermes, y élevèrent leurs maisons, leurs granges, s'y livrèrent à la grande culture, surtout à la culture des grains, y tinrent leur bétail, bêtes à cornes, chevaux, etc.: de là ces désastres, si souvent répétés de 1849 à 1862. De grandes crues d'eau et des inondations enlevèrent les maisons, les grains, les bestiaux, etc. etc., et ruinèrent à plusieurs reprises toute la population rurale dans les parties nord de la Californie, plus particulièrement dans les plaines du Sacramento et du San-Joaquin, où les crues extraordinaires et les débordements des rivières sont très-communs, non-seulement en hiver, mais aussi en mai et juin au temps de la fonte des neiges [1].

Ce ne fut que vers 1857 que tout changea sous le rapport de la culture des terres dans la Californie. Les Américains, grâce à des expériences répétées et à la perfection de leurs charrues larges et bien aiguisées et à l'excellence de tous leurs instruments aratoires en général, parvinrent vers ce temps à cultiver avec succès la plupart des terres des plaines du littoral, et même des plaines du Sacramento et du San-Joaquin, où les chaleurs commencent plus tôt, sont plus intenses, et où les terres en général sont plus sèches. — Jusqu'à cette époque, les Américains et les étrangers, imitant la coutume de la population espagnole, ne labouraient la terre que jusqu'à une faible profondeur et attendaient, de même que les premiers, qu'elle fût parfaitement imbibée et amollie par les eaux des pluies avant de commencer le labour. Cette coutume, qui était une nécessité pour le peuple dit californien, dont la charrue ainsi que tous les autres instruments de labour étaient des plus primitifs, retardait toujours beaucoup le labourage et les semailles des terres; aussi ne pouvait-on jamais compter sur les récoltes; il était rare qu'elles fussent bonnes et abondantes, et elles manquaient même souvent totalement. Effectivement, ces terres remuées à une faible profondeur, à une saison plus ou moins avancée, ne se couvraient que très-tard d'une verdure assez haute et assez touffue pour les protéger contre la chaleur d'un soleil ardent, se séchaient promptement et ne produisaient plus qu'un peu de paille sans épis ou des récoltes si

[1] Le bassin dit du Sacramento s'étend du nord au sud sur 500 milles, de l'est à l'ouest sur 100 milles. Il est limité à l'est par la Sierra Nevada, à l'ouest par la chaîne du littoral, et au nord et au sud par la réunion de ces deux chaînes. Le détroit dit de Sussun, situé vers le centre au côté ouest du bassin, est la seule issue par où les eaux qui tombent en hiver, ou se précipitent des montagnes dans la plaine à l'époque de la fonte des neiges, peuvent s'écouler vers la mer. Les deux grandes rivières, le Sacramento et le San-Joaquin, qui traversent, la première du nord au sud, la deuxième du sud au nord, ce bassin dans presque toute sa longueur, s'y jettent ensemble après s'être unies vers le 39e degré de latitude nord. Ce détroit n'a pas plus de 800 yards en largeur, sa profondeur n'est que de 9 à 10 pieds; à son entrée il n'est formé que par des terres de peu d'élévation, de 8 à 12 pieds au plus; mais, se rétrécissant encore, il se trouve encaissé entre deux collines, où il n'a pas un demi-mille en largeur. Cette ouverture devient insuffisante pour recevoir toute l'eau qui s'y jette pendant les fortes pluies en hiver et aux époques de la fonte des neiges; aussi la submersion des terres situées près des embouchures du Sacramento et du San-Joaquin est fréquente, presque annuelle. Quand les pluies sont extraordinaires comme en 1861, 1862 et 1867, les eaux alors paraissent y être arrêtées et refoulées vers l'intérieur, jusqu'à de grandes distances dans la plaine. C'est alors aussi que, faute d'un écoulement suffisant, le Sacramento, le San-Joaquin, la plupart de leurs affluents débordent et inondent, comme en 1862 et 1867, toute la partie centrale de cette immense plaine et la changent en un lac qui, en 1862, avait 150 milles en longueur sur 20 milles en largeur, où les bateaux à vapeur des rivières naviguèrent librement pendant plusieurs semaines. C'est là, je crois, un danger permanent pour toute cette partie de la Californie. Sur le littoral, les pluies occasionnent aussi quelquefois des inondations partielles en hiver; mais comme les montagnes de la côte sont peu élevées, elles n'ont jamais lieu au temps de la fonte des neiges.

minimes et si imparfaites que les Américains, dans leurs premiers essais, les coupaient presque toujours avant maturité pour en nourrir leurs animaux.

Déjà, en 1855, un cultivateur américain qui habite la vallée de San-José publia un intéressant article sur la manière de cultiver les terres des plaines dans la Californie. Il y était dit : « J'ai prouvé que tous les grains en général poussent bien sur nos plaines sèches (*our dry plains*), le secret c'est de labourer profond (*to plow deep*). Le labourage profond et la culture retiennent les eaux des pluies de l'hiver et retardent l'évaporation autrement si rapide en été. Ce sont des faits simplement énoncés, mais qui, s'ils sont suivis, vaudront plus pour notre État que tout l'or qui est extrait des terres de nos montagnes. »

Ce conseil, qui a été si salutaire et d'un avantage incalculable pour la Californie, ne fut suivi d'abord que par très-peu de personnes, il ne fut même généralement adopté qu'après 1867.

Cependant, déjà dans cette dernière année, les céréales : froment, orge et avoine, avaient été cultivées avec succès d'après cette nouvelle méthode, sur plusieurs points des plaines mentionnées plus haut. La Californie, qui jusqu'en 1855 recevait encore de grandes quantités de grains, et presque toute la farine qu'elle consommait, du Chili, de l'Orégon et des États de l'Est, cultivait et produisait en 1858 :

	Surface cultivée.	Produit.
Froment	197,763 acres,	3,601,969 boisseaux.
Orge	269,538	6,104,158
Avoine	96,875	1,656,101

et exporta pendant la même année :

Farine	16,330 barils.
Orge	182,570 sacs.
Avoine	176,476

De 1855 à 1857 la farine se vendait constamment de 10 à 20 dollars le baril; en 1858, elle tomba à 7 et 6 et même à 5 dollars le baril en gros.

Un fait vraiment remarquable, c'est la rapidité avec laquelle la culture des grains a augmenté dans la Californie depuis cette époque de 1857 et depuis que cette nouvelle méthode de travailler les terres des plaines a été généralement adoptée.

Aujourd'hui tous préparent leurs terres de bonne heure, profitant des premières pluies, là où les terres se sont trop endurcies ou là où les terres sont d'une qualité glaiseuse et tenace; on commence le labourage des terres légères même sur la fin d'octobre ou au commencement de novembre, avant la saison des premières pluies.

Dans tous les cas on les laboure très-profondément. Avant de les ensemencer, on leur donne un second labour après les premières pluies un peu abondantes.

Généralement ces deux opérations se font en même temps en décembre avec la même machine et avec une promptitude qui contribue beaucoup au succès de la culture des céréales dans ce pays [1].

Il est donc certain que tous les changements qui se sont opérés dans la Californie sous le rapport de ses produits agricoles sont dus en grande partie à cette simple méthode de labourer certaines terres à une plus grande profondeur. On lui doit sans exception toute l'augmentation et aussi l'amélioration des céréales dans ce pays. Il a été reconnu que les grains que produisent les terres de ces plaines dites sèches, surtout le froment, sont très-supérieurs en qualité aux grains que produisent les terres plus riches et plus humides. La preuve que la méthode est bonne et qu'elle a parfaitement répondu à tout ce qu'on en attendait, c'est qu'elle a complétement changé l'aspect de la plupart des plaines du littoral. Tous ces parages, jadis encore entièrement incultes et de l'apparence la plus désolée, dès le commencement de l'été peuvent se comparer aujourd'hui aux contrées les plus renommées pour la fertilité de leurs terres et la beauté de leurs campagnes, et en 1863, année considérée même par les Californiens comme une année de sécheresse, les récoltes des céréales dans les plaines étaient très-peu au-dessous des récoltes moyennes. En 1864, cependant, les pluies manquant complétement, il n'y eut nulle part la moindre récolte dans les plaines, où l'herbe manquait également partout. La nourriture pour les hommes était rare et chère, et les deux tiers des animaux utiles moururent de faim et de soif pendant cette année fatale.

A ces observations j'ajouterai encore que, d'après les relevés qui furent faits lors de la séparation du Nevada de la Californie, on annonça que sur 102,400,000 acres de

[1] L'avantage qu'ont aujourd'hui les Américains sur les Californiens pour l'agriculture des terres consiste principalement dans la perfection de leurs instruments de labour; ils font plus d'ouvrage en un jour que les Californiens dans une semaine, tout en diminuant les bras et les frais, partout où il s'agit de la grande culture. Aujourd'hui, leur triple charrue (*gang plow*) et leurs charrues à vapeur remuent avec facilité, jusqu'à de grandes profondeurs, les terres les plus diverses et les plus tenaces; quant à la coutume d'ensemencer les terres de très-bonne heure qu'ils ont adoptée dans ce pays, elle est avantageuse quand l'année est sèche ou quand les pluies sont irrégulières et peu abondantes; mais elle les expose à de grands inconvénients et à des pertes quand les pluies sont abondantes et se prolongent jusqu'en janvier et février; les semences alors, au lieu de germer, pourrissent dans la terre: tel était le cas en 1861-1862 et 1867-1868. Obligés alors de ressemer très-tard, ils courent le risque, dans beaucoup de localités, de perdre en partie et même en totalité leurs récoltes.

Les Américains sont très-inférieurs aux Californiens partout où les terres ne produisent qu'au moyen d'irrigations; non-seulement ils paraissent ne rien y entendre, mais comme cette manière de cultiver exige beaucoup de soin et une certaine lenteur d'opération, ils n'ont pas la patience nécessaire pour y réussir.

terres qu'elle possédait il n'y avait pas 10 millions d'acres de *tillable lands*, terres labourables, tandis qu'aujourd'hui on les porte à 38,400,000 acres. Sur cette quantité il y a certainement beaucoup de terres de qualité inférieure, alcalines, marécageuses, etc. etc., mais les deux tiers au moins sont propres au labour et à la culture de la plupart des plantes utiles.

Sans garantir l'exactitude de ces nouvelles données à l'égard des terres susceptibles de culture que possède la Californie, je puis certifier néanmoins que la quantité de terres capables de produire les céréales est bien plus grande qu'on ne l'avait d'abord supposé.

En outre des bons résultats qu'on ne cesse d'obtenir de la nouvelle manière de labourer les terres des plaines, dites terres sèches, il y a d'autres avantages et d'autres facilités que ce pays offre aux cultivateurs, qui se trouvent rarement dans d'autres nouvelles contrées. Ici les plaines sont généralement dépourvues d'arbres et de menus bois; c'est à peine si elles sont ornées de quelques chênes isolés. Nulle part la culture de ces terres n'exige de grands défrichements dans la plupart des parages; généralement même, le jour où un laboureur prend possession d'une de ces terres, il peut commencer le labourage et tous les travaux des champs qu'exige la saison. La douceur du climat, un temps continuellement beau aux époques des récoltes, est un autre avantage que possède ce pays à un degré rarement égalé dans aucun autre. — Cet avantage si exceptionnel du climat, tout en garantissant la sûre rentrée des récoltes, est aussi très-favorable à la culture des plantes de presque toutes les zones et de tous les climats; aussi ne cesse-t-on d'introduire de nouvelles espèces de plantes les plus variées, qui presque toutes réussissent et ne cessent d'augmenter les produits et de contribuer à la prospérité du pays.

STATISTIQUES.

D'après le rapport du Surveyor général, il y avait dans la Californie, en 1866 :

Terres entourées de haies et de fossés, et autres enclos.......	4,207,131 acres.
Terres cultivées..................................	1,774,327

Ces terres avaient produit, en 1866 :

Froment......................	500,000 acres.	12,000,000 boisseaux.
Orge.........................	500,000	14,000,000
Autres graines..................	200,000	Produit inconnu.
Plantes diverses.................	574,327	*Idem.*

On ignore encore quelle est la quantité de terre qui a été mise en culture en 1867 ;

mais, d'après le rapport de la même autorité, le Surveyor général, le produit a été
comme suit :

Froment.......	14,080,752 boisseaux à 1^d 00^c soit...	14,080,752^d 00^c
Orge..........	11,605,922 *idem.*	0 45......	5,222,664 90
Avoine........	1,864,379 *idem.*	0 50.......	932,189 50
Foin..........	58,584 tonneaux à 8 00......	468,672 00
Pommes de terre.	1,983,068 boisseaux à 0 60.......	1,189,840 80
Haricots.......	42,212 *idem.*	1 50.......	63,318 00
Seigle, maïs, blé sarrasin, tabac, pistaches, patates			
douces, coton, ricin, etc. etc....................		862,193 00
	TOTAL.........	22,819,630 20

Cette valeur, qui est égale à celle des produits des mines, n'est peut-être pas rigoureusement exacte, surtout à l'égard de la quantité des produits ; mais les prix auxquels
ces articles sont cotés sont beaucoup au-dessous des prix auxquels ces denrées se sont
vendues en 1867.

PRODUITS DE LA TERRE QUI ONT ÉTÉ REÇUS À SAN-FRANCISCO EN 1866 ET 1867.

DÉSIGNATION DES PRODUITS.	ESPÈCE des UNITÉS.	EN 1866.	EN 1867.	DIFFÉRENCE POUR 1867	
				EN PLUS.	EN MOINS.
Farine.........................	Sacs	812,668	1,158,045	345,377	//
Froment.......................	*Idem*....	4,074,214	6,007,389	1,933,175	//
Orge..........................	*Idem*....	608,417	791,044	142,627	//
Blé sarrasin...................	*Idem*....	2,385	4,898	2,513	//
Seigle........................	*Idem*....	1,888	6,199	4,311	//
Foin	Balles...	209,099	253,256	44,157	//
Haricots......................	Sacs	36,137	58,375	22,238	//
Grains divers, de moutarde, etc.......	*Idem*....	4,059	8,488	4,429	//
Maïs..........................	*Idem*....	34,321	21,302	//	13,019
Avoine........................	*Idem*....	304,172	212,605	//	91,567

Dans cette liste, il manque beaucoup d'articles produits de la terre, tels que la
pomme de terre, dont on reçoit et exporte de grandes quantités de San-Francisco. Le
produit de la pomme de terre, en 1866, était porté à 1,983,668 boisseaux à 60 cents,
soit 1,190,200 dollars. Le produit de 1867 n'a pas été au-dessous de celui de 1866,
et le prix moyen a été, même partout à l'intérieur du pays, de 1 dollar 20 cents à
1 dollar 25 cents les cent livres. Tels sont aussi les houblons, le lin, le chanvre, le ricin
ou palma-christi de différentes espèces, et plusieurs autres plantes dont la culture est introduite graduellement, à mesure que la population agricole augmente dans ce pays.

EXPORTATIONS.

Les exportations des produits du pays, indépendamment des métaux précieux, montaient, en 1867, à 22,421,268 dollars.

Sur cette dernière somme, les produits agricoles figurent pour 12,858,787 dollars, se décomposant ainsi qu'il suit :

DÉSIGNATION DES PRODUITS.	ESPÈCE des UNITÉS.	QUANTITÉS.	VALEUR TOTALE.
			dollars
Orge	Sacs de 100 livres	68,181	67,858
Haricots	Idem	8,299	15,714
Maïs	Idem	465	1,095
Farine	Barils	522,030	3,199,364
Foin	Balles	2,715	5,601
Avoine	Sacs	10,836	14,554
Froment	Idem	4,663,301	9,452,706
Pommes de terre	Idem	17,122	29,267
Son	Fardeaux	11,109	19,014
Coton	Balles	14	1,500
Fruits	Caisses	4,141	8,346
Graine de moutarde	Fardeaux	7,156	21,438
Oignons	Idem	1,999	4,671
Graines	Idem	192	2,022
Légumes	Idem	2,195	4,637
TOTAL			12,858,787

Si à cette somme on ajoute la valeur des autres articles provenant des industries rurales ou manufacturés avec les produits de la terre, l'ensemble de ces exportations monte à 14,889,145 dollars, savoir :

DÉSIGNATION DES PRODUITS.	ESPÈCE des UNITÉS.	QUANTITÉS.	VALEUR TOTALE.
			dollars
Bestiaux	Têtes	115	14,452
Cuirs	Nombre	89,917	339,007
Idem	Fardeaux	2,039	123,326
Os	Idem	4,336	4,994
Suif	Idem	1,769	29,888
Laines	Balles	14,985	1,215,504
Balais	Douzaines	2,865	7,060
A reporter			1,734,231

DÉSIGNATION DES PRODUITS.	ESPÈCE des UNITÉS.	QUANTITÉS.	VALEUR TOTALE.
			dollars
Report............	....	....	1,734,231
Cornes............................	Nombre.............	64,397	2,948
Bois, planches.......................	Pieds	59,116,000	118,065
Lattes..............................	Nombre	23,000	81
Piques.............................	Idem.............	13,919	194
Bardeaux...........................	Milliers.............	2,867	11,088
Biscuits............................	Fardeaux	10,233	32,558
Vin................................	Pipes, barriques, etc..	6,060	137,019
Eau-de-vie..........................	Idem.............	103	4,174
TOTAL.............	....	....	2,030,358
TOTAL DES PRODUITS AGRICOLES (d'autre part).	....	....	12,858,787
TOTAL GÉNÉRAL.......	....	....	14,889,145

Le total de tous les produits du pays exportés en 1867, en y comprenant 28,824 bouteilles de mercure (929,726 dollars) et 7,832 tonnes minerai de cuivre (421,546 dollars) et les minerais de tous les métaux, est porté à............. 16,654,838 dollars.

En déduisant de cette somme celle qui est portée ci-dessus.... 14,889,145

Il ne reste que....... 1,765,693

pour valeur des exportations autres que celles des produits de la terre et des industries rurales en 1867.

A ces exportations de produits agricoles par mer, il faut ajouter celles qui ont lieu par les voies de terre, à Nevada, à Idago, à Montana [1], aux mines dans le désert, au Colorado et Arizona, mais dont il est impossible de constater ni la quantité ni la valeur.

Un autre fait que je crois devoir signaler ici, c'est l'augmentation de la consommation et de l'emploi de grains et de farine dans la Californie même. L'usage de la bière est devenu très-général dans la Californie, le moindre village a une ou deux brasseries. Il en est presque de même pour les distilleries de whisky, esprit fabriqué avec du maïs, de l'orge, etc., et la quantité de grains que ces deux industries emploient est vraiment considérable.

En outre des produits mentionnés plus haut, il y a encore ceux d'un nombre con-

[1] Dans ce moment même un nombre considérable de chariots viennent d'arriver à los Angeles, de Montana, c'est-à-dire d'une distance de 1,200 à 1,300 milles, et doivent y retourner chargés de denrées et de marchandises. L'arrivée de ces voitures et de centaines d'autres, du lac Salé, d'Arizona et de toutes les parties du grand désert, a été très-retardée à cause des pluies et du mauvais état des routes dans la Californie. Il n'a presque point plu dans le désert entre la Sierra Nevada et le lac Salé.

45.

sidérable d'autres plantes utiles dont la culture ne cesse d'augmenter : telle est entre autres la culture de la vigne et des arbres fruitiers ; d'après le rapport du Surveyor général, il y avait dans la Californie, à la fin de 1867, 19 millions de pieds de vigne. Sans garantir non plus l'exactitude de ce chiffre, je mentionnerai seulement que dans le comté de los Angeles le nombre de ceps dépasse 3 millions, et qu'ils augmentent par des centaines de mille chaque année. Les comtés de Sonoma-Napa et Santa-Clara en possèdent de 3 à 4 millions au moins, et comme cette plante est cultivée aujourd'hui dans presque toutes les parties de la Californie et semble réussir plus ou moins bien partout, le chiffre de 19 millions de pieds de vigne, que possède déjà ce pays, d'après le rapport du Surveyor général, ne me paraît guère exagéré.

Une chose remarquable aussi, c'est la grande variété de raisins qui ont été introduits dans ce pays depuis sept à huit ans. A los Angeles même où l'on est cependant très-arriéré pour toutes ces choses, on possède et l'on cultive déjà, en outre de l'ancien raisin rouge, introduit par les missionnaires espagnols, le chasselas et plusieurs autres raisins blanc et rouge de France, le malaga blanc et rose du Pérou, un gros raisin noir dit de Hambourg, qui tous réussissent et se multiplient rapidement.

Avec tant de vignes et leurs fruits, la fabrication des vins et eaux-de-vie a aussi considérablement augmenté ; d'après les rapports des assessors, plus de 2 millions de gallons de vin ont été fabriqués dans la Californie en 1867 ; une preuve que ce chiffre n'est point exagéré, c'est que los Angeles ne figure dans ce relevé que pour 700,000 gallons, tandis que plus d'un million de gallons de vin rouge et blanc ont été fabriqués dans ce comté en 1867.

Les vins de la Californie, en général, sont encore peu appréciés, même par les Américains. La vigne ayant besoin d'être arrosée dans ce pays, on ne la cultive généralement que dans des terrains bas ; de là ce goût de terroir très-prononcé et désagréable, qu'on reconnaît dans presque tous les vins de ce pays. On commence cependant à cultiver cette plante sur des terrains en pente douce au pied des collines ; il y a même déjà ici une localité nommée Cocomongo, dont les vins commencent à acquérir quelque réputation. Ces vins sont certainement d'un goût agréable et deviendraient très-bons, je crois, si on les laissait vieillir. Le vin rouge de ce cru est trop doucereux et bien moins bon que le vin blanc. Cette propriété, qui peut fournir de 40,000 à 50,000 gallons de vin par an, est administrée par M. Samsevain, Français ; il l'a prise à bail pour dix ans.

Les eaux-de-vie du pays se vendent très-difficilement, malgré les droits élevés que payent les eaux-de-vie françaises et tous esprits étrangers à l'entrée, et malgré une taxe de moitié moins élevée que la taxe dont sont frappés les esprits fabriqués avec du maïs et autres grains, dans les États-Unis. La cause du peu de débit des eaux-de-vie fabriquées dans les États et surtout dans la Californie, alors même qu'elles ont été rectifiées, c'est la fraude qui se pratique partout dans les États, sur la plus grande échelle, pour les esprits distillés de grains. — Le wisky, qui paye une taxe de 2 dollars ou de 1 dollar 50 en *greenback*, se vend à San-Francisco et partout ailleurs dans les États de 75 cents à 1 dollar et 1 dollar 20 le gallon. — Les prix mentionnés dans les factures de ventes ne sont toutefois jamais au-dessous de 1 dollar 50, valeur supposée de 2 dollars en *greenback*.

Mais malgré tous ces faits, si peu favorables à la fabrication des vins et eaux-de-vie dans ce pays, il n'est que trop probable, vu la facilité avec laquelle on y cultive la vigne, que ces industries en triompheront tôt ou tard, qu'elles finiront par fabriquer de meilleurs vins et de meilleures eaux-de-vie, que l'usage en deviendra plus général, non-seulement dans la Californie, mais dans tous les États, à l'exclusion, sinon totale, au moins partielle, des vins et des eaux-de-vie étrangers.

Les fruits de tous les climats tempérés sont cultivés dans la Californie; quelques-uns des tropiques y réussissent même très-bien. La culture des arbres fruitiers a été dès le principe et est encore aujourd'hui une des branches les plus profitables de l'horticulture dans ce pays. Suivant les rapports des assessors, il y a dans l'État :

Pommiers	1,000,000 pieds.
Pêchers	900,000
Poiriers	200,000
Pruniers	75,000
Cerisiers	50,000
Figuiers	15,000
Orangers	11,000
Pistachiers	3,000
Limoniers	3,000
Noyers	6,000

et une infinité d'autres arbres fruitiers. Tous sont de qualité choisie, et produisent des fruits excellents. La récolte des oranges à los Angeles a été de plus de 3 millions d'oranges en 1867. Ce fruit se vend, même sur place à los Angeles, de 25 à 35 dollars ou 125 à 175 francs le mille en gros.

On commence aussi partout à sécher les fruits. On dit que le produit des fruits secs a été de plus de 5,000 tonneaux en 1867. A los Angeles, on commence à sécher les figues et les raisins malaga avec succès. Ces fruits ainsi préparés se vendent très-bien.

Le raisin sec malaga se vend de 5 à 7 sols la livre, ou de 6 fr. 25 cent., à 8 fr. 75 cent. la caisse de 28 livres.

Le mûrier est cultivé avec succès, presque partout dans la Californie; il y a plusieurs variétés, mais le *Morus Moretti*, le *Morus multicaulis* et surtout le *Morus alba* sont préférés. Comme il ne pleut ni ne tonne presque jamais en été dans ce pays, on le croit

CALIFORNIE.

favorable pour élever les vers à soie. Cette occupation deviendra, je crois, très-générale dans cette contrée.

Les trois variétés de mûriers qu'on cultive dans ce pays servent également à nourrir les vers à soie. On n'élève encore que les vers à soie de la Chine et du Japon, et celui d'Europe. Les premiers s'améliorent beaucoup dans ce pays. Les cocons deviennent plus gros. Les vers d'Europe et toutes les espèces qui ont été introduites réussissent très-bien.

La soie de plusieurs est très-belle.

Mais malgré ce qui a été dit plus haut, à l'égard du climat, etc., et malgré la peine que se donne un M. Prévost, Français ou Belge de nation, à qui sont dus tous les progrès que la culture du mûrier et l'élève des vers à soie ont faits dans ce pays, cette industrie marche très-lentement. C'est qu'on manque ici non-seulement des connaissances, mais de la patience nécessaire pour se livrer à cette occupation.

Animaux.
Laines. — Cuirs.

A ces statistiques des produits de la terre j'ajouterai encore celles de quelques autres industries rurales, également très-importantes et très-profitables pour ce pays.

D'après le rapport du Surveyor général, il y avait, en 1867, dans la Californie :

436,363 bétes à cornes évaluées à 20 dollars, soit........	8,727,260 dollars.
(Les veaux au-dessous d'un an n'y sont point compris.)	
1,346,749 moutons à 3 dollars......................	4,040,247
109,907 chevaux à 40	4,396,880
21,310 mules à 100..........................	2,130,000
330,000 cochons à 20	6,600,000
2,753 chèvres cachemire à 100	275,300
TOTAL..............	26,169,687

On calcule le produit de ces animaux, rien que par leur augmentation, en déduisant 2,130,000 dollars, valeur des mules, à un quart de la valeur totale, ou 25 p. o/o sur 24,039,687 dollars, soit........................ 6,009,922 dollars.

Dans cette évaluation ne sont point compris : laines, 10,288,647 livres, prix moyen 15 cents la livre.......... 1,543,297

Cuirs exportés.................... 89,917
Cuirs employés par les tanneries dans le
pays........................ 12,000

ENSEMBLE....... 101,917 à 4 dollars 407,668

Suif, cornes et os................................ 35,000

TOTAL.............. 7,995,887

Si l'on ajoute à cette somme de ....   7,995,887 dollars.   CALIFORNIE.

celle des céréales, farines, etc. exportés   12,767,507

on trouve un total de   20,763,384

Si, à cette valeur déjà si considérable, on ajoute la valeur des grains, fruits, légumes, etc. consommés dans le pays et exportés par les voies de terre, on admettra facilement l'évaluation qui porte la valeur des produits de la terre et des industries agricoles, en 1867, de 45 à 50 millions de dollars, ou 250 millions de francs [1].

Je terminerai cette partie par la remarque que nulle part encore, dans ce pays, on n'a eu recours à l'assolement; on ne laisse même aux terres, qui paraissent inépuisables, ni trêve ni repos.

La vallée du Pagaro, située entre Monterey et Saint-Jean, était la partie du pays où les missions del Carmelo et de San-Juan faisaient leurs semailles de céréales.

A mon arrivée dans la Californie en 1846, c'était dans cette même vallée que les Californiens cultivaient presque tout le froment qui se consommait alors dans le pays; depuis lors, les Américains n'ont cessé d'ensemencer ces mêmes terres de froment, d'orge et d'avoine, et c'est là où, aujourd'hui encore, ces céréales donnent les meilleures et les plus abondantes récoltes; il en a été de-même partout où l'on a cultivé depuis lors ces céréales dans ce pays.

Nulle part non plus on ne se sert encore d'engrais, excepté pour le jardinage.

---

[1] Le nombre des animaux utiles est bien plus considérable que celui qui est porté dans le rapport du Surveyor général. Autrefois, quand les bêtes à cornes couraient libres dans ce pays et que les Californiens tuaient indistinctement vaches et bœufs, ils calculaient que l'augmentation annuelle était de 33 à 35 p. o/o. Aujourd'hui, que tous cherchent à conserver les vaches, que très-peu sont livrées à la boucherie, l'augmentation, au lieu d'un tiers, doit être de 50 p. o/o au moins. M. Grisar, consul belge, qui s'occupe spécialement de la classification et du commerce des laines, porte le nombre de moutons, au 1ᵉʳ janvier 1867, au lieu de 1,346,749, à   2,166,300

Livrés à la boucherie   325,000

              1,841,300

dont 1,444,200 brebis: augmentation de 100 p. o/o   1,444,200

              3,285,500

Livrés à la boucherie, de l'augmentation   288,840

          Nombre de moutons, au 31 décembre 1867   2,996,660

On ne connaît pas exactement le nombre de cochons; ils multiplient dans des proportions qui ne sont égalées que dans quelques États de l'Est : on n'élève dans ce pays que les meilleures espèces. On donne la préférence à une espèce anglaise à grosse tête et courtes jambes, laquelle, à l'âge de huit ou dix mois, pèse de 300 à 350 livres. Le cochon se vend 5 cents ou sols sur pied, et de 9 à 10 sols dans les boucheries, au détail.

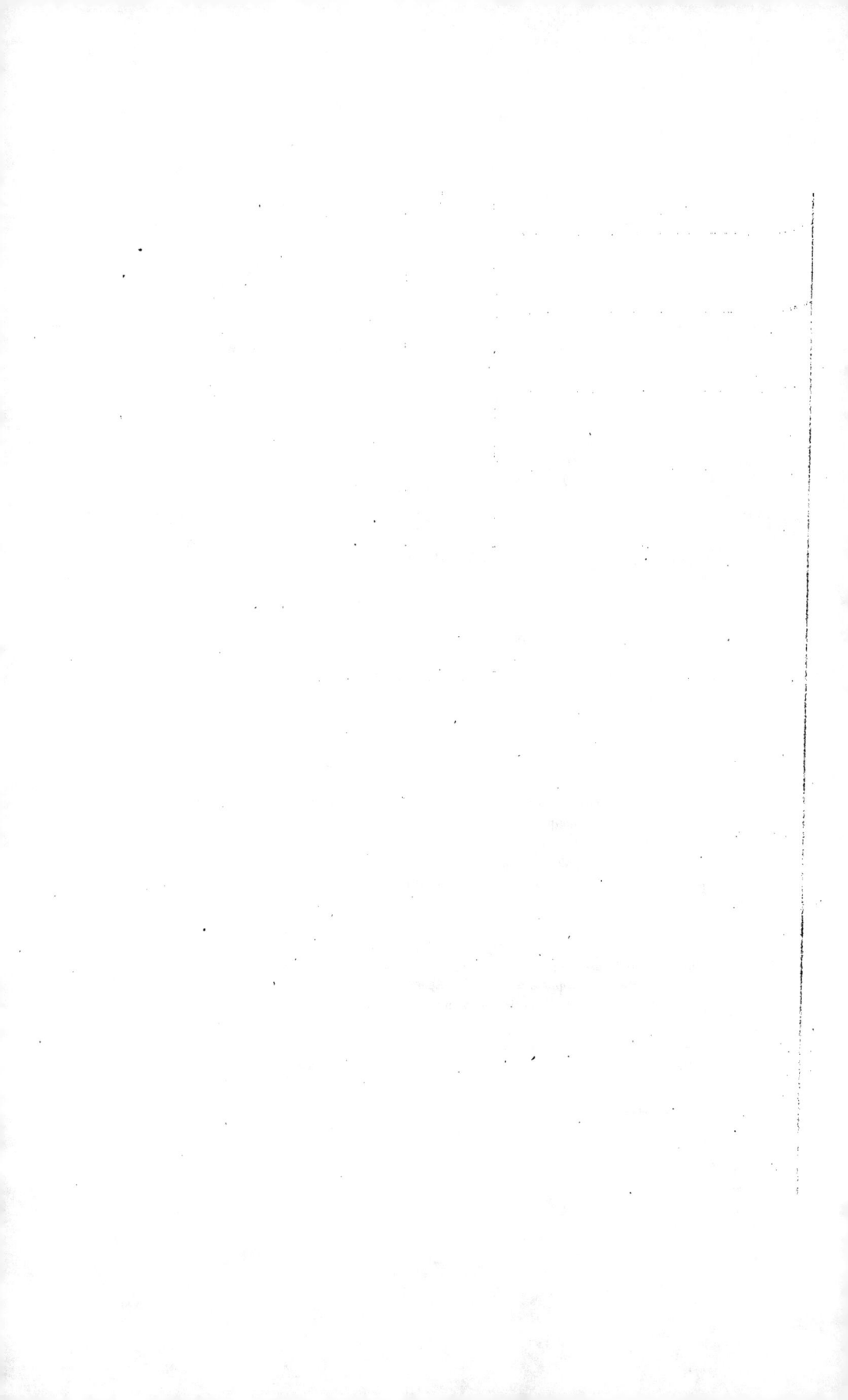

ITALIE.

VICE-CONSULAT DE FRANCE A BOLOGNE.

M. René CHASSÉRIAU, Vice-Consul.

NOTE SUR LA CULTURE DU CHANVRE

DANS LES PROVINCES DE BOLOGNE ET DE FERRARE.

Bologne, le 14 mai 1868.

La culture du chanvre prend chaque année une extension nouvelle dans le Bolo-nais et le Ferrarais. Quoique le sol de ces provinces soit presque exclusivement composé de terres fortes et par conséquent exigeant une grande dépense de travail, la couche végétale généralement n'est pas moindre de 80 à 95 centimètres; l'eau ne fait défaut que rarement, et dans ces conditions l'assolement d'une chènevière s'obtient sans grands efforts ni dépenses exagérées.

Les procédés de culture se sont améliorés; les seconds labours qui ne se faisaient qu'à la bêche il y a peu d'années, s'effectuent aujourd'hui au moyen d'une charrue per-fectionnée dont l'usage se généralise chaque jour. En raison du prix toujours croissant de la main-d'œuvre, laquelle du côté de l'Apennin fait quelquefois même défaut, la substitution de la machine au travail manuel, par l'économie qu'elle procure, est un véritable progrès, en même temps qu'elle laisse le cultivateur maître d'exécuter ses travaux lorsque le moment le comporte.

De plus, on apporte une attention sérieuse dans le choix des semences : on trie avec soin les graines les meilleures, pour les mélanger aux semences provenant de Hongrie.

C'est par ces divers soins qu'on obtient une qualité supérieure qui, sur tous les marchés, fait attribuer une première marque aux chanvres bolonais.

Le commerce des graines, ainsi choisies et fort appréciées à l'étranger, a pris lui-même un certain développement.

Il m'a été adressé de France plusieurs demandes de semences, et d'après ce qui m'a été répondu, j'ai appris que les cultivateurs qui s'en sont servis comptent sur un rendement supérieur, autant pour la quantité que pour la qualité.

Les propriétaires se font une règle depuis ces dernières années de spécifier, dans leurs locations avec les fermiers, une quantité de terrain devant être assolée en chènevières. Dans le plus grand nombre des exploitations, elle ne doit pas être moindre du tiers, et cette proportion même est souvent dépassée.

Les motifs de la faveur de cette culture s'expliquent aisément ; le rendement des chènevières est très-profitable, il est de beaucoup supérieur à celui de tout autre produit. En défalquant les frais si énormes d'impôts et d'exploitation, il peut encore être évalué à une moyenne de 6 à 7 p. o/o. C'est ce dont je me suis assuré par les dires de plusieurs propriétaires, notamment de Français établis depuis peu dans ces provinces, lesquels, s'étant rendus acquéreurs de petits domaines provenant des menses ecclésiastiques, sont surpris du bénéfice que leur assure le genre d'assolement dont il est question ; aussi s'appliquent-ils à le généraliser dans la mesure de leurs moyens.

L'écoulement assuré du produit, sa constante réussite dans ces dernières années, autant que la possibilité pour le propriétaire de se faire de l'argent, même avec une récolte sur pied, lorsque ses besoins l'exigent, augmentent encore la tendance que je rapporte.

Il s'est établi depuis quelques années à Bologne et à Ferrare de grandes maisons de commission qui se rendent acquéreurs de tous les chanvres disponibles sur la place ; l'écoulement se fait dans des conditions de facilité les meilleures et à des prix largement rémunérateurs.

Le chanvre est souvent pris par l'acheteur au lieu même de la production, et on comprend que, dans ces conditions, toute cette somme d'avantages parfaitement appréciés a pour effet une augmentation constante dans la production.

D'après les résultats déjà obtenus, c'est-à-dire la masse toujours croissante des produits dont la supériorité aujourd'hui est acceptée partout, avec les tendances industrielles et intelligentes qu'on rencontre sur ce sujet dans toutes les classes de la société, je n'hésite pas à croire que, dans fort peu d'années, les provinces de Bologne et de Ferrare seront le grand marché du midi de l'Europe pour l'exportation des chanvres.

La récolte de l'année 1867 a été en tous points satisfaisante ; elle a été même supérieure en qualité dans les plaines du Ferrarais ; les soins les plus intelligents donnés à la culture, sans cependant assurer à ces produits la qualité parfaite des chanvres bolonais, tendent à les en rapprocher. Dans la province de Bologne, la partie mise dans le commerce peut être évaluée en moyenne à 10,250,000 kilogrammes. Celle réservée par les propriétaires pour leurs besoins, retenue par les fermiers, ou mise en œuvre dans les ateliers est de 3 millions de kilogrammes environ.

La récolte a été, dans la province de Ferrare (pour livraisons de commerce), d'après les documents officiels, de 15,531,165 kilogrammes. En ajoutant un chiffre approximatif de 2 millions de kilogrammes retenus pour les besoins des particuliers ou utilisés par le commerce indigène, on arrive à trouver que la production du chanvre dans les deux provinces n'a pas été moindre de 30,781,165 kilogrammes en 1867.

On voit quel accroissement régulier a suivi la production. En effet, à peine de 12 millions en 1860, en 1863 elle ne dépassait pas encore 18, et l'année suivante, elle atteignait 20 millions. A ce moment la crise cotonnière, en faisant hausser sensiblement le prix des chanvres, a donné à la culture une impulsion nouvelle, et depuis cette époque, chaque année a amené une extension constante, sans qu'aucune mauvaise récolte soit venue entraver les efforts des producteurs. Il convient d'ajouter que, malgré l'abondance du marché, la demande a toujours été supérieure à l'offre; si même, il y a quelques mois, les chanvres ont atteint un prix élevé, la raison en doit être attribuée aux difficultés qu'ont trouvées plusieurs commissionnaires pour faire face aux contrats conclus à l'étranger.

Les prix réglés par la chambre de commerce pour la province de Bologne sont : les 100 kilogrammes (moyenne calculée sur l'année — en papier italien — chanvre préparé, empaqueté, prêt à être utilisé) :

Qualité supérieure......................................	102^f 10^c
Première qualité......................................	95 00
Seconde qualité......................................	86 70
Troisième qualité	79 53
Étoupe	40 85

On remarque dans les bulletins de la Bourse que, depuis le mois d'avril, le prix a diminué, c'est-à-dire de 112-105 francs, il est descendu à 102 fr. 25 cent. pour la qualité supérieure; pour la première, il est descendu de 105 francs environ à 92 francs; pour la seconde qualité, de 92 fr. 55 cent. à 84 fr. 30 cent., et enfin l'ordinaire est tombé de 85 francs à 74 fr. 60 cent.

On s'est tenu généralement à ces derniers prix, quoique cependant depuis un mois on remarque une certaine augmentation dans le prix des ventes faites à l'étranger (notamment à Barcelone), sans que néanmoins la Bourse en ait fait mention.

En examinant les diverses mercuriales de la campagne 1867, c'est-à-dire depuis le mois de juillet dernier, on voit qu'il s'est produit un écart de 12 francs environ sur l'ensemble des qualités, entre le prix le plus bas et celui le plus élevé. C'est sur ce chiffre qu'on peut baser les adjudications, fournitures, etc. pour la campagne prochaine. En

BOLOGNE.

établissant une moyenne raisonnée, on pourra opérer avec une quasi-certitude sur les prix de l'année 1868-1869.

D'ici au mois de septembre, il y aura toujours une certaine tendance à la hausse, car les dépôts sont en quantité moindre et le stock disponible va toujours diminuant; mais, néanmoins, les prix se maintiendront stationnaires jusqu'à ce moment; en effet, la masse des livraisons est déjà effectuée, et, en ce qui concerne les commissionnaires chargés de fournitures et d'ordres venant de l'étranger, ils sont déjà pourvus; les négociants de la place ont leurs fournitures assurées, et leurs chanvres, achetés à l'avance, arrivent aux époques déterminées, sans que les marchés à découvert aient encore pénétré beaucoup dans les habitudes du commerce bolonais.

Récolte 1868.

Je dois ajouter, en outre, que la récolte de l'année courante s'annonce comme devant être exceptionnellement belle; les nouveaux chanvres sont touffus, fort élevés, et les tiges ont une vigueur qu'on ne leur voit généralement pas à cette époque de l'année; à moins donc de circonstances qui ne se produisent pour ainsi dire jamais, on peut être assuré que la récolte de 1868 sera de premier ordre. En raison de la quantité toujours plus considérable des terres assolées en chènevières, la masse des chanvres à livrer au commerce sera de beaucoup supérieure à celle de la campagne précédente.

Chanvres de Ferrare.

Les prix indiqués plus haut se rapportent aux produits de premier ordre de la province de Bologne; quant à ceux du Ferrarais, ils sont différents. Malgré les efforts tentés pour améliorer ces derniers, l'infériorité des qualités est encore très-sensible. Le chanvre de Ferrare est en général plus cassant, le fil noueux et moins long; comme textile, il se travaille moins aisément: à l'état grége, un œil même peu exercé distingue assez facilement les deux produits.

Les demandes de l'étranger spécifient toujours les fournitures en chanvre bolonais; aussi tout le disponible est-il absorbé, en général, dans le premier trimestre de l'année; par ce motif, c'est à ce moment qu'il atteint son prix maximum.

Lorsque la matière tend à faire défaut dans la province, les courtiers se procurent alors du chanvre de Ferrare pour le livrer mélangé à celui de Bologne. La matière augmente alors et les variations de son prix sont très-sensibles, en raison de la nécessité dans laquelle on se trouve pour parfaire les fournitures.

Le prix du chanvre grége de Ferrare doit être payé aujourd'hui, en moyenne, 85 fr. 48 cent. les 100 kilogrammes, tandis que les mois derniers, lors des fortes demandes des chanvres bolonais, son prix s'était abaissé à 66 fr. 64 cent., sans que les qualités meilleures aient pu dépasser 74 fr. 03 cent.

La spéculation s'exerce de préférence sur les chanvres dont il s'agit, en raison des écarts de sa valeur vénale. Il est fréquemment livré à l'état de mélange, après avoir subi toutefois quelques manipulations, sous le nom de chanvre de Bologne et exporté comme tel; sans être mauvais, le chanvre ainsi préparé est d'une qualité vraiment inférieure.

Il importe de veiller de fort près aux expéditions faites à nos arsenaux de Toulon et de Cherbourg. Il serait utile que les clauses insérées aux cahiers des charges, exigeant des certificats d'origine, pour l'introduction dans nos ports de quantités de chanvres spécifiés, fussent remplies. Pour aucune des nombreuses expéditions faites pour la marine française, il ne m'a été demandé de certificat d'origine.

La production de cette pièce serait pourtant une garantie sérieuse et d'une utilité incontestable.

L'écoulement des chanvres de l'Émilie avait lieu les années précédentes dans les conditions suivantes : un tiers environ pour l'Italie (mis en œuvre dans l'intérieur ou dans les ports), la France absorbait le second tiers et enfin la dernière partie se partageait entre l'Allemagne, l'Espagne et l'Angleterre.

Si j'en juge d'après des observations que j'ai lieu de croire fondées, cette répartition approximative se serait assez sensiblement modifiée dans le cours de cette campagne.

Ainsi, pendant que des envois pour la Corse s'opéraient sous forme de cordages et de fortes parties de toiles à sacs et d'emballage en quantité plus considérable, les demandes du commerce français semblent avoir beaucoup diminué : en revanche, presque tous les approvisionnements de la Prusse et de l'Autriche se font aujourd'hui à Bologne; de plus, les expéditions pour l'Espagne par Barcelone prennent chaque jour une importance plus sérieuse; il convient d'estimer à plus de la moitié de la production totale le chiffre de l'exportation pour ces derniers pays.

La question du prix de transport des chanvres, du centre de production aux ports de mer, d'où ils doivent être conduits à destination, est de première importance dans les marchés à l'étranger. Ces prix ne laissent pas que d'être assez élevés; néanmoins, le mode de compression mécanique adopté pour certaines parties de chanvre diminue de plus de la moitié les frais, en permettant l'expédition d'un poids égal sous un volume sensiblement moindre.

Les prix du transport de la tonne, par la voie ferrée, sont les suivants :

De Bologne à Gênes.... { Chanvre en ballot........ 43ᶠ 20ᶜ
{ Chanvre comprimé....... 20 70

De Bologne à Livourne. { Chanvre en ballot........ 27 60
{ Chanvre comprimé....... 13 50

Les bénéfices effectués par les adjudicataires courtiers, etc. dans les marchés conclus

(marginal notes:)

BOLOGNE.

Utilité des certificats d'origine.

Tarifs des transports.

Bénéfices de l'année.

BOLOGNE. avec l'étranger, pendant le cours de la campagne, ont été énormes et hors de proportion avec ceux que procure la fourniture habituelle d'une matière première.

La raison en est la suivante : presque tous les marchés ont été conclus, l'année dernière, aux prix courants des places, par l'intermédiaire des courtiers qui seuls se rendaient un compte exact du taux du change, entre les métalliques et le papier public d'Italie.

Le papier italien perdait à ce moment au change environ 4 à 5 p. o/o ; depuis, notamment dans le cours du dernier trimestre, époque principale des gros achats et des livraisons, l'or était arrivé à faire prime de 15 p. o/o sur les places.

On comprend qu'ajoutant aux bénéfices réguliers que comportent des livraisons dans des conditions normales, conclues généralement à des prix largement rémunérateurs, les adjudicataires et autres fournisseurs réglant sur place leurs achats en papier pendant qu'ils étaient eux-mêmes remboursés en or à l'étranger, ont, par des circonstances exceptionnelles, réalisé des gains considérables sans courir aucun risque de perte.

ROYAUME-UNI.

CONSULAT GÉNÉRAL DE FRANCE A LONDRES.

M. FLEURY, Consul général.

RENSEIGNEMENTS

EXTRAITS DE LA STATISTIQUE AGRICOLE DE L'IRLANDE EN 1866.

Londres, 23 juin 1868.

La superficie totale de l'Irlande est évaluée à 8,423,873 hectares (20,815,111 acres), sur lesquels 2,234,173 hectares (5,520,568 acres) étaient affectés à diverses cultures, en 1864, au lieu de 2,120,051 hectares (5,238,575 acres) en 1847. L'augmentation, qui est de 114,122 hectares pendant ce laps de vingt années, a porté principalement sur les plantations de pommes de terre, sur celles du lin et sur les prairies artificielles. La culture des céréales a perdu presque tout ce que les autres cultures ont gagné. Le nombre des fermes ou exploitations de plus d'un acre (40 ares) d'étendue est descendu de 723,523 en 1847, à 549,392 il y a deux ans. On comptait encore, en 1866, 48,236 exploitations de moins d'un acre. Le plus grand nombre des fermes comprend de 600 à 2,000 ares (15 à 50 acres). Cependant on en trouve 8,339 ayant de 8,000 à 20,000 ares (200 à 500 acres) et 1,576 plus de 20,000 ares (500 acres).

Voici le tableau comparatif des diverses cultures de l'Irlande pendant chacune des années 1847 et 1866. Les mesures de superficie sont converties en hectares.

NATURE DES CULTURES.	ANNÉE 1847.		ANNÉE 1866.		AUGMEN-TATION.	DIMI-NUTION.
	ACRES.	HECTARES.	ACRES.	HECTARES.	HECTARES.	HECTARES.
Froment...............	743,871	301,044	299,190	121,082	"	179,962
Avoine.................	2,200,870	890,602	1,699,095	687,866	"	202,826
Orge..................	283,587	114,767	150,293	60,823	"	53,944
Pommes de terre..........	284,116	114,981	1,050,353	425,077	310,096	"
Raves et navets...........	370,344	149,898	317,198	128,370	"	21,508
Lin...................	58,312	23,598	263,507	106,641	83,043	"
Prairies artificielles........	1,138,946	460,921	1,601,423	648,095	187,174	"
Autres cultures...........	158,329	64,170	138,909	56,219	"	7,951
TOTAL.........	5,238,575	2,120,051	5,520,568	2,234,173	580,313	466,191

Le délaissement graduel de la culture des céréales et l'attention de plus en plus grande donnée aux prairies artificielles s'expliquent par le rappel des lois restrictives sur les céréales, qui a eu pour résultat de faire substituer sur une large échelle, dans toute l'étendue du Royaume-Uni, l'élevage du bétail au travail du labourage et de l'ensemencement, à partir de 1844. L'extension qu'ont prise en Irlande la culture du lin et celle des pommes de terre tient à des causes politiques pour la première, et à des causes naturelles pour la seconde. Le Parlement britannique encourage aujourd'hui dans cette île les industries textiles que la politique de l'Angleterre avait voulu anéantir à une autre époque. De plus, en diminuant la production cotonnière lors de la dernière guerre civile, la république des États-Unis a imprimé dans le nord de l'Irlande une grande activité à la culture du lin, qui sert à alimenter les fabriques de Belfast. C'était le lin usurpant la place du coton sur le marché anglais.

Quant au progrès réalisé de 1847 à 1866 dans les plantations de pommes de terre, il peut avoir pour cause directe la famine qui a sévi en Irlande de 1843 à 1846, et il doit, en conséquence, être plus apparent que réel. Effectivement, la superficie plantée en pommes de terre, qui n'était que de 114,981 hectares en 1847, se monte tout à coup à 290,818 hectares (718,608 acres) en 1849, et à 354,256 hectares (875,357 acres) l'année suivante. (Le chiffre de 1848 n'est pas indiqué.) Une augmentation aussi notable et aussi subite ne peut s'expliquer que par l'abandon dans lequel on avait laissé les plantations de pommes de terre pendant la maladie de ce tubercule. L'augmentation se continue sans interruption, mais dans des proportions modérées, jusqu'en 1859; de 1859 à 1861 il y a diminution. A ce temps d'arrêt succède une légère reprise jusqu'en 1865 exclusivement. L'étendue de terre ensemencée en 1866 s'élève, d'ailleurs, comme on peut le voir dans le tableau synoptique ci-dessus, à 2,234,173 hectares. Il est vrai que, d'après une table qui se trouve à la page LVII de la statistique agricole de l'Irlande pour 1866, le rendement moyen de l'acre (40 ares) aurait été, cette même année, d'un peu moins de 3 tonnes anglaises, tandis qu'il avait dépassé 7 tonnes en 1847 et avait encore atteint près de 6 tonnes et demie pendant deux des années qui ont suivi, savoir en 1853 et 1855.

La comparaison entre les résultats afférents à 1865 et à 1866 fait ressortir dans l'étendue des terres cultivées une diminution, en 1866, de 17,718 hectares (43,533 acres) pour les avoines, de 610,849 hectares (26,809 acres) pour les orges, de 6,885 hectares (17,014 acres) pour les raves, de 6,437 hectares (15,907 acres) pour les pommes de terre, et de 31,190 hectares (77,070 acres) pour les prairies artificielles. La culture du froment a, au contraire, gagné en 1866, par rapport à 1865, 13,031 hectares (32,201 acres), et celle du lin 4,886 hectares (12,074 acres).

En 1866, on estimait que les avoines recouvraient 30.8 p. o/o des terres cultivées, les pommes de terre 19 p. o/o, les raves et les navets 5.8 p. o/o, le froment 5.4 p. o/o, le lin 4.8 p. o/o, l'orge 2.7 p. o/o. La part des prairies artificielles (trèfle, luzerne, etc.) est de 29 p. o/o dans le total de 2,234,173 hectares (5,520,568 acres) de terres cultivées.

La moitié environ de l'Irlande consiste en pâturages. La contenance exacte est de 4,048,717 hectares (10,004,244 acres). On trouve, en outre, 132,697 hectares (327,890 acres) plantés en bois.

Comme les terres cultivées représentent un peu plus du quart de la superficie totale, il s'ensuit que le quart de l'île qui reste est perdu pour l'agriculture et pour l'élevage du bétail.

Les richesses de l'Irlande en troupeaux se composent de 3,746,157 têtes d'animaux de l'espèce bovine, de 4,274,282 têtes de l'espèce ovine et de 1,497,274 de l'espèce porcine. L'île possède de plus 335,799 chevaux, dont 30,650 de luxe et 307,949 de labour ou de ferme; 19,848 mules, 173,175 ânes ou ânesses, 186,880 chèvres ou boucs, et enfin 10,889,747 volailles vivantes.

La valeur totale approximative des animaux est, pour 1866, de 897 millions de francs (35,883,998 liv. st.). En tenant compte des diverses récoltes produites dans l'île, récoltes qui sont évaluées à 321,750,000 francs (12,875,451 liv. st.), on arrive à une somme totale de 1,218,750,000 francs.

L'émigration irlandaise en 1866 a été de 101,251 individus, dont 60,688 du sexe masculin et 40,563 du sexe féminin; les neuf dixièmes se rendaient aux États-Unis d'Amérique.

SAXE.

—

CONSULAT GÉNÉRAL DE FRANCE A LEIPZIG.

—

LES CULTURES RURALES EN SAXE

ET LEUR MODE D'EXPLOITATION.

———

Leipzig, 10 juin 1868.

RENSEIGNEMENTS FOURNIS PAR LA SOCIÉTÉ AGRONOMIQUE DU CERCLE DE LEIPZIG.

Le royaume de Saxe, avec sa population dense, l'esprit laborieux de ses paysans, leur ordre et surtout leur extrême économie, en est arrivé peu à peu à avoir une superficie assez divisée comme propriété foncière.

Les institutions libérales du pays n'ont pas peu contribué à ce résultat. Aujourd'hui c'est la petite et la moyenne propriété qui l'emportent sur la grande ; en d'autres termes, la partie la plus considérable, à beaucoup près, du sol mis en cultures régulières, est divisée en petits biens d'une contenance de 20 à 100 acres[1]. Les biens de 100 à 500 acres sont déjà en moins grand nombre ; ceux de 500 à 1,000 acres forment une catégorie encore plus restreinte, et enfin les grands domaines de plus de 1,000 acres d'un seul tenant et dans une seule main ne se rencontrent que comme des faits isolés et des exceptions à la règle générale.

C'est ainsi qu'il y a dans le royaume 215,162 propriétaires fonciers dont les biens réunis comprennent en superficie 1,804,537 acres mis en cultures régulières.

Si l'on ajoute à ce dernier chiffre les terrains occupés par les forêts, les chemins,

———

[1] 100 acres de Saxe équivalent à 55 hectares 398.

17.

les carrières à pierres et à sable, les friches, les étangs, les bâtiments et cours d'exploitation, le nombre total des acres s'élèvera à environ 2,266,000, dont 432,000 représentent la grande propriété, les biens nobles (*Rittergüter*), tandis que 1,834,000 s'appliquent aux propriétaires petits et moyens (*Bauergüter*) et parcelles détachées.

C'est donc dans les mains de la petite et de la moyenne propriété rurale que se trouvent placées, en Saxe, la culture et la production de la grande masse des fruits de la terre.

Or, parmi ces populations rurales et ces petits propriétaires-paysans cultivant et exploitant eux-mêmes, c'est toujours le même système agronomique qui prévaut depuis des siècles[1] : leur plus grande préoccupation est et a toujours été de produire des grains autant que possible. C'est vers ce résultat qu'ont constamment tendu leurs efforts, c'est à la culture des céréales qu'ils consacrent aujourd'hui encore leurs meilleurs soins et leurs meilleures terres.

La conséquence logique d'un tel état de choses, c'est que même les prix les plus élevés des grains ne sauraient guère amener dans les exploitations agricoles en Saxe une extension sensible de la culture des céréales, attendu qu'elle occupe déjà tout le sol arable qui y est propre et qu'on peut rigoureusement distraire des autres ensemencements sans nuire aux alternances nécessaires ou aux assolements.

Il y a encore une raison qui s'oppose à l'extension en superficie des cultures des céréales, quand bien même les propriétaires ruraux en auraient le désir : c'est qu'en maints endroits, par suite des révolutions survenues dans l'agriculture au sujet de l'emploi des terrains, les herbages naturels diminuent sans cesse d'étendue, et cette circonstance oblige les fermiers à consacrer des champs de labour, en alternance avec les

---

[1] Depuis une trentaine d'années, les charges féodales, qui pesaient encore lourdement sur les populations des campagnes en Saxe, ont cessé d'entraver le libre développement de la culture du sol. Les lois et ordonnances surannées qui étreignaient les exploitations rurales dans des règles fixes et coercitives, ont été abolies, et le paysan est devenu libre. Mais l'empire de l'habitude ne se détruit pas en trente ans : le vieux système de la *Dreifelderwirthschaft** (une année d'ensemencement en grains d'hiver, seigle et froment ; puis une année consacrée aux grains d'été, orge, avoine, etc. et enfin une année en jachère), dont les anciens Germains reçurent, dit-on, les traditions des colons romains, et qui fut plus tard érigé en loi agraire, ne visait à rien autre qu'à produire avant tout et surtout des céréales. Ce sont ces vieilles habitudes qui ont survécu à l'émancipation des paysans allemands, et qui se manifestent encore de nos jours dans les petites propriétés qui sont entre leurs mains. Certaines améliorations s'y sont introduites assurément, telles que l'intercalation, dans l'alternance des ensemencements, des plantes fourragères, des plantes industrielles et des racines cultivées à la houe ; sans être l'équivalent du système des assolements, qui ne s'applique guère qu'aux grands domaines, ces innovations ont grandement amélioré les fonds de terre ; mais, comme il est dit ci-dessus, la production principale reste toujours celle des grains.

* Système de l'agriculture à trois assolements.

— 369 —

ensemencements en grains, à la production des fourrages nécessaires à leurs étables ainsi qu'à leurs bêtes de somme et de trait.

L'extension sur une grande échelle des cultures en céréales, par suite de l'impulsion des prix élevés et autres conjonctures économiques, ne saurait guère se produire que dans les pays où la population est moins dense, et où il se trouve encore beaucoup de terrains en friche, prairies et pâturages naturels, steppes, landes, etc., au sujet desquels un rendement assuré et très-rémunérateur peut seul décider le propriétaire à avancer les frais de mise en culture et de premier établissement. En Europe, il n'y a que la Hongrie, la Gallicie, les Principautés Danubiennes et la Russie méridionale qui soient dans ces conditions; tandis que, parmi les pays transatlantiques, les États-Unis de l'Amérique du Nord, la Californie et enfin l'Australie doivent présenter fréquemment, et à chaque conjoncture favorable, une nouvelle extension de défrichements en faveur de la production des grains.

C'est ce qui a eu et a encore lieu, principalement pour les céréales, en Hongrie et dans les vastes territoires de la Russie méridionale; on doit mentionner toutefois, à l'égard de ces contrées, que les influences atmosphériques y sont toutes particulières, les saisons encore moins régulières que dans le reste de l'Europe [1], et que l'accroissement en étendue des cultures de céréales donne lui-même la mesure de la grandeur des pertes dans le cas d'une récolte manquée.

En Saxe, on ne peut tout au plus que constater la préférence temporaire avec laquelle on cultive telle ou telle sorte de grains plutôt que telle autre moins recherchée : le froment, par exemple, qui est en général plus demandé pour l'exportation, obtient en ce moment des prix plus rémunérateurs que le seigle, consommation principale du pays même et de la minoterie allemande en général, mais moins réclamé par les besoins des marchés étrangers.

Il y a lieu cependant de faire ici une mention spéciale des graines oléagineuses, colzas, navettes, awehl [2], biwitz [3], etc. dont la culture a pris depuis trente ans une grande extension, et s'est généralisée en Saxe et dans tout le centre de l'Allemagne, au grand avantage des exploitations rurales. Malgré l'apparition du gaz d'éclairage et l'extension toujours croissante de son emploi, les graines oléagineuses ont pu soutenir la concurrence, et leurs prix ont haussé constamment jusqu'à il y a peu d'années; ils sont même restés encore rémunérateurs lorsque l'huile de pétrole est venue subitement

[1] Le centre de la Hongrie et surtout le sud de la Russie sont presque entièrement dépourvus de forêts, et, par suite, fréquemment exposés à des sécheresses désastreuses. Les exploitations agricoles sont bien loin d'être organisées de manière à pouvoir remédier à ces calamités ou les atténuer par des systèmes d'irrigation ou d'endiguement : elles sont d'ailleurs trop vastes, et les bras et les capitaux y manquent. Lors donc qu'il ne pleut pas à une certaine époque de l'année, ces immenses plaines à céréales sont frappées de stérilité.

[2] Plante oléagineuse importée de la Hollande.

[3] Plante oléagineuse importée de la Bohème.

s'imposer à la consommation et faire aux huiles végétales la plus redoutable concurrence qu'elles aient jamais eue à supporter. Il n'y a que depuis que l'on a commencé à pouvoir utiliser le pétrole pour les graissages et pour la fabrication des cambouis que les prix des colzas et des huiles végétales semblent vouloir fléchir.

Si cette influence de plus en plus marquée des huiles minérales finit, par suite de la généralisation de leur emploi et de leur application dans l'industrie, par l'emporter tout à fait, il pourra bien se faire que les agriculteurs et propriétaires ruraux soient obligés de restreindre de plus en plus la culture des graines oléagineuses, et cela d'autant plus que ce sont les ensemencements les moins sûrs et dont la récolte est de beaucoup plus aléatoire encore que celle des autres céréales.

Les colzas et cultures analogues ne disparaîtront, toutefois, jamais entièrement des campagnes du centre de l'Allemagne, où les propriétaires ruraux sont en général trop bons agronomes pour ne pas apprécier le rôle bienfaisant que jouent ces plantes dans les assolements et dans l'alternance des cultures sur les terres à labour.

S'il résulte de ce qui précède que l'agriculture saxonne doit consacrer et consacre en effet la plus grande attention à la production des céréales, il ne s'ensuit pas pourtant que cette tendance soit exclusive et aille jusqu'à négliger les autres grandes branches de l'économie rurale; c'est surtout l'entretien et l'élève des bestiaux dont les fermiers de ces pays commencent à comprendre l'importance, et il est certain qu'ils s'efforcent de plus en plus d'améliorer leurs procédés et leurs races, et de faire figurer le rapport de cette branche pour une part plus considérable que par le passé du revenu net de leurs exploitations.

Cette tendance se manifeste dans une foule de domaines par l'extension donnée à la production des fourrages sur les terrains arables, par l'attention plus grande donnée à l'élève des races ovines *comme bétail de boucherie en même temps que comme bêtes à laine*, et non plus exclusivement dans ce dernier but; enfin, dans la formation et l'entretien de plus grands troupeaux de bêtes à cornes. L'obtention de plus grandes masses de viande de boucherie est le but que les éleveurs saxons poursuivent de plus en plus [1], et pour y arriver ils introduisent fréquemment dans leurs troupeaux des reproducteurs

---

[1] Dans toute la Saxe, les vaches laitières et les bœufs d'engraissage ne sont plus envoyés pendant l'été au pâturage dans les prairies : les fermiers y ont substitué ce que les agronomes allemands appellent *Stallfütterung*, c'est-à-dire tenir les animaux pendant toute l'année dans les étables, où ils sont nourris et engraissés sans sortir, si ce n'est dans les grandes cours de la ferme. La Société agronomique du cercle de Leipzig considère le système de la Stallfütterung comme le plus grand progrès de l'économie rurale dans ces dernières années. C'est par ce mode de nourriture et d'engraissage qu'on obtient les plus grandes quantités de lait et de viande de boucherie, ainsi que de graisse, sans nuire à la santé du bétail. Le fumier pour engrais peut être mieux amassé et chaque troupeau en donne une masse plus considérable. Ce n'est guère que vers la fin de l'été et pendant les beaux jours de l'automne que l'on fait sortir un peu les vaches dans les champs. Quant aux moutons, ils continuent à être principalement tenus en plein air dans les pâturages pendant toute la belle saison de l'année.

des races ovines et bovines les plus célèbres de France et d'Angleterre, pour enrichir dans ce sens les espèces allemandes.

L'opportunité de ces efforts de production est entièrement justifiée par le haut prix de toutes les matières animales servant directement ou indirectement à l'alimentation, et qui, depuis une quinzaine d'années, ont augmenté de 20, 30, 40 p. o/o et souvent au delà. Quelques-uns de ces produits ont doublé en dix ans dans les grandes villes du centre de l'Allemagne, et les grands bouleversements de 1866 ont inauguré une nouvelle période d'enchérissement.

L'agriculture saxonne n'a pas négligé non plus l'amélioration de l'élève des chevaux, ainsi que le prouvent les nombreuses importations d'*étalons percherons* qui ont eu lieu dans ces dernières années, afin d'introduire dans les espèces du pays quelques-unes des qualités solides de cette forte race. Dans la province de Saxe qui fait partie de la monarchie prussienne (gouvernements de Mersebourg et de Magdebourg), un assez grand nombre de *juments des Ardennes* ont été importées, et répandues par la voie du tirage au sort parmi les exploitations agricoles.

Il ressort de l'ensemble de ces diverses considérations que l'agriculture saxonne, déjà si avancée, ne cesse de faire des efforts pour se maintenir à la place honorable qu'elle occupe parmi les pays de l'Allemagne, et ne néglige pas d'emprunter, même à l'étranger et de la manière la plus intelligente, de nouveaux éléments d'amélioration et de progrès.

SUISSE.

AMBASSADE DE FRANCE A BERNE.

M. le Marquis DE BANNEVILLE, Ambassadeur.

RENSEIGNEMENTS STATISTIQUES

SUR L'EXPLOITATION DES HAUTS PÂTURAGES ALPESTRES.

On désigne en Suisse sous le nom d'*alpages* ou *alpes* les pâturages de montagne situés à une altitude de 2,000 pieds (600 mètres) et plus au-dessus du niveau de la mer. Ces alpages forment, avec les pâturages en général, une des branches les plus importantes de la richesse nationale de la Suisse. Toutefois ce n'est que depuis peu d'années que, grâce à l'impulsion de la Société suisse d'économie alpestre, fondée en 1863, on a commencé à s'occuper sérieusement de cette partie de la fortune publique, ainsi que des mesures à prendre tant pour la conserver que pour la développer.

Jusqu'à présent, la superficie des pâturages alpestres de la Suisse avait été évaluée, suivant Franscini, à 2,400,000 arpents (864,000 hectares) et, d'après Denzler, à 3,080,000 arpents (1,108,800 hectares), chiffres qui, l'un et l'autre, paraissent trop élevés, à en juger du moins par les données du travail du bureau de statistique; toutefois ces dernières elles-mêmes ne permettent d'arriver qu'à un chiffre approximatif, un grand nombre d'alpes n'ayant pas été mesurées et leur contenance parcellaire n'étant indiquée qu'en pâquiers (*stösse*), autrement dits portions ou parcelles à vache (*kuh-rechte*), c'est-à-dire l'étendue de pâturage nécessaire à l'entretien d'une vache pendant la saison d'estivage, soit, comme équivalent estimatif d'une vache, un cheval d'un an = 1/2 cheval de deux ans, = 1/3 de cheval de trois ans, = 1 1/2 génisse ou génisson, = 4 veaux ou porcs, ou enfin 5 chèvres ou moutons.

Les pâturages alpestres proprement dits, qui font l'objet de cette statistique agronomique, ne se rencontrent que dans dix-neuf cantons et demi-cantons, savoir : Berne, Lucerne, Uri, Schwytz, Unterwalden-le-Haut, Unterwalden-le-Bas, Glaris, Zug, Fribourg, Soleure, Bâle-Campagne, Appenzell, Rhodes extérieures, Appenzell, Rhodes intérieures, Saint-Gall, Grisons, Vaud, Valais, Neufchâtel et Tessin. Ces dix-neuf cantons possèdent ensemble 4,559 alpages répartis entre 691 communes et mesurant une contenance de 270,389 pâquiers (soit 491,080 hectares 50 ares 18 centiares).

Il résulte des renseignements fournis par quelques cantons que le pâquier peut être évalué en moyenne à 5 arpents 18 perches carrées (soit 1 hectare 81 ares 62 centiares). Or, comme il y a encore de 40 à 50 alpages sur lesquels il n'a point été produit d'informations et qui, pour ce motif, ne figurent pas dans cette statistique, on peut admettre en chiffres ronds que la Suisse possède 4,600 alpages, d'une contenance totale de 270,500 pâquiers (soit 491,282 hectares 10 ares).

Suivant les données parvenues au bureau fédéral de statistique et dont quelques-unes remontent au siècle dernier, on a pu établir que depuis environ cent ans la superficie des alpages a diminué d'environ 4,511 pâquiers (8,192 hectares 87 ares 82 centiares), soit de 2.8 p. o/o, ce qu'il y a lieu d'attribuer, d'une part, à ce que ces pâturages ont été en partie recouverts par des éboulements de rochers, etc. ou envahis par les broussailles et les mauvaises herbes; d'autre part, à ce qu'on a trouvé plus d'avantages à convertir quelques pâturages en terrains boisés. Au point de vue de la répartition de la propriété, 1,527 alpages, soit 3.35 p. o/o appartiennent à des communes; 80, soit 1.8 p. o/o, par indivis à des communes et à des particuliers; 453, soit 9.9 p. o/o, à des corporations; 2,488, soit 54.6 p. o/o, à des particuliers, et 11, soit 0.2 p. o/o, à l'État.

Les indications d'altitude de ces alpages varient entre 2,000 et 9,000 pieds (600 à 2,700 mètres) au-dessus du niveau de la mer. La plupart des alpages se trouvent dans la zone entre 3,500 et 5,000 pieds (1,050 et 1,500 mètres) d'altitude. Au-dessous de 2,000 pieds (600 mètres) d'altitude, les pâturages n'appartiennent plus aux alpes, mais rentrent dans la catégorie des pâturages proprement dits et des *avant-monts* et *mayeus* (mayssüs) [1], qui servent à la fenaison et sur lesquels le bétail n'est conduit qu'au printemps et en automne, avant de monter sur les alpes ou en redescendant.

Le chiffre total des jours d'*estivage*, ou de séjour d'été, pour toutes les alpes, avait atteint, en 1864, année des relevés qui ont servi à établir la statistique alpestre, la somme de 25,074,238 jours, ce qui donne une moyenne de 93 jours d'estivage par pâquier; moyenne qui, dans le canton de Fribourg et de Soleure, s'élève à 131 jours,

---

[1] On entend par *avant-monts* ou *mayeus* les gradins antérieurs des montagnes ou la région intermédiaire que les bestiaux vont occuper ordinairement dès le mois de mai.

pour retomber à 69 et 65 jours dans les deux demi-cantons d'Appenzell, Rhodes extérieures et Rhodes intérieures.

La valeur en argent, soit le capital représenté par les alpages de toute la Suisse, s'élève à une somme totale de 77,186,103 francs. Il est vrai que ce chiffre est établi d'après les indications des communes et des propriétaires des alpages, qui ont déclaré des valeurs évidemment trop basses. Ce capital de 77,186,103 francs se répartit comme suit, en ce qui concerne les rapports de propriété :

26,226,265 francs aux communes;

3,851,498 francs aux communes et aux particuliers en commun;

14,565,487 francs aux corporations;

Et 32,542,853 francs aux particuliers.

La valeur moyenne par pâquier (soit 1 hectare 81 ares 62 centiares) est de 287 francs. Dans certaines communes, on voit cette valeur moyenne atteindre jusqu'à 1,200 et même 1,800 francs par pâquier, pour retomber dans d'autres jusqu'à 10 francs; ce qui prouve évidemment que, dans les taxations, on n'a pas suivi partout la même marche, et que des erreurs ont dû se glisser dans les indications données.

Relativement au bénéfice résultant du capital foncier dont l'évaluation n'a été portée, comme on l'a vu ci-dessus, qu'au chiffre extrêmement bas de 77,186,103 francs, il convient de distinguer : 1° le fermage dit *de montagne* (Bergzins), dont le prix est payé par le propriétaire du bétail au fermier ou au propriétaire de l'alpage; 2° le prix payé par le fermier lui-même au propriétaire de l'alpage; 3° le bénéfice net que retire le propriétaire du bétail. Très-souvent ces trois espèces de revenu sont perçues par deux personnes seulement, ou même par une seule, c'est-à-dire par le propriétaire lui-même lorsqu'il exploite l'alpage avec son propre bétail. Il existe fort peu de données sur le prix du fermage proprement dit; il varie par tête de vache de 10 à 20 francs; il est aussi confondu si souvent avec le fermage dit *de montagne* (Bergzins), qu'il n'est pas possible de calculer avec certitude que le chiffre estimatif de ce dernier revenu. La moyenne du fermage dit *de montagne* est de 12 fr. 48 cent. par pâquier, c'est-à-dire de 9 fr. 32 cent. à 17 fr. 36 cent. Le prix dit *de montagne* s'élève, pour l'ensemble des alpages, à la somme totale de 3,362,242 francs, soit 4.36 p. o/o de la valeur du capital indiqué. La production moyenne en lait est, pour les Alpes suisses, de 4.02 pots (6 litres 03) de lait par vache et par jour. Le maximum de la moyenne de la production en lait se rencontre dans le canton d'Unterwalden-le-Haut, soit......... 6.25 pots (9^{lit},375)

D'Unterwalden-le-Bas............................... 6.13 pots (9^{lit},195)

Pour Fribourg...................................... 5.53 pots (8^{lit},295)

En revanche, cette moyenne tombe dans le canton d'Appenzell
(Rhodes extérieures) à........................... 3.28 pots (4^{lit},92)

Dans celui des Grisons, à........................... 2.54 pots (3^{lit},81)

Et dans celui du Valais, à.......................... 2.38 pots (3^{lit},57)

En ce qui concerne la question de savoir quelle influence la taille de la race peut

BERNE. ..exercer sur la production du lait, cette statistique contient des données fort intéressantes sur la moyenne du poids d'une vache vivant dans les diverses contrées et sur la quantité de lait qu'elle produit.

CONTRÉES.	POIDS MOYEN D'UNE VACHE,		RENDEMENT EN LAIT PAR JOUR,	
	en quintaux.	en kilogrammes.	en pots.	en litres.
Soleure............................	11 à 12	550 à 600	4,29	6,435
Gesseney (Berne).....................	10 à 12	500 à 600	4,50	6,75
			5,90	8,85
Obwalden, Saint-Gall, Schwytz......:..........	9 à 10	450 à 500	3,41	5,115
			4,84	6,26
Signan (Berne)........................	8 à 10	400 à 500	4,74	7,11
Glaris.............................	8 1/2	450	5,27	7,905
Fribourg............................	7 1/2 à 8	375 à 400	5,52	9,28
Appenzell (Rhodes extérieures)................	6 1/2 à 7	325 à 350	4,08	6,12
Früttigen (Berne) et Neuchâtel.	6	300	4,09	6,135
			4,11	6,16
Entlebach (Lucerne).....................	4 à 6	200 à 300	5,21	7,81
Grisons.............................	4 à 5	200 à 250	2,50	3,75
Oberhasli (Berne)......................	4 à 4 1/2	200 à 250	4,83	7,24
Interlaken (Berne)......................	3 à 4	150 à 200	4,19	6,285

Il résulte de ces données sur la moyenne du poids de la vache vivante et de la production du lait en diverses contrées de la Suisse, que la taille de la race n'exerce aucune influence sur la production du lait, puisque l'on voit que les vaches de l'Entlebach (Lucerne), qui pèsent en moyenne de 4 à 6 quintaux (200 à 300 kilog.), donnent 5.21 pots (soit 7 litres 81) de lait, tandis que les vaches de Soleure, qui pèsent en moyenne de 11 à 12 quintaux (550 à 600 kilog.), ne donnent en moyenne que 4.29 pots (6 litres 435) de lait, et il semble même que les vaches de petite race soient meilleures laitières que celles de grande race. Toutefois, comme les données obtenues sur ce point sont fort incomplètes, on ne peut en tirer de conclusion absolue.

La somme totale du revenu net des vaches qui ont passé la saison de l'estivage en 1864 sur les Alpes, et dont le nombre s'était élevé à 153,320 têtes (on compte en Suisse à peu près 600,000 vaches), atteint la somme de 8,182,788 francs, soit 53 fr. 40 cent. par vache, et 57 centimes par vache et par jour d'estivage. C'est le canton de Berne qui est intéressé pour la plus forte part dans ce revenu total des vaches, savoir : 1,528,866 francs pour 22,815 vaches mises à l'estivage; ensuite vient le canton de Vaud avec le chiffre de 1,066,677 francs; puis le canton des Grisons avec 894,893 francs, pour 28,890 vaches : ce qui prouve que le revenu net que pro-

duisent les vaches dans ce canton est beaucoup plus faible que celui que l'on obtient
dans le canton de Berne. Les moyennes les plus élevées du revenu net par vache se
rencontrent dans les cantons de Lucerne par 112 fr. 15 cent., et de Fribourg par
103 fr. 32 cent., tandis que les moyennes les plus basses se trouvent, en Valais, par
26 fr. 47 cent., et au Tessin par 21 fr. 22 cent.

Le revenu provenant du bétail autre que les vaches (vaches laitières), savoir : des
chevaux, bœufs, génisses, génissons, veaux, moutons, chèvres, porcs, qui représentent 115,941 pâquiers (soit 210,572 hectares 04 ares 42 centiares), s'élève à environ
2,703,463 francs, soit 23 fr. 32 cent. par pâquier (1 hectare 81 ares 62 centiares),
et 25 centimes par pâquier et jour d'estivage.

Le revenu total des alpes s'est monté, en 1864, à 10,893,874 francs, dont
4,010,102 francs pour les alpes communales; 624,102 francs pour les alpes appartenant aux communes et aux particuliers ; 1,788,224 francs pour les alpes des corporations, et 4,471,446 francs pour celles des particuliers. La moyenne du revenu par
pâquier (1 hectare 81 ares 62 centiares) est de 40 fr. 45 cent.; le maximum est atteint
par les alpes appartenant aux communes et aux particuliers, savoir : 49 fr. 17 cent.;
puis viennent les alpes des particuliers, 48 fr. 81 cent.; ensuite, mais avec un revenu
déjà beaucoup moindre, celles des corporations, 41 fr. 78 cent.; enfin celles des communes, qui ne donnent qu'un revenu moyen de 32 fr. 83 cent. par pâquier. Ce sont
les alpes du canton de Berne qui figurent pour le chiffre le plus élevé dans le total du
revenu des alpes, savoir : pour 2,026,423 francs, puis celles des Grisons pour
1,489,138 francs; celles du canton de Vaud pour 1,352,261 francs. Après déduction
des frais ainsi que de 10 p. o/o pour les intérêts et l'amortissement du capital représenté par les vaches en estivage sur les alpes, on arrive à un total du revenu net de
9,545,000 francs. D'après les indications qui figurent aux tableaux de la statistique alpestre, la valeur en argent, soit le capital représenté par les alpes, est de 77,186,103 fr.,
ce qui donnerait un revenu net de 12.4 p. o/o du capital. Toutefois, comme l'agriculture dans les contrées fertiles ne donne que 3 p. o/o de revenu net du capital, il est
évident que les indications de la valeur en argent sont beaucoup trop basses, et qu'en
admettant pour les alpes un revenu net de 5 p. o/o du capital réel qu'elles représentent, on est dans le vrai, et que l'on peut, sans trop se tromper, évaluer à 200 millions de francs le capital représenté par les alpes de la Suisse.

Au sujet du boisement des alpes, les données qui figurent dans la statistique alpestre sont incomplètes, car il n'y a que 2,457 alpes sur le boisement desquelles on y
trouve des indications; de ces alpes, il y en a 2,061 qui sont suffisamment boisées,
203 qui ne le sont que peu, et 193 pas du tout.

Enfin, quant aux soins que l'on donne aux alpes, ils laissent généralement beaucoup
à désirer, car il n'y a que peu de temps que l'on a commencé à comprendre que les
alpes ne sont pas une mine inépuisable et qu'il faut leur vouer des soins et une sorte
de culture. D'après les données recueillies, il se trouve que de 2,182 alpes il y en a

387 dont on enlève les broussailles, les mauvaises herbes et les pierres, que l'on fume ou améliore d'une manière quelconque; 1,046 que l'on nettoie; 384 que l'on nettoie parfois et 365 auxquelles on ne donne aucun soin.

D'après les relevés, les 3,458 alpes se répartissent en diverses catégories, suivant leur qualité, savoir : 131 alpes qui sont très-bonnes, 1,337 bonnes, 255 assez bonnes, 82 passables, 803 médiocres, 306 très-médiocres, 472 mauvaises et 72 très-mauvaises.

Le bureau fédéral de statistique fait observer que la statistique de l'économie alpestre étant un travail tout à fait nouveau, il s'y rencontre beaucoup de lacunes et d'imperfections que l'on n'a pu éviter, d'autant plus que, pour les relevés, il a fallu s'adresser à la bonne volonté des particuliers et des communes propriétaires, et que fort souvent les particuliers, ne comprenant pas le but de la statistique, ont, pour une raison ou une autre, craint de donner tous les renseignements qu'il eût été bon d'obtenir d'eux.

GRÈCE.

CONSULAT DE FRANCE A SYRA.

Extrait d'une lettre de M. HUET, Consul.

NOTE SUR L'AGRICULTURE DANS LES ÎLES CYCLADES.

Syra, le 7 septembre 1868.

S'il faut en croire la tradition, d'accord sur ce point avec les indications contenues dans l'ouvrage publié au commencement de ce siècle par l'abbé della Rocca, les îles qui forment le groupe des Cyclades étaient autrefois parmi les plus fertiles de l'Archipel. Pour des causes que je n'ai point à rechercher ici (le déboisement successif des terrains est la plus généralement acceptée), ces îles sont aujourd'hui aussi stériles qu'elles paraissent avoir été productives. Seule, l'île de Naxie donne encore des produits de quelque importance. A défaut de statistiques, des informations puisées auprès des autorités et des principaux propriétaires et négociants de l'île me permettent de donner ici un aperçu de la nature et de la valeur de ces produits.

Les terres cultivées couvrent les deux tiers de la superficie de l'île, et donnent une production annuelle d'environ un million de francs. Bien que favorisée par la fertilité et l'abondance des cours d'eau qui l'arrosent, la culture tend plutôt à se restreindre qu'à se développer. Le paysan naxiote est pauvre; il manque des ressources nécessaires pour amender ses terres, lesquelles, mal cultivées, perdent de leurs qualités productives. D'un autre côté, l'absence de voies de communication et d'un port sûr (celui de Naxie est une rade foraine où toute opération est impossible par les vents du nord), la maladie qui continue à sévir sur certaines espèces, grèvent de charges assez

CYCLADES. lourdes l'industrie agricole. C'est à ces diverses causes qu'il convient d'attribuer le mouvement d'émigration qui se manifeste depuis plusieurs années dans la population de Naxie.

Voici les résultats donnés par la production agricole pendant le dernier exercice 1867 :

Blé	31,500f
Orge	342,000
Haricots et fèves	18,000
Vin	135,000
Huile	45,000
Coton	45,000
Vallonée	15,300
Limons, cédrats et oranges	90,000
Fromages	144,000
Légumes divers	45,000
Laines	40,500
Bétail	180,000
TOTAL	1,131,300

On voit par le relevé ci-dessus que l'élève du bétail est une des principales sources de richesses pour ce pays. L'île de Naxie possède, en effet, d'assez bons pâturages ; le bétail qu'on y élève a Syra pour principal centre de consommation. Les espèces et qualités produites sont les suivantes : 4,000 bœufs, 3,000 mulets, ânes et chevaux, et 45,000 têtes de menu bétail.

La culture des vignes n'occupe plus dans l'île de Naxie qu'une étendue d'environ 10,000 stremmes (soit 100 hectares); elle est en décroissance constante depuis dix ans à cause des ravages causés par l'oïdium. Quelques propriétaires ont eu recours au soufrage comme moyen curatif et ont pu tirer encore un produit suffisant de leurs vignobles; mais beaucoup d'autres, ne disposant pas des ressources nécessaires, se sont vus contraints d'abandonner cette culture.

Depuis peu d'années, les limoniers et les cédratiers ont été, à leur tour, attaqués par une maladie dont on n'est encore parvenu à découvrir ni les causes ni le remède. On l'a successivement traitée par le soufre éventé, les infusions de tabac et la chaux, sans même arriver à pallier le mal. Il est à remarquer que, pendant que la maladie épargnait complétement certaines zones, dans d'autres elle a détruit la presque totalité des arbres.

AMÉRIQUE DU SUD (CHILI).

CONSULAT DE FRANCE A VALPARAISO.

M. GIRARDOT. Consul.

COMPTE D'ENVOI SIMULÉ DE 2,000 SACS DE BLÉ BLANC DU CHILI,
ACHETÉS ET EMBARQUÉS A VALPARAISO EN DESTINATION DU HAVRE.

Valparaiso, 10 mai 1868.

2,000 sacs de blé, pesant chacun 2 quintaux 23 kilogrammes (poids chilien), 115 kilogrammes, ensemble 230,000 kilogrammes à raison de 5 cents 61/100, ou 26 centimes 92/100 le kilogramme.

Soit à raison de 4 piastres (17ᶠ,20ᶜ) les 71 kilogr. 30/100.   12,903ᵖ 00   61,934ᶠ 40ᶜ

FRAIS.			
Courtage d'achat.......................	64ᵖ 5o		
Hommes de peine, embarquement, charrettes, chaloupes, menus frais divers, soit environ 6 1/4 p. o/o par 71 kilogr. 30/100......................	2o5 00	269 5o	1,293 6o
Total...................		13,172 5o	63,228 00
Commission d'achat 5 p. o/o.....................		658 6o	3,161 28
Soit au change de 4ᶠ 8oᶜ la piastre, cours moyen........		13,831 1o	66,389 28

Ce qui donne le kilogramme de blé à 28 centimes 86/100, rendu à bord.

Le fret est payable en France à raison de 80 francs (cours moyen) par 1,000 kilogrammes (le tonneau).

COMPTE D'ENVOI DE 1,000 SACS DE FARINE FLEUR,

ACHETÉS ET EMBARQUÉS A VALPARAISO EN DESTINATION DU HAVRE.

———

1,000 sacs de farine fleur, pesant chacun 92 kilogrammes, soit 92,000 kilogrammes, à raison de 4 piastres (19^f 20^c) le quintal de 46 kilogrammes ou 8 cents 70/100 (41 centimes 74/100) le kilogramme. . . . . 8,000^p 00   38,400^f 00^c

FRAIS.

Hommes de peine, chaloupes, charrettes, conditionnement et marquage des sacs. . . . . 60^p 00		
Menus frais, police d'embarquement, connais-sement. 2 00	62 00	297 60
TOTAL.	8,062 00	38,697 60
Commission d'achat 5 p. o/o. . . . . ; . . .	403 10	1,934 88
Soit : au change de 4^f 80^c la piastre, cours moyen du change.	8,465 10	40,632 48

Ce qui donne 44 centimes 16/100 par chaque kilogramme rendu à bord.

Le fret (à ajouter à ce prix) est payable en France à raison de 80 francs par tonneau 1,000 kilogrammes), cours moyen du fret.

TABLE DES MATIÈRES.

FIN.

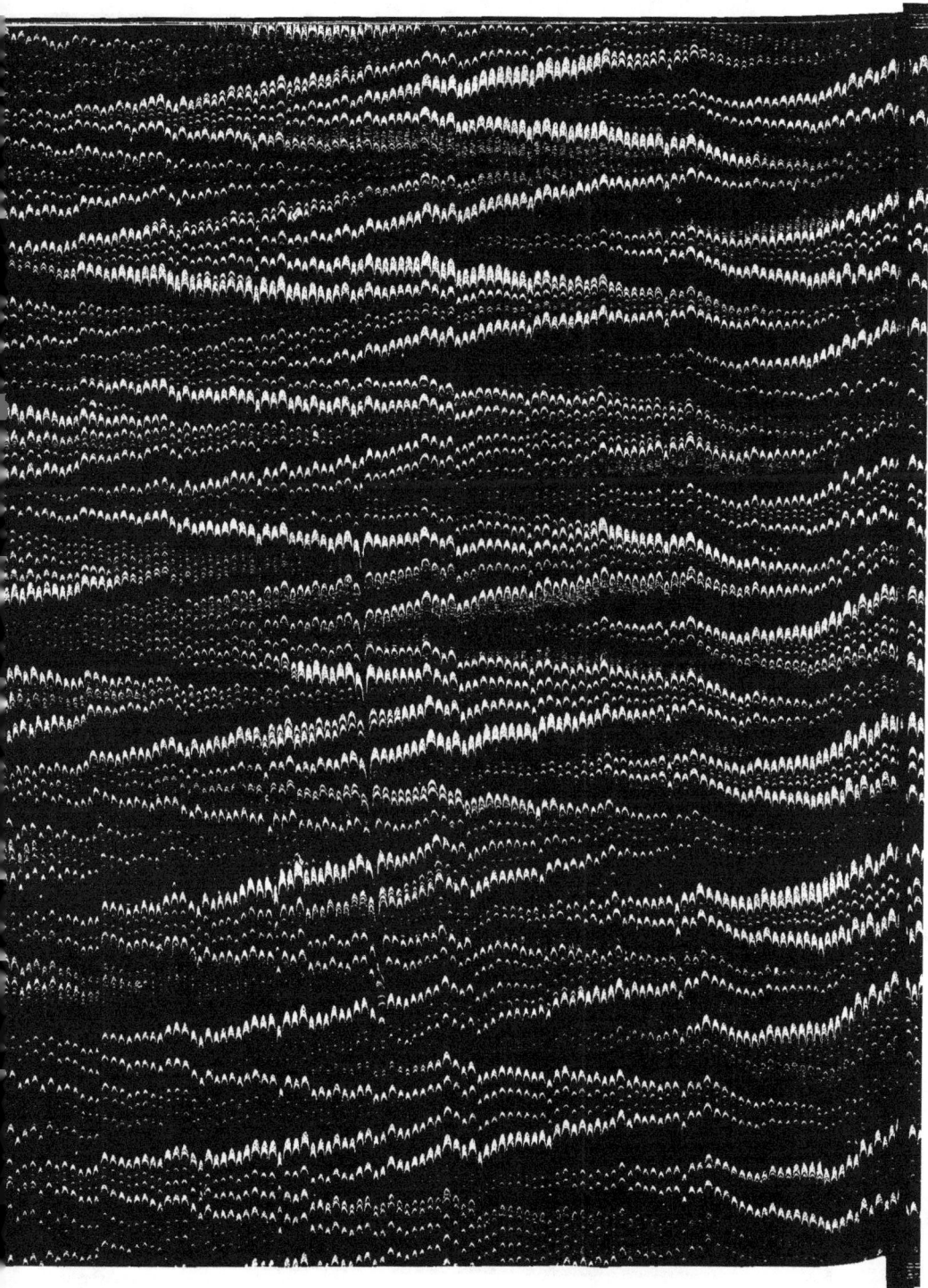

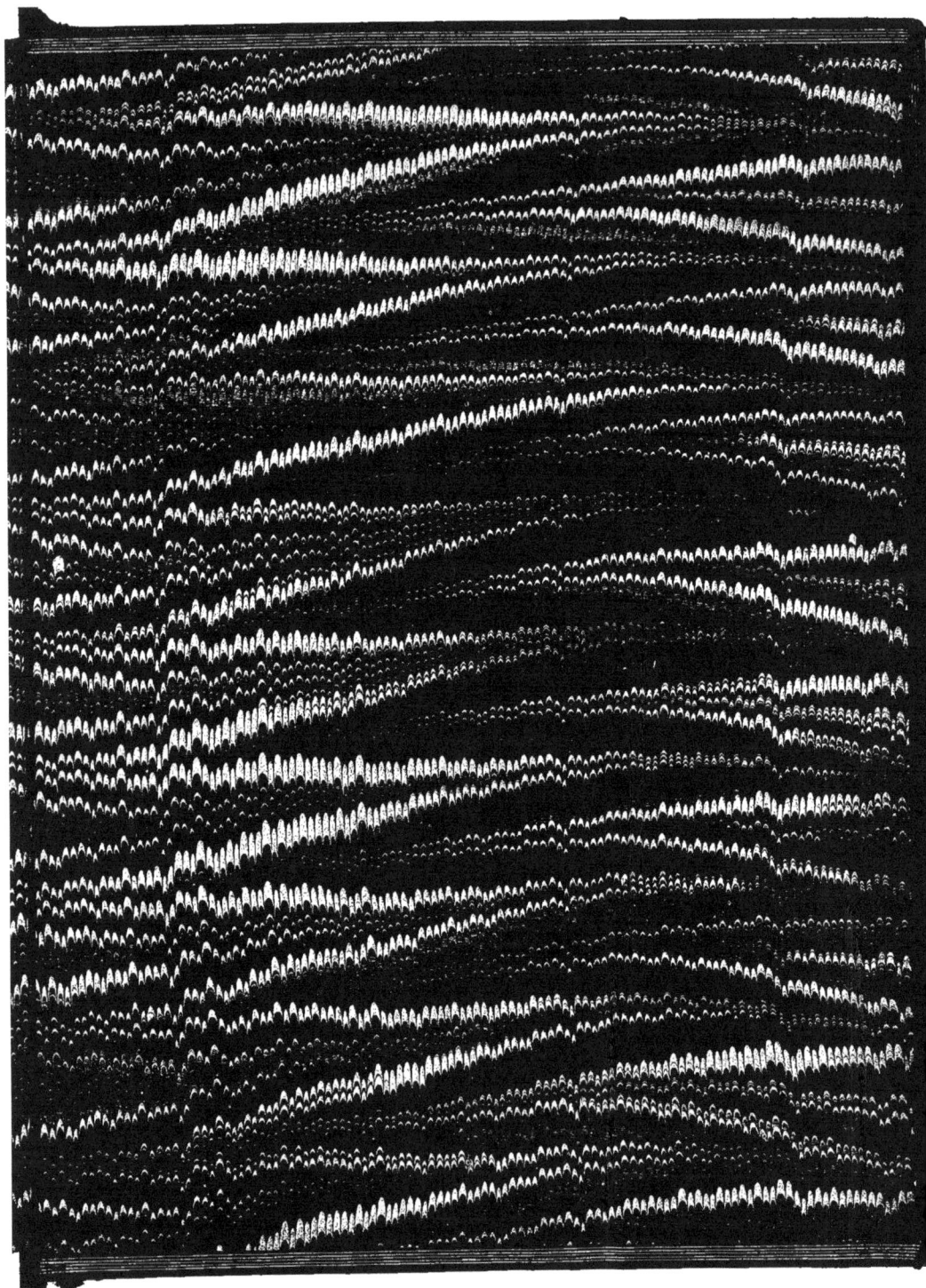

www.ingramcontent.com/pod-product-compliance
Lightning Source LLC
Chambersburg PA
CBHW061009220326
41599CB00023B/3888